"十四五"职业教育国家规划教材

动物营养与饲料

第 2 版

杨孝列　刘瑞玲　主编

中国农业大学出版社
·北京·

内 容 简 介

本教材以高素质技术技能型人才培养为目标，以畜牧兽医专业群动物营养与饲料方面的岗位能力需求为导向，坚持适度、够用、实用及同质化原则，遵循学生认知规律，以过程性知识为主、陈述性知识为辅；根据畜牧兽医职业教育人才培养方案对饲料加工、饲料检验化验、饲料配合与饲料营销等岗位群的要求；以实际应用知识和实践操作为主，依据教学内容的同质性和技术技能的相似性，将动物营养、动物饲料、动物饲养、饲料质量检定等知识和技能列出，进行归类和教学设计。内容体系分为模块、项目和任务三级结构，每一项目又设"学习目标""学习内容""评估考核"三个教学组织单元，并以任务的形式展开叙述，有些项目的相关理论知识或实践技能可通过扫描二维码、技能训练、知识拓展或知识链接等形式学习，为实现课程的教学目标和提高学生的学习效果奠定基础。

本教材文字简洁，图文并茂，内容通俗易懂，深入浅出，与时俱进，突出思想性、科学性、实用性和启发性。本教材既可作为职业院校畜牧、畜牧兽医、动物营养与饲料等专业的教材，也可作为本科院校现代畜牧专业教材，也是畜牧生产、饲料生产、各种类型养殖场的从业人员以及从事宠物营养与宠物食品加工人员的参考用书。

图书在版编目(CIP)数据

动物营养与饲料／杨孝列，刘瑞玲主编. --2 版. --北京：中国农业大学出版社，2024.6(2025.1 重印)

ISBN 978-7-5655-3207-8

Ⅰ.①动… Ⅱ.①杨…②刘… Ⅲ.①动物营养—营养学—高等职业教育—教材②动物—饲料—高等职业教育—教材 Ⅳ.①S816

中国国家版本馆 CIP 数据核字(2024)第 081182 号

书　名 动物营养与饲料 第 2 版
作　者 杨孝列 刘瑞玲 主编

策划编辑 林孝栋 康昊婷　　**责任编辑** 康昊婷
封面设计 郑 川 李尘工作室
出版发行 中国农业大学出版社
社　址 北京市海淀区圆明园西路 2 号　　**邮政编码** 100193
电　话 发行部 010-62733489，1190　　读者服务部 010-62732336
编辑部 010-62732617，2618　　出 版 部 010-62733440
网　址 http://www.caupress.cn　　**E-mail** cbsszs@cau.edu.cn
经　销 新华书店
印　刷 北京溢漾印刷有限公司
版　次 2024 年 6 月第 2 版　2025 年 1 月第 2 次印刷
规　格 185 mm×260 mm　16 开本　18.5 印张　459 千字
定　价 59.00 元

编审人员

主　编　杨孝列（甘肃畜牧工程职业技术学院）
　　　　刘瑞玲（甘肃畜牧工程职业技术学院）

副主编　张苗苗（湖北生物科技职业学院）
　　　　杨玉能（遵义职业技术学院）
　　　　王延卓（乌兰察布职业学院）
　　　　王　源（青海农牧科技职业学院）
　　　　金丽娜（甘肃农业职业学院）
　　　　向金梅（湖北生物科技职业学校）

参　编　马　卓（南阳农业职业学院）
　　　　魏占虎（甘肃畜牧工程职业技术学院）
　　　　吴文桃（江西农业工程职业学院）
　　　　隋晓东（甘肃傲农饲料科技有限公司）
　　　　陈尚林（兰州正大有限公司）
　　　　刘志伟（武汉市动物疫病预防控制中心）

主　审　史兆国（甘肃农业大学）
　　　　李和国（甘肃畜牧工程职业技术学院）
　　　　邬立刚（黑龙江农业职业技术学院）

前言

党的二十大提出了教育、科技、人才要为全面建设社会主义现代化国家提供“基础性、战略性支撑”的要求，指出要“统筹职业教育、高等教育、继续教育协同创新，推进职普融通、产教融合、科教融汇，优化职业教育类型定位”，并把大国工匠和高技能人才纳入国家战略人才力量，这是职业院校新时期改革发展的方向指引和重要驱动。职业院校作为培养高素质技术技能型人才的主阵地，承担着为党育人、为国育才的重要任务，这就迫切需要把党的二十大精神搬进课堂、写进教材和融进头脑，并在人才培养过程中，科学谋划、精心组织、周密安排、创新方法、强力推进、务求实效。其中课堂是平台，教材是载体，教师是关键。要结合党的二十大报告，全面推进课程思政建设，及时有效地将报告精神与专业知识联系起来，找准授课切入口，精准挖掘各类课程中蕴含的思政育人价值，认真做好对学生的价值引导、人格培育与精神滋养，促进学生关注时事、关心国家、关注未来；要结合学生的专业水平和工匠精神的培养，把理论问题讲生动、讲鲜活，把技能训练做扎实、做精湛，促使课程思政与专业学习有效融合，同向同行，全面推进职业教育高质量发展。

《国家职业教育改革实施方案》明确提出：要建设一大批校企“双元”合作开发的国家规划教材，倡导使用新型活页式、工作手册式教材并配套开发信息化资源。学校和企业应当协同配合、紧密合作，基于专业教学标准、人才培养方案和课程教学标准，精准构建完善的课岗融通体系，编写工学结合教材，并将理论学习、实践训练、就业创业三要素结合起来，通过校企“双主体”和工学“双融通”教学，共同发力，切实做到学生培养与毕业就业之间的无缝对接。正是在这样的背景下，甘肃畜牧工程职业技术学院联合甘肃傲农饲料科技有限公司、兰州正大有限公司和大北农集团等多家企业，积极开展现代职业教育“产教融合、校企合作、工学结合、知行合一”的人才培养模式研究。以甘肃省职业教育李和国名师工作室为平台，结合教育部《“十四五”职业教育规划教材建设实施方案》和“互联网＋职业教育”发展需求，我们组织修订了《动物营养与饲料》。

本教材基于学生认知规律，从感性到理性，从简单到复杂，从具体到抽象，以学生择业成长过程为主线，依据行业发展要求，以工作过程为导向，按照职业岗位领域→归纳典型工作任务→形成专业学习领域。根据畜牧兽医行业岗位资格和行业技术标准，由专业教师、企业专家、生产一线技术人员、课程开发专家，共同进行职业能力分析。以“项目导向、任务驱动”的教学模式，将学生的专业知识、思政教育、实践训练、线上学习、考核评价与动物营养饲料的新技术、新工艺、新方法等有机对接和融合，旨在通过学校和企业、教师和师傅、学生和学徒、专业和课程、岗位和实践等要素的结合，把企业的场景、项目和专家请进课堂，实施校企“双主体”精准育人，以保证学生按照“学生（学校）→学徒（学校＋企业）→准员工（企业跟岗）→员工（企业顶岗）”的递进路线健康成长，进而实现学生毕业与就业的“零距离”对接，为达成课程教学目标和满足现代动物营养与饲料行业对高素质技术技能型人才的需求，提供良好的支撑和保障。

本教材能够针对职业院校畜牧兽医专业群的实际情况，注重教材内容的科学性、系统性、实用性和可读性。教材内容涵盖教学标准全部内容，适合等级考试要求；内容取材新颖，体系科学，知识点突出；教材内容组织由浅入深、循序渐进，结构严谨；教材中文字及图表的使用规范，叙述简明扼要；有配套的多媒体微课视频、课件和较为丰富的教学资源，适应现代教学需要。内容设置中，充分挖掘思政元素，有机融入社会主义核心价值观，培养大学生正确的“义与利”观、诚信观、爱国思想、环保思想、职业道德、严谨求实的精神、遵纪守法的职业意识，实现专业课程的“知识传授”功能与“价值引领”作用的结合与统一。

本教材是2013年省级精品课程、2024年省级在线共享课的建设成果。目前，智慧树平台上运行的动物营养与饲料加工课程已在青海农牧科技职业学院、南充职业技术学院、南阳农业职业学院、信阳农林学院、马鞍山职业学院、广西玉林农业学校、甘肃畜牧工程职业技术学院等院校的畜牧兽医专业群，以及国内多家大型养殖企业推广应用。使用过程中针对个别错误和遗漏，本次修订时进行了修改和增补，补充了微课视频、PPT和二维码拓展阅读，增加了一些新内容和新数据，融合媒体资源，具有规范性与创新性融合、普适性与个性化融合、简洁性与丰富性融合等显著特征。希望修订后的教材继续得到广大师生欢迎。

本教材由甘肃省职业教育李和国名师工作室整体规划与设计，甘肃畜牧工程职业技术学院杨孝列和刘瑞玲任主编。其中绪论和项目七由杨孝列编写，项目一、项目二、项目三由刘瑞玲编写，项目四由张苗苗、杨玉能、陈尚林编写，项目五由马卓、王源、金丽娜、向金梅、刘志伟编写，项目六由王延卓、吴文桃、隋晓东编写，项目八、项目九由魏占虎编写，全书由杨孝列、刘瑞玲统稿。企业专家隋晓东提供了配方设计及饲料质量检测资料，陈尚林提供了配合饲料生产及使用资料。本书由甘肃农业大学史兆国、甘肃畜牧工程职业技术学院李和国、黑龙江农业职业技术学院郄立刚审稿，他们对书稿提出了许多宝贵意见和建议，提高了本教材的质量，在此一并深表谢意。

由于动物营养与饲料工业理论和技术发展很快，加之编者水平所限，教材中错误和不妥之处在所难免。为此，深切盼望读者在使用本教材的过程中能够提出宝贵的意见和建议，以备再版时修改。

编　者

2024年3月

目　录

模块三 动物饲养

模块四 饲料质量检定

教学资源索引

绪 论

一、课程简介

动物营养与饲料是从事动物生产(畜牧业)工作人员需要学习和掌握的基本知识和基本理论,是推动动物生产不断发展的重要理论基础和技术指南,是畜牧兽医专业重要的专业基础课,它包括动物营养、动物饲料、动物饲养和饲料质量检定四大部分。

动物营养主要阐明动物摄入、利用营养物质过程与动物生命、生产活动之间的关系及其影响,揭示动物利用营养物质的量变质变规律,为动物生产提供理论依据和饲养指南。动物营养在现代动物生产中起着重要的作用,营养是决定生产效率高低和生产潜力发挥的关键因素。提高动物生产效率,除合理选用品种外,在很大程度上依赖于营养物质利用效率的提高。动物营养原理、方法和技术不仅是养殖业经营成败的关键,而且与人类生活、健康关系密不可分。学习动物营养的最终目的是要了解动物需要什么样的营养物质及其确切的需要量,以达到提高饲料利用率和充分发挥动物潜在生产性能的目的。

动物饲料主要阐明饲料的分类方法和各类饲料的营养特点及其饲养特性。学习动物饲料的最终目的是了解各种饲料原料中营养物质含量和如何选用适宜饲料满足动物所需要的营养物质。

动物饲养主要阐明动物营养原理在动物饲养实践中的应用和如何正确应用饲养标准以及各种饲料的营养价值表,配置营养全价的日粮,以满足动物的各种营养需要。同时,揭示饲料原料的加工调制及常规饲养技术,以充分发挥动物的生产性能和饲料的营养潜能。学习动物饲养的最终目的是要掌握饲料原料的加工调制方法、配合饲料生产技术,以期达到饲料资源的高效利用、动物产品的高效生产、人体健康及生态环境的持续协调发展。

饲料质量检定主要包括饲料原料的感官鉴定和加工调制饲料的品质鉴定,揭示饲料质量检测的一般方法与技术。学习饲料质量检定的最终目的是要掌握饲料质量检测的一般方法与技术,熟悉饲料概略养分的测定原理和方法,为饲料品质鉴定和评定饲料营养价值奠定基础。

二、课程性质

动物营养与饲料是畜牧兽医及其相关专业的基础课,具有较强的理论性和实践性。一方面,它将动物营养基础知识与饲料生产实用技术有机融合,基于畜牧专业的职业活动、应职岗位需求,培养学生动物饲养、饲料加工、饲料配方设计、配合饲料生产及饲料质量评价等专业能力,同时注重学生职业素质的培养。另一方面,作为后续课程的基础,它所阐述的基本原理与方法具有更多的一般指导意义,能为后续专业课程的学习和毕业后从事动物生产工作奠定扎实的理论基础。

三、课程内容

本课程内容编写以高素质技能型人才培养为目标，以畜牧兽医专业动物营养与饲料方面的岗位能力需求为导向，坚持适度、够用、实用及同质化原则，遵循学生认知规律，以过程性知识为主、陈述性知识为辅。

本课程内容排序尽量按照学习过程中学生认知心理顺序，与专业所对应的典型职业工作顺序，或对实际的多个职业工作过程来序化知识，将陈述性知识与过程性知识整合、理论知识与实践知识整合，意味着适度、够用、实用的陈述性知识总量没有变化，而是这类知识在课程中的排序方式发生了变化，课程内容不再是静态的学科体系的显性理论知识的复制与再现，而是着眼于动态的行动体系的隐性知识生成与构建，更符合职业教育课程开发的全新理念。

本课程内容以实际应用知识和实践操作为主，删去了实践中应用性不强的理论知识，将动物营养与饲料的相关知识和关键技能列出，依据教学内容的同质性和技术技能的相似性，进行归类和教学设计，划分为四大模块、九大项目，即：

模块一　动物营养
　项目一　营养基础
　项目二　饲料营养物质与动物营养
模块二　动物饲料
　项目三　饲料原料识别与利用
模块三　动物饲养
　项目四　饲料原料加工调制
　项目五　饲料资源的开发利用
　项目六　配合饲料生产
　项目七　饲养常规
模块四　饲料质量检定
　项目八　品质鉴定
　项目九　质量检测

二维码 0-1　绪论

每一项目又设“学习目标”“学习内容”“评估考核”三个教学组织单元，并以任务的形式展开叙述；有些项目的相关理论知识或实践技能，可通过扫描二维码、技能训练、知识拓展或知识链接等形式学习。

四、课程目标

掌握动物营养与饲料的基本知识，能够：

(1)鉴别动物常见的营养缺乏症。

(2)鉴别与利用常用饲料，加工调制常用饲料。

(3)根据适当的饲养标准和生产经验合理使用饲料添加剂，为各类动物配制全价、平衡日粮。

(4)运用相应的饲养技术，充分发挥动物的遗传潜力，把日粮高效率地转化为高品质的动物产品。

(5)进行饲养效果观察，鉴定饲料质量，准确分析饲料概略养分。

模块一

动物营养

项目一
营养基础

学习目标

了解动植物体营养物质组成及饲料能量在动物体内的转化与利用过程；掌握各种动物对饲料的采食和消化特点。培养注重饲料质量，注重动物性产品安全及食品安全，树立法治意识，绝不做违法乱纪之事。

学习内容

任务一　动植物体营养物质组成

动物为了维持自身的生命活动和生产，必须从外界环境中摄取所需要的各种营养物质或含有这些营养物质的饲料。植物及其产品是动物饲料的主要来源，因此，了解动物与饲料，特别是动物与植物性饲料之间的相互关系，是学习动物营养的重要基础。

一、动物与饲料

（一）动物与植物

动物与植物是自然界生态系统中两个重要组成部分，植物与大多数微生物能利用土壤和大气中的无机物合成自身所需要的有机物，属于自养生物。动物则直接从外界环境中获得所需要的有机物，属于异养生物。异养生物与自养生物是生物界生态系统内物质循环的两大主要生物群落，他们之间相互制约，相互依存，共同保持着生态系统内的物质平衡。

高等动物属于异养生物，其食物直接或间接来源于植物。高等动物在生命活动过程中的排泄物和死后尸体，经微生物分解，最后转化为无机物还原于自然界。绿色植物及少数具有光合作用的微生物属于自养生物，是自然界有机营养物质的生产者，他们利用二氧化碳、水及各种无机物，通过光合作用生产各种有机物。同时贮存能量，释放氧气，为动物生存提供条件。由此可以看出，生物界中动物与植物，以营养为纽带，构成各种不同的食物链，把生物与生物，生物与环境紧密地联系在一起。

二维码 1-1　动植物体的营养物质组成

经过人类长期驯化的家养动物，无论杂食动物、草食动物或肉食动物，都是不同食物链中的主要消费者。这种以营养为纽带的生态系统，不停地进行着能量和物质的交换，从而构成了自然界的物质循环。动物与植物则是物质循环的两个主要方面。

在生产领域，动物生产与植物生产是农业生产的两大支柱。植物生产除为人类生存提供食物外，也为动物生产提供饲料，特别是人类不能直接利用的作物副产物，可以通过动物转化成优质的动物产品——肉、奶、蛋，供人类食用。而动物生产又为植物生产提供有机肥料，有利于作物增产。因此，动物生产和植物生产，不仅是人类生存的条件，而且它们之间也是相互依存、相互促进的。

动物营养与饲料和人类生活息息相关，因此，我们应该注重饲料质量，注重动物产品安全及食品安全，加强畜牧业产业链中各个环节的安全管理，树立法治意识，绝不做违法乱纪之事。

(二)饲料中的营养物质

动物为了维持生命与健康，除阳光与空气外，必须摄取食物。动物的食物称为饲料。通常把饲料中能被动物用以维持生命、生产产品的化学成分称为营养物质，简称养分或营养素。营养物质是饲料中的有效成分，饲料是营养物质的载体。动物需要的不是饲料本身，而是饲料中的营养物质。动物体所必需的营养物质有蛋白质、脂类、碳水化合物、维生素、水和无机盐(矿物质)六大类。营养物质可以是简单的化学元素，如Ca、P、Mg、Na、Cl、K、S、Fe、Cu、Mn、Zn、Se、I、Co等，也可以是复杂的化合物，如蛋白质、脂肪、碳水化合物及各种维生素。它们和通过呼吸进入动物体内的氧气一起，经过新陈代谢过程，转化为构成机体的物质和维持生命活动的能量。由此可见，空气中的氧气和饲料中的营养物质是维持机体物质组成和生理功能不可或缺的要素，是生命活动的物质基础。

饲料中的养分有50种左右。动物对不同养分的需要量有显著差异，少则每头每天需要不到1 μg，多则每头每天需要几千克以上。饲料物质一方面作为养分的来源，另一方面作为养分的载体，以增进动物饲养的效果。

饲料中有哪些营养物质呢？不同种类的饲料含有不同的营养物质，但无论哪种植物性饲料，一般都含有水分、粗灰分、粗蛋白质、粗脂肪、碳水化合物和维生素等六大类营养物质，见图1-1。

- 饲料
  - 水分
  - 干物质
    - 无机物质(粗灰分或矿物质)
    - 有机物
      - 含氮化合物(粗蛋白质 CP)
        - 蛋白质(Pr)
        - 氨化物(NPN)
          - 游离氨基酸
          - 酰胺类
          - 有机碱
      - 无氮化合物
        - 乙醚浸出物(粗脂肪 EE)
          - 中性脂肪
          - 游离脂肪酸
          - 脂溶性维生素、树脂、蜡质、磷脂
        - 碳水化合物[$C_m(H_2O)_n$]
          - 无氮浸出物(NFE)：糖、淀粉
          - 粗纤维(CF)
            - 纤维素
            - 半纤维素
            - 果胶
            - 木质素
      - 活性物质：维生素和酶

图1-1　植物性饲料的营养成分

1. 水分

各种饲料均含有水分，其含量差异很大，最高可达 95%以上，最低可低于 5%。水分含量越多的饲料，干物质含量越少，营养浓度越低，相对而言，营养价值也越低。同一种饲料植物，收割期不同，部位不同，水分含量也不一样。幼嫩时含水较多，成熟后水分含量减少；枝叶中水分较多，茎秆中水分较少。青绿多汁饲料和各类鲜糟渣饲料中水分含量较多，谷物籽实和糠麸类饲料中水分含量较少。水分含量多不利于饲料的贮藏和运输，一般保存饲料的水分以不高于 14%为宜。

饲料中的水分常以两种状态存在。一种是含于动植物体细胞间、与细胞结合不紧密、容易挥发的水，称为游离水或自由水；另一种是与细胞内胶体物质紧密结合在一起、形成胶体水膜、难以挥发的水，称为结合水或束缚水。构成动植物体的这两种水分之和，称为总水分。

2. 粗灰分

粗灰分是饲料、动物组织和动物排泄物有机物质完全氧化后剩余的残渣。主要为矿物质氧化物或盐类等无机物质，有时还含有少量二氧化硅及燃烧不完全的炭粒，故称为粗灰分或矿物质。

饲料中主要有 K、Na、Ca、P、Mn 等元素，随植物生长，灰分含量逐渐减少，但其中 Na、Si 含量逐渐上升。部位不同，灰分含量不同，茎叶灰分含量较多。

3. 粗蛋白质

粗蛋白质是饲料常规分析中用以估计饲料中一切含氮物质的指标，是饲料中一切含氮物质的总称。它包括真蛋白质和氨化物两部分。氨化物即非蛋白质含氮物(NPN)，如氨、酰胺、游离氨基酸和某些肽、氯化铵、硫酸铵、硝酸盐、尿素等。

几乎所有饲料均含有蛋白质，但其含量和品质各有不同，如豆科植物及油饼粕类饲料含蛋白质较多，品质也较好，而禾本科植物含蛋白质较少，秸秆饲料则最少，品质也最差。同一种饲料植物由于生长阶段的不同，蛋白质含量也不同，幼嫩时含量多，开花后含量迅速下降。部位不同蛋白质含量也有差异，一般籽实＞叶片＞茎秆。

4. 粗脂肪

粗脂肪是饲料、动物组织和动物排泄物中油脂类物质的总称。饲料常规分析是用乙醚浸提饲料样品所得的乙醚浸出物。粗脂肪中除真脂肪外还含有其他溶于乙醚的有机物质，如叶绿素、胡萝卜素、有机酸、树脂、脂溶性维生素等物质，故称为粗脂肪或乙醚浸出物。粗脂肪包括真脂肪(中性脂肪)和类脂肪两大类。真脂肪由脂肪酸和甘油结合而成。类脂肪是指含磷或其他含氮物的脂肪，它虽不属真脂肪，但它在结构上或性质上却与真脂肪相似，主要有磷脂、糖脂、固醇及蜡质。

饲料中脂肪含量差异较大，高者在 10%以上，低者不及 1%，部位不同脂肪含量也不同，一般籽实＞茎叶＞根。

5. 碳水化合物

碳水化合物主要是由碳、氢、氧三种元素遵循 1∶2∶1的结构规律构成的基本糖单位，其分子式是 $C_m(H_2O)_n$，其中氢和氧的比例与水的组成比例相同，故称为碳水化合物。它包括粗纤维和无氮浸出物。

(1)粗纤维(CF)。粗纤维是植物细胞壁的主要组成成分，包括纤维素、半纤维素、木质素及果胶等成分，也是饲料中最难消化的营养物质。

粗纤维含量随植物生长而有差异，幼嫩时含量低，成熟时含量高。部位不同，粗纤维的含量不同，一般茎部＞叶部＞果实、块根。粗饲料中粗纤维含量较高，粗纤维中的木质素对动物没有营养价值。反刍动物能较好地利用粗纤维中的纤维素和半纤维素，非反刍动物借助盲肠和大肠微生物的发酵作用，也可利用部分纤维素和半纤维素。

(2)无氮浸出物(NFE)。饲料有机物质中无氮化合物除去脂肪及粗纤维外，总称为无氮浸出物。无氮浸出物主要由易被动物利用的淀粉、多糖、双糖、单糖等可溶性碳水化合物组成。

常用饲料中无氮浸出物含量一般在50%以上，植物性饲料中均含有较多的无氮浸出物，特别是植物籽实和块根、块茎饲料中含量高达70%～85%。植物性饲料中无氮浸出物含量高，适口性好，消化率高，是动物能量的主要来源。动物性饲料中无氮浸出物含量很少。

6. 维生素

维生素是一类机体维持正常代谢和生理功能所必需的且需要量很少的低分子有机化合物。在饲料中含量不多，对动物来说既不提供能量，也不构成组织和器官，但它是动物体内物质代谢过程中必不可少的活化剂和加速剂，不能用其他任何物质来代替。

维生素在饲料中的含量因饲料种类不同而异，如黄色玉米中含类胡萝卜素多，而白色玉米中则很少。

以上营养物质都有各自特点和职能，共同发挥功能维持人类和动物生命健康。同理，我们人类个体也在社会中扮演各自的角色，每个人强项都不同，需要我们每个人各尽所能绽放生命之花、合作共赢，共同构建美好家园。

二、饲料中各种营养物质的基本功能

(一)作为动物体的结构物质

营养物质是动物机体每一个细胞和组织的构成物质，如骨骼、肌肉、皮肤、结缔组织、牙齿、羽毛、角、爪等组织器官。所以，营养物质是动物维持生命和正常生产过程中不可缺少的物质。

(二)作为动物生存和生产的能量来源

在动物生命和生产过程中，维持体温、随意活动和生产产品，所需能量皆来源于营养物质。碳水化合物、脂肪和蛋白质都可以为动物提供能量，但以碳水化合物供能最经济。脂肪除供能外还是动物体贮存能量的最好形式。

(三)作为动物机体正常功能活动的调节物质

营养物质中的维生素、矿物质以及某些氨基酸、脂肪酸等，在动物机体内起着不可缺少的调节作用。如果缺乏，动物机体正常生理活动将出现紊乱，甚至死亡。

除以上功能外，营养物质在动物机体内，经一系列代谢过程后，还可以形成各式各样的体外产品。

三、动植物体营养物质组成

动物与植物虽然营养方式不同，但在化学组成上却十分相近。目前已知的109种化学元素中，动植物体内已发现60多种。这些元素中，以C、H、O、N含量最多，占总量95%以上。矿物质元素含量较少，约占5%。动植物体的绝大部分化学元素，并不是以游离状态存在的，而是相互结合成复杂的有机或无机化合物，构成各种组织器官及其产品的。动植物体所含化学元素种类基本相同，数量略有差异。植物因种类不同，化学元素含量差异很大。不同种类动物体化学元素含量差异不显著。无论植物或动物所含化学元素，皆以氧为最多，碳和氢次之，钙和磷较少。动物体内的钙、磷、钠含量，大大超过植物，钾含量则低于植物。其他微量元素的含量，相对较稳定。植物则受土壤、肥料、气候条件和收、贮时间等因素影响而变化。

动物从饲料中摄取由各种化学元素组成的化合物后，在体内代谢过程中，经一系列化学变化合成特定的无机和有机化合物。这些化合物大致可分为三类：第一类是构成机体组织的成分，如蛋白质、脂肪、碳水化合物、水和矿物质；第二类是合成或分解的中间产物，如氨基酸、脂肪酸、甘油、氨、尿素、肌酸等；第三类是生物活性物质，如酶、激素、维生素和抗体等。动植物体虽含有水分、粗灰分、粗蛋白质、粗脂肪、碳水化合物和维生素等六种同名营养物质，但是，二者某些同名营养物质在组成成分上又有以下几方面的差异。

（一）碳水化合物

碳水化合物是植物体的结构物质和贮备物质。植物体中可溶性碳水化合物分布比较集中，如芸薹属植物根的液泡中葡萄糖含量较高。甘蔗、甜菜等茎中蔗糖含量特别高。豆科籽实中棉籽糖、水苏糖含量高。块根块茎和禾谷类籽实干物质中淀粉等营养性多糖含量高达80%以上。一些木质化程度很高的茎叶、秕壳中，可溶性碳水化合物含量很低。动物体内的碳水化合物含量却少于1%，主要为糖原和葡萄糖。

结构性多糖主要分布于根茎叶和种皮中，主要包括纤维素、半纤维素、木质素和果胶等，是植物细胞壁的主要组成物质。不同种类、不同生长阶段的植物，细胞壁组成物质的种类和含量不同。纤维素含量占20%～40%，也可高达60%；半纤维素含量占10%～20%；果胶含量占1%～10%；木质素是植物生长成熟后才出现在细胞壁中的物质，占5%～10%。动物体内完全不含这一类物质，只含有少量葡萄糖、低级羧酸和糖原。

（二）蛋白质

蛋白质是动物体的结构物质。构成动植物体蛋白质的氨基酸种类相同，但植物体能自身合成全部的氨基酸，动物体则不能全部合成，一部分氨基酸必须从饲料中获得。植物除含真蛋白外，还含有较多的氨化物；动物主要是真蛋白和少量游离氨基酸、激素和酶，无其他氨化物；动物蛋白质含量高、变异小，品质也优于植物。

（三）脂类

脂类是动物体的贮备物质。植物除含真脂肪外，还有其他脂溶性物质，如脂肪酸、色素、树脂、蜡质；油料植物中脂类含量较多，一般植物脂类含量较少。脂类是动物体的贮备物质，动物主要是真脂肪、脂肪酸及脂溶性维生素，不含树脂和蜡质；动物因种类、品种、育肥程度等不同，脂肪含量差异大，动物脂肪含量高于除油料作物外的其他植物。

此外，植物体内水分含量变异范围很大，成年动物体内水分含量相对稳定。动物体内灰分含量比植物体内多(以干物质计)。特别是钙、磷、镁、钾、钠、氯、硫等常量矿物元素的含量远高于植物体。植物干物质中主要为碳水化合物，而动物则主要为蛋白质。

综上所述，动植物体组成成分既有相同的地方，又有很多差别，这就揭示了二者之间的相互关系：动物从饲料中摄取六种营养物质后，必须经过动物的消化代谢过程，才能将饲料中营养物质转变为机体成分、动物产品或提供能量。

【评估考核】

1. 名词解释

常量元素　　微量元素　　粗蛋白质　　粗脂肪　　粗灰分

2. 填空题

(1)在动植物体内__________、__________、__________、__________4种化学元素所占比重最大。它们在动植物体内的含量分别占______%和______%。

(2)组成动植物体共有的同名化合物有________、________、__________、__________、__________和__________6种。

3. 简答题

谈谈动植物体化合物组成的不同点及其相互关系。

4. 讨论与思考

试述动物营养与饲料在现代动物生产中的重要作用。

二维码1-2　动植物体营养物质组成评估考核参考答案

任务二　动物对饲料的采食

动物采食饲料是从饲料中获得所需要的营养物质。采食是动物摄入营养物质的基本途径。采食量是衡量动物摄入营养物质数量的尺度。影响动物采食量的因素很多,了解这些影响因素有助于在生产实践中调控采食量,以达到特定的饲养目的。

一、采食和采食量

1. 采食

动物的采食是一种复杂的活动,包括觅食、识别、定位、感知、食入、咀嚼和吞咽等一系列过程,是动物摄入营养物质的基本途径。动物采食的营养物质只有满足了维持需要后,多摄入的部分才能用于生产。因此,采食量是衡量动物摄入营养物质数量的尺度,是决定动物营养的首要指标,是影响动物生产性能的重要因素。

2. 采食量

动物在一定时间内采食饲料的重量,一般以日采食量表示,即动物在24 h内采食饲料的重量。采食量有自由采食量、实际采食量、限制采食量、强制采食量和定量采食量之分。在生产实践中,采食量一般指动物的自由采食量。

(1)自由采食量又称随意采食量,是指动物在充分接触饲料的情况下,在一定时间内采食饲料的数量,是动物在自然条件下采食行为的本能反应,一般随日龄增加而增加。自由采食量决定动物的采食能力。

(2)实际采食量是动物在实际饲养过程中,对采食量的一种计量方式。实际采食量则取决于动物自由接触饲料的程度和方式。在生产实践中,实际采食量往往低于随意采食量。

(3)限制采食量是指在某种特定生产目的下,限制动物的饲料供给量,如妊娠母猪、育成蛋鸡在限饲制度下的饲料供给量。

(4)强制采食量是指在某种特殊的生产目的下，进行强制性饲喂的采食量，如生产填鸭、肥鹅肝的采食量。

(5)定量采食量是指一定时间范围内定量给予动物一定数量的饲料，如动物消化代谢试验的给定采食量。

猪、鸡、牛成年动物的日采食量见表 1-1。

表 1-1 猪、鸡、牛成年动物的日采食量

种类	生长阶段	日采食量/kg
母牛	体重 550 kg	17.2(干物质)
	体重 650 kg	17.5(干物质)
生长猪	体重 20～50 kg	1.22～2.0
	体重 50～90 kg	2.2～2.7
母猪	妊娠期体重 175～220 kg	1.9～2.4
	哺乳期体重 150～175 kg	5.3～5.9
公猪	体重 60～80 kg	2.2～2.6
肉鸡	42 日龄	0.19
	56 日龄	0.24
产蛋鸡	轻型，体重 1.6 kg	0.10
	中型，体重 2.0 kg	0.12

二、动物的采食原则

1. 熟悉原则

对记忆中的味道(熟悉的味道)，动物会保持以往的正常采食量；对其偏好的味道，动物的采食量会比正常情况下提高。

2. 规避原则

对不熟悉、不嗜好的味道，动物本能的反应是产生一定程度上的“厌恶”或“回避”。

3. 印迹法则

如在母猪料中添加一种香味剂，则该香味剂的香味可能转移到乳汁中，对仔猪的采食产生印迹。若在仔猪料中添加该种香味剂，可增进其采食量。

三、影响采食量的因素

(一)动物因素

1. 遗传因素

采食量是一个低遗传力性状，可通过选择来提高。猪采食量的遗传力约为 0.3，但它与生长速度($r=0.6$)和瘦肉率($r=0.4$)的相关较大，故在以生长速度和瘦肉率为选择性状时也提高了采食量，这也是猪易过食的主要原因。

各种动物的采食习性和特点各不相同，如鸡早、晚采食较多，猪主要在白天采食，草食家畜则白天、晚上采食都很重要，甚至晚上采食更重要，如俗话说“马无夜草不肥”。各种动物的采食量相差甚远，同种动物的不同品种、品系间的采食量也存在明显差异。

2. 生理阶段

动物的生理阶段对采食量的影响机理既与物理调节有关，也与化学调节(主要是激素分泌的影响)有关。母畜发情时，一般采食量下降，甚至停止采食；母羊在妊娠后期，一方面血液中含有高浓度的雌激素，另一方面因子宫内容物压迫胃肠道，增加胃肠道紧张度，导致采食量降低；产羔后，能量需要增加，且胃肠道紧张度缓减，采食量显著增加，产羔后1个月采食量达到高峰。对奶牛的研究也表明：同一奶牛在不同生理时期，瘤胃容积的变化也伴随着采食量的变化。在产乳高峰时，奶牛血液中的VFA转化为乳成分的效率提高，降低了血液中的VFA，从而增加采食量。妊娠、泌乳和产蛋能刺激食欲，提高采食量。

3. 健康状况

疾病因素也是影响采食量的重要因素。患病和处于亚临床感染的动物常表现出食欲下降。母猪的产后瘫痪是最典型的例证，奶牛的乳腺炎导致采食量下降也很常见，胃肠道感染或寄生虫病也使采食量降低。大多数代谢疾病如妊娠毒血症、酮血症、*D*-乳酸症也表现出采食量下降。

4. 疲劳程度

过度疲劳的动物，采食量会下降。反刍动物采食劣质粗饲料导致疲劳而影响采食量。绵羊和牛每日的反刍时间最多约10 h，不可能强迫增加反刍时间。

5. 感觉系统

视觉、嗅觉、触觉和味觉等对调节人的食欲有重要作用，并影响每次摄取的食物数量。科学家们公认这些感觉对其他动物的采食量调节也具有重要作用，但作用程度可能不如对人类摄食的影响大。动物不同，感觉系统的作用也有差异，如听觉对鱼摄食、味觉对猪采食、视觉对鸡采食影响较大。

6. 学习

动物具有天生地对特定饲料的喜好和厌恶。但动物可从过去的采食经历或通过人为的训练，而对饲料产生喜好或厌恶。大多数动物是通过感觉器官来辨别饲料，因此，动物在其生命过程中，可能将饲料的适口性或风味(滋味和香味的总和)与某种不适(常常是胃肠道不适)或愉快的感觉联系在一起，产生“厌恶”或“喜好”，从而改变其采食行为。当动物对某种风味产生“厌恶”后，就会几乎或完全不采食含有这种风味的饲料。当动物对某种风味产生“喜好”后，就会喜爱含有这种风味的饲料。对某种风味产生“厌恶”或“喜好”取决于与该风味相关的饲料被采食后的效果。与年长的动物相比，幼小动物易产生“喜好”。

(二)饲粮因素

1. 适口性

适口性是指饲料的物理性状满足动物需要的程度，是一种饲料或饲粮的滋味、香味和质地特性的总和，是动物在觅食、定位和采食过程中视觉、嗅觉、触觉和味觉等感觉器官对饲料或饲粮的综合反应。适口性决定饲料被动物接受的程度，与采食量密切相关但又难以定量描述，它通过影响动物的食欲来影响采食量。饲料的滋味包括甜、酸、鲜和苦四种基本味。甜味来自有机化合物，如蔗糖、某些多糖、甘油、醇、醛和酮，一些稀碱和无机元素也有甜味。大多数多肽、蛋白质无味，但有些天然多肽是目前已知最甜的化合物之一。除肉食动物外，大多数动物均喜爱甜味。实验表明，绵羊喜爱低浓度甜味；牛对甜味的喜爱程度很强，对酸味的喜爱程度中等；鹿对甜味的喜爱程度最强，对酸味和苦味的喜爱程度弱或中等；山羊对四种基本滋味均能接受；猪也特别喜爱甜味。饲料的香味来自挥发性化合物，其类型很多。

生产中影响饲料适口性的主要因素如下。

（1）植物饲料原料中自身含有的物质引起适口性下降。这些物质主要包括奎宁、菜粕中含的芥子苷或硫苷、高粱中含的单宁等，均含有苦味，影响饲料的适口性，进而影响动物采食量和生产性能。

（2）过量的动物性原料会引起猪的适口性和采食量下降。鱼粉中过浓的腥味和胺类物质会引起食欲下降，同时蛋白和脂肪在微生物的作用下分解产生的物质会引起猪、禽的不适，降低采食量，应当适量使用。

（3）其他饲料添加剂。如过量的金属硫酸盐、过量的防霉剂和抗氧化剂、未经处理的一些药物添加剂等均能影响饲料的适口性。

（4）饲料的氧化酸败。氧化酸败常在高温高湿季节产生，使饲料产生异味，适口性下降。

（5）饲料霉变。饲料霉变也会降低饲料的适口性，有时其危害甚至比氧化酸败更大。

2. 能量浓度

研究表明，动物采食的实质是获取能量。动物为了生存与生产，必须保持多方面的生理平衡，失衡就意味着失常和减产。恒温动物先要保持能量的平衡，即采食能量＝散失能量＋产品能量。如果没有其他的干扰因素如营养缺乏、疾病等，则动物采食首要目的是满足能量的需要，即动物具有“为能而食”的本能。因此，饲粮能量浓度是影响采食量的重要因素。

家禽具有较强的“为能而食”的本能。随能量水平增加，采食量下降，但能量总摄入量有可能增加，增加的程度因重型和轻型品种而不同。饲粮的代谢能提高 10%，代谢能摄入量重型品种增加 5%，而轻型品种增加 2%～3%，相应地，重型品种沉积的脂肪高于轻型品种。

能量浓度对采食量和饲料转化率的影响在生产上具有重要意义。配制动物饲粮时，首先必须保证饲粮具有恰当的能量浓度，以保证能量摄入量能满足动物的需要；其次，饲粮中其他养分必须和能量保持一定的比例，随能量浓度而变。通过改变能量浓度来实现对采食量的调控，进而调控动物的生产性能。该法尤其适用于单胃动物，如对育肥后期的动物（育成鸡、后备猪、产蛋鸡、妊娠猪、肉鸡等）常需要控制采食量，进而控制动物的生长速度，以达到提高饲料的转化效率、提高产品品质（如提高瘦肉率）、防止种畜过肥而降低繁殖性能、防止生长过快而引起的疾病如腹水症等目的。此时，可以用含能量低的饲料如饲草、麦麸、统糠等来降低能量浓度，减少能量摄入量。在热应激时，动物的采食量会下降，为防止生产性能下降，可以添加含能量高的脂肪，提高能量浓度，以保证在采食量下降的情况下仍能够摄入足够的能量。

3. 饲粮蛋白质和氨基酸水平

（1）蛋白质。对大多数动物而言，饲粮缺乏蛋白质会降低采食量。因蛋白质缺乏会降低消化酶合成量，并抑制瘤胃细菌的发酵作用，导致体内蛋白质分解。饲粮蛋白质水平提高也会降低采食量，其机理可能是蛋白质的热增耗高引起体内温度升高。因此，当动物处于热应激时，降低蛋白质水平，可以缓减热应激对动物生产性能的影响。

(2)氨基酸。饲粮氨基酸的含量和平衡情况影响动物的采食量。当饲喂氨基酸缺乏程度较低的饲粮时，鸡和大鼠会略微提高采食量以补偿氨基酸的缺乏。但如果饲粮氨基酸严重不平衡、某种氨基酸严重缺乏或过量时，动物的采食量就会急剧下降。正常饲粮情况下，氨基酸对采食量的调控作用很小。

4. 脂肪

饲粮脂肪含量提高会干扰正常瘤胃的功能，大大降低反刍动物的采食量。反刍动物饲粮脂肪含量最高为10%左右。单胃动物能够耐受更高水平的饲粮脂肪，但随脂肪水平提高，采食量也会大大下降。除甘油部分外，脂肪分子并不能产生葡萄糖，目前也未发现长链脂肪酸受体。因此，脂肪调控短期采食量的机制尚不清楚。

5. 中性洗涤纤维

牧草中NDF的含量和消化率是影响反刍动物采食量的重要因素。NDF能通过影响瘤胃的填充程度而调节采食量。

6. 矿物元素和维生素

已确认钙能够调节大鼠和产蛋鸡的采食量。提高大鼠大脑中的钙浓度，可使已经吃饱的大鼠再次采食。饲粮含钙量高(30 g/kg)时，产蛋鸡的采食量比休产蛋鸡的采食量高25%，但若饲喂低钙饲粮，自由采食粗钙料，并未发现采食量的差异。哺乳动物血钙浓度比较稳定，钙对采食量的调节有无作用尚不清楚。此外，特定微量元素(如钴、铜、锌、锰)和维生素(如核黄素、维生素D_3、硫胺素、维生素B_{12})对采食量也有调节作用，过多或缺乏会导致食欲减退，如硫胺素、叶酸、泛酸、食盐、锌的缺乏和钙、碘、铁、锰的过量造成动物采食量下降。

7. 饲料添加剂

实验证明，动物饲粮中加入少量抗生素可提高动物(如猪、鸡、牛、羊、鱼)采食量7%～15%。大量添加尿素会降低采食量。生产上也广泛使用各种风味剂以增加动物的采食量，减少应激或掩盖某些不良的饲料风味，提高动物的生产性能。

(三)环境因素

各种造成动物应激的环境因素，如拥挤、运输和环境温度等均会降低动物的采食量。因为应激使动物体内肾上腺素和去甲肾上腺素分泌增加，引起糖原和脂肪分解加速，血糖浓度提高，从而降低采食量。

(四)饲喂技术

正确的饲喂技术能够使动物保持强烈的食欲，以最节省的饲料消耗，达到最高的生产水平。

1. 饮水

水是影响采食量的重要因素。只有在饮水得到保证的情况下，动物的采食量才可达到最大。此外，饮水的清洁卫生也很重要。动物会拒绝饮用被粪、尿等污染的水源。

2. 饲料形态

与粉料相比，颗粒料可提高采食量。与整粒籽实相比，压扁或破碎可提高采食量。对于反刍动物，粗饲料磨碎或制粒，可降低或消除反刍，增加食糜通过消化道的速度，降低胃肠道的紧张度，增加采食量。任何降低饲料粉尘的方法均可提高采食量。鱼类摄食要求饲粮颗粒必须与鱼体大小相适应。

3. 饲喂方式和时间

自由采食时动物的采食量高于限饲时。少喂勤添可使动物保持较高的食欲，并减少饲料浪费。在环境温度过高时，将饲喂时间改在夜间气温凉爽时，可保持采食量不下降。在人类营养中，通常认为少食多餐比每天2～3餐增重快。

4. 饲喂的连续性

从营养上讲，动物从出生起的整个生命，虽然可以分为几个阶段，但前后之间存在连续性。如母猪妊娠期的采食量不仅会影响妊娠期母猪的增重、胎儿的发育，也会影响泌乳期的采食量，从而影响产乳量。因此，应该从全局的观点来决定母猪各阶段的采食量和饲养方式。

此外，凡增减喂量或更换饲料种类，均应采取逐渐变换的方法，不可骤然打乱采食习惯。否则，轻则引起不安、消化紊乱、便秘或下痢，重则引起胃扩张、肠结，甚至死亡。

总之，饲料的适口性、采食量、可消化性、可利用性和转化效率，是衡量饲料营养价值的重要指标。不同种类和不同来源的饲料，所含营养成分不同，被动物利用的程度也不一样，其营养价值也不同。饲料营养价值越高，用于动物生产的效果越好。

【评估考核】

1. 名词解释

采食　采食量　自由采食量　实际采食量　限制采食量

强制采食量　定量采食量

2. 填空题

动物的采食原则有________、________、________。

3. 简答题

影响采食量的因素有哪些？

4. 讨论与思考

生产实践中影响饲料适口性的因素主要包括哪些方面？

二维码 1-3　动物对饲料的采食评估考核参考答案

任务三　动物对饲料的消化

饲料中的水、矿物质、维生素等小分子物质可以不经过消化，在消化道内直接被动物吸收，但饲料中的大分子营养物质一般不能直接进入体内，必须经过消化。通常把饲料中的碳水化合物、蛋白质、脂肪等大分子物质，在消化酶作用下转变成能溶于水的小分子物质的过程称为消化。大分子物质只有经过消化转变为生理条件下可溶解的小分子物质，才能被动物吸收。不同动物对不同饲料的消化利用程度不同，饲料中各种营养物质消化吸收的程度直接影响其利用效率，了解动物对饲料的消化规律和特点，有利于合理向动物供给饲料，科学认识动物的营养过程，提高饲料利用效率，降低动物生产成本，节约利用饲料。

二维码 1-4　动物对饲料的消化吸收

一、消化方式

动物的种类不同，消化道结构和功能也不同，但是，从生理学的角度看，不同种类的动物之间消化的原理是非常相似的，消化方式许多是相同的，人也不例外。

（一）物理性消化

物理性消化主要靠动物的咀嚼器官——牙齿和消化道管壁的肌肉运动把饲料撕碎、磨烂、压扁，以增加食物的表面积，易与消化液充分混合，并把食糜从消化道的一个部位运送到另一个部位。所有物理性消化过程，都有利于在消化道内形成多水的食糜，为胃肠的化学性消化（主要是酶的消化）和微生物消化做好准备。动物胃肠内的物理性消化，主要靠消化道管壁肌肉的收缩，对食糜进行研磨和搅拌。

猪、马、牛、羊等哺乳动物的口腔是主要的物理消化器官，对改变饲料粒度起着十分重要的作用。鸡、鸭、鹅等禽类对饲料的物理消化，主要是通过肌胃收缩的压力和饲料中硬质物料的磨碎，达到改变饲料粒度的目的，这也是禽类在笼养条件下，配合饲料中适量添加沙砾的依据。

（二）化学性消化

动物对饲料的化学性消化，主要是酶的消化。酶的消化是高等动物消化的主要方式，是饲料变成动物能吸收的营养物质的一个过程。反刍动物与非反刍动物都存在着酶的消化，但是酶的消化对非反刍动物的营养具有特别重要的作用。不同种类动物酶消化的特点明显不同。

原生动物酶的消化主要是细胞内消化。变形虫和草履虫吞噬食物后形成食物泡，再由溶酶体分泌的酶对食物进行化学性消化。随着动物的进化，细胞内消化逐渐分化为细胞外消化。细胞外消化的动物，消化管各部位已发生分化，有的部位以物理性消化为主（如口腔、肌胃），有的部位（如嗉囊、瘤胃）用来贮存食物，有的部位（如真胃、小肠）主要分泌消化液，有的部位（如小肠、大肠）主要用来吸收和形成粪便。

高等动物消化系统分化更完全，消化液分泌较多，主要是消化酶的消化，仅少量低聚糖、小肽在吸收细胞内消化。各种动物口腔分泌唾液通常用来润湿食物，便于吞咽。人的唾液中含有淀粉酶较多。猪和家禽唾液中含有少量淀粉酶。牛、羊、马唾液中不含淀粉酶或含量极少，但存在其他酶类，如麦芽糖酶、过氧化物酶、脂肪酶和磷酸酶等。唾液淀粉酶在动物口腔内消化活性很弱，在胃内还可以进一步发挥消化作用。反刍动物唾液中所含 $NaHCO_3$ 和磷酸盐对维持瘤胃适宜酸度具有较强的缓冲作用。唾液分泌量对维持瘤胃稳定的流质容积也起重要作用。

动物对饲料中的蛋白质、脂肪和糖主要靠消化器官分泌相应的消化酶进行消化。植物细胞壁所含的纤维素、半纤维素和木质素等能抗化学侵蚀，在脊椎动物的消化性分泌物中不含相应的酶。动物对饲料中纤维性物质的消化，主要靠消化道内微生物发酵。

不同生长阶段的动物，分泌消化酶的种类、数量、酶的活性不同，这是在动物生产上合理组织饲料供应的科学依据。

（三）微生物消化

消化道微生物在动物消化过程中起着积极的不可忽视的作用。这种作用对反刍动物和草食单胃动物的消化十分重要，是其能大量利用粗饲料的根本原因。瘤胃微生物主要有：瘤胃细菌、产甲烷菌、瘤胃原虫（纤毛虫）、瘤胃真菌等。其中，瘤胃细菌主要是：纤维降解菌、淀粉降解菌、半纤维素降解菌、蛋白降解菌、脂肪降解菌、酸利用菌、乳酸产生菌等，它们能产生大量的纤维素酶、半纤维素酶、果聚糖酶等。瘤胃原虫可分泌淀粉酶、蔗糖酶、果胶酶和多聚半乳糖醛酸酶等，可降解淀粉、蛋白和可溶性糖作为能源。瘤胃厌氧真菌中的绝大部分种属都能分解纤维素，都具有广泛的高活性的降解植物细胞壁的纤维素酶、木聚糖酶、果胶酶和酯酶。而且，体外进行的厌氧真菌与纤维分解细菌的比较表明，真菌在降解大片段的植物组织时，显著优于纤维分解细菌。部分纤毛虫也能利用纤维物质。

动物采食饲料后，必须先将植物细胞的坚固外壁分解，才能利用植物细胞内的营养物质。粗饲料中纤维素、半纤维素以及木质素等含量很高，高等动物体内没有分解纤维素的酶，而许多微生物体内则含有很丰富的能够分解纤维素的酶。这样栖居于反刍动物瘤胃内的微生物，在帮助动物消化和利用植物纤维素方面就起了决定性作用，这是生物进化过程中形成的共生现象。反刍动物瘤胃内的微生物利用宿主动物提供的良好生活环境——瘤胃内丰富的植物性饲料，适宜的温度、湿度、酸碱度、渗透压以及氧气等条件生长繁殖。这些微生物包括种类繁多的细菌和纤毛虫，每克瘤胃内容物在正常情况下可含细菌 150 亿～250 亿个，纤毛虫 60 万～180 万个。

微生物消化作用包括：①碳水化合物的消化。微生物中的 α-淀粉酶、果聚糖酶、半纤维素酶和纤维素酶等，可将各类纤维素以及可溶性糖逐级分解至葡萄糖，再经发酵最终产生挥发性脂肪酸(主要为乙酸、丙酸和丁酸)、乳酸、甲烷、二氧化碳等产物。甲烷和二氧化碳等气体主要由口腔排出体外，挥发性脂肪酸大部分在瘤胃内被吸收利用。在泌乳期间，反刍动物可以利用所吸收的乙酸与丁酸合成乳脂。微生物还能利用分解纤维素所产生的单糖和双糖合成自身的糖原，贮存于菌(虫)体内，在微生物进入皱胃和小肠后，这些糖原又可成为宿主动物的葡萄糖来源之一。②蛋白质的分解与合成。饲料中的蛋白质有一半以上可被瘤胃中微生物产生的蛋白酶分解为氨基酸，氨基酸进一步在微生物的脱氨酶作用下生成氨、二氧化碳和有机酸；饲料中的非蛋白氮(如尿素和铵盐)也可被瘤胃中微生物产生的脲酶分解为氨和二氧化碳。最后，微生物利用糖、挥发性脂肪酸和二氧化碳构成碳架，在有能量供应的条件下，与氨合成氨基酸，再转变为菌(虫)体蛋白质，随后被宿主消化和利用。③合成维生素。瘤胃内的微生物还能合成 B 族维生素和维生素 K，因此，反刍动物不易患这些维生素缺乏症。

反刍动物的微生物消化场所主要在瘤胃，其次在盲肠和大肠。瘤胃微生物消化具有五大优点：一是借助于微生物产生的纤维素酶和半纤维素酶等，消化宿主不能消化的纤维素、半纤维素等物质；二是瘤胃微生物能直接利用饲料蛋白质分解的氨基酸合成菌体蛋白；三是瘤胃微生物能直接利用饲料氨化物(NPN)分解的 NH_3 合成菌体蛋白；四是微生物产生的某些酶能使部分不饱和脂肪酸发生氢化作用而转变成饱和脂肪酸，增加脂肪的硬度；五是微生物能合成必需氨基酸、必需脂肪酸、B 族维生素和维生素 K 等供宿主利用。

瘤胃微生物消化的不足之处是微生物发酵使饲料能量的损失较多，优质蛋白质被降解，一部分碳水化合物经发酵生成 CH_4、CO_2、H_2、O_2 等气体，排出体外而流失。

瘤胃微生物不仅与宿主存在共生关系，而且微生物之间彼此存在相互制约、相互共生的关系。瘤胃原虫能吞食和消化细菌；能吞噬大量淀粉颗粒，防止淀粉迅速发酵而稳定瘤胃内 pH。当瘤胃原虫完全消失时，细菌数目就大量增加，维持瘤胃内一定的消化水平。

草食单胃动物的微生物消化主要集中在盲肠和大肠，其微生物消化与反刍动物瘤胃的微生物消化类似。猪的大肠、家禽的嗉囊也能进行少量的微生物消化。

显然，微生物消化的最大特点是，可将大量不能被宿主动物直接利用的物质转化成能被宿主动物利用的高质量营养素。但在微生物消化过程中，也有一定量能被宿主动物直接利用的营养物质先被微生物利用或发酵损失，这种营养物质二次利用明显降低了利用效率，特别是能量利用效率。

二、各类动物的消化特点

(一)非反刍动物

非反刍动物分为单胃杂食类、草食类和肉食类，主要有猪、马、兔和犬等。除单胃草食类动物外，单胃杂食类动物的消化特点主要是酶的消化，微生物消化较弱。

猪是单胃杂食动物，其牙齿对饲料的咀嚼比较细致，咀嚼时间长短与饲料的柔软程度和动物年龄有关。一般粗硬的饲料咀嚼时间长，随年龄的增加咀嚼时间相应缩短。但盲肠不发达，消化管的容量也有限，其食物消化主要依靠化学性的消化作用，而微生物的消化作用较小。在生产上猪饲料宜适当粉碎以减少咀嚼的能量消耗，因此用适当的精饲料喂猪比用大量青粗饲料更为适宜。同时又有助于胃、肠中酶的消化。猪饲粮中的粗纤维主要靠大肠和盲肠中微生物发酵消化，消化能力较弱。猪的消化器官模式见图 1-2。

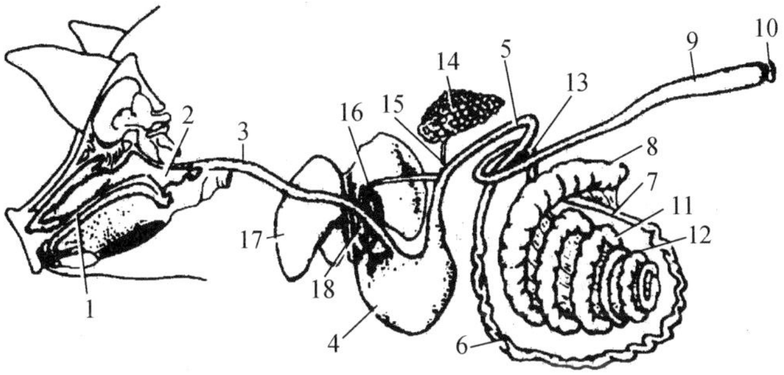

1. 口腔　2. 咽　3. 食管　4. 胃　5. 十二指肠　6. 空肠　7. 回肠　8. 盲肠
9. 直肠　10. 肛门　11. 结肠向心回　12. 离心回　13. 终袢　14. 胰
15. 胰管　16. 胆总管　17. 肝　18. 胆囊

图 1-2　猪的消化器官模式图

马和兔主要靠上唇和门齿采食饲料，靠臼齿磨碎饲料，咀嚼比猪更细致。咀嚼时间越长，唾液分泌越多；饲料的湿润、膨胀、松软就越好，越有利于胃内酶的消化。该类动物的饲料喂前适当切短，有助于采食和磨碎。

马胃的容积较小，盲肠和结肠却十分发达。盲肠容积可达 32～37 L，约占消化道容积的 16%，而猪和牛仅占 7%。盲肠中的微生物种类与反刍动物瘤胃类似。食糜在马盲肠和结肠中滞留时间长达 72 h 以上，饲草中粗纤维 40%～50%被微生物发酵分解为挥发性脂肪酸、氨和二氧化碳。消化能力与瘤胃类似。兔的盲肠和结肠有明显的蠕动与逆蠕动，从而保证了盲肠和结肠内微生物对食物残渣中粗纤维进行充分消化。

(二)反刍动物

反刍动物牛羊的消化特点是前胃(瘤胃、网胃、瓣胃)以微生物消化为主，主要在瘤胃内进行。皱胃和小肠的消化与非反刍动物类似，主要是酶的消化。

反刍动物采食饲料不经充分咀嚼就匆匆咽入瘤胃，被唾液和瘤胃水分浸润软化后，在休息时又返回到口腔仔细咀嚼，再吞咽入瘤胃。这是反刍动物消化过程中特有的反刍现象。饲料在瘤胃经微生物充分发酵，其中70%～85%干物质和50%粗纤维在瘤胃内消化，其过程也体现瘤胃微生物消化的五大优点。牛的消化器官模式见图1-3。

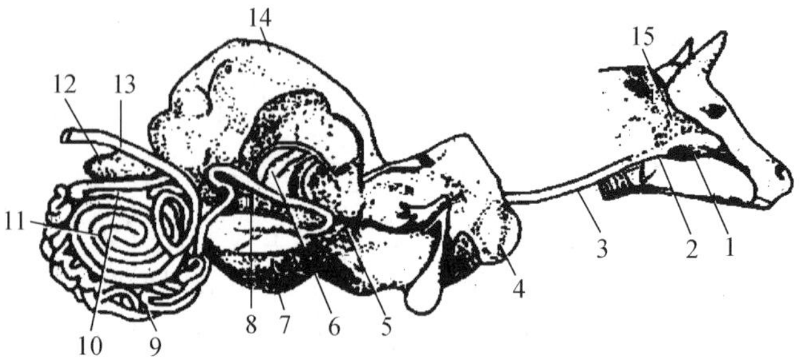

1. 口腔 2. 咽 3. 食管 4. 肝 5. 网胃 6. 瓣胃 7. 皱胃
8. 十二指肠 9. 空肠 10. 回肠 11. 结肠 12. 盲肠
13. 直肠 14. 瘤胃 15. 腮腺

图1-3 牛的消化器官模式图

食糜由瘤胃、网胃、瓣胃进入皱胃和小肠，进行酶的消化。当食糜进入盲肠和大肠时又进行第二次微生物消化。饲料中粗纤维经两次发酵，消化率显著提高，这也是反刍动物能大量利用粗饲料的营养基础。

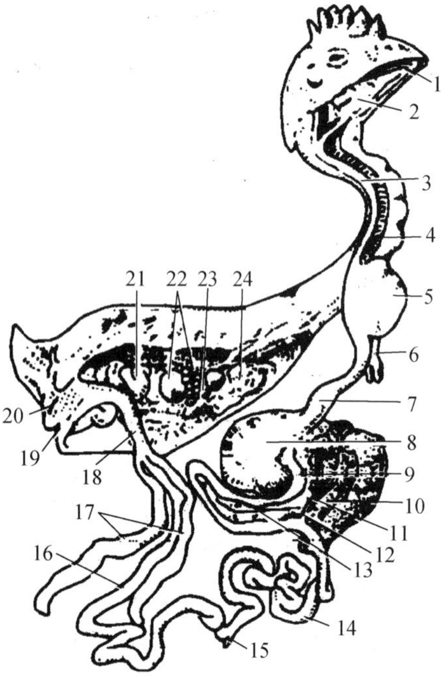

1. 口腔 2. 咽 3. 食管 4. 气管 5. 嗉囊 6. 鸣管
7. 腺胃 8. 肌胃 9. 十二指肠 10. 胆囊
11. 肝管及胆管 12. 胰管 13. 胰 14. 空肠
15. 卵黄囊憩室 16. 回肠 17. 盲肠 18. 直肠
19. 泄殖腔 20. 肛门 21. 输卵管
22. 卵巢 23. 心 24. 肺

图1-4 鸡的消化器官模式图

(三)禽类

禽类对饲料中养分的消化类似于非反刍动物猪的消化。不同的是禽类口腔中没有牙齿，靠喙采食饲料，喙也能撕碎大块食物。鸭和鹅呈扁平状的喙，边缘粗糙面具有很多小型的角质齿，也有切断饲料的功能。饲料与口腔内的唾液混合，吞入食管膨大部——嗉囊中贮存并将饲料湿润和软化，再进入腺胃。食物在腺胃停留时间很短，消化作用不强。禽类的肌胃壁肌肉坚厚，可对饲料进行机械性磨碎，肌胃内的沙砾更有助于饲料的磨碎和消化。禽类的肠道较短，饲料在肠道中停留时间不长，所以酶的消化和微生物的消化都比猪的弱。未消化的食物残渣和尿液，通过泄殖腔排出。鸡的消化器官模式见图1-4。

三、消化后营养物质的吸收

营养物质在消化道内被消化后，其分解产物通过黏膜上皮细胞进入血液和淋巴的过程称为吸收。代谢是动物体内所发生的用于维持生命和生产等一系列有序的化学反应的总称。它包括分解代谢和合成代谢两大类：分解代谢可以对大的分子进行分解以获得能量，如细胞呼吸；合成代谢则可以利用能量来合成细胞中的各个组分，如蛋白质和核酸。

动物营养研究中，把消化吸收了的营养物质视为可消化营养物质。在评定饲料营养价值时，食入饲料中养分减去粪中养分称为可消化养分。饲料中能被动物消化、吸收和利用的那部分养分称为可代谢（利用）养分，也可理解为饲料中用于动物维持生命和生长发育的养分，即形成体成分、体外产品和氧化供能的那部分养分。由此可见，“可消化”意指养分被吸收（从胃肠道中消失）。“可代谢”则表明一种物质既可被吸收，又可供作细胞合成物质的原料。

高等动物可消化营养物质的吸收机制有三种方式。

（一）胞饮吸收

胞饮吸收是细胞通过伸出伪足或与物质接触处的膜内陷，从而将这些物质包入细胞内。以这种方式吸收的物质，可以是分子形式，也可以是团块或聚集物形式。初生哺乳动物（24～36 h）对初乳中免疫球蛋白的吸收方式是胞饮吸收，这对初生动物获取抗体具有十分重要的意义。

（二）被动吸收

被动吸收是通过动物消化道上皮的滤过、扩散和渗透作用，将消化了的营养物质吸收进入血液和淋巴系统。这种吸收方式不需要消耗机体能量。一些分子量低的物质，如简单多肽、各种离子、电解质和水等的吸收方式为被动吸收。

（三）主动吸收

主动吸收与被动吸收相反，必须通过机体消耗能量，是依靠细胞壁“泵蛋白”来完成的一种逆电化学梯度的物质转运形式，这种吸收形式是高等动物吸收营养物质的主要方式。

各种动物口腔和食道内均不吸收营养物质。非反刍动物，胃可以吸收少量葡萄糖、小肽和水。各种动物营养物质的主要吸收场所在小肠。反刍动物不同于非反刍动物的是瘤胃可吸收氨和挥发性脂肪酸，其余三个胃主要是吸收水和无机盐。可消化营养物质吸收进入血液和淋巴后，即可进一步参与机体代谢。

四、三大有机物质的消化与利用

（一）三大有机物的消化吸收

1. 饲料消化性与动物消化力

饲料可被动物消化的程度称为饲料消化性；而动物消化饲料中营养物质的能力称为动物消化力。饲料消化性和动物消化力是营养物质消化过程的两个方面，衡量饲料消化性和动物消化力这两个方面的统一指标是消化率。

饲料中三大有机物被动物采食后，要先经过胃肠消化，其中一部分被消化了，另一部分未被消化。被消化的蛋白质最终被分解为氨基酸和寡肽，被消化的脂肪最终被分解为甘油和脂肪酸，被消化的碳水化合物最终被分解为单糖或酵解为低级羧酸（VFA）。消化最终产物大部分被小肠吸收，少部分未被吸收，未被吸收的部分随同未被消化的部分一起由粪便排出体外。三大有机物在机体内消化与利用如图 1-5 所示。

饲料中被动物消化吸收的营养物质称为可消化营养物质。可消化营养物质占食入营养物质的百分比称为消化率。则：

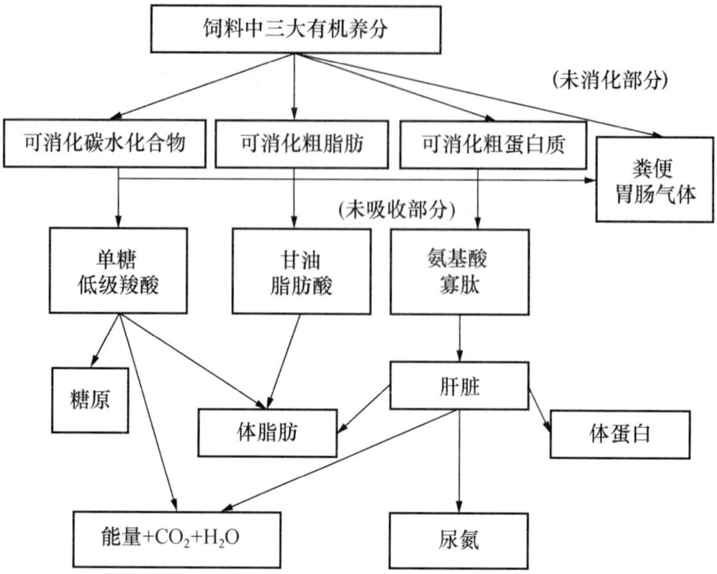

图 1-5 三大有机物在机体内消化与利用简图

$$消化率=\frac{可消化营养物质}{食入营养物质}\times 100\%=\frac{食入营养物质-粪中营养物质}{食入营养物质}\times 100\%$$

但因粪中排出的物质,除饲料中未消化吸收的营养物质外,还有消化道脱落细胞及分泌物、肠道微生物及其产物。另外,在计算可消化营养物质时,也未扣除饲料在消化道发酵所产生气体的损失部分,故此消化率又称为表观消化率。而真消化率如下式计算:

$$真消化率=\frac{食入营养物质-(粪中排出物质-粪中代谢产物)}{食入营养物质}\times 100\%$$

表观消化率比真消化率低,但真消化率的测定比较复杂。因此,一般测定和应用的饲料营养物质消化率多是表观消化率。饲料的消化率可通过消化实验测得。

2. 影响消化率的因素

(1)动物因素。

①种类。不同种类的动物,消化器官的结构、功能、容积不同对饲料的消化率不同,尤其是粗饲料消化率差别较大,其中牛>羊>马、兔>猪>禽。动物对精饲料消化率差异较小。若要使有机物消化率均达到98%,饲料中粗纤维的含量:牛18%、猪10%、禽5%。饲粮粗纤维超过上述指标时,牛的耐受力最强,禽类最差,故鸡的日粮粗纤维不宜超过5%。

②品种。高度培育品种对粗饲料消化率极低,耐粗饲性差。

③年龄。幼龄动物和老年动物消化率低。随着年龄增长,消化器官不断发育、完善,动物对粗纤维、粗脂肪、粗蛋白质的消化率提高,但无氮浸出物和有机物消化率变化不大。随着衰老,消化功能衰退,消化力降低。

④体质。健康动物的消化力强,病态动物饲料消化率低。

(2)饲料因素。

①种类。青绿饲料消化率>干草、籽实>秸秆。

②化学成分。饲料中粗蛋白质含量提高，消化率提高，对反刍动物尤其明显；粗纤维与消化率呈负相关，对单胃动物尤为明显；淀粉含量过多，反刍动物对粗饲料的消化率降低；饲料中含有一定量的脂肪有利于消化，但过多则不利消化，尤其对钙、粗纤维的消化不利；增加维生素、平衡补充微量元素可促进消化。

③饲料中的抗营养因子。饲料中的抗营养因子是指饲料中本身含有的或从外界进入饲料中的阻碍饲料消化的微量成分。饲料中含有抗营养因子，会不同程度地降低消化率。

饲料中的抗营养因子如大豆含有的蛋白酶抑制因子——凝集素、皂素等，抑制酶的分泌；硫代葡萄糖苷与底物结合，形成不溶性产物；单宁可与蛋白质结合，植酸、草酸可与蛋白质、氨基酸、矿物质结合增加食糜黏度，阻止酶与底物结合从而降低饲料消化率。

(3)饲养管理因素。

①适当合理的加工处理可提高饲料消化率，如适当粉碎精饲料、对粗饲料进行碱化、氨化、微贮、膨化等可提高消化率。

②延长饲料在消化道的停留时间，可提高消化率。饲料颗粒化可防止动物挑食，提高适口性，延长饲料在消化道中停留时间，提高消化率，过度粉碎饲料不利于消化。

③随着饲养水平提高，饲料流通速度加快，消化率下降。

④饲料搭配技术与养分平衡状况也影响饲料消化率。平衡设计日粮可提高消化率，添加酶制剂可提高消化率以维持水平或低于维持饲养，养分消化率高；而超过维持水平后，随饲养水平的提高，消化率呈现降低的现象。

⑤饲喂技术。少量多餐、湿拌料饲喂、奶牛全混合日粮（TMR）技术、投喂时间（特别是高温季节）等技术均为有效的饲喂技术。

（二）三大有机物的利用

吸收后的氨基酸和小肽，进入肝脏，大部分经体循环到动物各组织中合成体蛋白，而一部分氨基酸在肝脏中脱氨形成尿素，由血液输送到肾脏，溶于水形成尿排出体外；吸收后的甘油和脂肪酸，主要是形成体脂肪或氧化供给动物体能量；吸收后的单糖或 VFA，主要是氧化供给动物体能量，如有多余，可在肝脏和肌肉中形成糖原贮存起来，再有多余时，也可形成体脂肪，将能量贮备起来，以供不时之需。

可见，吸收后的营养物质，被用于两个方面，一是形成动物体成分（体蛋白、体脂肪及少量糖原）和体外产品（奶、蛋及皮毛等），二是氧化供给动物体能量。将饲料中用于形成动物体成分、体外产品和氧化供给动物体能量的营养物质称为可利用营养物质。可利用营养物质占可消化营养物质的百分比称为利用率。

$$\text{利用率}=\frac{\text{可利用营养物质}}{\text{可消化营养物质}}\times 100\%$$
$$=\frac{\text{食入物质}-\text{粪中物质}-\text{尿中物质}-\text{胃肠气体损失}}{\text{食入物质}-\text{粪中物质}}\times 100\%$$

正常情况下，尿中没有碳水化合物和脂肪的代谢产物，只有蛋白质的尾产物尿素（或尿酸）等。胃肠气体损失物质主要是消化道中微生物酵解碳水化合物时产生的甲烷等，以气体形式排出体外的损失。

动物对饲料蛋白质的利用率又称为蛋白质生物学价值（BV）。蛋白质生物学价值即动物体内被利用氮占肠道吸收氮的百分比。其计算公式如下：

$$蛋白质生物学价值=\frac{利用氮}{吸收氮}\times 100\%=\frac{食入氮-(粪中氮+尿中氮)}{食入氮-粪中氮}\times 100\%$$

蛋白质生物学价值越高，表明蛋白质的营养价值就越高。

【评估考核】

1. 名词解释

消化　吸收　物理性消化　化学性消化　微生物消化　消化性
消化力　消化率　可消化营养物质　可利用营养物质　利用率

二维码 1-5　动物对饲料的消化评估考核参考答案

2. 简答题

(1)简述动物对饲料的消化方式及消化过程。

(2)简述影响动物消化力、饲料消化性及消化率的因素。

3. 讨论与思考

试述各种动物的消化方式及特点。

知识拓展

(1)营养是指动物摄取、消化、吸收、利用饲料中营养物质的全过程，是一系列物理、化学及生理变化过程的总称。

(2)凡能给动物提供一种或多种营养物质，并在一定条件下无毒无害的物质都称为饲料。

(3)所谓吃饱，一般是指摄入足够的热能(主要是糖和脂肪)。

(4)所谓吃好，虽然每个人的解释不一定完全相同，但总的来说，是指在吃饱的基础上，其他营养素特别是蛋白质摄入量的增加和食物的多样化。人类喜欢吃动物性食品，不仅因为其味美是一种享受，更重要的是它的营养价值一般高于植物性食品。

(5)食欲是动物对现存食物的认识反应或习惯反应。

(6)健康是指体格的、精神的和社会的全面安宁愉快状态。健康的标志是平衡的营养＋适度的运动＋充足的睡眠。

(7)饲料营养价值是指饲料中营养物质及能量满足动物需要的程度。

(8)饲养水平是指实际饲喂量相当于维持饲喂量的倍数。

项目二

饲料营养物质与动物营养

学习目标

了解饲料营养物质的消化代谢特点和营养生理功能；掌握营养物质不足或缺乏对动物健康和生产的影响。培养节能减排、保护环境意识；理解量变与质变的辩证关系，把握适度原则；刻苦钻研营养缺乏症表现，精准诊断，具备当代工匠精神。

学习内容

任务一　蛋白质与动物营养

蛋白质是一切生物生命活动的物质基础，是细胞的重要组成部分，它是动物体内除水分外含量最多的物质。蛋白质不仅是生命体的组成成分，而且极具重要的生物学性质，在体内执行着各种各样的生物学功能。动物在组织器官的生长和更新过程中，必须从饲料中不断获取蛋白质等含氮物质。所以，蛋白质在动物营养中占有十分特殊的地位。

二维码 2-1　蛋白质营养基础

一、蛋白质的化学组成

蛋白质是由 α-氨基酸按一定顺序结合形成一条多肽链，再由一条或多条多肽链按照其特定方式结合而成的高分子化合物。大多数蛋白质含有碳、氢、氧、氮、硫五种元素，少数还含有磷、铁、铜和碘等。各种蛋白质的含氮量虽不完全相等，但差异不大(15.5%～18.0%)。一般蛋白质的含氮量平均为 16%，即 1 g 蛋白氮相当于 6.25 g 蛋白质。6.25 常称为蛋白质系数。动物组织和饲料中真蛋白质含氮量的测定比较困难，通常只测定其中的总含氮量，并以粗蛋白质表示。

氨基酸是组成蛋白质的基本单位，它的组成也就决定着蛋白质营养价值的高低。由于组成蛋白质的氨基酸数量、种类和排列顺序不同形成了各种各样的蛋白质，故蛋白质的营养实际上是氨基酸的营养。已知组成动植物蛋白质的氨基酸有 20 余种，不论哪种氨基酸都有一个氨基连接在与羧基相邻近的碳原子上。可用 $R—CH(NH_2)·COOH$ 来表示。植物能合成自己全部的氨基酸，动物蛋白虽然含有与植物蛋白同样的氨基酸，但动物不能全部自己合成。氨基酸有 *L* 型和 *D* 型两种构型。除蛋氨酸外，*L* 型的氨基酸生物学效价比 *D* 型高，而且大多数 *D* 型氨基酸不能被动物利用或利用率很低。天然饲料中仅含易被利用的 *L* 型氨基酸。微生物能合成 *L* 型和 *D* 型两种氨基酸。化学合成的氨基酸多为 *D* 型、*L* 型混合物。

二、蛋白质的分类

蛋白质通常是按照其结构、形态和物理特性进行分类的。不同分类间往往也存在交错重叠的情况。一般可分为纤维蛋白、球状蛋白和结合蛋白三大类。

1. 纤维蛋白

纤维蛋白包括胶原蛋白、弹性蛋白和角蛋白。

(1)胶原蛋白。胶原蛋白是软骨和结缔组织的主要蛋白质，一般占哺乳动物体蛋白总量的30%左右。胶原蛋白不溶于水，对动物消化酶有抗性，但在水、稀酸或稀碱中煮沸，易变成可溶的易消化的白明胶。胶原蛋白含有大量的羟脯氨酸和少量羟赖氨酸，缺乏半胱氨酸、胱氨酸和色氨酸。

(2)弹性蛋白。弹性蛋白是弹性组织(如腱和动脉)的蛋白质。

(3)角蛋白。角蛋白是羽毛、毛发、爪、喙、蹄、角、脑灰质、脊髓和视网膜神经的蛋白质。它们不易溶解和消化，含有较多的胱氨酸(14%～15%)。

2. 球状蛋白

这类蛋白的种类较多。如清蛋白包括卵清蛋白、血清蛋白、豆清蛋白、乳清蛋白等；球蛋白有血清球蛋白、血浆纤维蛋白原、肌浆蛋白、豌豆的豆球蛋白等；谷蛋白有麦谷蛋白、玉米谷蛋白、大米的米精蛋白；醇溶蛋白有玉米醇溶蛋白、小麦和黑麦的麦醇溶蛋白、大麦的大麦醇溶蛋白；组蛋白含碱性氨基酸特别多。大多数组蛋白在活细胞中与核酸结合，如血红蛋白的珠蛋白和鲭鱼精子中的鲭组蛋白；鱼精蛋白有鲑鱼精子中的鲑精蛋白、鲟鱼精子的鲟精蛋白、鲱鱼精子的鲱精蛋白等。鱼精蛋白在鱼的精子细胞中与核酸结合。

球蛋白比纤维蛋白易于消化，从营养学的角度看，其氨基酸含量和比例也较纤维蛋白更理想。

3. 结合蛋白

结合蛋白是蛋白部分再结合一个非氨基酸的基团(辅基)。如核蛋白(脱氧核糖核蛋白、核糖体)，磷蛋白(酪蛋白、胃蛋白酶)，金属蛋白(细胞色素氧化酶、铜蓝蛋白、黄嘌呤氧化酶)，脂蛋白(卵黄球蛋白、血中β_1-脂蛋白)，色蛋白(血红蛋白、细胞色素C、黄素蛋白、视网膜中与视紫红质结合的水溶性蛋白)及糖蛋白(半乳糖蛋白、甘露糖蛋白、氨基糖蛋白)。

三、蛋白质的营养

动物对蛋白质的消化、吸收、代谢如表2-1所示，猪和反刍动物体内蛋白质消化过程如图2-1、图2-2所示。

表2-1 动物对蛋白质的消化、吸收、代谢

消化管	消化腺	消化液	消化酶	消化	吸收(消化产物)	代谢
口腔	唾液腺	唾液	无蛋白酶	饲料CP	无	无
瘤胃	无	瘤胃液(微生物)	微生物蛋白酶 细菌脱氨酶 细菌脲酶	Pr-肽→ NH_3+CO_2+VFA $NPN\to NH_3+CO_2$ 肽$+NH_3\to MCP$	NH_3+VFA	NH_3在肝脏中形成尿素；尿素经肾脏随尿排出体外；尿素也可参加氮素循环；VFA代谢见碳水化合物

续表 2-1

消化管	消化腺	消化液	消化酶	消化	吸收(消化产物)	代谢
(皱)胃	胃腺	胃液	胃蛋白酶 凝乳酶(成体无)	蛋白质	多肽	哺乳动物生后 24～36 h 可吸收免疫球蛋白
小肠	肝脏 胰腺 肠腺	胆汁 胰液 肠液	胆汁无蛋白酶 胰蛋白酶 糜蛋白酶 肠肽酶	未消化饲料蛋白(瘤胃 MCP) 多肽	寡肽、氨基酸	可用于合成组织蛋白质或产品蛋白质;未被利用的,在肝脏中脱氨,脱掉的氨基生成 NH_3 又转变为尿素等,由肾脏以尿的形式排出体外;酮酸部分则氧化分解为 CO_2+H_2O,并释放能量或转化为脂肪和糖原作为能源贮备
大肠	类似于瘤胃,但作用弱				吲哚、粪臭素、酚、NH_3 等	无
肛门	粪便(未消化饲料蛋白+MCP+粪代谢性产物+吲哚、粪臭素、酚、NH_3 等)					

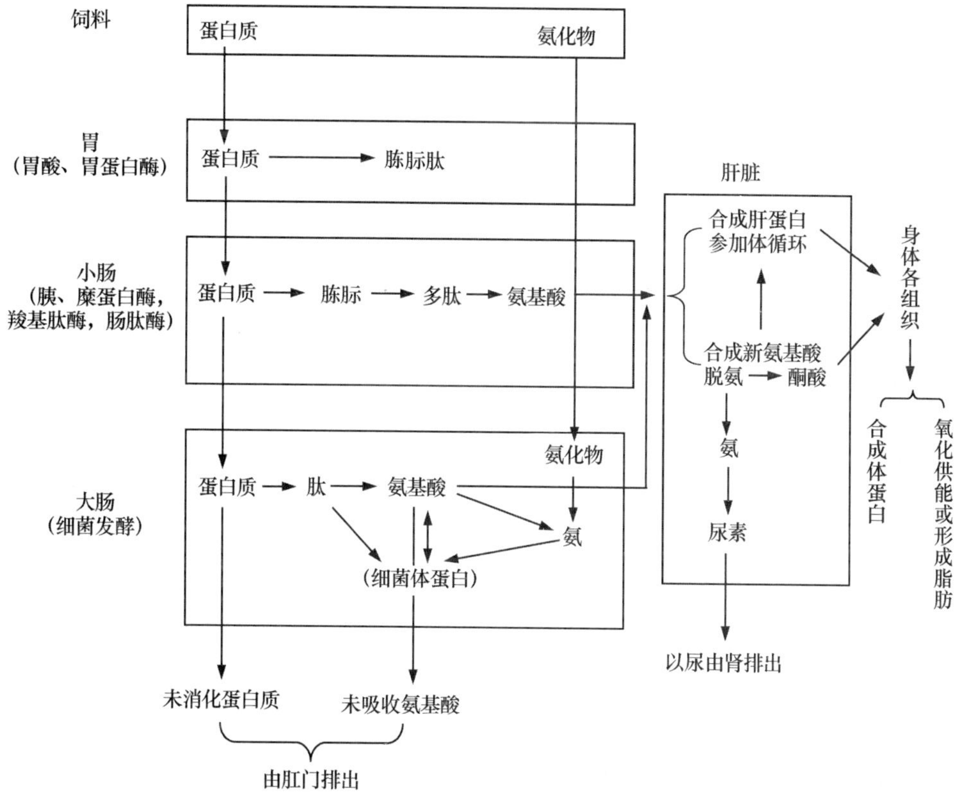

图 2-1　猪体内蛋白质消化代谢过程简图

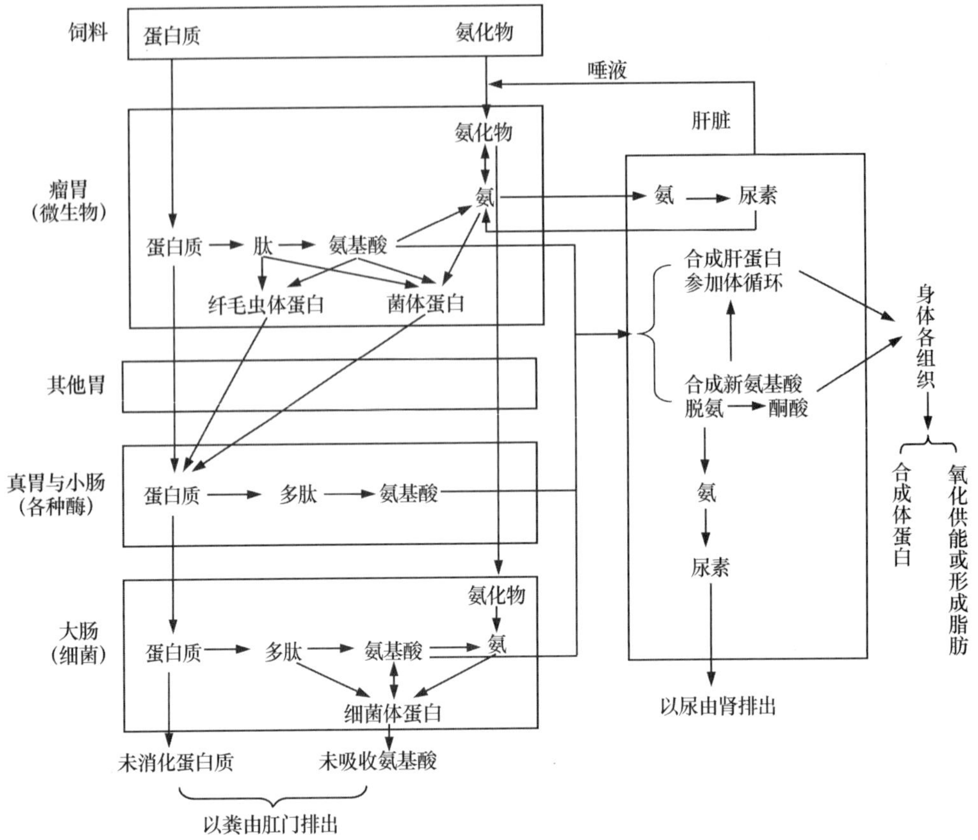

图 2-2 反刍动物体内蛋白质消化代谢过程简图

二维码 2-2 单胃动物蛋白质的营养与供给

(一)非反刍动物

1. 消化

饲料蛋白质进入胃,在胃酸和胃蛋白质酶的作用下,部分蛋白质(20%左右)被分解为分子较小的胨与脲,然后随未被消化的蛋白质一同进入小肠继续进行消化,蛋白质和大分子肽在小肠中经胰蛋白酶和糜蛋白酶的作用下消化,分解生成大量游离氨基酸和小分子肽(寡肽),在胃和小肠未被消化的饲料蛋白质经由大肠以粪的形式排出体外,其中部分蛋白质和氨化物在腐败细菌作用下可降解为吲哚、粪臭素、酚、NH_3 等有毒物质,一部分经肝脏解毒后随尿排出。在大肠中,部分蛋白质和氨化物还可以在细菌利用下,不同程度地降解为氨基酸和氨,其中部分可被细菌利用合成菌体蛋白,但合成的菌体蛋白绝大部分随粪排出,只有少部分被再度降解为氨基酸,能由大肠吸收的也为数甚少。

由于马、驴、骡等草食动物的盲肠结构较为发达,利用氨化物的能力比猪强,主要方式是微生物发酵。

2. 吸收

单胃动物主要以氨基酸的形式吸收利用蛋白质,其吸收部位在小肠,而且主要在十二指肠,也可吸收少量寡肽。新生的幼猪、幼驹、幼犬、犊牛及羔羊的血液内几乎不含 γ-球蛋白。但在出生后 24～36 h 内可依赖肠黏膜上皮的胞饮作用,直接吸收初乳中的免疫球蛋白,获取抗体得到免疫力。因此，给新生幼畜及时吃上初乳、获得足够的抗体是非常重要的。

3. 代谢

蛋白质在体内不断发生分解与合成，无论是外源性蛋白质还是内源性蛋白质，均是首先分解为氨基酸，然后进行代谢，因此，蛋白质代谢实质上是氨基酸的代谢。

通常将饲料蛋白质在消化酶作用下分解产生的氨基酸称为“外源性氨基酸”，而将体组织在组织蛋白酶作用下分解产生的氨基酸和由非蛋白质物质在体内合成的氨基酸称为“内源性氨基酸”，二者联合构成氨基酸代谢池，共同进行代谢，二者均经血液循环，而到达全身各个器官，并进入各种组织细胞进行代谢。在代谢过程中，氨基酸可用于合成组织蛋白质，供机体组织的更新、生长，形成动物产品需要的物质，还可用于合成酶类和某些激素，以及转化为核苷酸、胆碱等含氮的活性物质。未被细胞利用的氨基酸，在肝脏中脱氨，脱掉的氨基生成氨，又转化为尿素等，由肾脏以尿的形式排出体外。酮酸部分则氧化分解为 CO_2 和 H_2O，并释放能量或转化为脂肪和糖原作为能源贮备。

4. 特点

(1)猪蛋白质消化吸收的主要场所是小肠，并在酶的作用下，最终以大量氨基酸和少量寡肽的形式被机体吸收、利用，而大肠的细菌虽然可利用少量氨化物合成菌体蛋白质，但最终绝大部分还是随粪便排出，因此，猪能大量利用饲料中蛋白质，而不能大量利用氨化物。

(2)禽腺胃容积小，饲料停留时间短，消化作用不大，而肌胃又是磨碎饲料的器官，因此，家禽蛋白质消化吸收的主要场所是小肠，其特点大致与猪相同。

(3)马属动物和兔等单胃草食动物的盲肠与结肠相当发达，它们在蛋白质消化过程中起着重要作用，这一部位消化蛋白质过程与反刍动物类似，而胃和小肠蛋白质的消化过程与猪类似，因此，草食动物不仅能利用饲料中蛋白质，还能利用饲料中氨化物。

(二)反刍动物

1. 消化

进入瘤胃的饲料蛋白质中，约有 70%(60%～80%)经细菌分解，未经变化的蛋白质进入消化道的下一部分。

二维码 2-3　反刍动物蛋白质的营养与供给

(1)瘤胃。饲料蛋白质在瘤胃微生物蛋白质水解酶的作用下，首先分解为肽，然后进一步分解为游离氨基酸。蛋白质消化分解产物的部分被微生物用于合成菌体蛋白质，部分氨基酸也可在细菌脱氨酶的作用下经脱氨基进一步降解为 NH_3、CO_2 和挥发性脂肪酸。饲料中 NPN 化合物也可在细菌、尿素酶的作用下分解为 NH_3 和 CO_2，NH_3 可被细菌用于合成微生物蛋白质(MCP)又称菌体蛋白质。在瘤胃中被发酵而分解的蛋白质称为瘤胃降解蛋白质(RDP)。在瘤胃中，只有细菌能利用氨化物，而纤毛虫只能利用现成的、由细菌分解而来的肽和氨基酸，合成纤毛虫体蛋白，其具有改善饲料蛋白质品质的作用。

(2)皱胃和小肠。未经瘤胃微生物降解的饲料蛋白质直接进入后部胃肠道，通常称这部分饲料蛋白质为过瘤胃蛋白质(RBPP)，又称未降解蛋白质(UDP)。过瘤胃蛋白质与瘤胃微生物蛋白质一同由瘤胃转移至皱胃，随后进入小肠、大肠，在这些场所蛋白质的消化过程与非反刍动物的相同。

2. 吸收

瘤胃壁对 NH_3 的吸收能力极强，饲料中的蛋白质和氨化物在瘤胃被细菌降解生成的氨，除被用于合成蛋白质外，部分经瘤胃、真胃和小肠吸收后转运到肝脏合成尿素。尿素大部分进肾脏随尿排出，小部分被运送到唾液腺随唾液返回瘤胃，再次被细菌利用。氨如此循环被反复利用的过程称为瘤胃氮素循环（或尿素循环），见图 2-3。这对反刍动物的蛋白质营养具有重要意义，既可提高饲料中劣质粗蛋白质的利用率，又可将食入的植物性粗蛋白质反复转化为菌体蛋白质，供畜体利用，从而提高了饲料蛋白质的品质。但过多的蛋白质，特别是优质蛋白质，被细菌降解，反而降低蛋白质的吸收率，且不利于氨化物的利用。

小肠对蛋白质的吸收形式同非反刍动物一样，也是氨基酸。

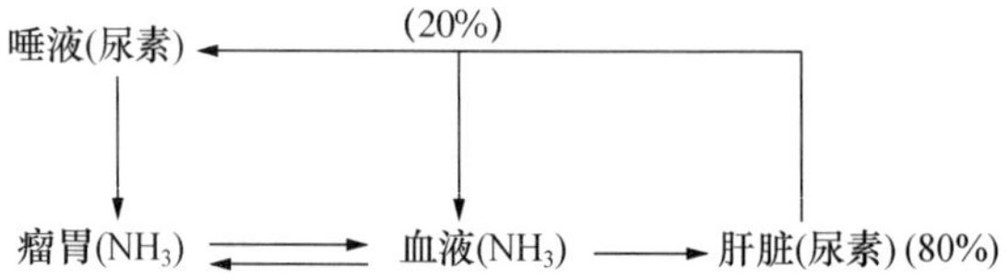

图 2-3 瘤胃氮素循环

3. 特点

蛋白质消化吸收的主要场所是瘤胃，靠微生物的降解，其次是在小肠，在酶的作用下进行；反刍动物不仅能大量利用饲料中的真蛋白质，而且能很好地利用氨化物；饲料蛋白质在瘤胃进行较大转化，通过微生物合成饲粮中不曾有的氨基酸；反刍动物的小肠可消化蛋白质中来源于瘤胃合成的微生物蛋白质和饲料过瘤胃蛋白质；瘤胃微生物蛋白质品质好，仅次于优质动物蛋白质，与豆饼、苜蓿叶蛋白质相当，而优于大多数谷物蛋白质。

四、蛋白质的营养生理功能

1. 蛋白质是动物机体的结构物质

动物体各种组织器官如肌肉、皮肤、内脏、血液、神经和骨骼等均是由蛋白质作为结构物质而形成，蛋白质是动物体内除去水分外干物质含量最高的成分，通常可占到 50%左右。某些组织器官如肌肉、肝脏、脾脏等干物质的蛋白质含量可高达 80%。各种组织器官之所以具有特异性的生理功能，主要是因组成该组织器官的蛋白质种类和存在形式不同所致。如球蛋白是构成体组织的主要组分，白蛋白是构成体液的主要组分，角蛋白与胶质蛋白则是构成筋腱、韧带、毛发和蹄角等的主要组分。因此，动物体的妊娠、生长、泌乳、产毛、产蛋等过程均是以特定的蛋白质作为物质基础的。

2. 蛋白质是更新组织的必需物质

动物体在新陈代谢过程中组织细胞通过蛋白质的不断分解与合成而更新，这种更新过程正是生命的最基本特征。即使成年动物在其体蛋白含量基本恒定的情况下仍需要不断摄入蛋白质以补充体组织蛋白合成之需，这是因为组织蛋白质在更新过程中分解生成的氨基酸并不能全部用于再合成蛋白质，其中有一小部分氨基酸经一系列转化，分解为尿素、尿酸及其他代谢产物而排出体外。据示踪原子法测定，动物机体全部蛋白质经 6～7 个月可更新一半。

3. 蛋白质是机体的调节物质

蛋白质对于生命的重要意义不仅在于它是生命的组成成分，更重要的是为机体提供了多种具有特殊生物学功能的物质。例如，催化和调节代谢过程的酶和激素，增强防御功能和提高抗病力的免疫球蛋白，运输脂溶性维生素和其他脂肪代谢产物的脂蛋白，运载氧气的血红蛋白，遗传信息的传递物质，维持机体内环境酸碱平衡的缓冲物质等都与蛋白质有关。

4. 蛋白质可氧化供能

蛋白质的主要营养作用不是氧化供能，但在分解过程中，可氧化产生部分能量，尤其是当食入蛋白质过量或蛋白质品质不佳时，多余的氨基酸经脱氨基作用后，不含氮的部分 α-酮酸可以氧化供能或转化为体脂肪贮存起来，以备能量不足时动用。

5. 蛋白质是遗传物质的基础

动物的遗传物质 DNA 与组蛋白结合成为一种复合体——核蛋白，且以核蛋白的形式存在于染色体上，将本身所蕴藏的遗传信息，通过自身的复制过程遗传给下一代。

6. 蛋白质是动物产品的重要成分

蛋白质是形成奶、肉、蛋、皮毛及羽绒等动物产品的重要原料。

五、蛋白质不足的后果与过量的危害

(一)蛋白质缺乏对动物的影响

日粮中缺乏蛋白质对于动物的健康、生产性能和产品品质均会产生不良影响。动物体贮备蛋白质的能力极其有限，在最良好的营养条件下，动物体贮备量也不超过体蛋白的5%～6%，当进食蛋白质减少时，贮备蛋白质将很快被动物消耗殆尽。所以必须经常通过日粮供给动物适宜数量和品质的蛋白质，否则很快会出现氮的负平衡，从而危害动物健康和降低生产性能，其后果主要表现为以下几方面。

1. 消化功能紊乱

日粮蛋白质缺乏会影响胃肠黏膜及其分泌消化液的腺体组织蛋白的更新，从而影响消化液的正常分泌，引起消化功能紊乱，此外，在反刍动物瘤胃中微生物的正常发酵过程也需一定数量的蛋白质，如蛋白质缺乏则会导致微生物发酵作用减弱，瘤胃消化功能减退，所以当日粮缺乏蛋白质时，动物将会出现食欲下降、采食量减少、营养吸收不良及慢性腹泻等异常现象。

2. 幼龄动物生长发育受阻

日粮中如果缺乏蛋白质，幼龄动物会因蛋白质合成代谢障碍而使体蛋白质沉积减少甚至停滞，因而生长速度明显减缓，甚至停止生长。成年动物则会因体组织器官尤其是肌肉和脏器的蛋白质合成和更新不足，而使体重大幅度减轻，并且这种损害很难恢复正常。

3. 易患贫血及其他疾病

动物缺少蛋白质，体内就不能形成足够的血红蛋白而患贫血。并因血液中免疫抗体数量的减少，使动物抗病力减弱，容易感染各种疾病。

4. 影响繁殖功能

日粮中若缺乏蛋白质，会影响控制和调节生殖功能的重要内分泌腺——脑垂体的作用，抑制其促性腺激素的分泌。其有害影响对于公畜表现为睾丸的精子生成作用异常，精子数量和品质降低；对于母畜则表现为影响止常的发情、排卵、受精和妊娠过程，导致难孕、流产、弱胎和死胎等。

5. 生产性能下降

各种畜产品如乳、肉、蛋和毛等的基本组分均为蛋白质，故当日粮缺乏蛋白质时，将严重影响动物生产潜力的发挥，产品数量将骤然减少，品质也明显降低。

（二）蛋白质过量的危害

当日粮蛋白质含量超过机体实际需要时，过剩的蛋白质分子中的含氮部分，可通过一系列变化而转变为尿素或尿酸由尿排出体外，无氮部分则作为能源而被利用。然而这种调节机制的作用是有限的，当蛋白质大量过剩以致超过了机体的调节能力时，则会造成有害的后果，主要表现为代谢功能紊乱，肝脏结构和功能损伤，加重肾脏负担，严重时引起肝肾的疾病。

六、蛋白质、氨基酸的质量与利用

蛋白质的质量是指饲料蛋白质被动物消化吸收后满足动物新陈代谢和生产对氮和氨基酸需要的程度。饲料蛋白质越能满足动物的需要，其质量就越高。其实质是指氨基酸的组成比例（模式）和数量，特别是必需氨基酸的比例和数量，越与动物所需一致，其质量越高。因此，准确评定、了解饲料蛋白质的质量具有重要的意义。

（一）必需、非必需及限制性氨基酸

1. 必需氨基酸(EAA)

组成蛋白质的氨基酸有 20 多种，对动物来说都是必不可少的，但并非都需要饲料直接提供。某些种类氨基酸在动物体内不能合成，或者合成速度慢，数量少，不能满足机体需要，必须由饲料供给，这类氨基酸称为必需氨基酸。对成年动物来说必需氨基酸有 8 种，赖氨酸、蛋氨酸、色氨酸、缬氨酸、亮氨酸、苯丙氨酸、苏氨酸、异亮氨酸；对生长动物有 10 种，上述 8 种加上精氨酸、组氨酸；对雏鸡有 13 种，上述 10 种加上甘氨酸、胱氨酸、酪氨酸。

各种动物所需必需氨基酸的种类大致相同，但因各自遗传特性的不同，也存在一定的差异。

2. 非必需氨基酸(NEAA)

某些种类氨基酸在动物体内可以合成，或者可由其他种类氨基酸转化而来，不是必须通过饲料直接提供的氨基酸称为非必需氨基酸。如丙氨酸、谷氨酸、丝氨酸等。

从饲料供应角度分，氨基酸有必需与非必需之分，但从营养角度考虑，二者都是动物合成体蛋白和合成产品所必需，且它们之间的关系密切，某些必需氨基酸是合成某些特定非必需氨基酸的前体，如果饲粮中某些非必需氨基酸不足时则会动用必需氨基酸来转化代替。这点在饲养实践中不可忽视，必须要供给充足的非必需氨基酸，防止必需氨基酸转化为非必需氨基酸。研究表明，蛋氨酸脱甲基后可转变为胱氨酸和半胱氨酸。猪和鸡对胱氨酸需要量的 30% 可由蛋氨酸来满足。若给猪和鸡充分提供胱氨酸，即可节省蛋氨酸；提供充足的酪氨酸可节省苯丙氨酸；丝氨酸和甘氨酸在吡哆醇的参与下，可相互转化。丝氨酸可完全代替甘氨酸参与体内的合成反应，而对雏鸡生长速度及饲料转化率均无影响。

反刍动物自身同样不能合成必需氨基酸，但瘤胃微生物能合成宿主所需的几乎全部的必需和非必需氨基酸。对于产奶量高或生长快速的反刍动物，瘤胃合成氨基酸的数量和质量则不能完全满足需要，必须以过瘤胃蛋白的形式由饲粮补充。

3. 限制性氨基酸(LAA)

动物对各种必需氨基酸的需要量有一定的比例，但不同种类、不同生理状态等情况下所需

要的比例不同，饲料或日粮缺乏一种或几种必需氨基酸时，就会限制其他氨基酸的利用，致使整个日粮中蛋白质的利用率下降，故称它们为该日粮的限制性氨基酸。必需氨基酸的供给量与需要量相差越多，则缺乏程度越大，限制作用越强。根据饲料或日粮中各种必需氨基酸缺乏程度的大小，分别称为第一、第二、第三限制性氨基酸。根据饲料氨基酸分析结果与动物需要量的对比，即可推断出饲料中哪种必需氨基酸是限制性氨基酸，这种推断方法是根据氨基酸化学评分法进行的，其计算公式如下：

$$\text{氨基酸化学评分}=\frac{\text{饲料中某种必需氨基酸的含量}}{\text{动物对该种氨基酸的需要量}}\times 100\%$$

氨基酸化学评分越低，则氨基酸缺乏程度越大。

饲料种类不同，所含必需氨基酸的种类和数量有显著差别。动物则由于种类和生产性能等不同，对必需氨基酸的需要量也有明显差异。

非反刍动物饲料限制性氨基酸的顺序容易确定。反刍动物由于瘤胃微生物的作用，只有讨论过瘤胃饲料蛋白和微生物蛋白混合物的限制性氨基酸才有意义。瘤胃微生物提供的蛋氨酸相对较少，此氨基酸可能是反刍动物的主要限制性氨基酸。不同的饲料，对不同的动物，限制性氨基酸的顺序不完全相同。对于猪，赖氨酸常为第一限制性氨基酸；对于家禽，蛋氨酸一般为第一限制性氨基酸。在生产实践中，饲料或饲粮限制性氨基酸的顺序可指导饲粮氨基酸的平衡和合成氨基酸的添加。

（二）氨基酸平衡与理想蛋白质

1. 氨基酸平衡

动物的蛋白质营养在很大程度上是氨基酸的营养。为实现动物蛋白质生产的效率和效益，必须保证合理的蛋白质营养。所谓合理的蛋白质营养，一方面要提供足够数量的必需和非必需氨基酸，另一方面必须注意各种必需氨基酸之间以及必需氨基酸和非必需氨基酸之间的比例。所谓氨基酸平衡，是指日粮中各种必需氨基酸在数量和比例上同动物特定需要量相符合，即供给与需要之间是平衡的，一般是指与最佳生产水平的需要量相平衡。蛋白质的质量问题实质上是必需氨基酸的数量和比例是否恰当的问题。因此，氨基酸平衡包含数量和比例两方面的含义，通常仅指氨基酸之间的比例关系。动物蛋白质营养的实质是氨基酸营养，而氨基酸营养的实质是各种氨基酸的数量及它们之间的比例关系即氨基酸平衡。

在实际生产中，常用饲料的蛋白质及必需氨基酸含量和比例与动物需要相比，大多不够理想，有的还相差甚远。因此，如何平衡饲粮氨基酸是一个重要的问题，它直接涉及饲粮蛋白质的质量和利用率。

(1)氨基酸的缺乏。一般在低蛋白质饲粮情况下，可能有一种或几种必需氨基酸含量不能满足动物的需要。氨基酸缺乏不完全等于蛋白质缺乏。某些情况下，如我国南方常使用机榨菜籽饼作为猪的主要蛋白质饲料，有可能饲粮蛋白质水平超过标准，而个别氨基酸（如赖氨酸）含量仍不能满足需要；或者蛋白质不足，但个别氨基酸并不缺乏。

(2)氨基酸的失衡。饲料氨基酸的相互比例与动物的需求比例不一致。一种或几种氨基酸数量过多或过少则会出现氨基酸平衡失调。失衡主要是比例问题，缺乏主要是量不足。在实际生产中，饲粮氨基酸失衡一般都同时存在氨基酸的缺乏。

(3)氨基酸的互补。氨基酸的互补是指在饲粮配合中，利用各种饲料氨基酸含量和比例的不同,通过两种或两种以上饲料蛋白质配合,相互取长补短,弥补氨基酸的缺陷,使饲粮氨基酸比例达到较理想状态。在生产实践中,这是提高饲粮蛋白质品质和利用率的经济有效方法。

(4)氨基酸的拮抗。某些氨基酸在过量的情况下,有可能在肠道和肾小管吸收时与另一种或几种氨基酸产生竞争,增加机体对这种(些)氨基酸的需要,这种现象称为氨基酸的拮抗。例如,赖氨酸可干扰精氨酸在肾小管的重吸收而增加精氨酸的需要;缬氨酸与亮氨酸、异亮氨酸之间存在拮抗作用;苯丙氨酸与缬氨酸、苏氨酸,亮氨酸与甘氨酸,苏氨酸与色氨酸之间也存在拮抗作用。存在拮抗作用的氨基酸之间,比例相差越大拮抗作用越明显。拮抗往往伴随着氨基酸的不平衡。

(5)氨基酸中毒。氨基酸中毒是过量添加某种氨基酸而引起动物生产性能下降,且不能用补加其他氨基酸的办法加以消除的现象。添加其他氨基酸可部分缓解中毒症,但不能完全消除,尤以蛋氨酸过量摄食可引起动物生长抑制,降低蛋白质的利用率。在必需氨基酸中毒中,蛋氨酸最容易发生。

2. 理想蛋白质

理想蛋白质就是各种必需氨基酸之间及必需氨基酸总量与非必需氨基酸总量之间具有最佳比例的氨基酸。为什么除了种类满足,还要讲究比例呢?从理论上讲,各种氨基酸成比例地参与某一蛋白质代谢过程,是以某种氨基酸的最低值为基准,循此比例参与代谢,超过此比例要求的所有过量氨基酸,都不能参与代谢,而是经过转氨基作用、脱氨基作用等使含氮部分形成尿素或尿酸排出体外,不含氮部分或形成体脂肪,或最终分解为二氧化碳和水,并释放出能量。结果蛋白质浪费,生产性能降低。

如"板桶理论"(图 2-4):即木桶由一块块木板组成,板桶盛水量不取决于最长的木板,而是取决于最短的木板。由于动物机体没有贮存游离氨基酸的能力,饲粮中某一种必需氨基酸不足将影响动物对其他足量氨基酸的利用,这一法则称为氨基酸营养的"板桶理论"。它将蛋白质比喻为由 20 块木板组成的板桶,每块木板代表一种氨基酸。当每种氨基酸的数量(板桶

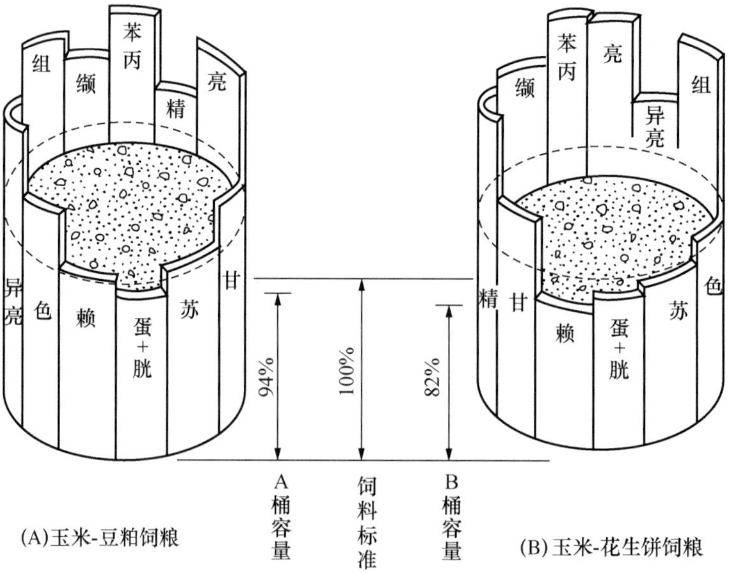

图 2-4 日粮氨基酸平衡及"板桶理论"

高度)都恰好达到板桶的上沿时,这个桶就是一个完整的蛋白质,这种情况下各种氨基酸之间的比例是最佳的,即氨基酸是平衡的。由于饲粮中氨基酸通常是不平衡的,必然会有些木板超过桶的上沿,有些则达不到上沿,用这个桶装水,水的深度只能达到最低的那块木板那么高,这块最低的木板就是第一限制性氨基酸,它决定了整个蛋白质的质量。因此,我们也应该德、智、体、美、劳全面发展。

理想氨基酸模式,通常以赖氨酸作为100,其他氨基酸用相对比例表示。在动物生产中,饲料成本是首要考虑的一个因素,占到总成本的50%～70%,要降低饲料成本,提高动物的生产率,就必须采取各种营养途径,使动物最大限度地发挥其遗传性能。在设计配方时,就必须使蛋白质和氨基酸的利用率达到最高,即使用最少量的氨基酸而获得最大的效益,理想蛋白质模式是实现这一目标的有效方法。

所谓理想蛋白质就是指日粮中各种必需氨基酸以及供给合成非必需氨基酸的氮源之间具有最佳平衡的蛋白质。必需氨基酸总量与非必需氨基酸总量之间的比例约为1∶1。即日粮蛋白中的氨基酸供应量与动物的实际需要量相一致。目前,已建成猪、鸡的氨基酸理想模式见表2-2、表2-3。

表2-2　猪三个生长阶段必需氨基酸理想模式(以赖氨酸作为100)

氨基酸	猪体重		
	5～20 kg	20～50 kg	50～100 kg
赖氨酸	100	100	100
精氨酸	42	36	30
组氨酸	32	32	32
色氨酸	18	19	20
异亮氨酸	60	60	60
亮氨酸	100	100	100
缬氨酸	68	68	68
苯丙氨酸＋酪氨酸	95	95	95
蛋氨酸＋胱氨酸	60	65	70
苏氨酸	65	67	70

表2-3　肉用仔鸡氨基酸理想模式(以赖氨酸作为100)

氨基酸	0～21日龄	22～49日龄
赖氨酸	100	100
精氨酸	105	105
组氨酸	37	37
色氨酸	16	17
异亮氨酸	67	67
亮氨酸	111	111
缬氨酸	77	77
苯丙氨酸＋酪氨酸	105	105

续表 2-3

氨基酸	0～21 日龄	22～49 日龄
蛋氨酸＋胱氨酸	72	75
苏氨酸	67	73
脯氨酸	33	20
甘(或丝)氨酸	67	50

【评估考核】

1. 名词解释

非蛋白氮(NPN)　必需氨基酸　非必需氨基酸　限制性氨基酸　理想蛋白质

2. 填空题

(1)蛋白质是由______余种氨基酸组成，而氨基酸则主要由______、______、______、______、______5 种化学元素所组成。

(2)生长家畜 10 种必需氨基酸是______、______、______、______、______、______、______、______、______和______。

(3)蛋白质的品质主要取决于______，特别是______的含量和比例。

3. 简答题

(1)蛋白质有哪些营养作用？

(2)蛋白质不足的后果和过量的危害是什么？

(3)猪体内蛋白质消化代谢的特点是什么？

(4)给反刍家畜饲喂尿素应注意哪些问题？

(5)反刍家畜蛋白质消化代谢的特点是什么？

(6)从哪些方面衡量氨基酸是否平衡？

(7)综合分析 NPN 的利用原理。

二维码 2-4　蛋白质与动物营养评估考核参考答案

4. 讨论与思考

提高饲料蛋白质转化效率的措施有哪些？

任务二　碳水化合物与动物营养

碳水化合物是自然界分布极广的一类有机化合物。它主要存在于植物体组织中，而在动物体内含量甚少。因其来源丰富、成本低而成为动物生产中的主要能源，在动物营养中具有重要意义。

一、碳水化合物的组成与性质

碳水化合物主要由碳、氢、氧三种元素遵循 1∶2∶1的结构规律构成的，其中氢和氧的比例与水的组成比例相同，故称碳水化合物。碳水化合物的组成见图 2-5。

在生物化学中常用糖类这个词作为碳水化合物的同义语。但是，习惯上糖是指水溶性的单糖和低聚糖，不包括多糖。低聚糖又称为寡糖，含 2～10 个糖单位；含 10 个糖单位以上的称为多

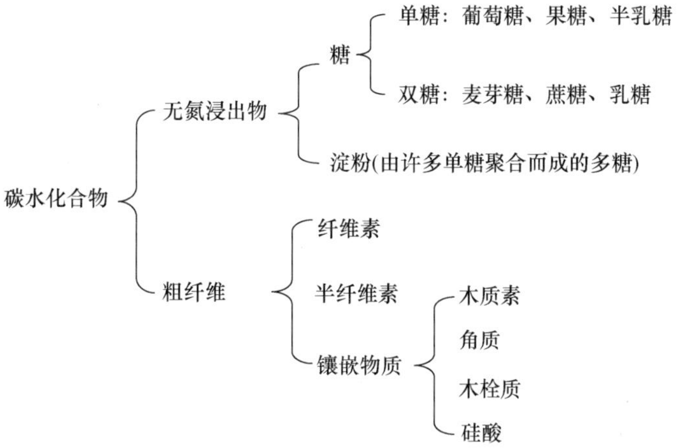

图 2-5　碳水化合物的组成

二维码 2-5　碳水化合物的营养与供给(一)

二维码 2-6　碳水化合物的营养与供给(二)

聚糖，包括淀粉、纤维素、半纤维素、果胶、半乳聚糖、甘露聚糖、黏多糖等；纤维素、半纤维素、果胶则统称为非淀粉多糖（NSP）。根据非淀粉多糖的水溶性，将溶于水的称为可溶性非淀粉多糖，如 β-葡聚糖、阿拉伯木聚糖等；不溶于水的则称为不溶性非淀粉多糖，如纤维素、半纤维素。

可溶性 NSP 的抗营养作用日益受到关注。大麦中可溶性 NSP 主要是 β-葡聚糖，同时含部分阿拉伯木聚糖，猪、鸡消化道缺乏相应的内源酶而难以将其降解。它们与水分子直接作用增加溶液的黏度，且随多糖浓度的增加而增加；多糖分子本身互相作用，缠绕成网状结构，这种作用过程能引起溶液黏度大大增加，甚至形成凝胶。因此，可溶性 NSP 在动物消化道内能使食糜变黏，进而阻止养分接近肠黏膜表面，最终降低养分消化率。

在常规饲料分析中，碳水化合物包括无氮浸出物和粗纤维两大类。

(一)无氮浸出物

无氮浸出物是饲料有机物除去含氮物质、脂肪和纤维性物质以外的物质的总称，包括单糖、双糖和多糖类（淀粉类）等，又称为可溶性碳水化合物。无氮浸出物很容易被动物消化吸收和利用，是动物所需能源的主要来源，多余的部分能转化为体脂被贮存起来。

(二)粗纤维

粗纤维通常是指植物性饲料中那些不溶于水或稀酸、稀碱难溶，动物难以消化的一系列物质的化合物，包括纤维素、半纤维素、果胶、木质素等。

1. 纤维素

纤维素是构成植物细胞壁的主要成分，在粗饲料中，占粗纤维含量的 70%～80%，是天然有机物中存在数量最多的化合物。动物消化液中没有分解纤维素的酶，但是瘤胃和大肠内的一些细菌、原虫以及霉菌等都能分泌纤维分解酶，这些微生物对反刍动物的营养有着极其重要的作用。

2. 半纤维素

半纤维素是植物细胞壁的构成成分之一。在植物体内一般和纤维素一起存在，并与木质素紧密联系，大量存在于植物的木质化部分，是己糖和戊糖的混合聚合物。它不受动物消化酶的作用，但受瘤胃微生物的作用，所以在研究粗饲料利用方面，不能忽视它的存在。

3. 果胶

果胶作为一种细胞间的胶体物质存在于细胞之间，还有一部分充满细胞壁内的纤维物质的间隔，在植物细胞壁中占1%～10%。果胶中有一部分可溶解于草酸溶液，这种可溶性的果胶是瘤胃细菌的良好营养液，几乎全部都被发酵利用。但非反刍动物的肠道细菌对其利用却有限。另外，一部分果胶是和木质素以及其他纤维物质紧密地结合在一起的，它不溶于草酸溶液，这部分果胶消化率低，在禾本科牧草内的含量比豆科高。天然的纤维素很难被纤维酶作用，这可能与细胞壁的胶体物质(主要是果胶覆盖)有关。

4. 木质素

木质素实质上并不是碳水化合物，不过，因为它是细胞壁的重要组成成分之一，对其他纤维物质的利用影响很大，所以，往往把它和碳水化合物放在一起讨论。木质素是植物生长成熟后才出现在细胞壁中的物质，含量为5%～10%，它是苯丙烷衍生物的聚合物，动物及其体内微生物所分泌的酶均不能使其降解，它通常与细胞壁中的多糖形成动物体内的酶难降解的复合物，从而限制动物对植物细胞壁物质的利用。但特殊的霉菌和土壤细菌，则可破坏木质素的结构；用碱处理秸秆时，可破坏半纤维素与木质素的联系，有利于动物对半纤维素的消化。

二、碳水化合物的营养

动物对碳水化合物的消化、吸收、代谢如表2-4所示，猪和反刍动物体内碳水化合物消化代谢如图2-6、图2-7所示。

表2-4 动物对碳水化合物的消化、吸收、代谢

消化管	消化腺	消化液	消化酶	消化	吸收(消化产物)	代谢
口腔	唾液腺	唾液	唾液淀粉酶	饲料淀粉	麦芽糖	无
瘤胃	无	瘤胃液(微生物)	α-淀粉酶、果聚糖酶、半纤维素酶和纤维素酶等	NFE→VFA+CO_2 粗纤维→VFA+CH_4+CO_2+H_2	VFA(主要为乙酸、丙酸和丁酸)、乳酸、CH_4+CO_2等	CH_4+CO_2+H_2→嗳气；VFA通过TCA途径，产生能量供家畜利用；乙酸与丁酸有合成乳脂中短链脂肪的功能；丙酸是合成葡萄糖的原料，而葡萄糖又是合成乳糖的原料；丁酸可分解成乙酸，也有合成乳糖的可能
(皱)胃	胃腺	胃液	无	无	无	无
小肠	肝脏 胰腺 肠腺	胆汁 胰液 肠液	胰淀粉酶 肠淀粉酶 蔗糖酶 麦芽糖酶 乳糖酶	未消化饲料淀粉 蔗糖 乳糖 麦芽糖	葡萄糖 果糖 半乳糖 VFA	果糖在肝脏中转化成葡萄糖；葡萄糖可被肠壁吸收进入血液，其中大部分经体循环输送至身体各组织，参加三羧酸循环，氧化供能；一部分葡萄糖在肝脏中合成肝

续表 2-4

消化管	消化腺	消化液	消化酶	消化	吸收(消化产物)	代谢
						糖原，一部分葡萄糖通过血液输送至肌肉中形成肌糖原；多余的葡萄糖，则被输送至脂肪组织及细胞中合成体脂肪作为贮备；半乳糖在乳腺组织中合成乳糖；VFA 很容易扩散进入体内；禽类无乳糖酶
大肠	类似于瘤胃，但作用弱					
肛门	粪便(未消化饲料碳水化合物)					

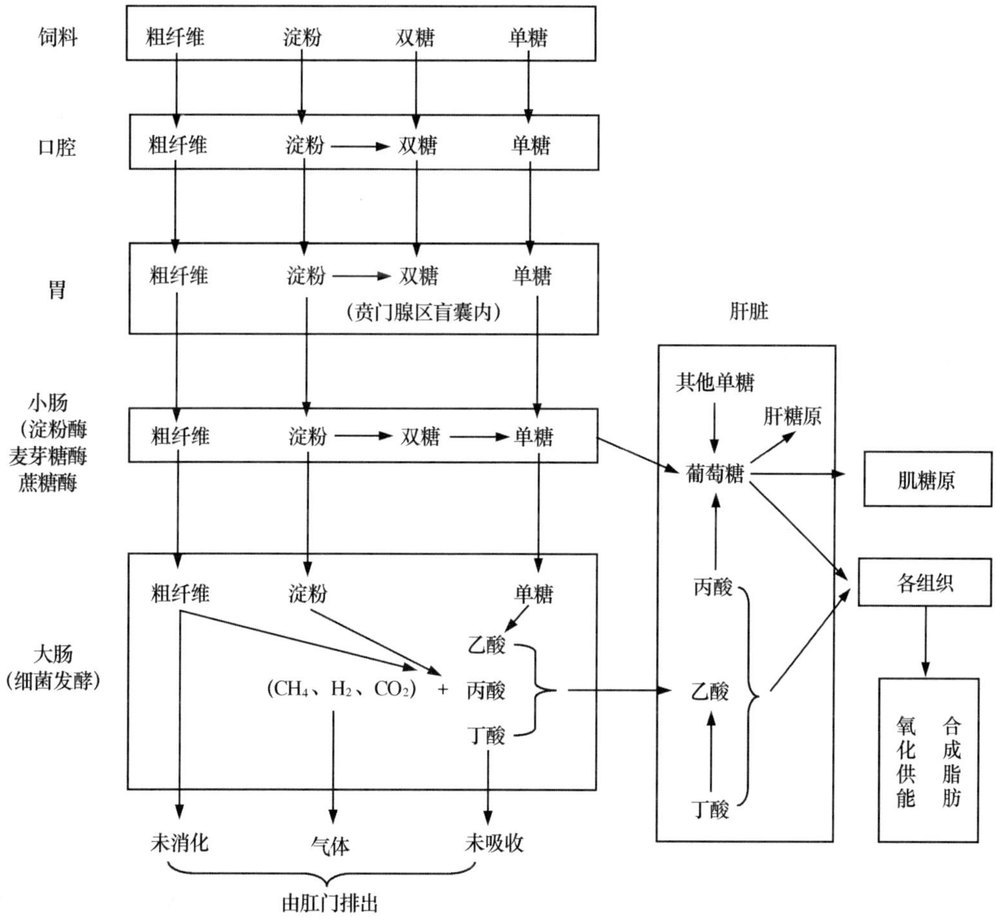

图 2-6　猪体内碳水化合物消化代谢简图

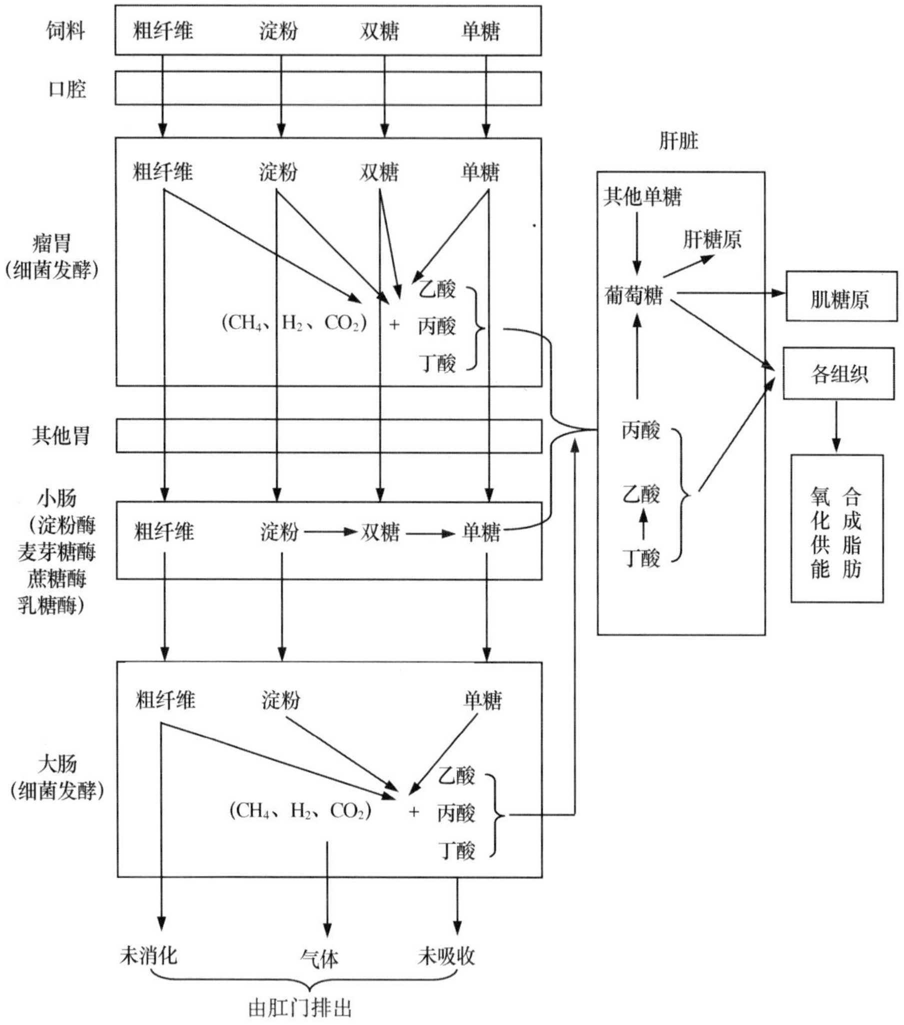

图 2-7 反刍动物体内碳水化合物消化代谢简图

(一)非反刍动物

1. 消化

饲料碳水化合物进入口腔同唾液混合后便开始化学消化。但这种作用不是所有非反刍动物都有的。猪、兔、灵长目动物等的唾液中含有 α-淀粉酶,在微碱性条件下能将淀粉分解成麦芽糖和糊精。但因时间短,消化很不彻底。其他非反刍动物的唾液只起物理消化作用。下面以猪为例,介绍其对碳水化合物的消化代谢过程。

饲料碳水化合物中的淀粉,在猪的口腔内可以分解一部分,把淀粉变为麦芽糖,这部分麦芽糖和未被分解的淀粉一起进入胃中,在胃内酸性条件下,仅有部分淀粉和部分半纤维素被酸解,消化甚微。淀粉和麦芽糖又向后移,到达十二指肠后,受肠胰淀粉酶和麦芽糖酶的作用,把淀粉水解为麦芽糖,麦芽糖再水解为葡萄糖。其他的糖类,则由相应的酶作用水解成单糖。小肠内未被消化的淀粉及葡萄糖,转移到盲肠及结肠,受细菌作用产生挥发性脂肪酸和气体(二氧化碳、甲烷等)。气体随粪便排出体外,挥发性脂肪酸则被肠壁吸收,参与体内代谢。

饲料中的纤维性物质进入猪胃和小肠后不发生变化,转移至盲肠、结肠后,经细菌发酵,纤维素被分解为挥发性脂肪酸(VFA)和二氧化碳(CO_2),除部分 VFA 可被肠壁吸收外,其余的 VFA 和 CO_2 随粪便排出体外。

猪对饲料中纤维性物质的消化,几乎完全取决于猪大肠内细菌的发酵作用。猪盲肠内的微生物分解纤维素,目前已知的,有一种嗜碘的大型球菌,具有较强的分解纤维素活性。此外,还有厌氧杆菌和球菌。纤维素分解菌必须在猪大肠内同其他细菌处于共生条件下,才能发挥其作用。

2. 吸收

十二指肠是碳水化合物消化吸收的主要部位。小肠吸收的单糖主要是葡萄糖和少量的果糖和半乳糖;大肠可吸收少量的 VFA。

3. 代谢

不同单糖的吸收速度不同,半乳糖吸收最快,然后依次是葡萄糖、果糖、戊糖。果糖在肠黏膜细胞内可转化为葡萄糖。葡萄糖可被肠壁吸收进入血液,其中大部分经体循环输送至身体各组织,参加三羧酸循环,氧化供能。一部分葡萄糖在肝脏中合成肝糖原,一部分葡萄糖通过血液输送至肌肉中形成肌糖原。再有过多的葡萄糖时,则被输送至脂肪组织及细胞中合成体脂肪作为贮备。

4. 特点

马属动物(如马、驴、斑马)的盲肠、结肠发达,是消化饲料的主要器官,食糜中未被小肠消化吸收的淀粉、双糖、单糖和大量的粗纤维到达大肠后,被细菌发酵,产生大量的挥发性脂肪酸,由肠壁吸收,参与体内代谢。因此,马属动物对粗纤维的消化能力比猪强,如马对苜蓿干草的粗纤维消化率为 39%,而猪仅为 18%。

马属动物与猪的不同就在于马属动物的唾液中缺少淀粉酶,不能将饲料淀粉转化为麦芽糖。由于饲料在马属动物胃中停留时间较长,饲料本身所含的碳水化合物酶或细菌产生的酶对淀粉有一定程度的消化。饲料中糖与淀粉等可溶性碳水化合物的消化主要靠小肠,未经小肠消化的淀粉与糖类进入盲肠、结肠后,经细菌发酵,被分解为 VFA(挥发性脂肪酸),而被肠壁吸收,参加体内代谢。

家禽唾液分泌量少,α-淀粉酶的作用甚微。鸡嗉囊中存有淀粉酶的消化作用,但因饲料粒度限制,消化不具明显营养意义。家禽消化道中不含乳糖酶,不能消化吸收乳糖,饲粮中乳糖水平过高可能导致腹泻。家禽消化道的发育大致在 6 日龄,采食由口腔吞咽进入嗉囊,淀粉酶对碳水化合物进行初步分解,嗉囊中进行着微生物的消化过程。鸡嗉囊中微生物区系主要由厌氧微生物和乳酸杆菌组成,每克嗉囊内容物中有细菌 10～18 个。嗉囊内容物的 pH 和饲料的 pH 有关,少量唾液和嗉囊分泌物对此不起决定性作用。正常饲养条件下,嗉囊能吸收少量葡萄糖进入血液。消化液中的酶,除未发现乳糖酶外,其他和哺乳动物的十分相似。用成年鸡进行试验,发现谷类饲料的粗纤维通过消化道时仅分解某些半纤维素,其微生物对纤维素不起任何分解作用。

综上所述,猪对碳水化合物的营养特点,是以淀粉形成葡萄糖为主,以粗纤维形成 VFA 为辅,主要消化部位在小肠;它们能很好地利用淀粉等无氮浸出物,而不能大量利用粗纤维。

所以，在猪、禽的饲养实践中，其饲粮粗纤维水平不宜过高，对生长育肥猪应控制在8%以下，对母猪可在10%～12%。

马属动物对碳水化合物的营养特点，是以粗纤维形成VFA为主，以淀粉形成葡萄糖为辅。所以，在马属动物使役时，需要较多能量，日粮中应增加含淀粉多的精料；休闲时，可供给一些富含粗纤维的秸秆类饲料。马属动物因有比较发达的盲肠和结肠，故对粗纤维的消化能力比猪强，但不如反刍动物。

家禽对碳水化合物的营养与猪相似，但鸡的唾液分泌量少，加上饲料粒度限制，口腔内对淀粉的消化不具明显的营养意义。另外，鸡利用粗纤维的能力比猪还低，饲粮粗纤维含量应在3%～5%为宜。

(二)反刍动物

1. 消化

饲料中碳水化合物被牛羊采食后，淀粉在口腔中消化极微，虽然牛羊每昼夜都产生大量的唾液，但是唾液中淀粉酶的含量少，活性弱。因此，饲料淀粉在口腔中几乎不被消化。进入瘤胃后，淀粉和糖受细菌作用，发酵分解为VFA和CO_2。

瘤胃中未被消化的淀粉(或称逃避淀粉)和糖转移至小肠，产生的葡萄糖被肠壁吸收，参与体内代谢。如果在小肠中还未消化的淀粉，在进入盲肠、结肠受细菌作用后，产生VFA和气体，随粪便排出。

饲料中碳水化合物被牛羊采食后，粗纤维在口腔内不发生消化作用，在进入瘤胃后，被瘤胃微生物酵解产生乙酸、丙酸和丁酸等VFA，同时产生甲烷、氢气和二氧化碳等气体以嗳气方式排出体外。

2. 吸收

瘤胃中形成的VFA约75%通过瘤胃壁扩散进入血液，约20%经皱胃和瓣胃壁吸收，约5%经小肠吸收。碳原子含量越多，吸收速度越快。丁酸吸收速度大于丙酸，乙酸吸收最慢。部分挥发性脂肪酸在通过前胃壁过程中可转化形成酮体，其中丁酸的转化量可占吸收量的90%，乙酸转化量甚微。转化量超过一定限度，会使奶牛发生酮血症，这是高精料饲养反刍动物存在的潜在危险。

由此可知，幼龄反刍动物以及成年反刍动物，在瘤胃中未被降解的淀粉、糖和粗纤维，转入小肠后端的消化吸收过程与非反刍动物相同或相似。

3. 代谢

瘤胃中形成的VFA被胃肠吸收后，直接参与体内代谢。其中，乙酸在牛羊体内可参与三羧酸循环(TCA)，产生能量，每摩尔乙酸通过TCA，能贮存约10个三磷酸腺苷(ATP)的能量；乙酸被输送至乳腺组织中，可以用来合成乳脂肪。丙酸被吸收后进入肝脏，成为合成葡萄糖的原料。它转变为葡萄糖后，通过TCA可以在动物体内形成相当于18个ATP的能量。丁酸是乳脂中的一种短链脂肪酸，它可与乙酰COA缩合成较高级的脂肪酸，也可以参与生物氧化，1 mol丁酸完全氧化后能产生约26个ATP的能量。

总之，饲料中粗纤维在瘤胃经消化后产生乙酸、丙酸和丁酸，通过TCA途径，产生能量供家畜利用。同时，乙酸与丁酸有合成乳脂中短链脂肪的功能；丙酸乃是合成葡萄糖的原料，而葡萄糖又是合成乳糖的原料；丁酸也有可能合成乳糖。可见，对奶牛饲喂粗饲料，能够提供给奶牛合成乳脂和乳糖的原料，然而它对提供乳牛合成乳蛋白的原料太少。因此，从营养的角度，对奶牛除要注意喂给优质秸秆饲料外，为保证产奶量增加，必须喂给适量的蛋白质饲料。

4. 特点

反刍动物对碳水化合物的营养，是以形成 VFA 为主，形成葡萄糖为辅，消化的部位以瘤胃为主，小肠、盲肠、结肠为辅；它不仅能大量利用无氮浸出物，也能大量利用粗纤维。瘤胃发酵形成的各种挥发性脂肪酸的数量，因日粮组成、微生物区系等因素而异。对于肉牛，提高饲粮中精料比例或将粗饲料磨成粉状饲喂，瘤胃中产生的乙酸减少，丙酸增多，这有利于合成体脂肪，提高增重和改善肉质；对于奶牛，增加饲粮中优质粗饲料的含量，则形成的乙酸多，有利于形成乳脂肪，提高乳脂率。但同时还要考虑产奶量的提高，一般情况下，奶牛日粮可喂给体重 1.5％～2％的干草或相当于干草量的其他粗饲料。

三、碳水化合物的营养功能

1. 动物体组织的构成物质

碳水化合物普遍存在于动物体各种组织中。例如，核糖及脱氧核糖是 DNA、RNA 的组成成分，黏多糖参与形成结缔组织基质，糖脂是神经细胞的组成成分，碳水化合物还与蛋白质结合成糖蛋白质，是细胞膜的组成成分。

2. 动物体内能量的主要来源

碳水化合物在动物体内的主要作用是氧化供能，而且在通常情况下是主要的供能物质。碳水化合物产热量虽然低于同等重量脂肪所产生的热能，但因它在植物饲料中含量丰富，故动物体主要依靠碳水化合物氧化分解供能以满足生理上的需要。除碳水化合物外，脂肪和蛋白质也能在体内氧化供能，但在任何情况下，都必须有碳水化合物作为能源，因为有些重要器官如大脑，必须依赖碳水化合物中的葡萄糖供能，方能维持正常的生理功能。此外，妊娠母畜体内的胎儿也必须以葡萄糖作为能源。

3. 动物体内的能量贮备物质

饲料碳水化合物除供动物所需的养分外，有多余时可转变为糖原和脂肪贮存起来，糖原存在于肝脏和肌肉中，分别称为肝糖原和肌糖原。肝脏和肌肉等组织由于合成糖原的能力十分有限，故不可能无限制地合成糖原，当动物采食的碳水化合物在合成糖原之后仍有剩余时，将合成脂肪贮备于体内。

4. 乳脂和乳糖的重要合成原料

单胃动物主要利用葡萄糖合成乳脂，而反刍动物则利用碳水化合物在瘤胃中发酵产生的乙酸合成乳脂中的脂肪酸，乳脂中的甘油则主要由血液中的葡萄糖合成。乳中的乳糖由葡萄糖合成，其葡萄糖可来源于血液的葡萄糖及碳水化合物在瘤胃中发酵产生的丙酸所合成的葡萄糖。

四、粗纤维在动物饲养中的作用

粗纤维是一组由纤维素、半纤维素、木质素及果胶等组成的混合物，是各种动物，尤其是草食动物不可缺少的营养物质。

各种动物利用纤维很大程度上是利用微生物酶的分解产物或微生物的代谢产物。植物细胞壁越成熟，木质化程度越高，越不易被微生物消化。

粗纤维的负面作用是众所周知的，比如饲粮粗纤维水平提高，会加快食糜在消化道中的流通速度，从而降低动物对淀粉、蛋白质、脂肪和矿物质的消化率；粗纤维不仅本身消化率低，而且影响其他营养物质的消化吸收，降低饲粮可利用能值；饲粮粗纤维水平提高，将增加动物消化道内源蛋白质、脂肪和矿物质的损失等。因此，设计动物（尤其是单胃动物）饲料配方时，往往把粗纤维作为限制因素，即规定动物饲料配方中的粗纤维含量不得超过最高量。对于粗纤维，也要看到它对动物有利的一面，以便在动物饲养中合理利用。

（一）营养作用

（1）粗纤维是草食动物的主要能源物质，它所提供的能量可满足该种动物的维持能量消耗。粗纤维在瘤胃及盲肠中经微生物发酵产生挥发性脂肪酸，除用其合成脂肪或葡萄糖外，还可氧化供能。

（2）可刺激消化道黏膜，促进胃肠蠕动和粪便排出，保证消化功能正常。

（3）日粮中完全没有粗纤维反倒有害，特别是草食动物会导致功能紊乱，出现消化疾病。

（二）填充作用

由于粗纤维吸水量大，进入胃肠后，其体积膨胀增大，可起到填充胃肠道的作用，故动物食后有饱腹感。

（三）阻碍消化作用

粗纤维中的木质素，是难以消化吸收且没有营养价值的物质。它与纤维素、半纤维素一同存在，不易分开。由于木质素的存在，妨碍细菌分解纤维素，并阻碍其他营养物质与酶的接触，降低消化率。此外，木质素尚有便秘性，动物食用过多则产生便秘，如稻壳、花生壳等都是这样。

【评估考核】

1. 填空题

（1）纤维素被细菌酵解为__________，才能参与畜体__________。

（2）单胃家畜对营养性碳水化合物的消化部位主要是从__________到__________。

（3）猪能很好地利用碳水化合物中的__________，而不能大量利用__________。

（4）反刍家畜对碳水化合物，特别是粗纤维的消化场所主要是__________，每天消化碳水化合物的量占总采食量的__________。

2. 选择题

（1）碳水化合物是哪些家畜能量的主要来源？（　　）

A. 单胃家畜　　B. 反刍家畜　　C. 所有家畜

（2）反刍动物对淀粉的消化起于何处？（　　）

A. 口腔　　B. 瘤胃　　C. 皱胃

（3）哪类动物对粗纤维的利用率最高？（　　）

A. 马属动物　　B. 猪与禽　　C. 反刍动物

3. 简答题

（1）碳水化合物有哪些营养作用？

（2）猪对碳水化合物的消化代谢特点是什么？

(3)反刍家畜对碳水化合物的消化代谢特点是什么？

(4)粗纤维有何营养及功能？

(5)说明碳水化合物的组成(图示)。

4. 讨论与思考

试述提高反刍动物粗纤维消化率的营养调控措施。

二维码 2-7　碳水化合物与动物营养评估考核参考答案

任务三　脂肪与动物营养

脂肪是动物营养中的又一类重要的营养素，不溶于水，但溶于乙醚、苯、氯仿等有机溶剂。它能量价值高，其种类繁多，化学组成各异。常规饲料分析中将这类物质统称为粗脂肪。

一、脂肪的组成与性质

(一)脂肪的组成

动植物体组织中均含有脂肪，除少数复杂的脂肪外，均由碳、氢、氧三种元素组成。根据其结构的不同，一般分为真脂肪与类脂肪两大类。真脂肪是由 1 分子甘油和 3 分子脂肪酸构成的酯类化合物，故又称为甘油三酯或三(酸)甘油酯。其表示通式如图 2-8 所示。

$$\begin{array}{lllll} CH_2OH & & HOOC-R_1 & & CH_2O-CO-R_1 \\ | & & & & | \\ CHOH & + & HOOC-R_2 & \longrightarrow & CHO-CO-R_2 \quad +3H_2O \\ | & & & & | \\ CH_2OH & & HOOC-R_3 & & CH_2O-CO-R_3 \\ \text{甘油} & & \text{三分子脂肪酸} & & \text{甘油三酯} \end{array}$$

图 2-8　甘油三酯通式

二维码 2-8　脂肪的营养与供给

其中 3 分子脂肪酸有的是相同的，有的是不同的。前者称为同酸甘油酯，后者称为异酸甘油酯。动植物体组织所含脂肪大都是异酸甘油酯。

构成脂肪的脂肪酸种类很多，自然界已发现有 100 多种，其中绝大多数都是偶数碳原子的直链脂肪酸，包括饱和脂肪酸和不饱和脂肪酸。

脂肪酸分子结构除两端的 2 个碳原子外，其余的碳原子如果都与 2 个氢原子结合，即“—C—C—”间以单键相接，不能再与其他原子相结合者，就是饱和脂肪酸；脂肪酸分子结构中，有 2 个以上的碳原子互以双键(—C ═C—)结合者，就是不饱和脂肪酸。脂肪酸结构通式可用 $Cx:y$ 来表示，x 代表碳原子数目，y 代表不饱和双键的数目。如幼龄动物的 3 种必需脂肪酸：亚油酸为 C18:2、亚麻酸为 C18:3、花生油酸为 C20:4。

脂肪从形态上分固体和液体两种，脂肪的硬度直接与所含不饱和脂肪酸的数量有关。脂肪含不饱和脂肪酸越多，其硬度越小，熔点也越低，植物脂肪均属此类，如豆油、玉米油等在常温下均为液体状态，而动物脂肪因含不饱和脂肪酸数量少，故呈固体状态。

各种不同类型生物脂肪中脂肪酸组成有不同的特点，一般来说，陆地动植物脂肪中大多为软脂酸(C16:0)和硬脂酸(C18:0)，尤其以 C18:0 最多，水生动物脂肪中则以 C20:0 及 C22:0 脂肪酸居多。

类脂肪由甘油、脂肪酸、磷酸、糖或其他含氮物质结合而成。它虽然不是真脂肪，但它在结构上或性质上却与真脂肪相接近，主要包括磷脂、糖脂、固醇及蜡。

磷脂是一种复合脂肪，在结构上除含有磷酸根、甘油和脂肪酸外，还有含氮的有机碱。它是动植物细胞的重要组成成分，在动物的各种组织器官如脑、心脏和肝脏内均含有大量磷脂，在植物种子中含量较多。磷脂以卵磷脂、脑磷脂和神经鞘磷脂最为重要。

糖脂是一类含糖的脂肪，其分子不含磷酸，但含有脂肪酸、半乳糖及神经氨基醇各一分子。主要存在于动物外周和中枢神经，也是禾本科青草和三叶草中脂肪的主要组成成分。

固醇是一类高分子量的一元醇，在动植物界中分布很广，在化学结构上属环戊烷多氢菲的衍生物。其最重要的有胆固醇和麦角固醇。

蜡是由高级脂肪酸与高级一元醇所生成的酯。一般为固体，不易水解，故无营养价值。动物的毛、羽中因蜡的存在而具有一定的防水性。

(二)脂肪的性质

脂肪，特别是简单脂肪由于所含脂肪酸种类不同而具有不同性质。脂肪中脂肪酸含双键越多，不饱和程度越大；含不饱和脂肪酸越多，其硬度越低，熔点也越低，植物脂肪多属于此类。如豆类、棉籽油和玉米油等在常温下为液态，而动物脂肪呈固态，其脂肪酸多为饱和脂肪酸，熔点比植物油的高。不饱和脂肪酸易氧化，高温、阳光、潮湿环境及氧化剂易使其酸败，在饲料贮藏及动物产品加工中应注意此特点。不饱和脂肪酸氢化为饱和脂肪酸后，熔点提高，硬度增加。

一般情况下，脂肪的下列性质与动物营养密切相关。

1. 脂肪的水解特性

脂肪可在酸或碱的作用下水解为甘油和脂肪酸。动植物体内脂肪的水解在脂肪酶的催化下进行，微生物产生的脂肪酶也可催化脂肪水解，这类水解所产生的游离脂肪酸大多数无臭无味，对脂肪营养价值没有影响，但水解产生的某些低级脂肪酸，特别是 4～6 个碳原子的脂肪酸，如丁酸和乙酸具有特殊异味或酸败味，可能影响动物适口性。脂肪酸碳链越短，异味越浓。动物营养中把这种水解看成是影响脂肪利用的因素。

多种细菌和霉菌均可产生脂肪酶，当饲料保管不善时，其所含脂肪易于发生水解而使饲料品质下降。

脂肪水解时，如有碱类存在，则脂肪酸皂化而成肥皂，脂肪酸皂化时所需的碱量，称为皂化价。脂肪酸皂化时，每分子脂肪酸与 1 原子钠或其他相当碱元素化合，脂肪酸的分子量越小，则在一定重量中分子数越多，所能化合的碱元素也越多，其皂化价越高，脂肪酸分子量越大则皂化价越低。所以脂肪酸分子量的大小及脂肪酸分子中碳原子的多少可用皂化价的大小来测定，见图 2-9。

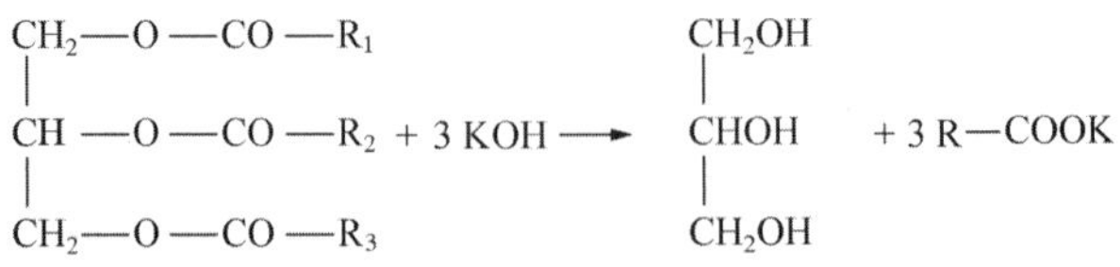

脂肪　　　　甘油　　　　肥皂

图 2-9　脂肪的皂化

2. 脂肪氧化酸败

脂肪暴露在空气中，经光、热、湿和空气的作用，或经微生物的作用氧化生成过氧化物，再继续分解产生低级的醛、酮、酸等化合物，同时释放出令人不快的气味和味道，这种现象就是氧化酸败。这种变化分自动氧化和微生物氧化。

脂肪自动氧化是一种由自由基激发的氧化。先形成脂过氧化物，这种中间产物并无异味。中间产物再与脂肪分子反应形成氢过氧化物。当氢过氧化物达到一定浓度时则分解形成短链的醛、酮和酸等化合物，使脂肪出现不适宜的酸败味，最后经过聚合作用使脂肪变成黏稠、胶状甚至固态物质。

微生物氧化是一个由酶催化的氧化。存在于植物饲料中的脂氧化酶或微生物产生的脂氧化酶，最容易使不饱和脂肪酸氧化。催化的反应与自动氧化一样，但反应形成的过氧化物，在同样温湿度条件下比自动氧化多。

脂肪氧化酸败的结果是产生不良气味，影响动物适口性，而且在氧化过程中所生成的过氧化物还会破坏一些脂溶性维生素，降低脂肪和饲料的营养价值。

3. 脂肪氢化作用

在催化剂或酶的作用下，不饱和脂肪酸的双键可与氢发生加成反应变为单键，不饱和脂肪酸变成饱和脂肪酸。脂肪的这种性质称为氢化作用见图 2-10。

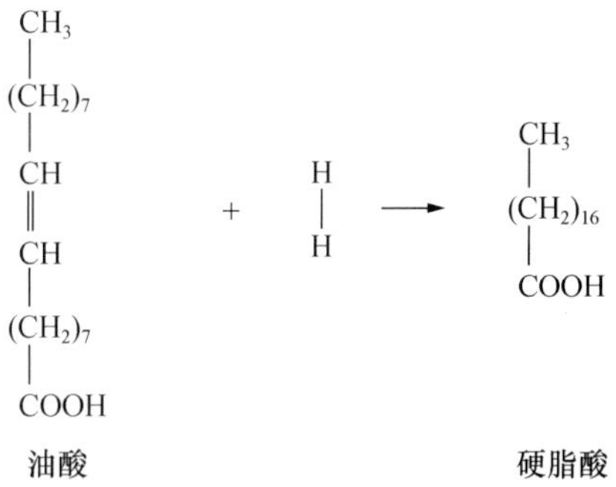

图 2-10　脂肪氢化作用

脂肪发生氢化作用后，其硬度增加，不易氧化酸败，有利于贮存，但也损失必需脂肪酸。不饱和脂肪酸与碘原子加成反应，每个不饱和的双键能结合 2 mol 的碘原子，脂肪的不饱和程度可由它所能结合的碘的多少测定，100 g 脂肪所能吸收碘的克数为碘价。碘价越高，脂肪的不饱和程度越高。

反刍动物可利用进食的饲料脂肪在瘤胃微生物的作用下发生某种程度的氢化作用，从而使其体脂肪饱和脂肪酸含量较高。氢化植物油、反式脂肪等不健康食品事件频频发生，我们要诚实守信，注重食品安全，树立良好职业道德。

二、脂肪的营养

动物对脂类的消化、吸收、代谢见表 2-5。

表 2-5　动物对脂类的消化、吸收、代谢

消化管	消化腺	消化液	消化酶	消化	吸收（消化产物）	代谢
口腔	唾液腺	唾液	无	无	无	无
瘤胃	无	瘤胃液（微生物）	脂类降解酶	饲料脂类（甘油三酯、半乳糖甘油酯和磷脂等）	游离脂肪酸、甘油、半乳糖、磷酸等；它们可进一步经微生物发酵生成 VFA	VFA 代谢见碳水化合物。大部分不饱和脂肪酸经微生物作用氢化为饱和脂肪酸

续表 2-5

消化管	消化腺	消化液	消化酶	消化	吸收(消化产物)	代谢
(皱)胃	胃腺	胃液	无	无	无	无
小肠	肝脏 胰腺 肠腺	胆汁 胰液 肠液	胆汁乳化 胰脂肪酶 肠脂肪酶 磷脂酶 固醇酶	未消化饲料脂类	游离脂肪酸和甘油一酯;溶血性卵磷脂、胆酸。甘油一酯、脂肪酸和胆酸三者形成水溶性混合乳糜微粒	混合乳糜微粒到达十二指肠和空肠,并与肠绒毛膜接触时即可破裂,胆盐滞留于肠道中,而游离脂肪酸、甘油一酯、溶血性卵磷脂、胆酸等透过细胞膜被吸收,并在黏膜上皮细胞内重新合成甘油三酯、磷脂和固醇等;合成的甘油三酯、磷脂和固醇可与特定蛋白质结合,形成乳糜微粒和极低密度脂蛋白,并通过淋巴系统进入血液循环,沉积于脂肪组织或产品中
大肠	类似于瘤胃,但作用弱					
肛门	粪便(未消化饲料脂类)					

脂类物质由于是非极性的,不能与水混溶,所以必须先使其形成一种能溶于水的乳糜微粒,才能通过小肠微绒毛将其吸收。上述过程可概括为:脂类水解→水解产物形成可溶的微粒→小肠黏膜摄取这些微粒→在小肠黏膜细胞中重新合成甘油三酯→甘油三酯进入血液循环。

非反刍动物和反刍动物的机体内都有上述过程,但具体的机制却存在差异。

(一)非反刍动物

1. 消化

非反刍动物对脂肪的消化主要是在小肠中通过脂肪酶的作用进行的。胃黏膜虽能分泌少量具有水解作用的脂肪酶,但因为脂肪须先经乳化才便于水解,且胃中的酸性环境不利于脂肪的乳化,所以在胃中也不易消化。饲料脂肪进入小肠后与大量胰液和胆汁混合,在肠蠕动影响下,脂肪乳化便与胰脂酶在油-水交界面上充分接触,胰脂酶将脂肪水解为游离脂肪酸和甘油一酯。磷脂由磷脂酶水解为溶血性卵磷脂。胆固醇由固醇酯酶水解为胆酸和脂肪酸。甘油一酯、脂肪酸和胆酸均具有极性和非极性基团,三者可聚合在一起形成水溶性的适于吸收的混合乳糜微粒。混合乳糜微粒既有极性基团又有非极性基团,极性基团向外排列与水紧密接触,非极性基团向内,它的一个重要特性是其内部的非极性的脂质部分可携带大量的非极性化合物如固醇、脂溶性维生素、类胡萝卜素等,否则这些物质不能被吸收。

2. 吸收

在小肠内形成的混合乳糜微粒,可携带脂肪的消化产物到达小肠黏膜细胞供吸收。当这种混合乳糜微粒到达十二指肠和空肠等主要吸收部位,并与肠绒毛膜接触时即可破裂,胆盐滞留于肠道中,而游离脂肪酸、甘油一酯、溶血性卵磷脂、胆酸等透过细胞膜被吸收,并在黏膜上皮细胞内重新合成甘油三酯、磷脂和固醇等。胆盐吸收的情况各异。猪等哺乳动物主要在回肠以主动方式吸收，能溶于细胞膜中脂肪的未分解胆酸在空肠以被动方式吸收，禽整个小肠都能主动吸收胆盐，但回肠吸收相对较少。各种动物吸收的胆汁，经门脉血到肝脏再分泌并重新进入十二指肠，形成胆汁肠肝循环。

饲粮脂类在消化道后段的消化与瘤胃类似。不饱和脂肪酸在微生物产生的酶作用下可变成饱和脂肪酸，胆固醇变成胆酸。

3. 代谢

黏膜上皮细胞内合成的甘油三酯、磷脂和固醇可与特定蛋白质结合，形成直径 0.1～0.6 μm 的乳糜微粒和极低密度脂蛋白，并通过淋巴系统进入血液循环，沉积于脂肪组织或产品中。

4. 特点

猪消化吸收脂类的主要部位是十二指肠和空肠，是在胆汁、胰脂肪酶和肠脂肪酶的作用下，水解为游离脂肪酸、甘油一酯、溶血性卵磷脂、胆酸等吸收的。家禽主要在肝脏，家畜主要在脂肪组织（皮下和腹腔）中或肌纤维间再合成体脂肪。同时，来自饲料的不饱和脂肪酸在猪体内不经氢化可直接沉积在体脂肪中，猪采食的饲料中脂肪性质直接影响体脂肪品质。如在猪的催肥期，饲喂植物脂肪含量高的饲料，可使其体内的不饱和脂肪酸也显著升高，导致猪的体脂变软，容易酸败，肉的品质下降，不适宜做腌肉和火腿等肉制品。因此，在猪的育肥期间应少喂脂肪含量高的饲料，多喂麦类、薯类等富含淀粉的饲料，这样既可保证猪肉的优良品质，又可降低饲养成本。试验证明，鸡采食饲料中的脂肪也直接影响产蛋率、孵化率及蛋黄脂肪的品质。据分析，蛋黄中脂肪酸的组成与日粮中脂肪酸的组成相似。

马、兔消化道后段具有与瘤胃相似的细菌，虽同样可将来自饲料的不饱和脂肪酸大量氢化为饱和脂肪酸，但由于饲料脂肪在进入消化道后段之前，大部分已在小肠被消化吸收，故马、兔体脂肪的饱和程度仍受饲料脂肪较大的影响。

（二）反刍动物

一般认为，幼龄（断奶前）对乳脂的消化吸收与单胃动物相似，然而随着断奶后食物的改变和瘤胃微生物的逐渐成熟，脂类的消化与非反刍动物类同。

1. 消化

反刍动物日粮中含有比例较高的不饱和脂肪酸，其主要来源是粗饲料和谷物中的甘油三酯、半乳糖甘油酯和磷脂。这些饲料进入瘤胃后，在微生物作用下发生水解。甘油三酯和半乳糖甘油酯水解生成游离脂肪酸、甘油和半乳糖。它们可进一步经微生物发酵生成挥发性脂肪酸。由于瘤胃是一个高度还原的环境，饲料脂肪在瘤胃可发生氢化作用。大部分不饱和脂肪酸经微生物作用氢化为饱和脂肪酸，其中主要是硬脂酸（C18：0），必需脂肪酸减少。此外，瘤胃细菌和纤毛虫还能将丙酸、戊酸等合成奇数碳链脂肪酸（如 C15：0），也可利用异丁酸、异戊酸以及支链氨基酸（如缬氨酸、亮氨酸和异亮氨酸）等的碳骨架合成支链脂肪酸。

饲料脂肪经过瓣胃和网胃时，基本上不发生变化；在皱胃，饲料脂肪、微生物与胃液混合，其消化过程与非反刍动物类似。饲料脂肪在盲肠、结肠的消化与瘤胃类似。

进入十二指肠后，小肠胰脂酶主要将甘油三酯水解为游离脂肪酸和甘油一酯；半乳糖甘油酯先被水解为半乳糖、脂肪酸和甘油，后者再转化为挥发性脂肪酸。由于脂肪中的甘油在瘤胃中被大量转化为挥发性脂肪酸，所以反刍动物十二指肠中缺乏甘油一酯，消化过程形成的混合乳糜微粒构成与单胃动物不同。成年反刍动物小肠中混合微粒由溶血性卵磷脂、脂肪酸及胆酸构成；链长小于或等于 14 个碳原子的脂肪酸可不形成混合乳糜微粒而直接被吸收。混合乳糜微粒中的溶血性卵磷脂由来自胆汁和饲料磷脂在胰脂酶作用下形成。此外，由于成年反刍动物小肠中不吸收甘油一酯，其黏膜细胞中甘油三酯通过磷酸甘油途径重新合成。

2. 吸收

瘤胃中产生的短链脂肪酸主要通过瘤胃壁吸收。小肠中产生的混合微粒中的长链脂肪酸主要在呈酸性环境的空肠前段吸收，混合微粒中的其他脂肪酸主要在中后段空肠吸收；溶血磷脂酰胆碱也在中、后段空肠被吸收，胰液分泌不足时，磷脂酰胆碱可能在回肠积累。

反刍动物对各种脂肪酸的吸收不同于非反刍动物。非反刍动物对长链脂肪酸和饱和脂肪酸的吸收率较差，而反刍动物对长链脂肪酸和饱和脂肪酸，尤其是对硬脂酸却能较好地吸收。

3. 代谢

通过瘤胃壁吸收挥发性脂肪酸代谢与碳水化合物代谢相同；通过小肠吸收的游离脂肪酸、甘油一酯、溶血性卵磷脂、胆酸等代谢与非反刍动物脂类代谢一致。

4. 特点

反刍动物所采食的不饱和脂肪酸在瘤胃内大量氢化形成饱和脂肪酸，下移到小肠经消化吸收以饱和脂肪酸的形态沉积为体脂，另外，瘤胃微生物合成的高级脂肪酸也多为饱和性质。因此，无论反刍动物所采食的饲料脂肪饱和程度高还是低，它们的体脂肪依然可保持硬度大，熔点高，饱和脂肪酸含量多的特点。可见，反刍动物体脂肪品质受饲草脂肪性质影响极小。但是饲料脂肪对乳脂的合成有重要影响。

三、脂肪的营养生理功能

1. 脂肪是动物热能来源的重要原料

脂肪的主要功能是供给动物机体热能，脂肪含能量高，在体内氧化产生的能量为同重量碳水化合物的 2.25 倍。

2. 脂肪是贮备能量的最好形式

动物摄入过多碳水化合物时，可以以体脂肪的形式将能量贮备起来，而体脂肪能以较小体积蕴含较多的能量，是动物贮备能量的最佳方式。

3. 脂肪是构成动物体组织的重要原料

动物体各组织器官，如神经、肌肉、骨骼、皮肤及血液的组成中均含有脂肪，主要成分为磷脂和固醇等。各种组织的细胞膜并非完全由蛋白质所组成，而是由蛋白质和磷脂按一定比例所组成；脑和外周神经组织都含有鞘磷脂；磷脂对动物生长发育非常重要，固醇是体内合成类固醇激素的重要物质。因此，脂肪也是组织细胞增殖、更新及修补的重要原料。

4. 脂肪是脂溶性维生素的溶剂

饲料中的脂溶性维生素 A、维生素 D、维生素 E、维生素 K 等均须溶于脂肪后才能被吸收，而且吸收过程还需有脂肪作为载体。因而若无脂肪参与将不能完成脂溶性维生素的吸收过程，从而导致脂溶性维生素代谢障碍。

5. 脂肪可为幼小动物提供必需脂肪酸

动物体组织不能合成某些脂肪酸，如亚油酸、亚麻酸和花生四烯酸，而这些脂肪酸却又是保持动物体正常组织细胞结构所必需。因此，这些脂肪酸必须由饲料脂肪提供，缺乏时幼龄动物生长停滞，甚至死亡。

6. 脂肪对动物具有保护作用

脂肪不易传热，皮下脂肪能够防止体热的散失，寒冷的季节有利于维持体温的恒定和抵御寒冷，脂肪充填在脏器周围，具有固定和保护器官及缓和外力冲击的作用。

7. 脂肪是畜产品的组成成分

动物产品，如肉、蛋、奶、皮毛、羽绒等均含有一定数量的脂肪，脂肪的缺乏会影响动物产品的形成和品质。

四、饲料脂肪对动物产品脂肪的影响

(一)饲料脂肪对肉类脂肪的影响

1. 非反刍动物

非反刍动物体组织中的不饱和脂肪酸多于饱和脂肪酸，这是由于植物性饲料中脂肪的不饱和脂肪酸含量较高，被猪、鸡采食吸收后，不经氢化即直接转变为体脂肪，故猪、鸡体脂肪内不饱和脂肪酸含量高于饱和脂肪酸。因此，非反刍动物体脂肪的脂肪酸组成明显受饲料脂肪性质的影响。

马属动物虽然盲肠中具有与瘤胃相同的细菌，也能将牧草中不饱和脂肪酸氢化转变为饱和脂肪酸，但牧草中的脂肪在进入盲肠之前，大部分在小肠尚未转化为饱和脂肪酸时已被吸收。因此，马属动物的体脂肪中也是不饱和脂肪酸多于饱和脂肪酸。

2. 反刍动物

反刍动物瘤胃微生物作用，可将饲料中不饱和脂肪酸氢化为饱和脂肪酸，因此反刍动物的体脂肪组成中饱和脂肪酸比例明显高于不饱和脂肪酸，这说明反刍动物体脂肪品质受饲料脂肪性质的影响较小。

(二)饲料脂肪对乳脂肪品质的影响

饲料脂肪在一定程度上可直接进入乳腺，饲料脂肪的某些成分可不经变化地用于形成乳脂肪。因此，饲料脂肪性质与乳脂品质密切相关。奶牛饲喂大豆黄油质地较软，饲喂大豆饼时黄油质地较为坚实，而饲喂大麦粉、豌豆粉和黑麦麸时黄油质地坚实。添加油脂对乳脂率影响较小，一般不能通过添加油脂的办法改善奶牛乳脂率。

(三)饲料脂肪对蛋黄脂肪的影响

将近一半的蛋黄脂肪是在卵黄发育过程中，摄取经肝脏而来的血液脂肪而合成，这说明蛋黄脂肪的质和量受饲料影响较大。添加油脂(主要为植物油)可促进蛋黄的形成，继而增加蛋重，并可能产生富含亚油酸的蛋。

【评估考核】

1. 名词解释

饱和脂肪酸　　不饱和脂肪酸　　必需脂肪酸

2. 填空题

(1)根据脂肪结构的不同,可分为______和______两大类。其中______是由甘油和脂肪酸结合而成的。

(2)单胃家畜消化吸收脂肪的主要场所是______,反刍家畜对脂肪的消化吸收在______内受______作用,将脂肪水解为甘油和______。

3. 简答题

(1)脂肪的营养作用是什么?

(2)饲料脂肪的性质与畜体脂肪的品质有何关系?

4. 讨论与思考

比较单胃动物和反刍动物脂肪代谢的异同点是什么?

二维码 2-9　脂肪与动物营养评估考核参考答案

任务四　能量在动物体内的转化与利用

能量可定义为做功的能力。动物的所有活动,如呼吸、心跳、血液循环、肌肉活动、神经活动、生长、生产产品和使役等都需要能量。动物所需的能量主要来自饲料三大有机营养物质中的化学能。在动物体内,饲料营养物质会被动物消化、吸收,但能量不会,它只能由一种形式转化为另一种形式,如化学能可以转化为热能(脂肪、葡萄糖或氨基酸氧化)或机械能(肌肉活动),也可以蓄积在体内。能量是饲料的重要组成部分,饲料能量浓度起着决定动物采食量的重要作用。动物的营养需要或营养供给均可以能量为基础表示。饲料中的能量不能完全被动物利用,其中,可被动物利用的能量称为有效能。饲料中的有效能含量反映了饲料能量的营养价值,简称为能值。了解饲料能量在动物体内的转化与利用是学习动物营养的重要内容。

一、能量来源

饲料能量主要来源于碳水化合物、脂肪和蛋白质。在三大养分的化学键中贮存着动物所需要的化学能。动物采食饲料后,三大养分经消化吸收进入体内,在糖酵解、三羧酸循环或氧化磷酸化过程中可释放出能量,最终以 ATP 的形式满足机体需要。在动物体内,能量代谢和物质代谢密不可分。动物只有在氧气充足的情况下,通过降解三大养分才能获得能量,并且只有利用这些能量才能实现物质合成。动物体内物质代谢与能量代谢的关系见图 2-11。

二维码 2-10　能量与动物营养

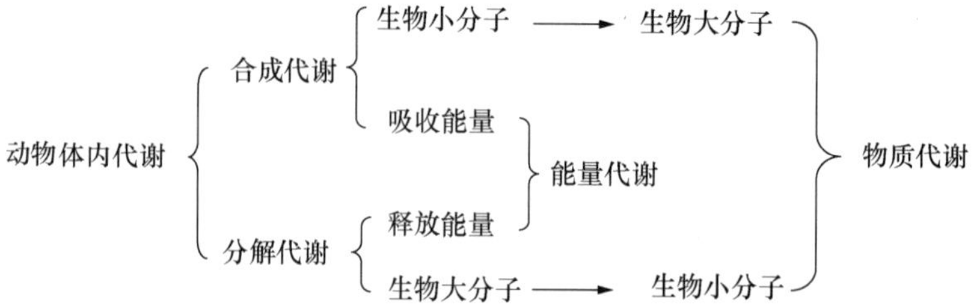

图 2-11　动物体内物质代谢与能量代谢的关系

动物饲料能量的最主要来源是碳水化合物。因为,碳水化合物在常用植物性饲料中含量最高,来源丰富。脂肪的有效能值约为碳水化合物的 2.25 倍,但在饲料中含量较少,不是主要的能量来源。蛋白质用作能源的利用效率比较低,并且蛋白质在动物体内不能完全氧化,氨基酸脱氨产生的氨过多,对动物机体有害,因而,蛋白质不宜作为能源物质使用。鱼类对碳水化合物的利用率较低,其有效供能物质尚属蛋白质,其次是脂肪。此外,当畜禽处于绝食、饥饿、产奶、产蛋等状态时,饲料来源的能量难以满足需要时,也可依次动用体内贮存的糖原、脂肪和蛋白质来供能,以应一时之需。但是,这种由体组织先合成后降解的供能方式,其效率低于直接利用饲料供能的效率。

二、饲料能量在动物体内的转化与利用

动物摄入的饲料能量伴随着养分的消化代谢过程,会发生一系列转化。饲料能量可相应划分成若干部分,如图 2-12 所示。每部分的能值可根据能量守恒和转化定律进行测定和计算。

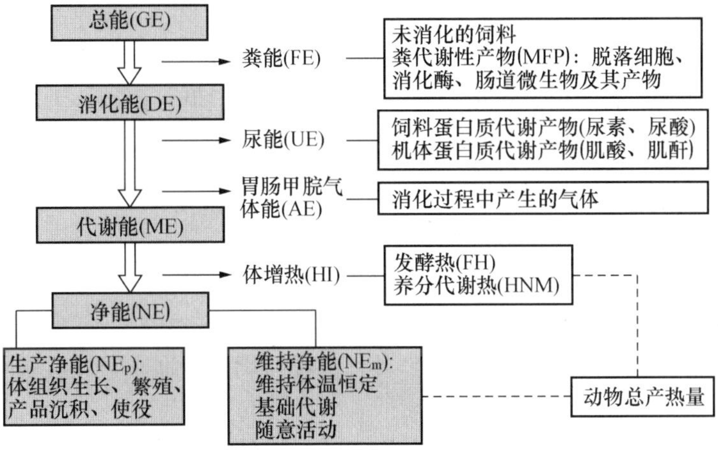

图 2-12　饲料能量在动物体内的转化与利用

(一)总能(GE)

总能是指饲料中有机物质完全氧化燃烧生成二氧化碳、水和其他氧化物时释放的全部能量,主要为碳水化合物、粗蛋白质和粗脂肪能量的总和,总能的测定用氧弹式测热仪(图 2-13)进行。氧弹内部构造如图 2-14 所示。

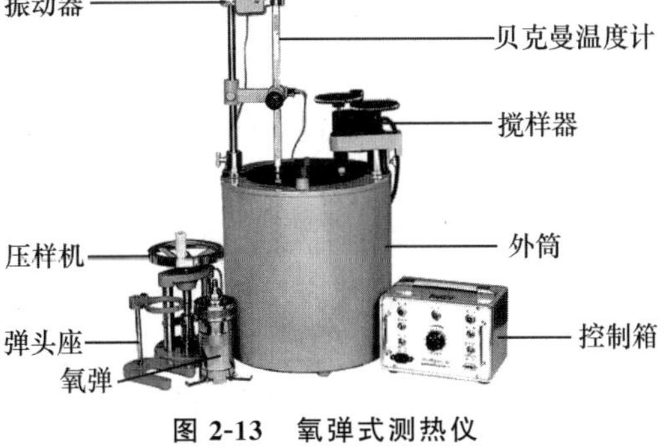

图 2-13　氧弹式测热仪

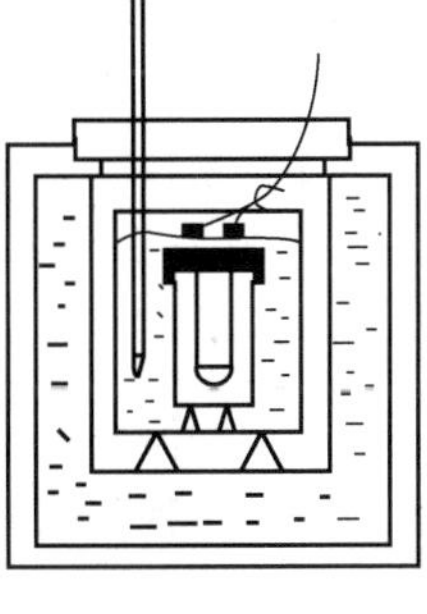

图 2-14　氧弹内部构造

饲料的总能取决于其碳水化合物、脂肪和蛋白质含量。三大养分能量的平均含量为：碳水化合物 17.5 kJ/g，蛋白质 23.64 kJ/g，脂肪 39.54 kJ/g，其值以碳水化合物最低，脂肪最高，约为碳水化合物的 2.25 倍，蛋白质居中。

（二）消化能（DE）

消化能是饲料可消化养分所含的能量，即动物摄入饲料的总能与粪能之差。

即：DE＝GE－FE

式中：FE 为粪中养分所含的总能，称为粪能。正常情况下，动物粪便主要包括以下能够产生能量的物质。

（1）未被消化吸收的饲料养分。

（2）消化道微生物及其代谢产物。

（3）消化道分泌物和经消化道排泄的代谢产物。

（4）消化道黏膜脱落细胞。

后三者称为粪代谢性产物。

用消化试验测定饲料的消化能，用饲料消化能评定饲料的营养价值和估计动物的能量被吸收的程度。用总能不能区别饲料在营养价值上的差异，但消化能则可大致加以区别。

禽类粪尿难以分开，一般不测定禽类饲料的消化能。

（三）代谢能（ME）

代谢能是指饲料可消化代谢养分所含的能量，即饲料消化能减去尿能（UE）及消化道甲烷气体所含的能量（AE）后剩余的能量。

即：ME＝DE－（UE＋AE）＝GE－FE－UE－AE

尿能是尿中有机物所含的总能，主要来自蛋白质的代谢产物，如尿素、尿酸、肌酐等。哺乳动物尿中含氮物主要是尿素，禽类主要是尿酸。

消化道气体能来自动物消化道微生物发酵产生的气体，主要是甲烷。这些气体经肛门、口腔和鼻孔排出。非反刍动物的大肠中虽然也有发酵，但产生的气体较少，通常可以忽略不计。反刍动物消化道（主要是瘤胃）微生物发酵产生的气体量大，含能量可达饲料总能的 3%～10%。微生物发酵产气的同时，也产生部分热能，在冷环境条件下，具有参与维持体温的作用。

用代谢试验测定饲料的代谢能，即在消化试验的基础上，要增加收集尿和甲烷气体装置。

（四）净能（NE）

净能是饲料中用于动物维持生命和生产产品的能量，即饲料的代谢能扣去饲料在体内的热增耗（HI）后剩余的那部分能量。

即：NE＝ME－HI

热增耗又称为体增热，是指绝食动物在采食饲料后短时间内，体内产热高于绝食代谢产热的那部分热能。热增耗以热的形式散失。

热增耗的来源有：①消化过程产热。如咀嚼饲料、营养物质的主动吸收和将饲料残余部分排出体外时的产热。②营养物质代谢做功产热。体组织中氧化反应释放的能量不能全部转移到 ATP 上被动物利用，一部分以热的形式散失掉。如葡萄糖（1 mol）在体内充分氧化时 31%的能量以热的形式散失掉。③与营养物质代谢相关的器官肌肉活动所产生的热量。④肾脏排泄做功产热。⑤饲料在胃肠道发酵产热（FH）。

事实上，在冷应激环境中，热增耗是有益的，可用于维持体温。但在炎热条件下，热增耗将成为动物的额外负担，必须将其散失，以防止体温升高；而散失热增耗，又需消耗能量。

按照净能在体内的作用，净能分为维持净能（NE_m）和生产净能（NE_p）两部分。

NE_m 是指饲料能量用于维持生命活动、适度随意运动和维持体温恒定的部分。这部分能量最终以热的形式散失掉。NE_p 是指饲料能量用于沉积到产品中的部分，也包括用于劳役做功的能量。因动物种类和饲养目的不同，生产净能的表现形式也不同，包括：增重净能、产奶净能、产毛净能、产蛋净能和使役净能等。

总之，饲料三大养分都是能量的载体，当它们被动物采食后，在体内消化、吸收、代谢的同时，就伴随着能量的转化与利用。事实上，两者是动物体新陈代谢同一过程的两种不同表现形式，这一过程始终遵循物质不灭定律和能量守恒定律。在营养学上一般称为物质平衡和能量平衡（图 2-15）。

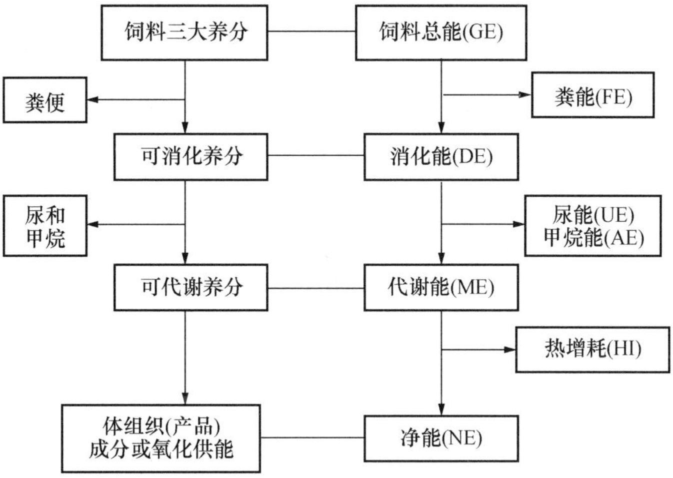

图 2-15　动物体物质平衡和能量平衡简图

由图 2-15 可见，在动物饲料能量转化与利用过程中，大部分能量（70%～80%）以各种废能的形式（粪能、尿能、气体能、体增热、维持净能）损失掉，仅有少部分食入饲料能量转化为不同形式的生产净能（NE_p）供人类使用。GE、DE、ME、NE_p 均可用来评价饲料能量营养价值，由于依次越来越接近饲料利用之终端，所以评定饲料能量营养价值或估计动物能量需要时，其准确性以 GE 最差，NE_p 最高。

三、动物能量需要的表示体系

动物能量需要和饲料能量营养价值常用有效能来表示。从消化代谢来看，不同层次的有效能可分为消化能、代谢能、净能、维持净能、生产净能。在不同的国家、不同的年代，对不同的动物采用的有效能体系不同。

(一)消化能体系

消化是养分利用的第一步，粪能常是饲料能损失的最大部分，尿能通常较低，故消化能可用来表示大多数动物的能量需要，且相对于代谢能和净能，消化能测定较容易。

目前，世界各国的猪营养需要量多采用消化能体系，即采用 DE 作为能量指标，以表示猪对能量的需要和猪饲料的能值。一般情况下，在消化能的基础上，代谢能考虑了尿能和气体能的损失，比消化能体系更准确，但测定较难。

(二)代谢能体系

目前，代谢能体系主要用于家禽，即采用 ME 作为能量指标。一般情况下，代谢能转化为净能的效率为 75%～80%。

(三)净能体系

净能体系不但考虑了粪能、尿能与气体能损失，还考虑了体增热的损失，比消化能和代谢能更准确。特别重要的是净能与产品能紧密联系，可根据动物生产需要直接估计饲料用量，或根据饲料用量直接估计产品量，因而，净能体系是动物营养学界评定动物能量需要和饲料能量价值的趋势。但净能体系比较复杂，因为任何一种饲料用于动物生产的目的不同，其净能值不同。为使用方便，常将不同的生产净能换算为相同的净能，如将用于维持、生长的净能换算为产奶净能，换算过程中存在较大误差；此外，净能的测定难度大，费工费时。生产上常采用消化能和代谢能来推算净能。

目前，反刍动物的能量需要主要用净能体系来表示，即采用 NE 作为能量指标。一般情况下，消化能转化为代谢能的效率为 76%～86%；代谢能转化为净能的效率为 30%～65%。

在我国，奶牛用奶牛能量单位 NND 或 DCEU(dairy cattle energy unit)，即采用相当于 1 kg 含乳脂 4%的标准乳能量(3 138 kJ 产奶净能)作为一个“奶牛能量单位”，即 NND＝产奶净能(kJ)/3 138(kJ)。肉牛采用肉牛能量单位，缩写为 RND 或 BCEU(beef cattle energy unit)，即 1 kg 中等品质玉米所含综合净能 8.08 MJ 为一个 RND。

【评估考核】

1. 名词解释

总能　　消化能　　代谢能　　净能

二维码 2-11　能量在动物体内的转化与利用评估考核参考答案

2. 简答题

(1)为什么说碳水化合物是畜禽主要的能量来源？

(2)饲料能量在畜体内是怎样转化的，过程如何？

(3)如何提高饲料能量利用率？

3. 讨论与思考

试述不同动物能量需要的表示体系。

任务五　矿物质与动物营养

矿物质是动物营养中的一大类无机营养素。自然界存在的矿物元素有 100 种以上，现已确认动物体组织中约含有 45 种矿物元素。但并非动物体内的所有矿物元素都在体内有营养作用。随着科学技术的发展，发现越来越多的矿物元素对动物的正常生长和生产有重要作用，同时又不断地发现矿物元素新的营养生理功能。

一、动物体内的矿物元素及其营养特点

(一)必需矿物元素

二维码 2-12　常量矿物质的营养与供给

二维码 2-13　微量矿物质的营养与供给

动物体内存在的矿物元素，有一些是动物生理过程和体内代谢必不可少的，这一部分就是营养学上常说的必需矿物元素，即在动物体内具有确切营养生理功能的矿物元素。它们在动物体内的分布和数量是由其生理功能决定的，其主要营养特点是：

(1)在动物体内不能自身产生与合成，不能相互代替，必须由外界供给。

(2)每天矿物质的摄取量也是基本确定的，只是随年龄、性别、身体状况、生产条件、生产水平等因素有所不同。

(3)在体内组织器官中的分布不均匀。

(4)矿物质元素相互之间存在协同或拮抗效应。

(5)部分矿物元素需要量很少，生理需要量与中毒剂量的范围较窄，当外界供给不足或缺乏时，即使其他营养物质再充足，也会影响动物生长或生产，引起动物体内代谢异常、生化指标变化和缺乏症。在缺乏该种矿物元素的饲粮中补充该元素，相应的缺乏症会减轻或消失。

(6)某些元素过量摄入，易引起机体代谢紊乱，出现中毒现象。

矿物质元素具有两面性：即营养作用和毒害作用，这取决于剂量。必需矿物元素在动物体内的营养功能，法国科学家伯特兰德提出了一个规律，即伯特兰德最适营养浓度定律：生物缺少某种必需的元素时就不能生存；当这种元素适量时，生物就正常生长；但过量时又是有毒的，见图 2-16。现已证明动物一般都需要钙、磷、钠、钾、氯、镁、硫、铁、铜、锰、锌、碘、硒、钼、钴、铬、氟、硅、硼等 19 种矿物元素。饲料中还存在一些矿物元素，在生产上并不表现缺乏症，但可能在体内有一定的营养生理功能。已发现铝、镉、砷、铅、锂、镍、钒、锡、溴等矿物元素，在实验条件下可出现实验性缺乏症或具有某些生理功能，这些元素也可能是动物必需的矿物元素。必需矿物元素和有毒有害元素对动物而言是相对的。一些矿物元素，在饲粮中含量较低时是必需矿物元素，在含量过高情况下则可能是有毒有害元素。有些矿物元素如砷、铅、氟等，一般情况下都称为有毒有害元素，但现在已发现这些元素具有一定营养生理功能，发现了实验性的缺乏症，因此这些矿物元素可能也是动物必需的矿物元素。动物对这些元素的需要量都非常低，一般不出现缺乏或不足，生产上最容易出现的是中毒问题，其必需性因而被忽视。几乎所有的必需矿物元素摄入过量后都会出现中毒，但中毒剂量存在很大差异。通过对矿物元素缺乏症和中毒症的认识，培养我们观察、分析、解决问题的能力。

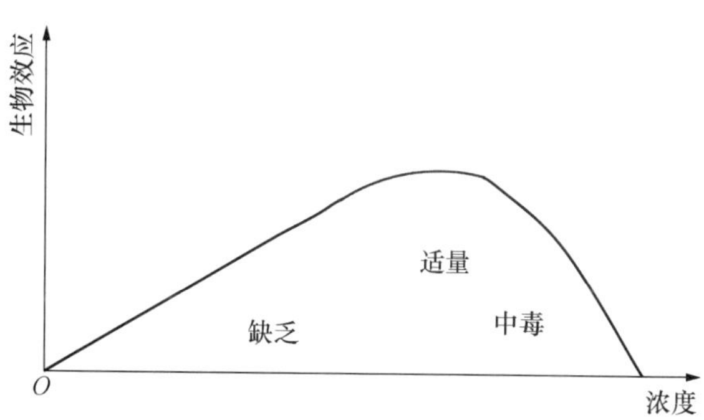

图 2-16　一种必需微量元素最适营养浓度规律示意图

(二)必需矿物元素的分类

必需矿物元素按动物体内含量或需要不同,分为常量矿物元素和微量矿物元素两大类。常量矿物元素一般指在动物体内含量高于0.01%的元素,主要包括钙、磷、钠、钾、氯、镁、硫等7种。微量矿物元素一般指在动物体内含量低于0.01%的元素,目前查明必需的微量元素有铁、锌、铜、锰、碘、硒、钴、钼、氟、铬、硼等12种。铝、钒、镍、锡、砷、铅、锂、溴等8种元素在动物体内的含量非常低,在实际生产中几乎不出现缺乏症,但实验证明可能是动物必需的微量元素。

二、自然界中的矿物元素与动物的关系

动物矿物质营养与环境之间存在密切关系。岩石、土壤、大气、水、植物和动物、人之间构成一个不可分割的整体的食物链(图2-17),而气候、季节、施肥与田间管理、耕作、制作和环境污染等因素则间接地影响动物矿物质营养。因此,动物矿物质有关疾病及矿物质营养本身都带有明显的地区性,有些还有季节性,人微量元素疾病大都属于地方病。

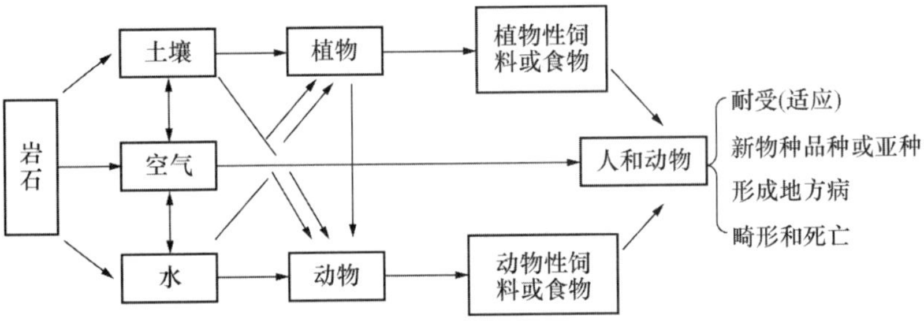

图2-17 化学元素的生物地球化学食物链

动物体内的矿物元素主要从饮水和饲料中来。天然饲料和饮水中的矿物元素对动物的生产和健康有重要影响。天然植物饲料中的矿物元素来源于生长环境中的土壤和水。植物从土壤和水中吸收的矿物元素受许多因素影响。土壤和水中的矿物元素含量、矿物元素的存在形式、肥料中的矿物元素含量和植物的吸收力是主要的影响因素。调查发现,在世界上不同地区土壤中矿物元素含量差异很大。有些元素普遍缺乏;有些元素存在地区性缺乏,例如世界上有一些地区明显缺硒(如我国四川的西昌)、钼、氟;有些元素中毒存在地区性,如某些地区的土壤或水中含有大量硒、铅和氟等,这些元素过量后很容易使人和动物出现中毒症状。

对一般的天然饲料而言,由于动物对矿物元素的需要量和在饲料中的含量不同,动物缺乏程度也不同。非反刍动物钙、磷、钠、氯不足,铁、锌、铜、锰、碘处于临界缺乏或缺乏,硒、氟和钼缺和不缺具有地区性;反刍动物通常是钙、磷、钠、钾、镁和硫不足,铁、铜、碘、钴、锰处于临界缺乏或不缺,硒、氟和钼缺或不缺具有地区性。在现代动物生产中,由天然饲料配制成的日粮不能满足需要的部分,一般都用矿物质饲料或微量元素添加剂来补足。

水中的矿物元素含量对动物的健康和生产影响很大,最容易导致动物矿物元素摄入过量,出现中毒,严重者导致死亡。水中最容易出现中毒的矿物元素是动物需要量极低或不需要的元素,这些元素主要是硒、砷、铅、汞、氟。因此,保证饲养动物的水质非常重要。

三、矿物元素的营养生理功能

(1)矿物质是机体组织和细胞的组成成分，特别是骨骼的最主要成分。所有液体组织均含有少量的矿物质微量元素，如铁、铜、碘、硒。还有的元素是酶、激素与某些维生素的组成成分。镍是脱氧核糖核酸(DNA)与核糖核酸(RNA)杂环碱及磷环化合物的辅助成分，具有稳定核酸与保护核糖的作用。

(2)矿物质能调节体内酸碱平衡和渗透压的平衡，使体液保持恒定的 pH 和恒定的渗透压，以维持动物的生命活动。如鱼类可以从鳃、鳍和皮肤渗透吸收某些离子(如铝、钠、氯等)。

(3)矿物质是酶的组成部分或酶的激活剂。如磷酸化酶含镁，碳酸酐酶含锌，细胞色素氧化酶含有铁和铜。镁是肽酶、ATP 酶和胆碱酯酶等的活化剂。镍是许多酶的辅助因子与激活剂，镍可以代替在羧基肽酶和葡萄糖变位酶等酶中的其他金属元素，称为镍血浆酶。有些矿物质对酶有催化作用，以增进消化效能。

(4)矿物质可影响其他物质在机体内的溶解。如胃液中的盐酸可溶解饲料中的矿物质，使之便于吸收；血液中含食盐可提高磷酸钙的溶解度；体内一定浓度的盐类有助于饲料中蛋白质的溶解。

(5)维持神经、肌肉的正常敏感性。钾、钠、钙、镁等元素对神经、肌肉兴奋性起调节平衡作用。如适当提高钾浓度可增进神经肌肉的兴奋性；镍也具有兴奋神经的功能，并且在肌肉收缩的兴奋过程中，可在一定程度上起到代替钙的作用。

(6)矿物质是体内某些特殊功能化合物的成分。如铁为血红蛋白的组成成分，钴为维生素 B_{12} 的组成成分等。

四、主要矿物元素缺乏症及预防措施

主要矿物元素缺乏症及预防措施见表 2-6。

表 2-6　主要矿物元素缺乏症及预防措施(简介)

元素	缺乏与过量的危害	预防措施
钙 磷	草食动物最易出现磷缺乏，猪、禽最易出现钙缺乏。一般常见缺乏症表现：食欲降低，异嗜癖；生长减慢，生产力下降；骨生长异常，已骨化的钙、磷也可能大量外流，造成骨灰分降低、骨软，严重的不能维持骨正常形态。动物典型钙、磷缺乏症有佝偻病、骨质疏松症和产后瘫痪。 动物对钙、磷有一定的耐受力，在一般情况下，由于过量直接造成中毒很少见，但超过一定限度可降低生产成绩。反刍动物摄入过量钙时，可抑制瘤胃微生物活动而降低日粮的消化率。单胃动物食入过量钙时，脂肪消化率下降，磷、铁、锰和碘等代谢紊乱。高钙低锌促使猪缺锌，产生皮肤不完全角化症就是一个例证	①饲喂富含钙、磷的天然饲料：鱼粉、肉骨粉等钙、磷含量较高，豆科植物如大豆、苜蓿草、花生秧等含钙丰富。②补饲矿物质饲料：含钙的蛋壳粉、贝壳粉、石灰石粉等，含钙、磷的骨粉、磷酸氢钙等。③舍外运动、多晒太阳，或在饲粮中添加维生素 D_3，也可注射维生素 D 和钙制剂，喂鱼肝油等

续表 2-6

元素	缺乏与过量的危害	预防措施
氯 钠 钾	各种动物饲料中的钠都较缺乏，其次是氯，钾一般不缺。三种元素中任缺一种就能使动物表现出生长缓慢或失重、食欲差、生产力下降。奶牛缺钠表现为厌食，被毛粗糙，体重减轻，产奶量下降，乳脂率和乳钠含量下降。猪缺钠可导致相互咬尾或同类相残。产蛋鸡缺钠，易形成啄癖，同时也伴随着产蛋率下降和蛋重减轻。猪和羔羊缺钾，食欲明显变差。 猪和鸡食盐过量易中毒，表现食欲减退或废绝，强烈口渴，大量饮水。病猪多出现神经症状，运动失调，严重时死亡	在动物饲料中，除鱼粉、酱油渣外，多数天然饲料均缺乏钠和氯，而食盐是供给动物钠和氯的最便利原料。在动物饲料中适量补盐，即可有效避免发生钠和氯的缺乏症
镁	动物缺镁可致生长受阻，过度兴奋，痉挛厌食，肌肉抽搐，甚至死亡。生产中，奶牛可能出现“草痉挛”，主要表现为神经过敏，肌肉发抖，呼吸弱，心跳过速，抽搐，甚至死亡。 镁过量可致动物中毒，主要表现：昏睡，运动失调，拉稀，采食量下降，生产力降低，甚至死亡。反刍动物因排出过量镁的能力高于单胃动物，一般不会发生过量的危害。鸡日粮镁高于1%能使生长受阻，蛋鸡的产蛋率下降，蛋壳变薄	一些镁的拮抗物如钾、钙、氨等影响镁的吸收。单胃动物依赖饲料中的镁（如青饲料、糠麸、油饼粕类饲料等），即可满足需要，不易发生缺乏症，但要防止食入过量问题。反刍动物要防止日粮中钾、钙等拮抗物质过多而影响镁的吸收，同时，可补加硫酸镁、氧化镁和碳酸镁等
硫	动物缺硫表现为消瘦，角、蹄、爪、毛、羽生长缓慢，反刍动物利用纤维素的能力降低，采食量下降。 自然条件下硫过量的情况少见。用无机硫作为添加剂，用量超过0.3%～0.5%时，可能使动物产生厌食、失重、便秘、腹泻、精神沉郁等毒性反应，严重时可导致死亡	硫缺乏可通过添加无机硫制剂或增加日粮中油籽饼、鱼粉等成分予以补充；硫过量应从日粮配比中减少硫的供给，把无机硫含量降到正常水平
铁	缺铁的典型症状是贫血。其临床症状表现为生长慢、昏睡、可视黏膜变白、呼吸频率增加、抗病力弱，严重时死亡率高。不同的动物表现不同形式的贫血：猪、禽缺铁常表现低色素小红细胞性贫血；犊牛表现正常色素小红细胞性贫血。 铁食入过量一般不表现病理反应，因为动物对过量铁的耐受力很强。在不同动物中，猪比禽、牛、羊强	供给动物富含铁的草料，如幼嫩青绿饲料、鱼粉、血粉等，也可补饲易溶于酸的铁盐，如硫酸铁、氯化铁、酒石酸铁等
铜	各种动物长时间缺铜可表现贫血，猪和禽骨折或骨畸形，幼龄生长动物或胎儿表现成骨细胞形成减慢或停止，羔羊表现共济失调。猪、禽、牛缺铜，使心血管弹性蛋白质弹性下降，甚至引起血管破裂而死亡。动物缺铜（猪除外）还表现毛、羽脱色。绵羊缺铜，毛弯曲度消失。牛缺铜可引起腹泻。牛、羊均可因缺铜而降低繁殖性能。 绵羊、牛、兔、猪、鸡、马和大鼠耐受量分别为：25 mg/kg、100 mg/kg、200 mg/kg、250 mg/kg、300 mg/kg、800 mg/kg 和 1 000 mg/kg，超过此水平，各种动物均可产生毒性反应	对缺铜土壤可施硫酸铜肥，对缺铜动物可直接补饲硫酸铜。 对铜过量和中毒的动物，应将饲料中铜的浓度降到正常水平

续表 2-6

元素	缺乏与过量的危害	预防措施
钴	动物缺钴并无特殊症状，主要表现为食欲不振、生长停滞，成年动物消瘦，伴有贫血现象。 各种动物对钴的耐受力都比较强，达 10 mg/kg。饲粮中钴超过需要量的 300 倍可产生中毒反应。非反刍动物主要表现为红细胞增多。反刍动物主要表现为肝钴含量增高，采食量和体重下降，消瘦和贫血	患缺乏症动物喂钴盐或注射维生素 B_{12} 均能治愈，但注射钴盐制剂则无效。钴缺乏的预防，主要从钴的来源和供给去解决。大多数饲料都含有微量的钴。植物种类不同，含钴量也不同，豆科牧草含钴量高于禾本科
锌	动物缺锌表现为生长慢、采食量下降，皮肤和被毛受损，骨骼异常，雄性生殖器官发育不良，母畜繁殖性能下降等。皮肤不完全角化症是很多动物缺锌的典型症状。 锌的摄入过量，一般不会形成危害，因为各种动物对锌的耐受力较强	根据饲料种类和土壤条件的不同，进行合理给饲是预防锌缺乏症的根本。一般幼嫩植物含锌量高，块根块茎饲料含锌量少，在酵母、糠麸、油饼及动物性饲料中均含有大量锌。常用饲料的含锌量常超过动物的实际需要量，很少发生锌缺乏症
锰	动物缺锰可导致采食量下降、生长减慢、饲料利用率降低、骨异常、共济失调和繁殖功能异常等。骨异常是缺锰典型的表现。禽类缺锰产生滑腱症（或称骨短粗症）和软骨营养障碍。猪缺锰产生骨异常的表现是脚跛、后踝关节肿大和腿弯曲缩短。绵羊和犊牛表现站立和行走困难、关节疼痛和不能保持平衡。山羊出现跗骨小瘤，腿变形。 锰过量可引起动物生长受阻、贫血和胃肠道损害，有时出现神经症状。禽对锰的耐受力最强，可高达每千克饲料 2 000 mg，牛、羊可耐受每千克饲料 1 000 mg，猪对锰敏感，只能耐受每千克饲料 400 mg	植物性饲料中含锰较多，尤其是糠麸类、青绿饲料。生产中采用硫酸锰、氧化锰等补饲。据报道，补饲蛋氨酸锰效果更好
硒	猪缺硒主要表现肝坏死，3～15 周龄动物易发生，死亡率高。在临床上有单独出现肝坏死的，也有肌肉营养不良、桑葚心或白肌病同时出现的。 鸡缺硒主要表现渗出性素质病和胰腺纤维变性。前者是一种缺硒引起的水肿，病鸡生长慢、死亡率高。后者是严重缺硒引起胰腺萎缩的病理表现，病鸡胰腺分泌的消化液明显减少。 牛、羊缺硒主要表现肌肉营养不良，白肌病。它是一种横纹肌变性的营养缺乏症，肌肉表面可见明显的白色条纹。羔羊和犊牛易发生。 缺硒明显影响动物的繁殖性能。母猪产仔数减少，蛋鸡产蛋率下降，母羊不育，母牛产后胎衣不下等。 慢性硒中毒动物表现消瘦和贫血，关节僵硬变形，蹄壳变形并脱落，心脏和肝脏功能损害，行走不便，采食量减少，常因饥渴而死。急性硒中毒动物主要症状是眼睛失明，感觉迟钝，肺部充血，痉挛或瘫痪，常因窒息而死。呼出的气体带有蒜味	预防或治疗缺硒症可用亚硒酸钠（Na_2SeO_3）溶液皮下注射或肌内注射，家禽可将亚硒酸钠溶于水中饮用。也可将亚硒酸钠和其他矿物质及盐制成混合矿物质添加剂或营养舔砖

续表 2-6

元素	缺乏与过量的危害	预防措施
碘	动物缺碘导致甲状腺细胞代偿性实质增生而表现甲状腺肿大，生长受阻，繁殖力下降。妊娠动物缺碘可导致胎儿死亡和重吸收，产死胎（如猪、羊）或新生胎儿无毛（如猪、牛、羊）、体弱、重量轻、生长慢和成活率低。犊牛、羔羊缺碘，甲状腺明显肿大。母牛缺碘发情无规律，甚至不育。猪缺碘表现无毛、皮厚、颈粗。禽缺碘也明显影响生长和繁殖。 碘过量，不同动物耐受力不同。超过耐受量，猪血红蛋白下降，奶牛产奶量减少，蛋鸡产蛋率降低	预防碘缺乏应喂给动物粗盐和碘化食盐（含碘 0.01%～0.02%）或补饲碘化钾、碘酸钙等。为预防碘过量，饲料中每千克干物质含碘量以不超过 4.8 mg 为宜

五、主要矿物元素缺乏症示例

主要矿物元素缺乏症示例详见二维码内容。

二维码 2-14　主要矿物元素缺乏症示例

【评估考核】

1. 名词解释

必需矿物元素

2. 选择题

(1)饲粮中钙、磷比一般为(　　)。

A. (0.5～0.8)∶1　　B. (1～2)∶1　　C. (2.5～3)∶1

(2)反刍动物比较容易缺乏的元素是(　　)。

A. 镁和钴　　B. 钠和铜　　C. 氯和钾

3. 简答题

(1)矿物元素主要有哪些营养生理功能？

(2)简述矿物质钙和磷的作用与缺乏症。

(3)缺锌对畜禽有何影响？

4. 讨论与思考

试述仔猪容易发生缺铁性贫血的原因及预防措施。

二维码 2-15　矿物质与动物营养评估考核参考答案

任务六　维生素与动物营养

维生素(vitamin)是维持动物正常生理功能所必需的、需要量很少的一类低分子有机物质。这类物质在体内既不是构成身体组织的原料，也不是能量的来源，而是一类调节物质，在物质代谢中起重要作用。这类物质由于体内不能合成或合成量不足，所以虽然需要量很少，但必须经常由饲料供给。

一、维生素的基本特征及营养特点

(一)维生素的基本特征

(1)存在于天然食物或饲料中含量极少。

(2)为生物活性物质,易受光照、热、酸、碱、氧化剂等破坏。

(3)是维持动物生命活动和保证动物正常生长发育与生产所必需的营养素。

(4)动物体内含量极少,除个别维生素在动物体内可自行合成一部分外,大多数维生素都必须从饲料中摄取。

(5)动物体组织或畜产品中维生素的含量,在一定程度上随饲粮中含量的增加而增加。

(6)饲粮中缺乏或动物吸收能力较差时,导致维生素的特异缺乏症或缺乏综合征。

(二)维生素的营养特点

维生素在体内的含量很少,但不可缺少。与其他养分相比,动物对维生素的需要量极微(通常以 mg 计),并可直接被动物完整吸收。维生素作为养分再利用的调节剂,可促进能量、蛋白质及矿物质等养分的高效利用。每种维生素都有其特殊的作用,不能被其他养分替代,而且也不能相互代替。各种维生素的化学结构以及性质虽然不同,但它们却有着以下共同点。

(1)维生素均以维生素原的形式存在于饲料中。

(2)维生素不是机体组织和细胞的组成成分,它也不会产生能量,它的作用主要是参与机体代谢的调节。

(3)大多数的维生素,机体不能合成或合成量不足,不能满足机体的需要,必须经常通过饲料获得。

(4)动物对维生素的需要量很小,日需要量常以毫克或微克计算,但一旦缺乏就会引发相应的维生素缺乏症,对动物健康造成损害。

维生素与碳水化合物、脂肪和蛋白质三大养分不同,在天然饲料中仅占极少比例,但又为动物所必需。有些维生素如维生素 B_6、维生素 K 等能由动物肠道内的细菌合成,合成量可满足动物的需要。动物细胞可将色氨酸转变成烟酸(维生素 B_5),但生成量不敷需要;维生素 C 除灵长类及豚鼠外,其他动物都可以自身合成。植物和多数微生物都能自己合成维生素,不必由体外供给。许多维生素是辅基或辅酶的组成部分。

维生素与矿物元素一样,不论缺乏哪一种,都会导致代谢紊乱、生产力下降、抗病力减弱,严重时死亡。通常称为它的不足症或缺乏症。因此,它们的营养原理就是:正确的维生素(包括矿物元素)营养水平,不仅要防止不足症或缺乏症的出现,而且要能保证动物经常处于最佳的健康和生产水平上。

(三)维生素缺乏的原因

(1)饲料供应严重不足,摄入不足。如饲料单一、贮藏不当、加热破坏等。

(2)吸收利用降低。如消化系统疾病或摄入脂肪量过少,从而影响脂溶性维生素的吸收。

(3)维生素需要量相对增高。如妊娠和哺乳期母畜、特殊环境下的动物。

(4)不合理使用抗生素会导致对维生素需要量的增加等。

二、维生素的分类及特点

现阶段人们发现的维生素有几十种，如维生素 A、维生素 B、维生素 C 等。但维生素的定义中要求维生素满足以下四个特点，才可以称为必需维生素。

1. 外源性

动物体自身不可合成，需要通过饲料补充。

2. 微量性

动物体所需量很少，但是可以发挥巨大作用。

3. 调节性

维生素必需能够调节机体新陈代谢或能量转变。

4. 特异性

缺乏了某种维生素后，动物将呈现特有的病态。

根据以上四点，动物体一共需要 14 种维生素，也就是通常所说的 14 种必需维生素，按其溶解性可分为脂溶性维生素和水溶性维生素两大类。

二维码 2-16 脂溶性维生素的营养与供给

(一)脂溶性维生素

脂溶性维生素包括维生素 A、维生素 D、维生素 E 和维生素 K。其特点主要如下。

(1)分子中仅含有碳、氢、氧三种元素。

(2)不溶于水，而溶于脂肪和大部分有机溶剂。

(3)脂溶性维生素的存在和吸收均与脂肪有关。它与日粮中的脂肪一同被动物吸收，任何增加脂肪吸收的措施，均可增加脂溶性维生素的吸收。若日粮中缺乏脂肪，脂溶性维生素的吸收率下降。

(4)脂溶性维生素有相当数量贮存在动物机体的脂肪组织中，若动物吸收得多，体内贮存的也多。

(5)动物缺乏时，有特异的缺乏症。但短期缺乏不易表现出临床症状。

(6)未被动消化吸收的脂溶性维生素，通过胆汁随粪便排出体外，但排泄较慢。过多会产生中毒症或者妨碍与其有关养分的代谢，尤其是维生素 A 和维生素 D_3。维生素 E 和维生素 K 的中毒现象在生产中很少见。

(7)易受光、热、湿、酸、碱、氧化剂等破坏而失效。

(8)维生素 K 可在肠道内经微生物合成。动物皮肤中的 7-脱氢胆固醇可经紫外线照射转变为维生素 D_3。动物体内不能合成维生素 A 和维生素 E，故均需由饲料提供。

二维码 2-17 水溶性维生素的营养与供给

(二)水溶性维生素

水溶性维生素包括 B 族维生素(维生素 B_1、维生素 B_2、维生素 B_3、维生素 B_4、维生素 B_5、维生素 B_6、维生素 B_7、维生素 B_{11}、维生素 B_{12})和维生素 C。其特点主要有：

(1)分子中除含有碳、氢、氧三种元素外，多数含有氮，有的还含有硫或钴。

(2)溶于水，并可随水分很快地由肠道吸收。

(3)体内不贮存。未被动物利用的水溶性维生素主要由尿液很快排出体外。因此,即使一次较大剂量服用也不易中毒。短期缺乏即对代谢有影响,但表现临床症状尚需一段时间。

(4)多数情况下,缺乏症无特异性。采食量降低,生长和生产受阻时产生共同的缺乏症状。

(5)反刍动物经瘤胃微生物可合成B族维生素,成年反刍动物不需由日粮提供。

(6)动物体内可合成维生素C。但在高温、运输、疾病、断喙、防疫、转群等应激条件下,维生素C需要量增加,应额外补充。

三、维生素的营养生理功能

1. 调节营养物质的消化、吸收和代谢

维生素作为调节因子或酶的辅酶和辅基的成分,参与蛋白质、脂肪和碳水化合物三种有机物的代谢过程,促进其合成与分解,从而实现代谢调控作用。

2. 抗应激作用

诸多应激因素,如营养不良、疾病、冷热、接种疫苗、惊吓、运输、转群、换料、断喙、有害气体的侵袭及饲养管理不当、抗营养因子及高产等,致使动物生产性能下降,自身免疫功能降低,发病率上升,甚至大群死亡。可通过应用抗应激营养物质(如维生素)提高动物自身抗应激能力,减少生产水平的降低。

3. 激发和强化机体的免疫功能

几乎所有维生素都可能提高动物的免疫功能,其中维生素A、维生素D、维生素K、维生素B_6、维生素B_{12}及维生素C的免疫功能最为明显。

4. 提高动物的繁殖性能

提高种鸡日粮中维生素和微量元素的含量,即可增加鸡蛋中相应营养素的含量,有助于提高受精率、孵化率和健雏率。与动物繁殖性能有关的维生素有维生素A、维生素E、维生素B_2、维生素B_3、维生素B_6、维生素B_{11}、维生素B_{12}及生物素等。

5. 改善动物产品品质

饲粮中添加维生素E,可防止肉品中脂肪酸氧化酸败,阻止产生醛、酮及醇类等气味很差的物质,这些物质具有致癌、致畸等危害。蛋鸡饲粮中添加维生素A、维生素D_3、维生素C有助于改善蛋壳强度和色泽。

6. 预防集约化饲养条件下的疫病

添加高水平维生素具有一定的预防代谢疾病的作用。

7. 提高动物的生产性能和养殖业的经济效益

适当超量添加维生素已成为获取动物高产的有效措施,并证明适当超量添加维生素所增加成本,远低于动物增产所增加的收入,但超量添加的比例应在保险系数范围内。因此,适当超量添加维生素也是提高养殖业经济效益的有效措施之一。

四、影响维生素需要量的因素

1. 动物因素

动物对维生素的需要量在很大程度上取决于其种类、年龄、生理时期、健康与营养状况及

生产水平等。

2. 维生素拮抗物

在有相应拮抗物存在的情况下相应的需要量增大。

3. 应激因素

各种应激因素可增加维生素的需要量，尤其是维生素 C。如动物患传染病和寄生虫病时，对维生素的需要量增加。

4. 集约化饲养

集约化饲养条件下，易产生维生素不足，致使动物对维生素的需要量增加。

5. 日粮营养成分的影响

如日粮中脂肪含量不足时，脂溶性维生素的吸收受到影响，其需要量增加；蛋白质的供给量增加时，维生素 B_6 的需要量也随之增加。

五、主要维生素缺乏症及预防措施

营养物质的少量短期缺乏对动物有影响，但肉眼不可见，当营养物质缺乏达到一定量时，动物则会体现出相应的缺乏症，过量达到一定程度则会出现中毒症状，因此，我们一定要有量变与质变的哲学原理，做任何事情都要从一点一滴的小事做起，脚踏实地，积极做好量的积累，为实现质变创造条件，切勿急于求成或迈步不前。

脂溶性维生素缺乏症及预防措施见表 2-7，水溶性维生素缺乏症及预防措施见表 2-8。

表 2-7 脂溶性维生素缺乏症及预防措施(简介)

维生素	主要缺乏症	预防措施
维生素 A（抗干眼症维生素、视黄醇）	在弱光下，视力减退或完全丧失，患“夜盲症”；上皮组织干燥和过度角质化，易受细菌侵袭而感染多种疾病，泪腺上皮组织角质化，发生“干眼症”，严重时角膜、结膜化浓溃疡，甚至失明；呼吸道或消化道上皮组织角质化，生长动物易引起肺炎或下痢；泌尿系统上皮组织角质化，易引起尿道结石	饲喂富含维生素 A 或胡萝卜素的饲料，也可补饲维生素 A 添加剂。如鱼肝油、肝、乳、蛋黄、鱼粉中均含有丰富的维生素 A。青绿饲料和胡萝卜中胡萝卜素最多，红心或黄心甘薯、南瓜与黄色玉米中也较多。冬季，优质干草和青贮饲料是胡萝卜素的良好来源
维生素 D（抗佝偻症维生素、钙化醇）	钙磷代谢失调，幼龄动物患“佝偻症”，常见行动困难，不能站立，生长缓慢。成年动物，尤其妊娠母畜和泌乳母畜患“软骨症”，骨质疏松，骨骼脆弱，易折，弓形腿。家禽除骨骼变化外，喙变软，蛋壳薄而脆，或产软壳蛋，产蛋量及孵化率下降	饲喂富含维生素 D 的饲料。动物性饲料(如鱼粉、血粉、酵母)、干草、秸秆等。加强舍外运动，多晒太阳或紫外线灯照射。在饲料中添加维生素 D_3
维生素 E（抗不育症维生素、生育酚）	与硒缺乏症相似。反刍动物表现肌肉营养不良“白肌病”。猪睾丸退化、“肝坏死”、营养性肌肉障碍及免疫力降低。鸡表现为繁殖紊乱、胚胎死亡、“渗出性素质病”，肉鸡在高能高蛋白条件下易患“脑软化症”	各种籽实胚中富含维生素 E，植物油中丰富。幼嫩饲料中也不少，长老后大为减少，加工时易氧化损失。可采用添加维生素 E 制剂或补加富含维生素 E 的青绿饲料、豆油、花生油等

续表 2-7

维生素	主要缺乏症	预防措施
维生素 K（抗出血症维生素）	雏鸡缺乏时皮下和肌肉间隙呈现出血现象，断喙或受伤时流血不止；患缺乏症的禽类，可在躯体任何部位发生出血，常在颈、胸、腿、翅膀及腹膜等部位出现小血斑；母鸡缺少维生素 K，所产蛋的蛋壳有血斑，孵化时，鸡胚也常因出血而死亡。猪缺乏维生素 K 时，皮下出血，内耳血肿，尿血，呼吸异常。初生仔猪脐孔出血，或仔猪去势后出血，甚至流血不止而致死。有的关节肿大，充满淤血造成跛行	动物中除家禽外，一般不需补充维生素 K。因反刍动物的瘤胃能合成足够量的维生素 K，其他单胃动物还能通过食粪获取一些维生素 K。只有家禽因肠道短，微生物合成量有限，加上笼养方式失去了食粪的条件，必须在日粮中供给足够量的维生素 K，才能有效预防维生素 K 缺乏症的发生。在生产实践中，常采取补充维生素 K_3 的办法解决维生素 K 的缺乏问题

表 2-8　水溶性维生素缺乏症及预防措施(简介)

维生素	主要缺乏症	预防措施
维生素 B_1（硫胺素）	心脏和神经组织功能紊乱，心肌坏死，雏鸡患“多发性神经炎”，头部后仰，神经变性和麻痹；猪运动失调，胃肠功能紊乱，厌食呕吐，浮肿，生长缓慢，体重下降，母猪所生仔猪体弱，畸胎增加	酵母是硫胺素最丰富的来源，谷物含量也较多，胚和种皮含硫胺素较多，动物瘦肉、肝肾和蛋也含有大量硫胺素。优质青绿饲料含量丰富。成熟的干草含量低
维生素 B_2（核黄素）	幼龄动物食欲减退，生长停滞，被毛粗乱，眼角分泌物增多，伴有腹泻；猪患皮肤炎，皮毛粗糙，脱毛、皮肤发疹等；猪患“白内障”，眼变形；妊娠母猪早产或畸胎；鸡患卷爪麻痹症，足爪向内弯曲，用跗关节行走，腿麻痹，母鸡产蛋率、孵化率下降，鸡胚死亡率增加	核黄素在青绿植物、酵母菌、真菌及许多细菌体内都能合成，苜蓿草粉每千克平均含 13.5 mg，酵母每千克约含 27.3 mg。谷物及其副产品核黄素含量低。玉米-豆饼型日粮易产生核黄素缺乏症
维生素 B_6（吡哆醇）	幼龄动物食欲下降，生长发育受阻，皮肤发炎，脱毛，心肌变性；猪贫血、运动失调，阵发性抽搐或痉挛，昏迷，肝脏发生脂肪浸润，腹泻，被毛粗糙；鸡异常兴奋，惊跑，胸腹贴地，两翼拍打，羽毛粗糙，脱落，下痢，种蛋孵化率下降	维生素 B_6 广泛分布于饲料中，酵母、动物肝脏、肌肉、乳清、谷物、蔬菜都是维生素 B_6 的丰富来源。一般不易产生明显的缺乏症
维生素 B_5（烟酸）	生长猪患“癞皮症”，皮肤发炎，结“黑痂”，皮毛粗、生长缓慢，消化功能紊乱，肠炎、呕吐、腹泻。鸡患口腔炎，黑舌症，皮炎，羽毛蓬乱，生长缓慢，下痢，骨骼异常；母鸡产蛋率、孵化率下降	烟酸广泛存在于饲料中。动物性产品、酒糟、发酵液以及油饼类含量丰富，谷物副产品、青草含量较多。成年反刍动物瘤胃微生物能合成烟酸，其他动物均需日粮提供烟酸
维生素 B_3（泛酸、遍多酸）	猪生长缓慢，胃肠功能紊乱，腹泻和便血，运动失调，腿内弯，出现“鹅行步伐”，鳞片状皮炎，脱毛，肾上腺皮质萎缩。鸡生长受阻，皮炎，羽毛生长不良；雏鸡眼分泌物增多，眼睑周围结痂；母鸡产蛋率、孵化率下降；鸡胚死亡，胚胎皮下出血及水肿等	泛酸广泛分布于动植物体中，苜蓿草、花生饼、糖蜜、酵母、米糠、小麦麸含量丰富。谷物籽实含量也较多。所以一般不会发生缺乏症。反刍动物瘤胃微生物能合成泛酸，在猪、禽日粮中可配一些含泛酸丰富的饲料

续表 2-8

维生素	主要缺乏症	预防措施
维生素 B_{12}（氰钴素）	动物食欲减退，营养不良，贫血，神经系统损伤，行动不协调，皮炎，皮肤粗糙，抵抗力和繁殖性能降低。仔猪生长缓慢，四肢共济失调。雏鸡生长缓慢，羽毛不丰满，肾脏损伤；孵化率下降，出壳雏鸡骨骼异常，胚胎往往在最后 1 周死亡	在植物性饲料中基本不含维生素 B_{12}，反刍动物瘤胃及所有动物肠道微生物的合成是维生素 B_{12} 的重要来源。但在日粮中需提供合成维生素 B_{12} 所需的钴。如日粮中含钴不足，单胃动物易患缺乏症
维生素 B_{11}（叶酸）	动物营养性贫血，生长缓慢，慢性下痢，被毛粗乱，繁殖性能和免疫功能下降。猪患皮炎，脱毛，消化呼吸系统及泌尿器官黏膜损伤。鸡羽毛脱色，脊柱麻痹；孵化率降低，死胚，骨骼畸形	叶酸广泛分布于动植物体中，如青绿饲料、豆科籽实、酵母、动物肝脏都是叶酸的主要来源。反刍动物瘤胃微生物能合成足够其需要的叶酸。需要由日粮供给叶酸的动物主要是家禽及长期饲喂抗生素、磺胺类药物或长期患有消化道慢性疾病的动物个体
维生素 B_7（生物素）	动物营养性贫血，生长缓慢，皮炎，繁殖功能和饲料利用率下降。猪后腿痉挛，蹄开裂，皮肤干燥，鳞片和以棕色渗出物为特征的皮炎。鸡脚趾肿胀，开裂，脚、喙及眼周围发生皮炎，胫骨粗短症，生长缓慢；种蛋孵化率降低，鸡胚骨骼畸形	生物素在动物体中广泛存在，蛋白质饲料、青绿饲料、苜蓿、干酵母和乳制品是生物素的主要来源。一般不会缺乏
维生素 C	维生素 C 缺乏，毛细血管的细胞间质减少，通透性增强而引起皮下、肌肉、肠道黏膜出血。骨质疏松易折，牙龈出血，牙齿松脱，创口溃疡不易愈合，患“坏血症”；动物食欲下降，生长阻滞，体重减轻，活动力丧失，皮下及关节弥漫性出血，被毛无光，贫血，抵抗力和抗应激力下降；母鸡产蛋量减少，蛋壳质量降低	作为早期断奶幼畜人工奶中的添加物。高温、寒冷、运输等逆境和应激状态下，不仅降低机体内维生素 C 的合成，同时机体对维生素 C 的需要量增加，日粮中补加维生素 C 有利于减轻逆境对机体的不良影响，同时还能提高饲料利用率

动物不具备人类语言功能，其发病不会告知，但动物发病情况下有许多共性表现，如采食量下降、精神萎靡，因此需要我们多努力研究分析比较案例，刻苦钻研掌握所有缺乏症表现，通过各方面知识精准诊断，这也是当代工匠精神的重要体现。

六、主要维生素缺乏症示例

主要维生素缺乏症示例详见二维码内容。

二维码 2-18　主要维生素缺乏症示例

【评估考核】

1. 选择题

(1)可在动物消化道内由微生物合成的脂溶性维生素是(　　)。

A. 维生素 A　　B. 维生素 D　　C. 维生素 E　　D. 维生素 K

(2)动物体皮肤中的7-脱氢胆固醇在紫外线照射下可转化成(　　)。

A. 维生素 A　　B. 维生素 C　　C. 维生素 D_2　　D. 维生素 D_3

2. 填空题

(1)水溶性维生素主要包括________________。

(2)"多发性神经炎"是______________缺乏引起的。

3. 简答题

(1)简述维生素 A、维生素 D 的营养作用、来源及缺乏症。

(2)简述 B 族维生素共同特点。

4. 讨论与思考

维生素的需要量受哪些因素的影响?

二维码 2-19　维生素与动物营养评估考核参考答案

任务七　水与动物营养

水是地球上最常见的物质之一,是包括人类在内所有生命生存的重要资源,也是生物体最重要的组成成分。水在生命演化中起到了重要作用。它是一种狭义不可再生,广义可再生资源。在动物生存、生产过程中,水一般容易获得,因而容易被忽视。事实上,水对动物而言,也是一种重要的营养物质。无论动物或植物,没有水都不能生产或存活。大多数动物对水的摄入量远比三大营养物质多,成年动物体成分中 1/2～2/3 由水组成,初生动物体成分中水分含量高达 80%。因此,充分认识水的营养生理作用,保证动物水的供给和饮水卫生,对动物的健康和生产具有十分重要的意义。

一、水的营养生理功能与动物缺水的后果

二维码 2-20　水的营养与供给

(一)水的营养生理功能

1. 水是一种重要的溶剂

以猪体内蛋白质代谢过程为例,简述如图 2-18 所示。

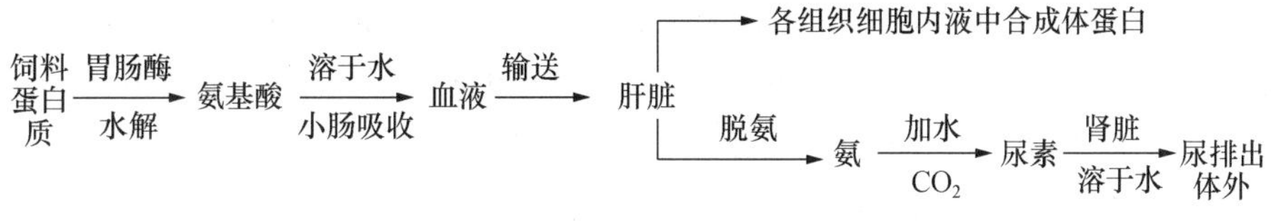

图 2-18　水在猪体内蛋白质代谢中的作用

各种营养物质的消化吸收、运输与利用及其代谢废物的排出,均需溶解在水中方可进行。

2. 水是各种生化反应的媒介

动物体内的化学反应是在水媒介中进行的,水不仅参加体内的水解反应,还参与氧化还原

反应，有机物质分解以及细胞呼吸过程。

3. 水对体温调节起重要作用

水的比热高，因而吸收的热较多。动物体代谢过程中产生的热通过体液交换和血液循环，水能将体内产生的热经体表皮肤或肺部呼气中散发。同时，水具有很高的蒸发热（每克水在37 ℃时完全蒸发可吸热 2 510 J 左右），蒸发少量的汗，就能散发大量的热，这对具有汗腺的家畜更为重要。

4. 水具有润滑作用

泪液可防止眼球干燥，唾液可湿润饲料和咽部，便于吞咽。关节囊液可润滑关节，使之活动自如并减少活动时的摩擦。体腔内和各器官间的组织液可减少器官间的摩擦力，起到润滑作用。

5. 水能维持组织、器官的形态

动物体内的水大部分与亲水胶体相结合，成为结合水，直接参与构成活的细胞与组织，这种结合水能使组织器官有一定的形态、硬度及弹性，有利于完成各自的功能。

(二)缺水的后果

短期缺水，引起畜禽生产力下降。幼龄畜禽生长受阻，育肥家畜增重缓慢，泌乳母畜产奶量急剧下降，母鸡产蛋量急速减少，蛋重减轻、蛋壳变薄。

畜禽长期饮水不足，会损害健康，当动物体失去占体重 1%～2%的水时，即开始感觉干渴。动物缺水初期食欲明显减退，尤其是不愿进食干饲料，此后，随着失水增多，当水含量减少8%时，干渴感觉日益严重，可致食欲完全废绝，消化功能迟缓乃至完全丧失，机体免疫力和抗病力显著减弱。

严重缺水危及畜禽的健康和生命。长期水饥饿的畜禽，各组织器官缺水，血液浓缩，营养物质代谢发生障碍，组织中脂肪和蛋白质分解加强，体温升高，常因组织内积蓄有毒代谢产物而死亡。实际上，畜禽得不到水比得不到饲料更难维持生命，因此必须保证供水。

二、动物体内水的平衡及调节

(一)水的来源

动物体获取水的来源有三条途径。

1. 饮水

饮水是动物获得水的重要来源。动物饮水的多少与动物种类、生理状态、生产水平、饲料或饲粮构成成分、环境温度等有关。一般动物随采食量增加饮水量呈直线上升，在热应激时，饮水量大幅度增加。相比较而言，牛的饮水量最大，羊和猪次之，家禽饮水量少，犬和沙漠里的羚羊、骆驼、啮齿类动物一般情况下饮水量极少。

多数动物在采食过程或稍后都要饮水，天气炎热时，饮水频率和量增加，放牧条件下，如动物不能随时饮水则影响动物的生产力。

2. 饲料水

饲料水是动物获取水的另一个重要来源。成熟的牧草或干草，水分可低到 5%～7%；幼嫩青绿多汁饲料水分可高到 90%以上；配合饲料水分含量一般在 10%～14%以内。动物采食饲料中水分含量越多,饮水越少。

饮水及饲料水均为外源水,需经消化道黏膜吸收进入血液,然后输送到机体各组织器官。

3. 代谢水

代谢水是动物体细胞中有机物质氧化分解或合成过程中所产生的水,又称内源水,其量在大多数动物中占总摄水量的5%～10%。不同营养物质产生代谢水的程度不同如表2-9所示。

表2-9　三大养分的代谢水

养分	氧化后代谢水/g	含热量/kJ	代谢水/(g/100 kJ)
100 g淀粉	60	1 673.6	3.6
100 g蛋白质	42	1 673.6	2.5
100 g脂肪	100	3 765.6	2.7

动物种类不同,代谢水的重要性不同。有汗腺的动物和蛋白质代谢尾产物主要以尿素形式排泄的动物,随着三大营养物质的摄入和代谢,产热量增加,水的需要量更大,体内营养物质氧化产生的代谢水明显不能满足失水的需要。猪、牛、羊等动物采食蛋白质越多,需水量越大,否则可能因尿素在体内积蓄而引起中毒。代谢水对于冬眠动物和沙漠里的小啮齿动物的水平衡十分重要,它们有的永远靠采食干燥饲料为生而不饮水,在冬眠过程中不摄食、不饮水仍能生存。

(二)水的流失

动物体内的水经复杂的代谢过程后,通过粪、尿的排泄,肺和皮肤的蒸发,以及离体产品等途径排出体外,保持动物体内水的平衡。

1. 粪和尿的排泄

一般动物随尿排出的水占总排出水量的50%左右。动物的排尿量因饮水量、饲料性质、动物活动量以及环境温度等多种因素的不同而异。饮水量越多,排泄量越多。活动量越大,环境温度越高,尿量相对减少。以粪便形式排出的水量,因动物种类不同而异,牛、马等动物排粪量大,粪中含水量又高,故从粪中排出的水量较多。绵羊、犬、猫等动物的粪较干,由粪便排出的水较少。

2. 肺脏和皮肤的蒸发

由皮肤表面失水的方式有两种,一是由血管和皮肤的体液中简单地扩散到皮肤表面而蒸发,二是通过排汗失水,皮肤出汗和散发体热与调节体温密切相关。具有汗腺的动物处在高温时,一般的体热散失方式已不能满足需要,则汗腺活动经出汗排出大量水分,如马的汗液中含水量约为94%,排汗量随气温上升及肌肉活动量的增强而增加。

不少动物汗腺不发达或缺乏汗腺,则体内水的蒸发,多以水蒸气的形式经肺脏呼气排出。经肺呼出的水量,随环境温度提高和动物活动量的增加而增加,无汗腺的母鸡,通过皮肤的扩散作用失水和肺呼出水蒸气的排水量占总排水量的17%～35%。

3. 经动物产品排出

泌乳动物除以上几种方式失水外,泌乳也是水排出的重要途径。牛乳平均含水高达87%。每产1 kg牛乳,可排出0.87 kg水。实验证明,奶牛每形成1 kg乳,需供水4～5 kg。

充分满足奶牛饮水，可保证产乳量。产蛋家禽每产 1 g 蛋，排出水0.7 g 左右，一枚 60 g 重的蛋，含水 42 g 以上，产蛋家禽缺水，产蛋率明显下降。

(三)水的平衡及调节

动物体内的水分布于全身各组织器官及体液中，细胞内液约占 2/3，细胞外液约占 1/3。细胞内液和细胞外液的水不断地进行交换，保持体液的动态平衡；动物摄入的水与排出的水也保持一定的动态平衡。

动物对水的摄入是靠渴觉调节。渴觉主要由于动物失水而引起细胞外液渗透压的升高，刺激下丘脑前区的渗透压感受区而产生。进而增加饮水，动物体内水足够，渗透压正常时，动物没有渴感而不饮水。除此之外，也可以由传入神经直接传入中枢而引起渴感。

动物对水的排出，主要靠肾脏通过排尿量调节。肾脏排尿量又受脑垂体后叶分泌的抗利尿素(加压素)控制，动物失水过多，血浆渗透压上升，刺激下丘脑渗透压感受器，反射性增强加压素的分泌。加压素促使水分在肾小管与收集管内的重吸收，使尿液浓缩，尿量减少，从而减少水由尿损失。相反，动物大量饮水后，血浆渗透压下降，加压素分泌减少，水分重吸收减弱，尿量增加。此外，肾上腺皮质分泌的醛固酮激素在促进肾小管对钠离子重吸收的同时，也增加对水的重吸收。动物体内水的调节是一个综合生理过程，由调节水代谢的上述机制，共同维持体内水量，使其保持正常水平。

三、动物需水量及饮水品质

(一)动物需水量

动物对水的需要比对其他营养物质的需要更重要。一个饥饿动物，可以失掉几乎全部脂肪，半数以上的蛋白质和体重的 40%仍能生存，但失掉体重 1%～2%的水，即出现干渴感，食欲减退。继续失水达体重 8%～10%，则引起代谢紊乱。失水达体重 20%，可使动物致死。实验证明，缺乏有机养分的动物，可维持生命 100 d，如同时缺乏水，仅能维持 5～10 d。所以水是动物十分重要的营养物质，动物生产上必须注意满足水的需要。

动物需水量受很多因素的影响，很难估计出动物确切的需水量，生产实践中，动物需水量(不包括代谢水)，常以采食饲料干物质量来估计。每采食 1 kg 饲料干物质，牛和绵羊需水 3～4 kg，猪、马和家禽需水 2～3 kg，猪在高温环境里需水量可增至 4～4.5 kg。

(二)影响动物需水量的因素

动物需水量受很多因素的影响，变动范围较大，主要因素有以下几点：

1. 动物种类

不同种类的动物，由于生理和营养物质，特别是蛋白质代谢终产物不同，机体水分流失和对水的需要也明显不同。猪、牛、马等哺乳动物，蛋白质代谢终产物主要为尿素，这些物质大量停留在体内对动物有一定的有毒有害作用，需要大量水分稀释，并使其适时排出体外。牛、羊等反刍动物需要大量水分维持瘤胃微生物的正常代谢，这类动物需水量明显比猪大。禽类的蛋白质代谢终产物主要是尿酸，经尿中排出的水较少。因此，禽类需水量相对较小。

长期在干旱环境中生活的动物，如骆驼、卡拉库尔羊和阿拉伯马对缺水的耐受力比其他动物强，需水量相应较少。

2. 饲粮因素

在适宜环境条件下，饮水量与饲料干物质采食量高度相关。食入水分十分丰富的牧草时，饲料中水分含量可能大于其需要量，动物可不饮水。食入含粗蛋白质水平高的饲粮，尿素的生成和排泄需一定量的水，动物需水量增加。天气炎热时，尽管动物奶中含水 80%～88%，初生哺乳动物以奶为食，仍要额外饮水，原因在于奶中蛋白质含量高，使得尿中排水量增加。饲粮中粗纤维含量增加，因纤维的膨胀、酵解及未消化残渣的排泄，也同样要提高需水量。

大量证据还表明，饲粮中食盐或其他盐类的增加，需水量和排水量增加。有的盐类还会引起动物腹泻，如果这些盐类被动物吸收，水又不能有效地被利用，则造成组织脱水。

3. 环境因素

高温是造成需水量增加的主要因素，当一般气温高于 30 ℃，动物饮水量明显增加，低于 10 ℃时，需水量明显减少。气温在 10 ℃以上，采食 1 kg 干物质需供给 2.1 kg 水；当气温升高达到 30 ℃以上时，采食 1 kg 干物质需供给 2.8～5.1 kg 水。乳牛在气温 30 ℃以上时，泌乳的需水量较在气温 10 ℃以下时提高 75%以上。产蛋母鸡当气温从 10 ℃以下升高到 30 ℃以上时，饮水量几乎增加 2 倍。高湿同样会增加饮水，原因在于动物体表或肺蒸发散热也因高温而减少。

舍饲动物饮水器的设计和安装以及水源的卫生皆会影响饮水频率及饮水量。放牧动物，牧草离水源的距离也影响饮水频率及饮水量。动物饲养上必须考虑这些因素。

(三)水的缺乏

动物失水是连续的，饮水则是间断的。动物缺水比缺其他养分要早死亡。动物得不到水分比得不到饲料更难维持生命，尤其在高温季节。因此，为了维持正常生理功能动物不得不通过饮水来弥补。适度的限制饮水，会明显影响采食量和生产成绩，粪、尿水分也显著下降，甚至造成动物脱水，体重下降，肾脏对氮和电解质(Na^+、Cl^-)排泄量增加，脉搏加快，血液浓稠，最后衰竭而死。

世界上许多地区缺乏表面水或井水，或者水中盐分含量过高不能饮用，造成动物饮水困难。所以，保护水源，保证水质，节约用水对动物生产也十分重要。

(四)水的品质

水的品质直接影响动物的饮水量、饲料消耗、健康和生产水平。天然水中可能含有各种微生物，包括细菌或病毒。细菌中以沙门菌属、钩端螺旋体属及埃希菌属最为常见。水中主要阴离子是 CO_3^{2-}、SO_4^{2-}、Cl^-、NO_3^-；主要阳离子是 Ca^{2+}、Mg^{2+}、Na^+ 及重金属中 Hg^{2+}、Cd^{2+}、Pb^{2+} 等。一般以水中总可溶性固形物(TDS)，即各种溶解盐类含量指标来评价水的品质。当然，动物饮水品质仅用 TDS 为指标是不确切的，还应考虑各种金属离子的具体含量，特别是水中硝酸盐和亚硝酸盐的含量对动物毒害很大。

硝酸盐及亚硝酸盐在饮水中广泛分布。尽管 NO_3^- 一般不会对动物健康构成威胁，但是其中还原性产物 NO_2^- 可被胃肠吸收，很快达中毒水平。动物对硝酸盐的耐受力 1 320 mg/L，但亚硝酸盐浓度在 33 mg/L 以上便具有毒性。亚硝酸盐可氧化血红蛋白中的铁，使血红蛋白失去携氧能力。同时高浓度的硝酸盐为细菌污染水源提供了有利条件，因为细菌能够把 NO_3^- 转化为 NO_2^-，从而对动物或人的健康造成危害。

总之，水是动物十分重要的必需营养物质。水主要通过饮水来提供，饮水品质是动物生产上不能忽视的问题。

【评估考核】

1. 名词解释

代谢水

2. 填空题

(1)当动物体内水分丧失__________，会引起代谢紊乱。

(2)动物体内的水分来源于__________、__________、__________三个方面。

(3)日粮中含__________、__________、__________多时，动物对水的需要量大。

3. 简答题

(1)水有哪些营养作用？

(2)影响动物需水量的因素有哪些？

4. 讨论与思考

如何合理给家畜供水？

二维码 2-21 水与动物营养评估考核参考答案

任务八 营养物质在机体中的相互关系

营养物质在动物体内并不是孤立地起作用的，它们之间存在着复杂的相互关系。这些关系主要表现为：协同作用、拮抗作用、相互转变、相互替代等。产生这些关系的生物学基础是高等动物新陈代谢的复杂性、整体性和代谢调节的准确性、灵活性、经济性。这就要求各营养物质作为一个整体，应保持相互间的平衡。保持营养物质间的平衡对经济高效地组织动物生产十分重要。因此，了解各类营养物质间的相互关系具有重要实践意义。

一、三大营养物质之间的关系

三大有机物在动物体内可以相互转化，它们之间的转化是通过共同的中间产物（丙酮酸、乙酰辅酶 A 和 α-酮戊二酸）及共同代谢枢纽（三羧酸循环）联系起来的。但它们之间的转化是受条件限制的，脂肪、糖转化为蛋白质时，必须有氨基来源，并且只能转化为非必需氨基酸；脂肪的甘油部分可转化为糖；除必需氨基酸必须由饲粮供给外，动物体脂肪可以大量由糖转化而来。

蛋白质可在动物体内转化成碳水化合物。组成蛋白质的各种氨基酸除亮氨酸外，均可经脱氨基作用生成 α-酮酸，然后沿糖的异生途径合成糖；糖在代谢过程中可生成 α-酮酸，然后通过转氨基作用转化成非必需氨基酸。

组成蛋白质的各种氨基酸，均可在动物体内转化成脂肪。生酮氨基酸可以转化为脂肪，生糖氨基酸也可先转化为糖，然后转化成脂肪。脂肪组成中的甘油可转化为丙酮酸和一些酮酸，然后经转氨基作用而转化为非必需氨基酸。

对哺乳动物和禽类，碳水化合物和脂肪对蛋白质具有“庇护作用”。充分供给碳水化合物或脂肪，就可保证动物体对能量的需要，避免或减少蛋白质作为供能物质的分解代谢，有利于机体的氮平衡，增加氮的贮留量。

二、能量和其他营养物质的关系

(一)能量与有机营养物质的关系

饲料中的有机物质，特别是三大营养物质都是能量之源，在有机营养物质代谢的同时必然伴随着能量代谢。饲料中有机营养物质种类及含量直接与能量高低相关，特别是能量和蛋白质，是动物营养中的两大重要指标。

1. 能量与蛋白质、氨基酸的关系

(1)蛋白质。日粮中适当增加蛋白质的总量或提高蛋白质的生物学价值，可改善日粮代谢能的利用，能量沉积量增大；蛋白质过量时能量的利用率降低。因此，为节省蛋白质，保证能量的最大利用效率，日粮中必须保持适宜能蛋比。如果能蛋比不当则会影响营养物质利用效率并导致营养障碍。例如，乳牛饲喂高能量低蛋白质或低能量高蛋白质饲粮均能使乳牛体重减轻、产奶量下降以及卵巢功能异常。育肥猪饲粮能量水平正常而蛋白质水平过高时，其增重比适量蛋白质时差。家禽有根据饲粮能量浓度调节采食量的能力，饲喂高能饲粮时，由于采食量减少，虽满足了能量的需要，却降低了蛋白质及其他营养物质的绝对食入量而影响生长速度和产蛋量。实践证明，由于蛋白质的热增耗较高，蛋白质供给量高时，能量利用率就会下降。相反，如果蛋白质不能满足动物体最低需要，单纯提高能量供给，机体就会出现负氮平衡，能量利用率同样会下降。因此，为保证能量利用率的提高和避免饲粮蛋白质的浪费，必须使饲粮中的能量及蛋白质保持合理的比例。

(2)氨基酸。饲粮氨基酸种类和水平对能量利用率有明显影响。一方面，当饲粮中苏氨酸、亮氨酸和缬氨酸缺乏时，会引起能量代谢水平下降。用缺乏赖氨酸的饲粮喂生长育肥猪时，每单位增重的能量消耗增加。另一方面，当氨基酸供给量超过实际需要时，也会使代谢能降低。原因是未参加体蛋白质合成的氨基酸被氧化而释放出能量，氮则以尿素形式排出体外，导致能量损失。现已证明，畜禽对氨基酸的需要量随能量浓度的提高而增加，保持氨基酸与能量的适宜比例对提高饲料利用效率十分重要。

2. 能量与粗纤维、脂肪的关系

(1)粗纤维。日粮中适量的粗纤维有填充消化道，稀释其他养分，延缓蛋白质及淀粉等在消化道内的消化吸收，提高其在体内的利用效率的作用。但粗纤维含量过高时，则影响饲料养分的消化率。这在生长猪中表现突出。饲粮有机物质的消化率和粗纤维水平间通常呈负相关。据报道，饲粮中纤维素每增加 1%，蛋白质消化率下降 0.3%，有机物质消化率降低 1.68%。成年反刍动物则需要较多粗纤维，当其他养分充足、比例适宜时，可促进瘤胃细菌活动分解较多的粗纤维，粗纤维及其他有机物的消化利用率就能提高。相反，粗纤维水平过低可导致瘤胃消化功能紊乱，降低有机物及能量的消化利用率。因此，适宜粗纤维水平对各种动物均很重要。但动物种类不同，所需粗纤维水平明显不同。

(2)脂肪。在正常条件下，脂肪作为能源的利用效率高于其他有机物。饲粮中添加脂肪可增加动物的有效能摄入量，提高饲料和能量转化效率。饲粮中每增加 1%脂肪，代谢能的随意采食量增加 0.2%～0.6%，这在高温环境下有利于提高动物的生产性能。当动物处于免疫应激状态时，脂肪作为能源不如粗纤维好。

(二)能量与其他营养物质的关系

1. 能量与矿物质的关系

在矿物质中磷对能量的有效利用起着重要作用,因在机体代谢过程中释放的能量可以高能磷酸键形式贮存在ATP及磷酸肌酸中,需用时再释放出来。镁也是能量代谢所必需的矿物元素,因镁是焦磷酸酶、ATP酶等的活化剂,并能促使ATP的高能键断裂而释放出能量。此外,还有较多的微量元素(如锰)间接地与能量代谢有关。

2. 能量与维生素的关系

B族维生素中几乎所有维生素都与能量代谢有直接或间接的关系,因为它们作为辅酶的组成成分参与动物体内三大有机物质的代谢。其中,硫胺素与能量代谢的关系最为密切。硫胺素不足,能量代谢效率明显下降;饲粮能量水平增加时,硫胺素需要量提高。此外,烟酸、核黄素、泛酸、叶酸等都与能量代谢有关。肉鸡和火鸡饲粮含能量越高,烟酸的需要量也越高。产蛋鸡每千克饲粮中添加75 mg烟酸,可使肝中脂肪浓度大大降低。

三、蛋白质、氨基酸与其他营养物质的关系

(一)蛋白质与氨基酸的关系

一般认为,动物蛋白质的营养实质上是氨基酸的营养。只有当组成蛋白质的各种氨基酸同时存在且按需求比例供给时,动物才能有效地合成蛋白质。饲粮中缺乏任何一种氨基酸,即使其他必需氨基酸含量充足,体蛋白质合成也不能正常进行。同样,体蛋白质合成潜力越大的动物(如高瘦肉型猪),对氨基酸的需求量就越高。

一方面,动物饲粮中必需氨基酸的需要量取决于饲粮中的粗蛋白质水平。例如,仔猪饲粮中蛋白质含量由10%增至22%时,饲粮赖氨酸的需要量则从0.6%增至1.2%。另一方面,饲粮中粗蛋白质需要量取决于氨基酸的平衡状况。一般而言,依次平衡第一至第四限制性氨基酸后,饲粮的粗蛋白质需要量可降低2%～4%。

(二)氨基酸间的相互关系

组成蛋白质的各种氨基酸在机体代谢过程中,也存在协同、转化、替代和拮抗等关系。

蛋氨酸可转化为胱氨酸,也可能转化为半胱氨酸,但其逆反应均不能进行。因此,蛋氨酸能满足总含硫氨基酸的需要,但是蛋氨酸本身的需要量只能由蛋氨酸满足。半胱氨酸和胱氨酸间则可以互变。苯丙氨酸能满足酪氨酸的需要,因为它能转化为酪氨酸,但酪氨酸不能转化为苯丙氨酸。由于上述关系,在考虑必需氨基酸的需要时,可将蛋氨酸与胱氨酸、苯丙氨酸与酪氨酸合并计算。

氨基酸间的拮抗作用发生在结构相似的氨基酸间,因为它们在吸收过程中共用同一转移系统,存在相互竞争。最典型的具有拮抗作用的氨基酸是赖氨酸和精氨酸。饲粮中赖氨酸过量会增加精氨酸的需要量。当雏鸡饲粮中赖氨酸过量时,添加精氨酸可缓解由于赖氨酸过量所引起的失衡现象。亮氨酸与异亮氨酸因化学结构相似,也有拮抗作用。亮氨酸过多可降低异亮氨酸的吸收率,使尿中异亮氨酸排出量增加。此外,精氨酸和甘氨酸可消除由于其他氨基酸过量所造成的有害作用,这种作用可能与它们参加尿酸的形成有关。

(三)蛋白质、氨基酸与其他营养物质的关系

1. 蛋白质与碳水化合物及脂肪的关系

蛋白质可在动物体内转化成碳水化合物。组成蛋白质的各种氨基酸除亮氨酸外，均可经脱氨基作用生成 α-酮酸，然后沿糖的异生途径合成糖；糖在代谢过程中可生成 α-酮酸，然后通过转氨基作用转化成非必需氨基酸。

组成蛋白质的各种氨基酸，均可在动物体内转化成脂肪。生酮氨基酸可以转化为脂肪，生糖氨基酸也可先转化为糖，然后转化成脂肪。脂肪组成中的甘油可转化为丙酮酸和酮酸，然后经转氨基作用而转化为非必需氨基酸。

对哺乳动物和禽类，碳水化合物和脂肪对蛋白质具有“庇护作用”。即充分供给碳水化合物或脂肪，就可保证动物体对能量的需要，避免或减少蛋白质作为供能物质的分解代谢，有利于机体的氮平衡，增加氮的贮留量。

2. 蛋白质、氨基酸与矿物元素的关系

在半胱氨酸和组氨酸存在的情况下，肠道对锌的吸收增加。在雏鸡的缺锌大豆饲粮中添加半胱氨酸和组氨酸，可减少缺锌症的发病率。苏氨酸、赖氨酸、色氨酸和蛋氨酸等能促进锌吸收，但作用极小。

饲粮中含硫氨基酸不足会使家禽需硒量增加，而提高饲粮中含硫氨基酸含量可减轻因缺硒所引起的症状。硒也与含硫氨基酸的代谢有关。在动物体内由蛋氨酸转化为半胱氨酸的过程中，硒起着关键性作用。研究表明，将来航母鸡的硒排空后，所产的蛋由于缺硒，影响孵出雏鸡体内的蛋氨酸向胱氨酸的转化过程。

高蛋白和某些氨基酸，特别是赖氨酸，可促进钙、磷的吸收。有研究表明，当赖氨酸供给量从正常需要水平降为需要量的 85%时，钙的吸收率从 71.32%降为 54.33%，磷的吸收率从 57.8%降到 38.6%。此外，半胱氨酸可促进铁的吸收，全价蛋白质有利于铁的吸收。精氨酸与锌有拮抗作用，如用含有大量精氨酸的大豆喂猪，锌的需要量提高。

硫、磷、铁等元素作为蛋白质的组成成分，直接参与蛋白质代谢。某些微量元素是蛋白质代谢酶系的辅助因子，缺乏这些元素将影响蛋白质代谢。由于锌参与细胞分裂以及蛋白质的合成过程，给动物补锌有助于促进蛋白质的合成。

(四)蛋白质与维生素的关系

1. 与维生素 A 的关系

饲粮中蛋白质不足时，可影响维生素 A 载体蛋白质的形成，使维生素 A 的利用率降低。例如，用含 5%蛋白质水平的饲粮饲喂雏鸡时，雏鸡血清中维生素 A 浓度显著减少。蛋白质的生物学价值也可影响维生素 A 的利用和贮备。例如，在禾本科籽实饲粮中加入生物学价值较高的动物性蛋白质，可提高肝脏中维生素 A 的贮备。反之，维生素 A 也可影响动物体蛋白质的生物合成。如患维生素 A 缺乏症的实验动物，标记 ^{35}S 的蛋氨酸在组织蛋白质中的沉积量减少。

2. 与维生素 D 的关系

维生素 D 的需要量与所饲喂蛋白质品质有关。当饲喂未经热处理的大豆蛋白质时，可使雏鸡维生素 D 的需要量提高 10 倍。乳猪喂未经热处理的大豆蛋白质时，维生素 D 的需要量为喂酪蛋白时的 2.5～5 倍，其原因是生大豆中含有抗维生素 D 的物质。

3. 与其他维生素的关系

核黄素是黄素酶的构成成分，参与氨基酸代谢，缺乏时会影响动物体蛋白质的沉积。当用含核黄素水平不同的饲粮喂肉用的仔鸡时，仔鸡的氮沉积可随核黄素水平的提高而增加。同样，蛋白质的进食量会影响核黄素需要量。喂低蛋白质饲粮时，实验动物的核黄素需要量比饲喂高蛋白质时高1倍，而且使体内核黄素的存留量减少。

动物体内所需烟酸可由色氨酸转化而来，但转化效率低，在猪体内为(50～60)∶1，缺乏维生素 B_6 时，此过程的效率更低。

蛋氨酸通过甲基的供给，可部分补偿胆碱和维生素 B_{12} 的不足。

胆碱在体内参与许多甲基移换反应，是甲基供体，故胆碱不足会使蛋白质合成减弱。

维生素 B_6 以磷酸吡哆醛形式组成多种酶的辅酶，参与蛋白质、氨基酸的代谢。维生素 B_6 不足，引起各种氨基转移酶活性降低，影响氨基酸合成蛋白质的效率。如维生素 B_6 不足时，动物对色氨酸的需要量增加。

维生素 B_{12} 对蛋氨酸和核酸代谢有重要作用。研究证明，维生素 B_{12} 不仅参与蛋氨酸的合成，还能提高植物性蛋白质的利用率。

生大豆中含有维生素A、维生素E、维生素 B_6 和维生素 B_{12} 的拮抗物质，因此饲喂生大豆时会影响这些维生素的需要量。

四、矿物质与维生素的关系

(一)矿物质间的相互关系

矿物元素之间的基本关系为协同和拮抗关系。如图2-19所示，具有拮抗关系的元素多于具有协同作用的元素。

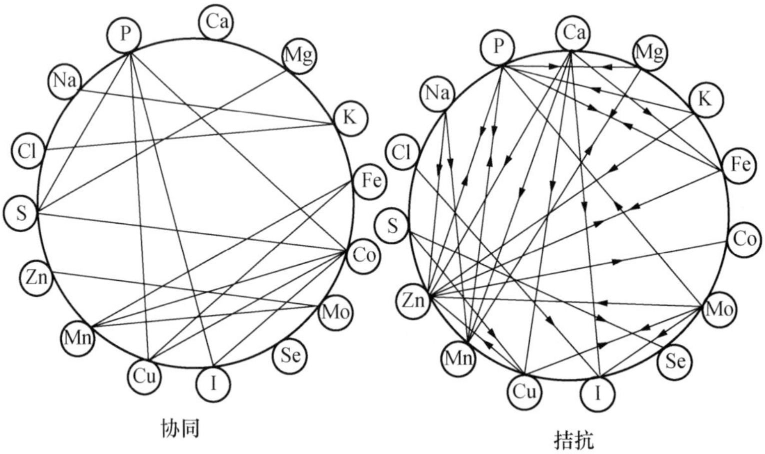

图2-19 矿物质元素之间的相互关系

主要元素之间的相互关系如下。

1. 常量元素之间的关系

饲粮中钙、磷含量和钙、磷比是影响动物体内包括钙、磷本身在内的矿物质正常代谢的重要因素。钙、磷比失调是胫骨软骨营养不良的主要原因。饲粮中高钙或钙、磷含量同时增加会影响镁的吸收。钠、钾、氯在维持体内离子平衡和渗透压平衡方面具有协同作用。

2. 常量元素与微量元素之间的关系

钙、锌间存在拮抗作用，猪饲粮中钙量过多会引起锌不足，使生长猪易发生皮肤不全角化症。雏鸡饲粮中磷含量增至0.8%～1%时，会降低锌的吸收，若钙也过量，更会降低锌的有效性。饲粮中钙、磷过量可加剧家禽溜腱症（缺锰症）的发生，而过量锰也会影响钙、磷的利用。据报道，摄入过量锰可引起实验动物患佝偻病，牛、猪出现齿质损害。饲粮中含铁量高时可减少磷在胃肠道内的吸收，含铁量超过0.5%时，呈现明显缺磷现象。铜的利用与饲粮中钙含量有关，含钙越高，对动物体内铜的平衡越不利。每千克饲料含钙达11 g时，需铜量约比正常时高1倍。饲粮中磷水平可影响幼猪的硒代谢。钒离子能置换磷离子，促进钙盐沉着而提高齿质羟基磷灰石的稳定性，钒还与钙离子交换且以羟基碳酸盐形式将磷酸盐运到羟基磷灰石栅中。

饲粮中硫不足时，反刍动物对铜的吸收增加，易引起铜中毒。硫能加重饲粮中铜、钼的拮抗。硫和铜在消化道中能结合成不易吸收的硫酸铜而影响铜的吸收。硫和钼也能结合成难溶的硫化钼，增加钼的排出。硫与化学结构类似的硒化物有拮抗作用。实验表明，饲粮中硫酸盐可减轻硒酸盐的毒性，但对亚硒酸盐或有机硒化合物无效。

3. 微量元素之间的关系

锰含量高时可引起体内铁贮备下降。铁的利用中必须有铜的存在。饲粮中铁过高会降低铜的吸收。钼过量会增加尿铜排出量。锌和镉可干扰铜的吸收，饲粮中锌、镉过多时会降低动物体内血浆含铜量。饲粮高铜所引起的肝损伤，可通过加锌缓解，但高锌又会抑制铁代谢。实验证明，猪饲粮中锌过量可引起铜代谢紊乱，降低肝、肾及血液中含铜量，导致贫血；而铜不足可引起过量锌的中毒。镉是锌的拮抗物，可影响锌的吸收。铜和镉可降低硒对鸡的毒性。由于钴能代替羧基肽酶中的全部锌和碱性磷酸酶中部分锌，所以在饲粮中补充钴能防止锌缺乏所造成的机体损害。

（二）矿物质与维生素的相互关系

维生素D及其激素代谢物作用于小肠黏膜细胞，形成钙结合蛋白质，这种结合蛋白质可促进钙、镁、磷的吸收。维生素D对维持动物体内的钙、磷平衡起重要作用。在一定条件下，维生素E可代替部分胡萝卜素转化为维生素A，饲粮中锌水平提高时家禽体内维生素A蓄积强度增加，因此提高锌水平可增强酯酶活性而促进硒的吸引，但硒不能代替维生素E。缺乏维生素E的母猪所生仔猪对补铁敏感。锌能促进家禽更有效地把胡萝卜素转化为维生素A。补饲锰盐可治疗雏鸡溜腱症，但饲粮中必须含有足够的烟酸。烟酸不足，即使添加锰盐也不能完全治愈溜腱症。

维生素C能促进肠道内铁的吸收，并使铁传递蛋白质中的三价铁还原成二价铁，从而被释放出来再与铁蛋白结合，这对缺铁性贫血有一定治疗作用。饲粮中铜过量时，补饲维生素C能消除因过量铜造成的影响。但是，铜盐有促进维生素C氧化的作用。

（三）维生素之间的相互关系

维生素E有利于维生素A和胡萝卜素的吸收以及在肝脏中的贮存。实验表明，维生素E在肠道内可保护维生素A和胡萝卜素免遭氧化。近年研究表明，对鸡而言，在维生素E和维生素A之间存在拮抗作用，即饲粮中高水平维生素A可降低血浆和体脂中维生素E的水平。

维生素 E 对胡萝卜素转化为维生素 A 具有促进作用。维生素 E 不足也可影响体内维生素 C 的合成。而维生素 C 能减轻因维生素 A、维生素 E、硫胺素、核黄素、维生素 B_{12} 及泛酸不足所出现的症状。叶酸能促进动物肠道微生物合成维生素 C。大鼠体内维生素 A 可促进维生素 C 的合成。

大鼠缺乏硫胺素时,会影响体内核黄素的利用而增加其在尿中的排出量;而缺乏核黄素时,体组织中硫胺素量下降,但不影响尿中排出量。缺乏核黄素时,色氨酸形成烟酸过程受阻,出现烟酸不足症。维生素 B_{12} 能提高叶酸利用率,还能促进胆碱的合成。种鸡饲粮中维生素 B_{12} 不足时,泛酸的需要量增加。而泛酸不足时,可加重维生素 B_{12} 缺乏症。维生素 B_6 不足,影响维生素 B_{12} 的吸收,并提高 B_{12} 在粪中的排出量。此外,在维生素间还存在生物素与维生素 C 以及其他维生素之间的相互作用。

【评估考核】

1. 填空题

(1)营养物质在动物体内并不是孤立起作用的,它们之间的关系主要表现为__________、__________、__________。

(2)能量和蛋白质的比例__________,会影响营养物质的利用效率,导致__________。

(3)粗纤维在日粮中的含量越高,动物对有机物和其他营养物质的__________就越低。

2. 简答题

(1)三大营养物质相互转化分别需要什么条件?

(2)蛋白质与维生素之间主要存在什么关系?

(3)钙和磷主要与哪些矿物质元素有拮抗和协同作用?

3. 讨论与思考

试述维生素之间的相互关系。

二维码 2-22　营养物质在机体中的相互关系评估考核参考答案

技能训练

动物典型营养缺乏症的观察与分析

结合本项目所学任务,组织学生到养殖场观察动物,能从营养角度分析缺乏症产生的原因及解决方法或通过幻灯片、课件、录像等识别动物缺乏某种矿物元素或维生素的典型症状。

主要观察内容如下。

(1)动物因缺乏钙、磷、铜、锰及维生素 D 等所引起的佝偻症表现。

(2)生长猪缺锌引起的不全角化症、羔羊缺锌引起的皮肤炎。

(3)动物缺乏铁、铜、锰及维生素 B_{12} 的贫血症。

(4)猪、鸡缺乏维生素 A 所患干眼症。

(5)缺乏维生素 E 引起的羔羊的白肌病、肉鸡的脑软化症。

(6)猪缺乏烟酸引起的癞皮病与缺乏泛酸引起的鹅步症。

(7)动物缺乏 B 族维生素引起的皮肤炎症。

(8)鸡缺乏维生素 B_1 引起的多发性神经炎及缺乏维生素 B_2 引起的卷爪麻痹症。

知识拓展

一、肽

1. 概述

肽是介于氨基酸和蛋白质之间的物质，其分子构型见图 2-20。氨基酸的分子最小，蛋白质最大，两个或以上的氨基酸脱水缩合形成若干个肽键从而组成一个肽，多个肽进行多级折叠就组成一个蛋白质分子。蛋白质又称为“多肽”。肽是蛋白质的片段，其分子只有纳米般大小，肠胃、血管及肌肤皆极容易吸收。二胜肽（简称二肽），就是由两个氨基酸脱水缩合而成的蛋白质片段。

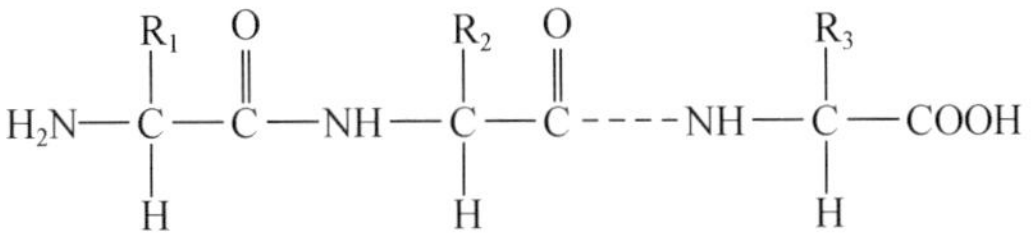

图 2-20　肽的分子式

动物为了达到最佳生产性能，需要一定数量的小肽，随着蛋白质和氨基酸营养研究的深入，人们已逐渐认识到肽营养的重要性。最简单的肽是由两个氨基酸组成的二肽，其中含有一个肽键。由 2～10 个氨基酸通过肽键形成的直键肽称为寡肽或小肽。小肽有各种不同的组合，因为氨基酸本身就有 20 种之多，二肽就有 400 多种，三肽有 8 000 多种，四肽有 160 000 余种之多，可以想象，到十肽，就有无穷种类。并不是任何一种小肽都有同样的效果，不同动物效果最佳的小肽种类是不同的。

2. 小肽的作用

（1）血液循环中的小肽能直接参与组织蛋白质的合成。此外，肝脏、肾脏、皮肤和其他组织也能完整地利用小肽。其中肾脏是消化吸收肽和再吸收氨基酸的主要场所。

（2）促进矿物质的吸收利用，主要以络合物形式与矿物质结合，增加矿物质吸收。

（3）小肽可以避免氨基酸间的吸收竞争。

（4）小肽具有生理调节作用。它可以通过诱导小肠中一些酶活性的提高，而使小肠消化功能发育提前，促进健康和提高其生产性能，促进营养物质的消化吸收。

二、低聚糖

1. 概述

低聚糖是指含有 2～10 个糖苷键聚合而成的化合物。糖苷键是一个单糖的苷羟基和另一个单糖的某一羟基脱水缩合形成的。它们常常与蛋白质或脂类共价结合，以糖蛋白或糖脂的形式存在。低聚糖可以从天然食物萃取出来，也可以利用生化科技及酵素反应，利用淀粉及双糖（如蔗糖等）合成。低聚糖集营养、保健、食疗于一体，广泛应用于食品、保健品、饮料、医药、饲料添加剂等领域。它是替代蔗糖的新型功能性糖源，是面向 21 世纪“未来型”新一代功效食品，是一种具有广泛适用范围和应用前景的新产品，近年来国际上颇为流行。美国、日本、欧洲等地均有规模化生产，我国低聚糖的开发和应用起于20世纪90年代中期，近几年发展迅猛。

2. 分类

低聚糖主要有两类：一类是低聚麦芽糖，具有易消化、低甜度、低渗透特性，可延长供能时间，增强机体耐力，抗疲劳等功能，人体经过重（或大）体力消耗和长时间的剧烈运动后易出现脱水，能源贮备，消耗血糖降低，体温高，肌肉神经传导受影响，脑功能紊乱等一系列生理变化和症状，而食用低聚麦芽糖后，不仅能保持血糖水平，减少血乳酸的产生，而且胰岛素也平衡。人体试验证明，使用低聚糖后耐力和功能力可增加30%以上，功效非常明显。另一类是被称为“双歧因子”的异麦芽低聚糖。这类糖进入大肠作为双歧杆菌的增殖因子，能有效地促进人体内有益细菌——双歧杆菌的生长繁殖，抑制腐败菌生长，长期食用可减缓衰老、通便、抑菌、防癌、抗癌、减轻肝脏负担、提高营养吸收率，特别是对钙、铁、锌离子的吸收，改善乳制品中乳糖消化性和脂质代谢，低聚糖的含量越高，对人体的营养保健作用越大。

3. 低聚糖的保健作用

(1)改善人体内微生态环境，有利于双歧杆菌和其他有益菌的增殖，经代谢产生有机酸使肠内 pH 降低，抑制肠内沙门菌和腐败菌的生长，调节胃肠功能，抑制肠内腐败物质，改变大便性状，防治便秘，并增加维生素合成，提高人体免疫功能。

(2)低聚糖类似水溶性植物纤维，能改善血脂代谢，降低血液中胆固醇和甘油三酯的含量。

(3)低聚糖属非胰岛素所依赖，不会使血糖升高，适合于高血糖人群和糖尿病患者食用。

(4)由于难被唾液酶和小肠消化酶水解，发热量很低，很少转化为脂肪。

(5)不被龋齿菌形成基质，也没有凝结菌体作用，可防龋齿。

低聚糖很难或不会被人体消化吸收。因此，它所提供的能量值很低或根本没有，可在低能量食品中发挥作用，最大限度地满足那些喜爱甜食又担心发胖者的要求，还可供糖尿病人、肥胖病人食用。

三、膳食纤维

膳食纤维是一种不能被人体消化的碳水化合物。膳食纤维一词在1970年以前的营养学中尚不曾出现。它以溶解于水中可分为两个基本类型：水溶性纤维与非水溶性纤维。纤维素、半纤维素和木质素是3种常见的非水溶性纤维，存在于植物细胞壁中；而果胶和树胶等属于水溶性纤维，则存在于自然界的非纤维性物质中。常见的食物中的大麦、豆类、胡萝卜、柑橘、亚麻、燕麦和燕麦糠等食物都含有丰富的水溶性纤维，水溶性纤维可减缓消化速度并有效排泄胆固醇，有助于调节免疫系统功能，促进体内有毒重金属的排出。所以可让血液中的血糖和胆固醇控制在最理想的水准之上，还可以帮助糖尿病患者改善胰岛素水平和三酸甘油酯。

非水溶性纤维包括纤维素、木质素和一些半纤维以及来自食物中的小麦糠、玉米糠、芹菜、果皮和根茎蔬菜。非水溶性纤维可降低罹患肠癌的风险，同时可经由吸收食物中有毒物质预防便秘和憩室炎，并且减低消化道中细菌排出的毒素。大多数植物都含有水溶性与非水溶性纤维，所以饮食均衡摄取水溶性与非水溶性纤维才能获得不同的益处。

随着生活水平的提高，有些人又不注意合理营养、偏爱高蛋白、高脂肪的饮食，摄入膳食纤维过少，才出现了健康问题。纤维素等膳食纤维能够促进胃肠的蠕动和排空。所以，多吃一些富含膳食纤维的食物，还有利于降低人体内过高的血脂和血糖等，从而有利于维护心脑血管的健康，有利于预防糖尿病，有利于维持正常的体重。人体需要蛋白质、糖类、脂肪、矿物质、维生素和水六类营养素之外，膳食纤维还具有如此重要的保健作用。因此，一些科学家把它说成是人体的“第七类营养素”。

四、必需脂肪酸(EFA)

1. 概述

在不饱和脂肪酸中，有几种多不饱和脂肪酸在动物体内不能合成，或合成的量不能满足需要，必须由饲粮供给，在体内具有明确的生理作用，是对机体正常生长发育和健康不可缺少的多不饱和脂肪酸，这些不饱和脂肪酸即称为必需脂肪酸。

通常认为有三种多不饱和脂肪酸即亚油酸(十八碳二烯酸)、亚麻酸(十八碳三烯酸)、花生四烯酸(二十碳四烯酸)，是动物的必需脂肪酸。近年研究指出，对于多数哺乳动物包括人类，亚油酸乃是一种最重要的必需脂肪酸，必须由外源供给；其次重要的必需脂肪酸是亚麻酸，花生四烯酸则可由亚油酸在动物体通过碳链加长和双键形成而生成。

必需脂肪酸的概念不适用于成年反刍动物，反刍动物如牛、羊的瘤胃微生物能合成上述必需脂肪酸，无须依赖饲料供给，至于幼龄反刍动物因瘤胃功能尚不完善，故也需在饲料中摄取必需脂肪酸。

2. 必需脂肪酸的营养生理功能

(1)必需脂肪酸参与磷脂的合成，并以磷脂形成作为细胞生物膜的组成成分。必需脂肪酸缺乏将影响磷脂代谢，使生物膜磷脂含量降低而导致结构异常，从而引发许多病变，如皮肤细胞因通透性改变不能阻断水分透过而出现皮下水肿，使细胞血管壁因脆性增强易于破裂出血等。

(2)必需脂肪酸与类脂胆固醇的代谢密切相关。胆固醇必须与必需脂肪酸结合才能在动物体内进行转运；但若缺乏必需脂肪酸，则胆固醇将完全与饱和必需脂肪酸形成难溶性胆固醇脂，从而影响胆固醇正常转运而导致代谢异常。

(3)必需脂肪酸在动物体内可代谢转化为一系列长链多不饱和脂肪酸，这些多不饱和脂肪酸可形成强抗凝结因子，它们具有显著抗血栓形成和抗动脉粥样硬化的作用。

(4)必需脂肪酸与精子生成有关。日粮中长期缺乏，可导致动物繁殖功能降低，公猪精子形成受到影响，母猪出现不孕症。公鸡睾丸变小，第二性征发育迟缓，产蛋鸡所产的蛋变小，种鸡产蛋率降低，受精率和孵化率下降，胚胎死亡率上升。

(5)必需脂肪酸是前列腺素合成的原料。前列腺素可控制脂肪组织中甘油三酯的水解过程，必需脂肪酸缺乏时，影响前列腺素的合成，导致脂肪组织分解作用加快。

五、牛缺钙性跛行的诊疗

缺钙的主要原因有二：一是饲料中含钙不足，二是饲料中含磷过剩。而所调查的地方是由于饲料中含钙不足引起牛跛行。

1. 发病情况

有瘸牛的地方多呈条块状的低洼潮湿地区。在这些跛行病流行区，往往由于前一个季节中曾发生过严重的强降雨天气，植物根部吸收的土壤磷分增多，同时又缺乏某些含钙精饲料的补充。3—6月份为发病高峰季节。病牛多为母牛，公牛很少发病。母牛多发生在产前或产后，而产后母牛比产前母牛发病多。

2. 发病原因

牛跛行通常是由于饲料、饮水中磷含量充足或钙含量缺乏，钙、磷比例不平衡而发生。据报道，成年动物骨骼中钙占37%左右，磷占17%左右，钙与磷的比例约为2:1。因此，要求饲料日粮的钙、磷比例基本要与骨骼中的比例相适应，然而当饲料日粮中钙缺乏时，则改变了这种正常的比例关系。

一般认为，黄牛缺钙的主要原因是日粮正常所需要的钙、磷比例关系发生了改变。多雨、低温地带的植物含磷量高，含钙量低。现在广施磷肥，使植物果实及秸秆含磷量高，也使钙磷失去正常比例。含磷较多的精料有高粱（磷0.34%，钙0.19%）、豆饼（磷0.56%，钙0.19%）、麸皮（磷1.0%，钙0.1%）、玉米（磷0.24%，钙0.06%）。目前盘州市的黄牛均以玉米及其秸秆为主要饲料，而谷草、青干草甚少，所以饲料中缺钙是本病发生的主要原因。怀孕后期及产乳期的母牛易缺钙，产前1～2个月，胎儿需从母体夺取大量钙、磷来满足自身生长发育需要。产犊后的母牛产出大量乳供犊牛吸吮，而乳中又含有充足的钙。在这些时期如果供钙不足会促使本病发生。

3. 临床症状

患牛早期出现消化障碍和异嗜现象，舔食泥土、墙壁、铁器，在野外啃嚼石块，在牛圈吃食污秽的垫草。此时极易造成食道阻塞、创伤性网胃炎等。有的牛粪便时干时稀，粪中有未消化的食物。在异嗜癖出现一段时间之后呈现跛行，患牛运步不灵活，主要表现为前后肢僵直，走路后躯摇摆，或出现肢体轮跛。背腰强直，拱背站立，经常卧地不愿起立。站立时病肢频频移动，运步时步态强拘，使役时易出汗。病牛起立困难，一肢或几肢同时发病，跛行时轻时重，反复发作。一般随运动量的增加而跛行加重，最后不能起立而呈瘫痪状态。病牛因缺钙程度不同而呈现不同姿势，如脊柱、肋弓和四肢关节疼痛，外形异常；脊椎塌陷或隆起，关节肿大或变形；尾椎骨排列移位、变形，重者尾椎骨变软，椎体萎缩，最后10个椎体常消失，人工可使尾椎卷曲，病牛不感痛苦。盆骨变形，严重者可发生难产。卧地时由于四肢屈曲不灵活，常摔倒或滑倒。骨骼松动、磨损程度大于正常牛，用针头易刺入病牛额骨骨内，食欲差，贫血，瘦弱，出现前胃弛缓、反刍障碍等。常见的并发症主要有四肢、腰椎关节扭伤，跟腱剥脱，病理性骨折；久卧不起者有褥疮、胃肠道弛缓、败血症等。

4. 防治措施

(1)预防。黄牛饲料日粮中的钙、磷含量比例应接近2.5:1最为理想，粗饲料多补充谷草、青干草，最好是补充南京石粉，贝壳粉和蛋壳粉也有效，但不应补充骨粉。在本病的流行区，可全年将南京石粉按5%的比例与精饲料混合，始终维持饲料日粮钙、磷的含量在2.5:1左右。

(2)治疗。补充钙和维生素D。10%氯化钙溶液200～300 mL，静脉注射，隔日1次，7～10 d为一个疗程。或5%葡萄糖氯化钙溶液300～400 mL，静脉注射，隔日1次。或维生素D胶性钙10 mL，肌内注射，1次/d。或乳酸钙、碳酸钙、南京石粉灌服也有疗效。

模块二

动物饲料

项目三

饲料原料识别与利用

学习目标

了解饲料的分类方法;掌握饲料国际、国内分类的依据,为设计饲料配方奠定理论基础。能够识别生产中常用饲料原料的一些感官性状;掌握各类饲料的主要营养特性及其饲用价值,为饲养实践中合理选择与利用饲料奠定基础。培养环境保护意识;强化饲料安全、食品安全意识;树立法治意识,具备良好的职业道德和社会责任感。

学习内容

任务一 饲料分类

饲料是指合理饲喂条件下既能被动物采食,又能给动物提供一种或多种营养物质,并在一定条件下无毒无害的物质。从广义上讲,能强化饲养效果的某些非营养物质,如各种添加剂,也属于饲料。在饲料工业上,以一种动物、植物、微生物或矿物质等为来源的饲料称为饲料原料或单一饲料。饲料既包括各种天然饲料原料,也包括由各种原料加工而成的产品,如添加剂预混料、浓缩饲料和全价饲料等。

饲料种类繁多,养分组成和营养价值各异。为了解各种饲料的特点,以便于科学合理地利用饲料,有必要对饲料进行分类。美国学者哈理斯(L. E. Harris)在 1963 年率先提出国际饲料分类原则和编码体系,其逐步发展成为当今饲料分类编码体系的基本模式,称为国际饲料分类法。我国在 1980 年依据国际饲料分类原则并结合我国传统分类体系,提出了我国的饲料分类法和编码系统。

随着现代动物营养学在饲料工业及养殖业上的普及与应用,传统的饲料概念也在不断改变,传统的饲料分类方法虽然符合人们的习惯,比较实用,但因它不便于电子计算机进行管理和配方使用而逐渐降低了其在饲料工业与养殖业中的作用。

一、传统饲料分类法

(一)按物理化学性状分类

这一分类方法有利于饲养者按营养价值高低选用饲料。在反刍动物的饲养中特别注重强调日粮中粗饲料和精饲料的比例。

1. 粗饲料

一般把容积大、粗纤维含量高、可消化养分少、营养价值低的一类饲料称为粗饲料，如秸秆、荚壳、干草等。

二维码 3-1　饲料的分类

2. 青绿多汁饲料

一般指天然含水量高的绿色作物、蔬菜等饲料，如紫云英、大白菜等。

3. 精饲料

相对于粗饲料而言，将容积小，粗纤维含量低，可消化养分多，营养价值高的一类饲料称为精饲料，如谷类籽实、豆类籽实、饼粕、糠麸类等。

4. 添加剂

凡不属于前三类的饲料都归入此类，包括各种饲料添加剂、矿物质、酵母、尿素、糖蜜等。

(二)根据饲料来源分类

这一分类方法有利于配合饲料生产和动物饲养者组织饲料来源。

1. 植物性饲料

植物性饲料包括植物籽实、茎叶、根茎及其加工副产品。又可分为谷物饲料、豆科籽实、饼粕饲料、糠麸饲料、青绿多汁饲料等，是动物饲料中来源最丰富、用量最多的饲料。

2. 动物性饲料

动物性饲料是利用动物性产品加工而成的饲料，如奶粉、鱼粉、蚕蛹粉、肉骨粉、羽毛粉等，该类饲料的营养价值一般高于植物性饲料。

3. 微生物饲料

微生物饲料是利用微生物，包括酵母、霉菌、细菌及藻类等生产的饲料，如啤酒酵母、绿藻等。

4. 矿物质饲料

矿物质饲料包括天然的和工业生产的矿物质，如石粉、食盐、硫酸铜等，能补充畜禽对矿物质的需要。

5. 人工合成饲料

人工合成饲料是利用微生物发酵、化学合成等方法生产的饲料，如合成氨基酸、尿素、维生素、抗生素等。

(三)按营养价值分类

饲料按营养价值可分为全价配合饲料、浓缩饲料、添加剂预混料、精料补充料等(具体参见项目六配合饲料生产)。

(四)按形状分类

1. 粉状饲料

粉状饲料一般是把按一定比例混合好的饲料粉碎成颗粒大小比较均匀的一种料型。细度在 2.5 mm 以上。这种饲料养分含量和动物的采食较均匀，品质稳定，饲喂方便、安全、可靠，应用广泛，生产设备和工艺简单，加工成本低，但容易引起动物挑食、产生粉尘大、损耗大、容易分级，造成浪费。粉状饲料是配合饲料的基本型，浓缩饲料、添加剂预混料、精料补充料一般都是粉状饲料。

2. 颗粒饲料

颗粒饲料是以粉状饲料为基础经过蒸汽加压处理而制成的块状饲料，其形状有圆筒状和角状。这种饲料粉尘小、密度大、体积小、营养全面、消化率高，改善了适口性，避免了动物挑食和分级，并保证了全价饲料报酬高的特点。颗粒饲料缺点是成本较高，加热加压会使部分维生素、酶和微生物制剂等失活。颗粒饲料是幼小动物的好饲料，特别是肉用型动物及禽、鱼等应用效果最好。

3. 膨化饲料

膨化饲料又称漂浮饲料，由挤压机生产，加工时物料经由高温、高压、高剪切处理，使物料的结构发生变化，饲料质地疏松，能较长时间地漂浮于水面。这类饲料是专门为鱼、龟等动物而制成的，可以减少饲料中水溶性物质的损失，保证饵料的营养价值。一般情况，用膨化饲料喂鱼比普通的颗粒饲料喂鱼可减少饵料损失 10%～15%，并可提高产量 10%左右。

4. 碎粒饲料

碎粒饲料是用机械方法将颗粒饲料再经破碎加工成细度 2～4 mm 的碎粒。其特点与颗粒饲料相同，但破碎可使动物的采食速度稍慢。适合于幼小动物采食，特别适用于蛋鸡、雏鸡和鹌鹑饲用。

5. 压扁饲料

在 120 ℃的蒸汽下，将谷类压扁干燥后形成的饲料称为压扁饲料，主要用于反刍动物。

6. 块状饲料

为牛羊放牧时而补充的微量元素及其他矿物质的块状饲料，俗称盐砖。

二、现代饲料分类法

(一)国际饲料分类法

美国学者哈理斯(L. E. Harris，1963)根据饲料的营养特性，将饲料分成 8 大类，对每类饲料冠以相应的国际饲料编码(international feeds number，IFN)。对每类饲料予以 6 位数的编码，编码分 3 节，表示为△-△△-△△△。首位数代表饲料归属的类别，第二、第三位数为该种饲料所属亚类，后面三位数字为同种饲料根据不同饲用部分、加工处理方法、成熟阶段、茬次、等级和质量保证进行的编号，每一类饲料可供 99 999 种饲料编号用，8 大类共计可供 8×99 999=799 992 种饲料编号。并应用计算机技术建立国际饲料数据管理系统，这一分类系统在国际上已有近 30 个国家采用或赞同，但多数国家仍采取国际饲料分类与本国生产实际相结合的饲料分类方法，或按饲料来源，或按饲喂动物对象，或按传统习惯分类。国际饲料分类依据原则见表 3-1。

表 3-1　国际饲料分类依据原则　　%

饲料类别	IFN(国际饲料编码)	划分饲料类别依据		
		水分含量(自然水分)	粗纤维含量(干物质中)	粗蛋白质含量(干物质中)
粗饲料	1-00-000	<45	≥18	—
青绿饲料	2-00-000	≥45	—	—
青贮饲料	3-00-000	≥45	—	—
能量饲料	4-00-000	<45	<18	<20
蛋白质饲料	5-00-000	<45	<18	≥20
矿物质饲料	6-00-000	—	—	—
维生素饲料	7-00-000	—	—	—
饲料添加剂	8-00-000	—	—	—

注:引自韩友文主编《饲料与饲养学》,1999。

1. 粗饲料(1-00-000)

粗饲料是指干物质中粗纤维的含量在18%以上的一类饲料,主要包括干草类、秸秆类、农副产品类以及干物质中粗纤维含量为18%以上的糟渣类、树叶类等。

2. 青绿饲料(2-00-000)

青绿饲料是指自然水分含量在45%以上的一类饲料,包括牧草类、叶菜类、非淀粉质的根茎瓜果类、水草类等。

3. 青贮饲料(3-00-000)

青贮原料在厌氧环境下,经过以乳酸菌为主的厌氧性菌发酵调制和保存的一种青绿多汁饲料,包括水分含量在45%～55%的半干青贮。

4. 能量饲料(4-00-000)

能量饲料是指干物质中粗纤维的含量在18%以下,粗蛋白质含量在20%以下,且每千克含消化能在10.5 MJ以上的一类饲料,主要包括谷实类、糠麸类、淀粉质的根茎瓜果类、油脂、草籽、树实等。

5. 蛋白质饲料(5-00-000)

蛋白质饲料是指干物质中粗纤维含量在18%以下,粗蛋白质含量在20%以上的一类饲料,主要包括植物性蛋白质饲料、动物性蛋白质饲料、单细胞蛋白质饲料和非蛋白氮类饲料等。

6. 矿物质饲料(6-00-000)

矿物质饲料包括工业合成的或天然的单一矿物质饲料,多种矿物质混合的矿物质饲料,以及加有载体或稀释剂的矿物质添加剂预混料。

7. 维生素饲料(7-00-000)

维生素饲料是指人工合成或提纯的单一维生素或复合维生素,但不包括某种维生素含量较多的天然饲料。

8. 饲料添加剂(8-00-000)

饲料添加剂是指为了有利于饲料的消化吸收,改善饲料品质,促进动物生长和繁殖,保障动物健康而在配合饲料中添加的各种少量或微量成分,包括营养性添加剂(如氨基酸、微量矿物质和维生素等)和非营养性添加剂(如各种抗生素、抗氧化剂、防霉剂、黏结剂、着色剂、增味剂以及保健与代谢调节药物等)。

此分类方法的主要特点是:根据饲料营养价值进行分类,不仅符合人们习惯,同时又有数量上的规定,如对干物质中粗纤维和粗蛋白质含量有明确说明,因而能够反映不同饲料类别营养价值差异。对每个饲料均要求具有 8 个属性描述:来源;种、变种;饲用部位;调制方法;成熟阶段;刈割或粉碎情况;等级或质量保证;分类。具有饲料编号,便于计算机管理。

(二)中国饲料分类法

根据动物营养科学的进展,为了适应饲料工业和养殖业的发展需要,在借鉴国际饲料情报网中心(INFIC)工作经验的基础上,我国于 1980 年初,开始建立中国饲料数据库的工作,提出了我国饲料分类和编码系统。1987 年我国农业部正式批准筹建中国饲料数据库,将新中国成立以来积累的大量饲料化学成分和营养价值数据进行了整理、核对和筛选,并输入数据库。其分类方法是:首先根据国际饲料分类原则将饲料分成 8 大类,然后结合中国传统饲料分类习惯分成 17 亚类,两者结合,形成中国饲料分类法及其编码系统,迄今可能出现的类别有 37 类,对每类饲料冠以相应的中国饲料编码(Chinese feeds number,CFN),共 7 位数,首位为国际饲料编码(IFN),第二、第三位为 CFN 亚类编号,代表饲料的来源、形态、生产加工方法等属性,第四位至第七位为顺序号,每一类饲料可供 9 999 种饲料编号用,8 大类共计可供 8×17×9 999 =1 359 864 种饲料编号,见表 3-2。例如,吉双 4 号玉米的分类编码是 4-07-6302,表明是第 4 大类能量饲料,07 则表示属谷实类,6302 则是该玉米籽实的个体编号。今后根据饲料科学及计算机软件的发展仍可拓宽。这一分类方法,用户既可以根据国际饲料分类原则判定饲料性质,又可以根据传统习惯,从亚类中检索出饲料资源出处,是对国际饲料分类 IFN 系统的合理补充及修正。

目前,我国每年发布一期“饲料成分及营养价值表”。

表 3-2 中国饲料分类编码 %

饲料类别	饲料编码*	水分(自然水分)含量	粗纤维含量(干物质中)	粗蛋白质含量(干物质中)
一、青绿饲料	2-01-0000	>45	—	—
二、树叶				
1. 鲜树叶	2-02-0000	>45	—	—
2. 风干树叶	1-02-0000	—	≥18	—
三、青贮饲料				
1. 常规青贮饲料	3-03-0000	65~75	—	—
2. 半干青贮饲料	3-03-0000	45~55	—	—
3. 谷实青贮料	4-03-0000	28~35	<18	<20
四、块根、块茎、瓜果				

续表 3-2

饲料类别	饲料编码*	水分(自然水分)含量	粗纤维含量(干物质中)	粗蛋白质含量(干物质中)
1. 含天然水分的块根、块茎、瓜果	2-04-0000	≥45	—	—
2. 脱水块根、块茎、瓜果	4-04-0000	—	<18	<20
五、干草				
1. 第一类干草	1-05-0000	<15	≥18	—
2. 第二类干草	4-05-0000	<15	<18	<20
3. 第三类干草	5-05-0000	<15	<18	≥20
六、农副产品				
1. 第一类农副产品	1-06-0000	—	≥18	—
2. 第二类农副产品	4-06-0000	—	<18	<20
3. 第三类农副产品	5-06-0000	—	<18	≥20
七、谷实	4-07-0000	—	<18	<20
八、糠麸				
1. 第一类糠麸	4-08-0000	—	<18	<20
2. 第二类糠麸	1-08-0000	—	≥18	—
九、豆类				
1. 第一类豆类	5-09-0000	—	<18	≥20
2. 第二类豆类	4-09-0000	—	<18	<20
十、饼粕				
1. 第一类饼粕	5-10-0000	—	<18	≥20
2. 第二类饼粕	1-10-0000	—	≥18	≥20
3. 第三类饼粕	4-10-0000	—	<18	<20
十一、糟渣				
1. 第一类糟渣	1-11-0000	—	≥18	—
2. 第二类糟渣	4-11-0000	—	<18	<20
3. 第三类糟渣	5-11-0000	—	<18	≥20
十二、草籽、树实				
1. 第一类草籽、树实	1-12-0000	—	≥18	—
2. 第二类草籽、树实	4-12-0000	—	<18	<20
3. 第三类草籽、树实	5-12-0000	—	<18	≥20
十三、动物性饲料				
1. 第一类动物性饲料	5-13-0000	—	—	≥20
2. 第二类动物性饲料	4-13-0000	—	—	<20
3. 第三类动物性饲料	6-13-0000	—	—	<20
十四、矿物质饲料	6-14-0000	—	—	—
十五、维生素饲料	7-15-0000	—	—	—
十六、饲料添加剂	8-16-0000	—	—	—
十七、油脂类饲料及其他	4-17-0000	—	—	—

注：* 第一节由 1 位数字组成，即首位的数字 1～8 分别对应表 3-1 中的八大类饲料。第二节由两位数字组成，第二、第三位编码按饲料的来源、形态、生产加工方法等属性，划分为 01～17 共 17 种。而第三节由 4 位数字组成，代表饲料的个体编码。

引自吴晋强主编《动物营养学》，1999。

此分类方法和饲料成分表的主要特点是：

(1)任何一种饲料都可以根据其属性和营养价值进入此分类系统。

(2)每种饲料都有属性规定，包括：名称，采样地点及产地，品种，生长期，收获期及茬次，调制贮藏条件，外观形状，混杂度，缺陷，采集部位，原料或辅料比例，加工方法，出厂时间，等级及容量，成熟程度等。

(3)每种饲料都有量的规定，如常规营养成分（水分、粗蛋白质、粗脂肪、粗纤维、粗灰分、无氮浸出物）含量，常量元素和微量元素含量，维生素和氨基酸含量，有效能值（DE、ME、ME_n、NE_m、NE_g、NE_l）。

(4)便于计算机管理。

【评估考核】

1. 名词解释

粗饲料　青贮饲料　青绿饲料　能量饲料　蛋白质饲料　矿物质饲料　维生素饲料　饲料添加剂

2. 选择题

按国际法分类法________属于粗饲料，________属于能量饲料，________属于青贮饲料；按饲料来源分类法________属于植物性饲料，________属于动物性饲料，________属于矿物质饲料。

A. 干草　B. 菜籽饼　C. 食盐　D. 鱼粉

E. 玉米　F. 燕麦青贮　G. 石粉　H. 秸秆

3. 简答题

(1)按国际分类法，饲料可分为哪八大类？

(2)为什么要进行饲料分类？

4. 讨论与思考

国际分类法对饲料分类的依据是什么？

二维码 3-2　饲料分类评估考核参考答案

任务二　粗饲料

根据国际饲料分类法，粗饲料主要包括青干草、农作物秸秕、树叶、糟渣类等。它的特点是粗纤维含量高，可达25%～45%，可消化营养成分含量较低，消化能含量一般不超过10.5 MJ/kg干物质，有机物消化率在70%以下，质地较粗硬（秸秆饲料），适口性差（栽培牧草例外）。不同类型的粗饲料，粗纤维的组成不一，但大多数是由纤维素、半纤维素、木质素、果胶、多糖醛和硅酸盐等组成，其组成比例又常以植物生长阶段变化而不同。虽然粗饲料消化率低，但它不仅是草食动物不可缺少的饲料种类，同时对单胃动物也有促进胃肠蠕动和增强消化力的作用。

粗饲料来源广，数量大。主要来自种植业的秸秆、秕壳、藤蔓等农副产品，总量是粮食产量的1～4倍。据不完全统计，我国每年农作物秸秆产量5.7亿t，包括玉米秸、小麦秸、稻草等。野生的禾本科草本植物数量更大。在这些无法为人食用的生物总量中，蕴藏着巨大的潜在能源和氮源,若对其进行适当的加工处理并应用于畜牧生产,必将获得巨大的生产、生态、经济和社会效益。长期以来,如何开发和利用这类饲料,是众多畜牧学家和动物养殖经营者关注的问题。

一、青干草

在植物的生长季节,青草是动物放牧和舍饲最好的饲草。但在植物的非生长季节,由于天气寒冷,牧草的地上部分便枯萎死亡,留在地面上的枯草,其营养价值较夏秋青绿牧草下降60%～70%,特别是优良的豆科和禾本科牧草,其营养价值几乎损失殆尽。冬春季节舍饲期的草食家畜单依靠舍饲营养价值较低的农作物秸秆,远远满足不了营养需要。无论是放牧还是舍饲条件下的反刍动物,均上演着"夏饱、秋肥、冬瘦、春死"的规律。因此,在夏秋牧草旺盛生长期,在为其调制青贮饲料的同时,也要调制优质青干草供冬春季节利用。

青干草就是指天然或人工种植的牧草及饲料作物在质量和产量最好的时期刈割,经自然或人工干燥调制成能长期保存的一类粗饲料。优质的干草,颜色青绿,气味芳香,质地柔松,叶片不脱落或脱落很少,绝大部分的蛋白质和脂肪、矿物质、维生素被保存下来,是草食家畜冬季和早春不可少的饲草,是秸秆等不可替代的饲料种类。不同类型畜牧生产实践表明,只有优质的青干草才能保证家畜的正常生长发育,才能获得优质高产的畜产品。

(一)常用青干草

1. 豆科干草

豆科干草包括苜蓿干草、三叶草、草木樨、大豆干草等。这类干草富含蛋白质、钙和胡萝卜素等,营养价值较高,饲喂草食家畜可以补充饲料中的蛋白质。

二维码 3-3　粗饲料(一)

2. 禾本科干草

禾本科干草包括羊草、冰草、黑麦草、无芒雀麦、鸡脚草及苏丹草等。这类干草来源广、数量大、适口性好。天然草地绝大多数是禾本科牧草,是牧区、半农半牧区的主要饲草。

二维码 3-4　粗饲料(二)

3. 谷类干草

为栽培的饲用谷物在抽穗—乳熟或蜡熟期刈割调制成的青干草,包括青玉米秸、青大麦秸、燕麦秸、谷子秸等。这一类干草虽然含粗纤维较多,但却是农区草食家畜的主要饲草。

4. 其他青干草

以根茎、瓜类的茎叶、蔬菜、野草及野菜等调制的青干草。

(二)青干草的营养特性和饲用价值

青干草的营养价值与牧草种类、生长状况、刈割时期、调制方法等因素有关。多数青干草消化能为 8～10 MJ/kg,少数优质干草消化能达到 12.5 MJ/kg,还有部分干草消化能低于 8 MJ/kg。干草粗蛋白质含量变化较大,平均为 7%～17%,个别豆科牧草可高达 20%以上。粗纤维含量高,为 20%～35%,但其中纤维的消化率较高。此外,干草中矿物元素含量丰富,一些豆科牧草中的钙含量超过 1%,足以满足一般家畜需要,禾本科牧草中的钙含量也比谷类籽实高。胡萝卜素含量每千克为 5～40 mg。一般晒制青干草维生素 D_2 含量可达

16～150 mg/kg，是草食家畜维生素 D 的主要来源。

青干草营养价值高低还与干草的利用有关，干草利用好坏，涉及干草营养物质利用的效率和利用干草的经济效益。利用不好，可使损失超过 15%。猪、禽等单胃动物只宜利用高质量或粗纤维含量较低的某些干草，如紫花苜蓿、紫云英等，且需限量饲喂，粉碎拌以精饲料饲喂为宜。牛羊利用干草可不受限制，但要注意采食过程中的浪费。最好适当切短，高低质量干草搭配饲喂，用饲槽让牛羊随意采食较好。有条件时，青干草还可制成草颗粒、草粉、草饼饲用，这样可明显提高干草的利用率。粗蛋白质含量低的干草可配合尿素使用，有利于补充牛羊粗蛋白质摄入不足。

二、秸秕饲料

秸秕饲料是指农作物籽实收获后剩余的秸秆和秕壳。秸秆是农作物在收获籽实后所剩余的茎秆与叶片部分，其叶片含营养成分较高，故叶片损失越少，其相对营养价值越高；秕壳是农作物在收获脱粒时的副产品。这类饲料最大的营养特点是：粗纤维含量高，一般都在 30%以上；粗蛋白质含量很低（3%～5%），一般不超过 10%；粗灰分含量高（8%～18%），但钙、磷很少，主要是硅酸盐，质地坚硬，适口性差，有机物的消化率一般不超过 60%。秸秕饲料对于草食家畜尤为重要，在某种情况下（如冬季耕牛），它们还是唯一的家畜饲料。另外，草食家畜消化道容积大，可采用秸秆等粗饲料来填充，以保证消化器官的正常蠕动，使家畜有饱腹感。对于奶牛，饲粮中使用一定比例的秸秆饲料，可提高奶的乳脂率。

（一）常用秸秕饲料

1. 秸秆

秸秆主要包括禾本科和豆科两大类。禾本科有玉米秸、稻草、小麦秸、大麦秸、高粱秸、粟秸（谷草）、糜秸等；豆科有大豆秸、蚕豆秸、豌豆秸等。其主要营养特点是：木质化的粗纤维含量高，为 25%～30%，硅酸盐沉淀多。粗蛋白质含量低，禾本科秸秆为 3%～5%；大豆秸为 21%，稻草为 16%，可消化粗蛋白质含量更低。干物质含量高，但由于消化率低，采食量也低。含钙量高，含磷量低，干甘薯蔓含钙量达 2%以上，豆科秸秆含钙量为 1.5%左右，禾本科秸秆含钙量为 0.2%～0.4%；各种秸秆含磷量多为 0.1%以下。总能高而消化能含量低，维生素含量非常低。

（1）稻草。稻草是水稻收获后剩下的茎叶，其营养价值很低，但数量非常大。据统计，2022 年我国稻草产量约为 2.2 亿 t。研究表明，牛、羊对其消化率为 50%左右，猪一般在 20%以下。稻草的粗蛋白质含量为 3%～5%，粗脂肪为 1%左右，粗纤维为 35%；粗灰分含量较高，约为 17%，但硅酸盐所占比例大；钙、磷含量低，分别为 0.29%和 0.07%，远低于动物的生长和繁殖需要。为了提高稻草的饲用价值，除添加矿物质和能量饲料外，还应对稻草作氨化、碱化处理。

（2）玉米秸。玉米秸具有光滑外皮，质地坚硬，一般作为反刍动物的饲料，若用来喂猪，则难以消化。反刍动物对玉米秸粗纤维的消化率在 65%左右，对无氮浸出物的消化率在 60%左右。玉米秸青绿时，胡萝卜素含量较高，为 3～7 mg/kg。生长期短的夏播玉米秸，比生长期长的春播玉米秸粗纤维少，易消化。同一株玉米，上部比下部的营养价值高，叶片又比茎秆的营养价值高，牛、羊较为喜食。玉米秸的营养价值优于玉米芯，而和玉米苞叶的营养价值相似。玉米秸的饲用价值低于稻草。为了提高玉米秸的饲用价值，一方面，果穗收获前，在植株的果穗上方留下一片叶后，削取上梢饲用或制成干草、青贮料。另一方面，收获后立即可将全株分成上半株或上 2/3 株切碎直接饲喂或调制成青贮饲料饲喂。

(3)高粱秸。高粱秸营养较为丰富，但次于玉米秸。高粱秸秆较粗硬，粗纤维含量较高，适口性不及玉米秸，使用时宜粉碎或打浆。新鲜茎叶中含有氰苷配糖体，在酶作用下产生氢氰酸，多食会引起家畜中毒。调制成青贮饲料可提高适口性和消化率。

(4)麦秸。麦秸的营养价值因品种、生长期的不同而有所不同。常用作饲料的有小麦秸、大麦秸和燕麦秸。小麦秸粗纤维含量高，并含有硅酸盐和蜡质，适口性差，营养价值低。小麦秸主要用于饲喂牛、羊，经氨化或碱化处理后效果较好。大麦秸的产量比小麦秸要低得多，但适口性和粗蛋白质含量均高于小麦秸，可作为反刍动物的饲料。在麦类秸秆中，燕麦秸是饲用价值最高的一种。

(5)豆秸。豆秸主要有大豆秸、豌豆秸和蚕豆秸。豆科作物成熟后叶子大部分凋落，因此豆秸主要以茎秆为主，茎已木质化，质地坚硬，维生素与蛋白质也减少，但与禾本科秸秆相比较，其粗蛋白质含量和消化率都较高。在各类豆秸中豌豆秸营养价值最高，但是新豌豆秸水分较多，容易腐败变黑，要及时晒干后贮藏。在利用豆秸类饲料时，要很好地加工调制，搭配其他精粗饲料混合饲喂。

(6)谷草。谷草即粟的秸秆，其质地柔软厚实，适口性好，营养价值高。在各类禾本科秸秆中，以谷草的品质最好，是马、骡的优质粗饲料，还可铡碎喂牛、喂羊，与野干草混喂，效果更好。

2. 秕壳

农作物收获脱粒时，除分出秸秆外还分离出许多包被籽实的颖壳、荚皮与外皮等，这些物质统称为秕壳。由于脱粒时常沾染很多尘土异物，也混入一部分瘪的籽实和碎茎叶，它们的成分与营养价值往往有很大的差异。总的看来，除稻壳、花生壳外，一般秕壳的营养价值略高于同一作物的秸秆。

(1)豆荚类秕壳。如大豆荚、豌豆荚、蚕豆荚等。无氮浸出物含量为 42%～50%，粗纤维含量为 33%～40%，粗蛋白质含量为 5%～10%，牛和绵羊消化能分别为 7.0～11.0 MJ/kg、7.0～7.7 MJ/kg，饲用价值较高，尤其适于反刍家畜利用。

(2)谷实类秕壳。如稻壳、小麦壳、大麦壳、荞麦壳和高粱壳等。这类饲料的营养价值仅次于豆荚，但数量大，来源广。其中稻壳的营养价值很差，对牛的消化能低，适口性也差，仅能勉强用作反刍动物的饲料。稻壳经过适当的处理，如氨化、碱化、高压蒸煮或膨化可提高其营养价值。另外大麦秕壳带有芒刺，易损伤口腔黏膜引起口腔炎，应当注意。

(3)其他秕壳。一些经济作物副产品如花生壳、油菜壳、棉籽壳、玉米芯和玉米苞叶等也常用作饲料。这类饲料营养价值很低，须经粉碎与精料、青绿多汁饲料搭配使用，主要用于饲喂牛、羊等反刍家畜。

(二)秸秕饲料的饲用价值

这类饲料营养价值较低，只适用于反刍动物及其他草食动物，对于单胃动物，未经适当处理的秸秕粉只能稀释日粮营养浓度和填充容积，几乎无营养价值。同类作物的秸秆与秕壳相比，通常后者略好于前者。秸秕饲料的最佳用途：稀释高浓度的精料或在补加所缺养分（蛋白质、矿物质、维生素）的情况下，作为越冬草食动物的基础饲料。

三、树叶类

我国现有森林面积 1.3 亿 hm^2 左右，树叶产量占全树生物量的 5%。每年各类乔木的嫩枝叶约有5亿t,薪炭林及灌木林的嫩枝叶数量也相当巨大,如果能合理利用这一宝贵资源,对我国畜牧业的发展,将会起到重要作用。

大多数树木的叶子及其嫩枝和果实,都可用作动物的饲料。树叶的营养成分因产地、品种、季节、部位和调制方法不同而异,一般鲜叶、嫩叶营养价值最高,其次为青干叶粉,青落叶、枯黄干叶营养价值最差。优质青树叶还是畜、禽蛋白质和维生素饲料的来源,如紫穗槐、洋槐和银合欢等树叶。据分析,鲜叶中粗蛋白质含量高于干叶,粗蛋白质含量在20%以上(按干物质计);柳、桦、榉、赤杨等青树叶中胡萝卜素含量为110~130 mg/kg,紫穗槐青干叶中胡萝卜素含量可达到270 mg/kg。核桃树叶中含有丰富的维生素C,松柏叶中也含有大量胡萝卜素、维生素C、维生素E、维生素D、维生素B_{12}和维生素K等,并含有铁、钴、锰等多种微量元素。青嫩鲜叶很容易消化。青干叶经粉碎后制成叶粉,可以代替部分精料喂猪、鸡、鱼,并具有改善畜产品外观和风味的效果。

树叶喂猪、鸡,需制成叶粉。仔猪、育肥猪、笼养蛋鸡饲粮中的添加量可分别达到5%、10%、5%。松针叶粉也是非常好的饲料。除树叶外,许多树木的籽实,如橡子、槐豆也可喂猪。有些含油较多的树种,其油渣可以喂猪。果园的残果、落果更是猪的良好多汁饲料。

有的树叶中含有单宁,有涩味,家畜不喜采食,必须加工调制(发酵或青贮)再喂。有的树木有剧毒,如夹竹桃等,要严禁饲喂。

四、高纤维糟渣类

高纤维糟渣类主要有甜菜渣、马铃薯粉渣、甘蔗渣、蚕豆粉渣、红薯粉渣等。这些都是制粉或制糖的副产品。这类饲料中蛋白质和可溶性碳水化合物含量极低,钙含量较丰富,粗纤维含量高达30%~40%,其营养特点及饲用价值基本上同秸秆饲料。但牛、羊等反刍动物对此类饲料消化率可高达80%,故高纤维糟渣类饲料是牛、羊等反刍动物较好的粗饲料。

我国粗饲料资源丰富,合理开发利用粗饲料资源,对减少资源浪费,减少环境污染的生态价值,对缓解饲料资源短缺,对饲料工业发展的制约以及缓解人畜争粮矛盾有重大的现实意义,我们要建立生态理念和经济社会高质量发展全局观。同时,我们应该有辩证地看待问题的能力及创新思维,在选择利用时把多种因素综合考虑进去,合理搭配使用,并且要开发利用新的饲料资源和创新加工方法。

【评估考核】

1. 名词解释

青干草　　秸秆饲料　　氨化饲料

2. 填空题

(1)常用粗饲料主要是指________和________两大类。

(2)干草的营养价值取决于青草的种类、________和________。

3. 选择题

牛、羊饲料中粗纤维给量可高达(　　)。

A. 30%　　B. 20%　　C. 10%　　D. 5%~8%

4. 简答题

(1)简述秸秆饲料的营养特点。

(2)简述青干草的营养特性。

(3)粗饲料的加工处理方法有哪些?

5. 讨论与思考

试述粗饲料的营养特点。

二维码 3-5　粗饲料评估考核参考答案

任务三　青绿饲料

青绿饲料的种类繁多,以富含叶绿素而得名。根据饲料分类法,青绿饲料主要包括天然牧草、人工栽培牧草、青饲作物、叶菜类、非淀粉质块根块茎瓜果类、水生植物及树叶类等。这类饲料种类多、来源广、产量高、营养丰富,对促进动物生长发育、提高畜产品品质和产量等具有重要作用,被人们誉为"绿色能源"。

一、常用青绿饲料

二维码 3-6　青绿饲料(一)

二维码 3-7　青绿饲料(二)

(一)天然牧草

我国地域辽阔,在西北、东北、西南地区均有大面积的优质草原,草原面积超过 2 亿 hm^2,约为农业耕地面积的 2 倍,农业地区内还分散有许多小面积的草地、草山,约有 0.13 亿 hm^2。我国天然草地上的牧草种类繁多,主要有禾本科、豆科、菊科和莎草科四大类,干物质中无氮浸出物含量为 40%～50%;粗蛋白质含量有差异,豆科牧草较高,为 15%～20%,莎草科为 13%～20%,菊科与禾本科为 10%～15%;粗纤维含量以禾本科牧草较高,约为 30%;粗脂肪含量为 2%～4%;矿物质中钙磷比例恰当。总体来说,豆科牧草的营养价值较高,虽然禾本科牧草的粗纤维含量较高,对其营养价值有一定影响,但其适口性较好,特别是在生长早期,幼嫩可口,采食量高,因而也不失为优质牧草。另外,禾本科牧草的匍匐茎或地下茎再生力很强,比较耐牧,适宜动物自由采食。

(二)栽培牧草和青饲作物

栽培牧草是指人工播种栽培的各种牧草,其种类很多,但以产量高、营养好的豆科和禾本科占主要地位。栽培青饲作物主要有青刈玉米、青刈大麦、青刈燕麦、饲用甘蓝、甜菜等。栽培牧草是解决青饲料来源的重要途径,可常年为动物提供丰富而均衡的青饲料。

1. 豆科牧草

我国栽培豆科牧草有悠久的历史,2 000 年以前紫花苜蓿在我国西北普遍栽培,草木樨在西北作为水土保持植物也有大面积的种植,其他如紫云英、苕子等既作饲料又是绿肥植物。

(1)紫花苜蓿。紫花苜蓿又称苜蓿,是世界上分布最广的豆科牧草,也是我国最古老、最重要的栽培牧草之一,堪称"牧草之王"。紫花苜蓿产量高、品质好,是最经济的栽培牧草。苜蓿茎叶柔软,适口性强,可以青刈饲喂、放牧和调制干草。粗蛋白质含量为 18%～20%,粗脂肪为 3.1%～3.6%,无氮浸出物为 41.3%,蛋白质中氨基酸种类齐全,赖氨酸含量高达 1.34%。另外,紫花苜蓿还富含多种维生素和微量元素。紫花苜蓿鲜嫩茎叶中含有大量的皂角素,有抑制酶的作用，反刍动物大量采食后，可引起瘤胃臌胀病，所以应限饲鲜苜蓿。

(2)三叶草。三叶草属共有300多种，目前栽培较多的有红三叶和白三叶。新鲜的红三叶含干物质13.9%，粗蛋白质2.2%，产奶净能0.88 MJ/kg。以干物质计，其所含的可消化粗蛋白质低于苜蓿，但其所含的净能值则略高于苜蓿，且发生臌胀病的机会也较少。白三叶是多年生牧草，再生性好，耐践踏，适宜放牧利用。其适口性好，营养价值高，鲜草中粗蛋白质含量较红三叶高，而粗纤维含量低。

(3)红豆草。红豆草又称“牧草皇后”，是豆科红豆草属的一种多年生草本植物，抗寒抗旱能力强，产量高，种子成熟早，营养成分齐全均衡，牲畜喜食，一次种植可利用4～6年，根瘤可以固氮提高土壤肥力，有效阻碍水土流失，具有花工少、投入低、见效快等特点。红豆草茎秆中空柔嫩，叶量丰富，各种动物都喜欢采食，可青饲、青贮、调制干草或放牧，是动物喜食的优质饲草。生育阶段均含有较多的单宁，可沉淀在瘤胃中形成大量泡沫性的可溶性蛋白质，故在反刍动物青饲、放牧时不易发生膨胀，为其他豆科牧草所不及。

(4)草木樨。草木樨属植物有20种左右，我国北方以栽培白花草木樨为主。它是一种优质的豆科牧草，草木樨可青饲、调制干草、放牧或青贮，具有较高的营养价值，与苜蓿相似。新鲜的草木樨含干物质约16.4%，粗蛋白质3.8%，粗纤维4.2%，钙0.22%，磷0.06%，消化能1.42 MJ/kg。但草木樨有不良气味，适口性较差。且草木樨含有香豆素，在细菌作用下，可转化为双香豆素，与维生素K相似，具有拮抗作用。

(5)苕子。苕子是一年生或越年生豆科植物，在我国栽培的主要有普通苕子和毛苕子。普通苕子又称春苕子、普通野豌豆等，其营养价值较高，茎枝柔嫩，生长茂盛，适口性好，是各类家畜喜食的优质牧草。毛苕子又称冬苕子、毛野豌豆等，是水田或棉田的重要绿肥作物，生长快，茎叶柔嫩，粗蛋白质高达30%，矿物质含量都很丰富，营养价值较高，适口性较好。但因含有生物碱和氰苷，氰苷经水解酶分解后会释放出氢氰酸，饲用前须浸泡、淘洗、磨碎、蒸煮，同时避免大量长期使用，以免中毒。

(6)紫云英。紫云英又称红花草，产量较高，鲜嫩多汁，适口性好，尤以猪喜食。在现蕾期营养价值最高，以干物质计，粗蛋白质含量为31.76%，粗脂肪4.14%，粗纤维11.82%，无氮浸出物44.46%，粗灰分7.82%，产奶净能8.49 MJ/kg。由于现蕾期产量仅为盛花期的53%，就营养物质总量而言，则以盛花期刈割为佳。

(7)沙打旺。沙打旺又称直立黄芪、苦草，在我国北方各地均有分布。沙打旺适应性强，产量高，是饲料、绿肥、固沙保土等方面的优质牧草。沙打旺的茎叶鲜嫩，营养丰富，各种动物都喜欢采食。

2. 禾本科牧草

(1)黑麦草。黑麦草属有20多种，其中最有饲用价值的是多年生黑麦草和一年生黑麦草。其生长快，分蘖多，多次收割，产量高，茎叶柔嫩光滑，适口性好，以开花前期的营养价值最高，各种动物都喜欢采食。

(2)无芒雀麦。无芒雀麦又称雀麦、无芒草。其适应性广，适口性好，茎少叶多，营养价值高，干物质中粗蛋白质含量不亚于豆科牧草。无芒雀麦有地下茎，能形成絮结草皮，耐践踏，再生力强，宜放牧。

(3)羊草。羊草又称碱草，为多年生禾本科牧草。羊草叶量丰富，适口性好，各种动物都喜欢采食。

3. 青饲作物

青饲作物是指农田栽培的农作物或饲料作物，在结实前或结实期收割作为青绿饲料用。常见的青饲作物有青刈玉米、青刈大麦、青刈燕麦、大豆苗、豌豆苗、蚕豆苗等。一般青饲作物用于直接饲喂，也可以调制成青干草或做青贮，这是解决青绿饲料供应的一个重要途径。

4. 叶菜类饲料

(1)苦荬菜。苦荬菜又称苦麻菜或山莴苣等。产量高，生长快，再生力强，南方一年可刈割5～8次，北方3～5次。鲜嫩可口，粗蛋白质含量较高，粗纤维含量较少，营养价值高，适宜各种动物采食。

(2)聚合草。聚合草又称饲用紫草，产量高，营养丰富，利用期长，适应性广，全国各地均可栽培，是畜、禽、鱼的优质青绿多汁饲料。聚合草有粗硬刚毛，适口性较差。饲喂时可粉碎或打浆，或与粉状精料拌和，或调制青贮和干草。

(3)串叶松香草。串叶松香草为菊科多年生宿根草本植物，其鲜草产量和粗蛋白质含量高，含水量为85.85%。营养成分(占干物质%)：粗蛋白质26.78%，粗脂肪3.51%，粗纤维26.27%，粗灰分12.87%，无氮浸出物30.57%。鲜草可喂牛、羊、兔，经青贮可饲喂猪、禽；干草粉可制作配合饲料。

(4)牛皮菜。牛皮菜又称根达菜，产量高，适口性好，营养价值也较高，猪喜食。宜生喂，忌熟喂，防止亚硝酸盐中毒。

(5)鲁梅克斯。鲁梅克斯为蓼科酸模属多年生草本植物，是杂交育成的新品种，是一种高产、高品质的优良牧草。据测定，鲜草含粗蛋白质30%～34%，可消化粗蛋白质达78%～90%。此外，还含有18种氨基酸、丰富的β-胡萝卜素、多种维生素及锌、铁、钾、钙等元素。它主要用于鲜饲，适口性极好，畜禽喜食。

(6)菜叶、蔓秧和蔬菜类。菜叶是指人类不食用而废弃的瓜果、豆类的叶子，种类多，来源广，数量大，尤其是豆类的叶子营养价值高，蛋白质含量也较多。蔓秧指作物的藤蔓和幼苗，一般粗纤维含量较高，不适于喂鸡，可作猪和反刍动物的饲料。蔬菜类指白菜、甘蓝和菠菜等食用蔬菜，也可用于饲料。野菜一般生长在山林、野地、渠旁、田边、房前屋后等地方，种类特别繁多，营养价值较高，蛋白质含量较多，粗纤维含量较低，钙磷比例适当，均具有青饲料营养相对平衡的特点，但采集时要注意鉴别毒草及是否喷洒过农药，以防中毒。

5. 非淀粉质块根块茎瓜果类

非淀粉质块根块茎瓜果类饲料包括胡萝卜、芜菁甘蓝、甜菜及南瓜等。这类饲料天然水分含量很高，可达70%～90%，粗纤维较低，而无氮浸出物较高，且多为易消化的淀粉或糖分，是动物冬季的主要青绿多汁饲料。至于甘薯、木薯、马铃薯等块根块茎类，其富含淀粉，生产上多被干制成粉后用作动物饲料，因此往往归属能量饲料。

(1)胡萝卜。胡萝卜产量高、易栽培、耐贮藏、营养丰富，是家畜冬春季节重要的多汁饲料。胡萝卜的营养价值很高，大部分营养物质是无氮浸出物，含有蔗糖和果糖，故具甜味。胡萝卜素尤其丰富，为一般牧草饲料所不及。胡萝卜还含有大量的钾盐、磷盐和铁盐等。一般来说，颜色越深，胡萝卜素或铁盐含量越高，红色的比黄色的高，黄色的又比白色的高。

(2)饲用甜菜。甜菜可大致分为糖甜菜、半糖甜菜和饲用甜菜三种。各类甜菜的无氮浸出物主要是糖分(蔗糖)，但也含有少量淀粉与果胶物质。由于糖用与半糖用甜菜中含有大量蔗糖，故其块根一般不用作饲料而是先用于制糖，然后以其副产品甜菜渣作为饲料。

(3)芜菁甘蓝。芜菁甘蓝也称灰萝卜，在我国已有近百年栽培历史。这种块根饲料水分含量很高(约 90%)。干物质中无氮浸出物含量相当高，大约为 70%，因而能量较高，每千克消化能可达 14.02 MJ 左右，鲜样由于水分含量高只有 1.34 MJ/kg。芜菁甘蓝含有某种挥发性物质，在饲喂奶牛时，可通过空气扩散波及牛乳，使牛乳沾染某种特殊气味。另外，当奶牛采食后可立即由乳腺排出。所以只要注意牛舍清洁，不在挤乳前饲喂，减少牛乳在空气中的暴露机会，就可以避免牛乳异味的产生。

(4)南瓜。南瓜又称倭瓜，既是蔬菜，又是优质高产的饲料作物。南瓜营养丰富，耐贮藏，运输方便，是猪、牛、羊及鸡的好饲料，尤适用于猪的育肥。南瓜中无氮浸出物含量高，且其中多为淀粉和糖类。南瓜含大量淀粉，而饲料南瓜含果糖和葡萄糖较多。南瓜中还含有很多的胡萝卜素和核黄素，喂各类畜禽都适宜，尤适宜饲喂繁殖和泌乳家畜。南瓜含水量在 90%左右，不宜单喂。

6. 水生饲料

水生饲料一般指“三水一萍”，即水浮莲、水葫芦、水花生和绿萍。这类饲料具有生长快、产量高、不占耕地和利用时间长等优点。此类饲料水分含量特高，可达 90%～95%。因此，干物质含量很低，营养价值也较低，饲喂时宜与其他饲料搭配使用。在南方水资源丰富地区，因地制宜发展水生饲料，并加以利用，是扩大青绿饲料来源的一个重要途径。水生饲料最大的缺点是容易传染寄生虫，如猪蛔虫、姜片虫、肝片吸虫等。因此，水生饲料以熟喂为好，或者把它先制成青贮饲料后再饲喂，也可制成干草粉。

二、青绿饲料的营养特性

1. 水分含量高

青绿饲料一般水分含量比较高，陆生植物的水分含量为 60%～90%，而水生植物可高达 90%～95%。因此，青绿饲料的干物质含量少，能值较低，陆生植物每千克鲜重的消化能为 1.20～2.50 MJ。若以干物质为基础计算，其消化能值为 8.37～12.55 MJ，一般低于常规的能量饲料，但某些优质青绿饲料干物质的能量仍较高，接近或超过燕麦籽实和麦麸所含能量。

2. 蛋白质含量较高

青绿饲料蛋白质含量丰富，按干物质为基础计算，一般禾本科牧草和叶菜类饲料的粗蛋白质含量为 13%～15%，而豆科青绿饲料粗蛋白质含量可达到 18%～24%，基本能满足家畜生长发育和繁殖的营养需要。青绿饲料还含有各种必需氨基酸，其中赖氨酸含量较高，可补充谷物饲料赖氨酸的不足。

3. 维生素含量丰富

青绿饲料中维生素含量比较丰富，特别是胡萝卜素含量较高，每千克饲料可含 50～80 mg。在正常采食情况下，放牧家畜所摄入的胡萝卜素要超过其本身需要量的 100 倍。青绿饲料中 B 族维生素、维生素 E、维生素 C、维生素 K 含量也较多，但缺乏维生素 D，维生素 B_6(吡哆醇)含量也很低。

4. 粗纤维含量较低

幼嫩的青绿饲料含粗纤维较少，木质素含量也较少，无氮浸出物含量较高。青绿饲料干物质中粗纤维为15%～30%，无氮浸出物为40%～50%。一般情况下，植物在开花或抽穗之前，粗纤维含量较低，但随着植物的不断成熟，粗纤维和木质素含量显著增加。木质素增加后，饲料消化率明显降低。

5. 钙、磷比例适宜

青绿饲料中矿物质含量因植物种类、土壤及施肥情况而异。以温带草地牧草为例，占干物质的比例，一般钙为0.25%～0.50%，磷为0.20%～0.35%，比例适宜动物生长，尤其是豆科牧草钙的含量较高，以采食青绿饲料为主的家畜不易缺钙。青绿饲料还含有丰富的铁、锰、锌、铜等微量矿物元素，但一般牧草中钠和氯的含量不能满足动物需要，放牧家畜应注意补充食盐。

三、青绿饲料的饲用价值

青绿饲料幼嫩多汁、柔软适口、营养丰富，还含有各种酶、激素和有机酸，易于消化。青绿饲料中有机物质的消化率：反刍动物为75%～85%，马为50%～60%，猪为40%～50%。从动物营养的角度分析，青绿饲料是一种营养相对平衡的饲料，一般情况下可与由它调制的干草长期单独组成草食动物饲粮。

（一）反刍动物对青绿饲料的饲用

反刍动物可以大量饲用青绿饲料，除高产泌乳牛外，青绿饲料可以作为反刍动物唯一的饲料来源，且不影响反刍动物的生产性能，在草地上放牧的家畜自由采食牧草就可以维持较高的生产水平。对于高产奶牛，青绿饲料也可作为其日粮的主要成分，既能降低奶牛的饲养成本，又能提高饲料的转化效率，还能减少奶牛由于长期饲用高精料而引起的消化、代谢疾病，提高鲜奶质量。

（二）单胃动物对青绿饲料的饲用

由于青绿饲料干物质中含有较多的粗纤维，猪、鸡等单胃动物对其消化率较低，此外，青绿饲料水分含量高、容积较大，也使猪、鸡对其采食量受限。因此，在猪、禽日粮中不能大量加入青绿饲料，但可作为一种蛋白质与维生素的良好来源，适量配于饲粮中，以补充其饲料成分的不足。

（三）饲用青绿饲料应注意的问题

1. 防止饲料中毒

(1)防止亚硝酸盐中毒。在蔬菜、饲用甜菜、萝卜叶、芥菜叶、油菜叶等青绿饲料中均含有硝酸盐，硝酸盐本身无毒或毒性很低，但在细菌的作用下，硝酸盐可还原为亚硝酸盐。青绿饲料长时间堆放，腐败发霉，或加热后闷在锅、缸里过夜，都能促使细菌将硝酸盐还原成亚硝酸盐。动物采食含有亚硝酸盐的青绿饲料就可引起中毒。因此，青绿饲料不能堆放时间过长、过夜，要随喂随取，防止亚硝酸盐中毒。

中毒症状：亚硝酸盐中毒发病很快，多在1 h内死亡，严重者可在0.5 h内死亡。发病症状表现为动物骚动不安、腹痛、口吐白沫、流涎、呼吸困难、心跳加快、全身震颤、行走摇晃、体温无变化或偏低、血液呈酱油色。

治疗：可注射特效药1%亚甲蓝溶液解毒，用量一般为每千克体重0.1～0.2 mL。

(2)防止氰化物和氢氰酸中毒。氰化物是剧毒物质，即使在饲料中含量很低也会引起中毒。在高粱苗、玉米苗、马铃薯幼芽、南瓜蔓、三叶草等青绿饲料中含有氰苷。这些饲料如果堆放发霉或霜冻枯萎，在植物体内酶的作用下，氰苷（配糖体）被水解生成氢氰酸，家畜采食这样的饲料，就会引起中毒。

中毒症状：氢氰酸中毒的症状为腹痛腹胀，呼吸困难而且加快，呼出气体有苦杏仁味，行走站立不稳，可视黏膜由红色变为白色或带紫色，肌肉痉挛，牙关紧闭，瞳孔放大，最后卧地不起，四肢划动，呼吸麻痹而死。

治疗：可注射1%亚硝酸钠，用量为每千克体重1 mL，也可用1%～2%亚甲蓝溶液，每千克体重1 mL进行解毒。

(3)防止草木樨中毒。草木樨内含有香豆素，当草木樨发霉腐败时，香豆素可转变为双香豆素，抑制家畜肝中凝血原的合成，破坏维生素K，延长凝血时间。因此，霉变的草木樨不能饲用。

中毒症状：双香豆素中毒主要发生于牛，其他动物很少发生。中毒发生缓慢，通常饲喂草木樨2～3周后发病。牛中毒后食欲变化不大，主要表现为机体衰弱，步态不稳，运动困难，有时发生跛行，体温低，发抖，瞳孔放大。该病病症是凝血时间变慢，在颈部、背部，有时在后躯皮下形成血肿，鼻孔可流出血样泡沫，奶里也可出现血液。

治疗：可用维生素K治疗。注意饲喂草木樨时应逐渐增加喂量，不能突然大量饲喂，不要投喂发霉变质的草木樨。

2. 防止农药中毒

农药指用于消灭、控制危害农作物的害虫、病菌、鼠类、杂草及其他有害动植物和调节植物生长的药物。按其用途可分为杀虫剂、杀螨剂、杀线虫剂、杀软体动物剂、杀鼠剂、除草剂、脱叶剂和植物生长调节剂等。我国目前杀虫剂用量居前四位的为有机磷、有机氯、杀虫脒及氨基甲酸酯类。菜园等农田喷洒农药后，应注意农药对蔬菜及其周围饲草、杂草的污染，对于刚施用过农药田地上的青绿饲料，不用作饲料。为防止农药中毒，一般经15 d后再收割利用。另外注意农村田间地埂上放牧羊只会误食鼠药。

3. 防止有毒植物中毒

一些植物含有毒物质，如夹竹桃、含羞草、嫩栎树等，不能饲喂动物。

4. 调节青绿饲料的营养平衡

一般青绿饲料营养较为平衡，但有些则缺乏某些营养成分，所以，应通过合理的日粮配制来补充这些欠缺的成分，以提高饲料的利用率。例如，幼嫩黑麦草等干物质中粗蛋白质的含量较高，完全能满足繁殖母猪的需要，但是能值不高。如果猪的日粮中幼嫩牧草比例高时，能量采食量不足就会影响猪的生产性能。因此，利用这种青绿饲料时，就要调节蛋白质与能量的平衡，合理配制日粮。

【评估考核】

1. 填空题

青绿饲料加工处理的常用方法有________、________、________、________和________等。

2. 简答题

青绿饲料具有哪些营养特性？

3. 讨论与思考

如何正确、科学、合理地使用青绿饲料？

二维码3-8　青绿饲料评估考核参考答案

任务四　青贮饲料

青贮饲料是指将新鲜的青绿饲料切短装入密封容器里，经过微生物发酵，制成的一种具有特殊芳香气味、营养丰富的多汁饲料。它能够长期保存青绿饲料的特性，扩大饲料资源，保证动物均衡供应青绿多汁饲料。青贮饲料的原料来源广泛，各种牧草、饲料作物及某些农副产品均可用来青贮。生产实践证明，饲料青贮是调剂青绿饲料欠丰，以旺养淡，以余补缺，合理利用青绿饲料的一项有效方法。

二维码 3-9　青贮饲料(一)

二维码 3-10　青贮饲料(二)

一、青贮饲料的优点

1. 青贮饲料能够保存青绿饲料的营养特性

青绿饲料在密封厌氧条件下贮藏，由于不受日晒、雨淋的影响，也不受机械损失影响；贮藏过程中，氧化分解作用微弱，养分损失少，一般不超过 10%。据试验，青绿饲料在晒制成干草的过程中，养分损失一般达 20%～40%。每千克青贮甘薯藤干物质中含有胡萝卜素可达 94.7 mg，而在自然晒制的干藤中，每千克干物质只含 2.5 mg。据测定，在相同单位面积耕地上，所产的全株玉米青贮料的营养价值比所产的玉米籽粒加干玉米秸秆的营养价值高出 30%～50%。

2. 可以四季供给动物青绿多汁饲料

调制良好的青贮料，管理得当，可贮藏多年，因此可以保证动物一年四季都能吃到优良的多汁料。青贮饲料仍保持青绿饲料的水分、维生素含量高、颜色青绿等优点。我国西北、东北、华北地区，气候寒冷，生长期短，青绿饲料生产受限制，整个冬春季节都缺乏青绿饲料，调制青贮饲料把夏秋季节多余的青绿饲料保存起来，供冬春季节利用，解决了冬春季节动物缺乏青绿饲料的问题。

3. 消化性强，适口性好

青贮饲料经过乳酸菌发酵，产生大量乳酸和芳香族化合物，具有酸香味，柔软多汁，适口性好，各种动物都比较喜食。青贮料对提高动物日粮内其他饲料的消化也有良好的作用。用同类青草制成的青贮饲料和干草，青贮料的消化率略有提高。

4. 青贮饲料单位容积内贮量大

青贮饲料贮藏空间比干草小，可节约存放场地。1 m^3 青贮料重量为 450～700 kg，其中含干物质为 150 kg，而 1 m^3 干草重量仅 70 kg，约含干物质 60 kg。1 t 青贮苜蓿占体积 1.25 m^3，而 1 t 苜蓿干草则占体积 13.3～13.5 m^3。在贮藏过程中，青贮饲料不受风吹、日晒、雨淋的影响，也不会发生火灾等事故。青贮饲料经发酵后，可使其所含的病菌、虫卵和杂草种子失去活力，减少对农田的危害。如玉米螟的幼虫常钻入玉米秸秆越冬，翌年便孵化为成虫继续繁殖为害，秸秆青贮是防治玉米螟的最有效措施之一。

5. 青贮饲料调制方便，可以扩大饲料资源

青贮饲料的调制方法简单、易于掌握。修建青贮窖或备制塑料袋的费用较少，一次调制可长久利用。调制过程受天气条件的限制较小，在阴雨季节或天气不好时，晒制干草困难，但对

青贮的进行影响较小。调制青贮饲料可以扩大饲料资源，一些植物如菊科类及马铃薯茎叶在青饲时，具有异味，适口性差，饲料利用率低。但经青贮后，气味改善，柔软多汁，提高了适口性，成为动物喜食的优质青绿多汁饲料。有些农副产品如甘薯、萝卜叶、甜菜叶等收获期很集中，收获量很大，短时间内用不完，又不能直接存放，或因天气条件限制不易晒干，若及时调制成青贮饲料，则可充分发挥此类饲料的作用。

二、青贮饲料的营养特性

由于青贮饲料在青贮过程中化学变化复杂，它的化学成分及其营养价值与原料相比，有许多不同。

1. 碳水化合物

水溶性碳水化合物被植物细胞的呼吸作用和微生物发酵作用，形成二氧化碳、水、乳酸及其他物质，含量减少，纤维素含量不变，半纤维素有少部分水解。

2. 蛋白质

青贮原料中的部分蛋白质在植物细胞酶的作用下，被分解为氨基酸，当 pH 大于 4.2 时，由于腐败微生物的作用，氨基酸又被分解产生氨、胺等非蛋白含氮化合物，蛋白质含量减少。

3. 矿物质和维生素

青贮过程中植物汁液流出，使部分矿物质有所损失，尤其是高水分青贮的饲料损失较大，而低水分青贮损失较小。青贮可保留原料中的大部分胡萝卜素，贮藏较好的青贮饲料，损失不超过 30%。

4. 色素

青贮中有机酸对叶绿素影响很大，使原料的绿色变为青绿色或黄绿色，若温度过高或被氧化，则呈黑褐色、黑色。

三、青贮饲料的利用

1. 取用方法

青贮过程进入稳定阶段，一般糖分含量较高的玉米秸秆等经过 1 个月，即可发酵成熟，开窖取用，或待冬春季节饲喂动物。

开窖取用时，如发现表层呈黑褐色并有腐败臭味时，应把表层弃掉。对于直径较小的圆形窖，应由上到下逐层取用，保持表面平整。对于长方形窖，自一端开始分段取用，不要挖窝掏取，取后最好覆盖，以尽量减少与空气的接触面。每次用多少取多少，不能一次取大量青贮料堆放在畜舍慢慢饲用，要用新鲜青贮料。青贮料只有在厌氧条件下，才能保持良好品质，如果堆放在畜舍里和空气接触，就会很快感染霉菌和杂菌，使青贮料迅速变质。尤其是夏季，正是各种细菌繁殖最旺盛的时候，青贮料也最易霉坏。

2. 饲喂技术

青贮饲料可以作为草食动物的主要粗饲料，一般占饲粮干物质的 50% 以下。刚开始饲喂时动物不喜食，喂量应由少到多，逐渐适应后即可习惯采食。喂青贮料后，仍需喂精料和干草。训练方法是，先空腹饲喂青贮料，再饲喂其他草料；先将青贮料拌入精料喂，再喂其他草料；先少喂后逐渐增加；或将青贮料与其他料拌在一起饲喂。由于青贮饲料含有大量有机酸，具有轻泻作用，故妊娠后期不宜多喂，产前 15 d 停喂。劣质的青贮饲料有害畜体健康，易造成流产，不能饲喂。冰冻的青贮饲料也易引起母畜流产，应待冰融化后再喂。

3. 饲喂量

各种家畜的适宜饲喂量，应根据家畜的种类、性别和饲喂效果而定。

成年牛每 100 kg 体重日喂青贮饲料量：泌乳牛 5～7 kg，育肥牛 4～5 kg，役用牛 4～4.5 kg，种公牛 1.5～2 kg。

绵羊每 100 kg 体重日喂青贮饲料量：成年羊 4～5 kg，羔羊 0.4～0.6 kg。

奶山羊每 100 kg 体重日喂青贮饲料量：泌乳母羊 1.5～3 kg，青年母羊 1～1.5 kg，公羊为 1～1.5 kg。

马的日喂青贮饲料量：役用马每匹每天可喂 12～15 kg，种母马和 1 岁以上的幼驹每天可喂 6～10 kg。

【评估考核】

1. 选择题

(1)品质优良的青贮饲料 pH 应为(　　)。

A. 3.8～5.2　　B. 2.5～4.5　　C. 3.8～4.2　　D. 5.7～7.0

(2)家畜青贮饲料的参考喂量泌乳牛是(　　)kg/(头•天)，肥育牛是(　　)kg/(头•天)。

A. 5～7　　B. 4～5　　C. 1.5～2　　D. 1～2

2. 填空题

(1)常用的青贮方法是__________和__________。

(2)青贮原料必须在厌氧的环境中，使__________大量繁殖，pH 达到__________时，青贮饲料得以长期保存。

3. 简答题

(1)简述青贮饲料调制的步骤。

(2)简述青贮饲料调制的原理。

4. 讨论与思考

使用青贮饲料时应注意哪些问题?

二维码 3-11　青贮饲料评估考核参考答案

任务五　能量饲料

根据国际饲料分类法，能量饲料主要包括谷实类、糠麸类、淀粉质的块根块茎瓜果类及其加工副产品、动植物油脂以及乳清粉等，它在动物饲粮中所占比例最大，一般为 50%～70%，对动物主要起着供能作用。

豆类籽实及其加工副产品也具有能量饲料的特性，但由于它们富含蛋白质的重要特性，故列为蛋白质饲料。

一、谷实类饲料

(一)常用谷实类饲料

二维码 3-12 能量饲料(一)

谷实是指禾本科作物的籽实,谷实类饲料基本上属于禾本科作物成熟的种子。

1. 玉米

玉米又称玉蜀黍、苞谷、苞米等,禾本科玉米属一年生草本植物,产量仅次于水稻和小麦。70%~75%用于饲料,15%~20%用于粮食,10%~15%用于食品及酿造业。按品种分有马齿玉米、硬质玉米、甜玉米、蜡质玉米、粉质玉米、爆粒玉米、有稃玉米、高赖氨酸玉米、高油玉米等;按颜色分有黄玉米、白玉米、混合色玉米等。

玉米是谷实类饲料的主体,也是我国主要的能量饲料,被誉为“能量之王”。玉米的适口性好,没有使用限制。其营养特性如下:

(1)可利用能量高。玉米的代谢能高达 12.55~14.10 MJ/kg,甚至可达 15.06 MJ/kg,是谷实类饲料中最高的。粗纤维含量少,为 1.6%~2.0%;无氮浸出物高达 72%,且消化率可达 90%;粗脂肪含量高,为 3.5%~4.5%。

(2)蛋白质含量偏低,且品质欠佳。玉米的蛋白质含量约为 8.6%,且氨基酸不平衡,赖氨酸、色氨酸和蛋氨酸的含量不足。

(3)亚油酸含量较高。玉米的亚油酸含量达到 59%,是谷实类饲料中含量最高者。油酸 27%,亚麻酸 0.8%,花生四烯酸 0.2%,硬脂酸 2%。

(4)维生素。脂溶性维生素中维生素 E 较多,约为 20 mg/kg,黄玉米中含有较多的胡萝卜素,维生素 D 和维生素 K 较少。水溶性维生素中含硫胺素较多,核黄素和烟酸的含量较少,且烟酸是以结合型存在。

(5)矿物质。矿物质约 80%存在于胚部,钙含量较少,约 0.02%;磷约含 0.25%,约有 63%的磷以植酸磷的形式存在,单胃动物的利用率低。其他矿物元素的含量也较低。

(6)色素。富含 β-胡萝卜素、叶黄素和玉米黄质,其中叶黄素平均为 22 mg/kg,是体脂和乳脂色素来源。

2. 大麦

禾本科大麦属一年生草本植物,产量居世界第四位,50%饲用,30%酿酒用。大麦可按播种季节的不同分为冬大麦和春大麦,二者成分相近。一般根据品种分为皮大麦和裸大麦两大类。

皮大麦是带壳的大麦,即通常所说的大麦。皮大麦按籽粒在穗上的排列方式又分为二棱大麦和六棱大麦。我国大多为六棱大麦,多供酿酒用,饲用效果也好。

裸大麦又称青稞,成熟时皮壳易脱离。多供食用,营养价值较高,产量低,我国云南、贵州、四川、甘肃等地种植。

其营养特性如下:

(1)蛋白质。大麦的蛋白质含量高于玉米,平均 12%,氨基酸中除亮氨酸及蛋氨酸外均比玉米多,但利用率却低于玉米。大麦赖氨酸含量接近玉米的 2 倍,猪消化率为 73.3%。

(2)碳水化合物。粗纤维含量高,为玉米的 2 倍左右,因此有效能值较低,代谢能约为玉米的 89%,净能约为玉米的 82%。淀粉及糖类比玉米少,支链淀粉占 74%~78%,直链淀粉占

22%～26%，另外还含有其他谷实所没有的β-1,3-葡聚糖。

(3)脂肪。大麦脂肪含量约2%，为玉米的一半，饱和脂肪酸含量比玉米高，亚油酸含量只有0.78%。

(4)矿物质与维生素。大麦所含的矿物质主要是钾和磷，其中63%为植酸磷，利用率为31%，高于玉米中磷的利用率，其次为镁、钙及少量的铁、铜、锰、锌等。大麦富含B族维生素，包括维生素B_1、维生素B_2、维生素B_6、泛酸和烟酸，烟酸含量较高，但利用率较低，只有10%。脂溶性维生素A、维生素D、维生素K含量低，少量的维生素E存在于大麦的胚芽中。

(5)抗营养物质。大麦中有抗胰蛋白酶和抗胰凝乳酶，前者含量低，后者可被胃蛋白酶分解，故对动物影响不大。此外，大麦的麦角病，可产生多种有毒的生物碱，如麦角胺、麦角胱胺酸等，会阻止母猪乳腺发育，造成产科疾病。

3. 小麦

小麦是禾本科小麦属一年生或越年生草本植物，是人类最重要的粮食作物之一，产量位居世界第二。全世界有1/3以上的人口以它为主食。按栽培季节可分为春小麦和冬小麦；按籽粒硬度可分为硬质小麦、软质小麦；按籽粒颜色可分为红皮小麦和白皮小麦。小麦的能值略低于玉米，比大麦和燕麦高，这是由于其粗脂肪含量低，不到玉米的一半。小麦的特点是粗蛋白质含量高，为玉米含量的150%，因而各种氨基酸的含量优于玉米，但苏氨酸含量按其占蛋白质的组成来说，明显不足。小麦含B族维生素和维生素E较多，但维生素A、维生素D、维生素C、维生素K含量很少。生物素的利用率比玉米、高粱要低。矿物质中钙少磷多，铜、锰、锌等含量较玉米为高。

4. 高粱

高粱是禾本科高粱属一年生草本植物，产量居世界第三位，国内居第五位，高粱的籽粒占其整株的24%，茎占55%，叶和梢等占21%。广泛地用于饲料工业 、酿醋业、生产糖浆和酒精、制作扫帚等。按用途可分为粒用高粱、糖用高粱、帚用高粱、饲用高粱和香味高粱；按颜色可分为褐高粱(单宁含量1%～2%，适口性差)、白高粱(单宁含量低，籽粒小，产量不高)、黄(红)高粱(单宁含量<0.4%，适口性好)、混合型高粱(指黄高粱中所含褐高粱>10%)。

其营养特性如下：

(1)蛋白质。高粱粗蛋白质含量略高于玉米，一般为9%～11%，品质差，缺乏赖氨酸和色氨酸。

(2)脂肪。高粱所含脂肪低于玉米，脂肪酸组成中饱和脂肪酸较玉米多，亚油酸含量较玉米低，约为1.13%。

(3)碳水化合物。高粱淀粉含量与玉米相近，淀粉粒的形状与大小也相似，但高粱淀粉粒受蛋白质覆盖程度较高，故消化率较低，有效能值也低。

(4)矿物质与维生素。矿物质中磷、镁、钾含量较多而钙含量少，植酸磷为40%～70%。维生素中维生素B_1含量与玉米相同，泛酸、烟酸、生物素含量多于玉米。烟酸以结合型存在，利用率低。生物素在肉用仔鸡的利用率只有20%。

(5)单宁。单宁是水溶性的多酚化合物，又称鞣酸或单宁酸。高粱籽实中的单宁为缩合单宁，一般含单宁1%以上者为高单宁高粱，低于0.4%的为低单宁高粱。单宁含量与籽粒颜色有关，色深者单宁含量高。

5. 燕麦

燕麦的品种很多，大体分为皮燕麦和裸燕麦两类。皮燕麦即通常所说的燕麦，成熟时内外稃紧抱籽粒，不易分离。裸燕麦又称莜麦，成熟时籽粒与稃分离，籽粒以食用为主。根据栽培季节又分为春燕麦和冬燕麦。

因品种不同其稃(壳)的比例也不同，一般稃约占28%，因而粗纤维高达10%～13%。燕麦淀粉含量为玉米含量的1/3～1/2。燕麦含脂肪比其他谷物高，而且多属于不饱和脂肪酸，主要分布在胚部。燕麦的蛋白质含量高于玉米，约为10%，品质较差，赖氨酸含量可达0.4%左右。富含B族维生素，脂溶性维生素和矿物质含量均较低。

6. 稻谷与糙米

我国稻谷为粮食作物之首，按其粒形和粒质分为3类：稻谷、粳稻谷和糯稻谷。稻谷脱壳后，大部分种皮仍残留在米粒上，称为糙米。糙米可进一步加工成大米，碎米是碾米过程中产生的破碎米粒。稻谷粗纤维含量较高，可达9%以上，糙米含粗蛋白质7%～9%，粗脂肪2%左右，其脂肪酸组成以油酸(45%)及亚油酸(33%)为主，淀粉含量高达75%左右，矿物质含量不多，约占1.3%，糙米中B族维生素含量较高，但β-胡萝卜素含量较少。

7. 其他谷实

(1)粟与小米。粟脱壳前称为“谷子”，脱壳后称为“小米”，全国各地均有栽培。饲料用粟的质量标准为粗蛋白质≥8%，粗纤维<8.5%，粗灰分<3.5%。粟对鸡饲用价值较高，为玉米的95%～100%。粟中叶黄素和胡萝卜素含量较高，对鸡皮肤、蛋黄有着色效果，用粟做禽类饲料时，不必粉碎，可直接饲用。粟对猪的饲用价值也较高。饲用时粉碎的粒度以1.5～3.0 mm为宜。

(2)荞麦。荞麦不仅籽实可以作为能量饲料，其枝叶也是优良的青饲料。荞麦的籽实也有一层粗糙的外壳，约占重量的30%。粗纤维含量高达12%左右。消化能的含量对牛为14.6 MJ/kg，猪为14.31 MJ/kg。荞麦的蛋白质品质较好，含赖氨酸0.73%、蛋氨酸0.25%。荞麦籽实含有一种物质——感光卟啉，当动物采食后白色皮肤部分受到日光照射时即发生过敏，并出现红斑点，严重时能影响生长及育肥效果。这种感光物质主要存在于外壳中。

(3)黑麦。黑麦中粗蛋白质11%，粗脂肪1.5%，无氮浸出物71.5%，粗纤维2.2%，钙0.05%。黑麦中含有10%以上的非淀粉多糖等抗营养因子。因此，黑麦对鸡、猪的饲用价值较低，但对草食动物的饲用价值较高。

(二)谷实类饲料的共同营养特点

(1)富含无氮浸出物，一般都在70%以上。

(2)粗纤维含量少，多数在5%以内，带颖壳的大麦、燕麦、水稻和粟可达10%左右。

(3)粗蛋白质含量一般不及10%，但也有一些谷实如大麦、小麦等达到甚至超过12%；谷实蛋白质的品质较差，乃因其中的赖氨酸、蛋氨酸、色氨酸等含量较少。

(4)粗灰分中，钙少磷多，但磷多数以植酸磷形式存在，对单胃动物的有效性差。

(5)维生素E、维生素B_1较丰富，但维生素C、维生素D贫乏。

(6)谷实的适口性好，消化率高，因而有效能值也高。

二、糠麸类饲料

二维码 3-13　能量饲料(二)

(一)常用糠麸类饲料

谷实经加工后形成的一些副产品，即为糠麸。糠麸主要由果种皮、外胚乳、糊粉层、胚芽、颖稃纤维残渣等组成。糠麸成分不仅受原粮种类影响，而且还受原粮加工方法和精度影响。与原粮相比，糠麸中粗蛋白质、粗纤维、B族维生素、矿物质等含量较高，但无氮浸出物含量低，故属于一类有效能较低的饲料。

1. 米糠与脱脂米糠

稻谷的加工副产品称为稻糠，稻糠可分为砻糠、米糠和统糠。砻糠是粉碎的稻壳；米糠是糙米精制成大米时的副产品，由种皮、糊粉层、胚及少量的胚乳组成；统糠是米糠与砻糠的混合物。

米糠的营养价值受大米精制加工程度的影响，精制程度越高，则米糠中混入的胚乳就越多，其营养价值也就越高。米糠的粗蛋白质含量比麸皮低，但比玉米高，品质也比玉米好，赖氨酸含量高达0.55%。米糠的粗脂肪含量很高，可达15%，约为麦麸、玉米糠的3倍多。脂肪酸的组成多属不饱和脂肪酸，油酸和亚油酸占79.2%，脂肪中还含有2%～5%的天然维生素E。米糠除富含维生素E外，B族维生素含量也很高，但缺乏维生素A、维生素D、维生素C。米糠粗灰分含量高，但钙磷比例极不平衡，磷含量高，但所含磷约有86%属植酸磷，利用率低且影响其他元素的吸收利用。米糠中锰、钾、镁较多。米糠中含有胰蛋白酶抑制因子，加热可使其失活。米糠中脂肪酶活性较高，长期贮藏易引起脂肪变质。

由于米糠所含脂肪多，易氧化酸败，不能久存，所以常对其脱脂，生产米糠饼(经机榨制得)或米糠粕(经浸提制得)。

2. 小麦麸

小麦麸俗称麸皮，是面粉厂用小麦加工面粉时得到的副产品，由种皮、糊粉层和一部分胚及少量的胚乳组成。小麦麸来源广，数量大，是我国北方畜禽生产常用的饲料原料。2023年全国实际用于饲料的小麦麸产量约为1 000万t。

小麦麸粗纤维含量因产品而异，变异范围为1.5%～9.5%，粗蛋白质含量为13%～17%，钙含量很低(0.14%)，磷含量高(1.2%，但是利用率低)，不适合单独作为任何动物的饲料。但是因其价格低廉，蛋白质、锰和B族维生素含量较多，所以也是动物常用的饲料。在农村大家都称麦麸子，营养价值不如玉米面，但是在微量元素上远远高于玉米面，价格比玉米面将近便宜一半左右。小麦麸容积大，纤维含量高，适口性好，可调节饲料的养分浓度，改善饲料的物理性状，具有轻泻性，通便润肠，防止便秘，是母畜饲料的好原料。

3. 其他糠麸类饲料

主要包括玉米糠、高粱糠和谷糠。玉米糠是玉米制粉过程中的副产品，主要包括外皮、胚、种胚和少量的胚乳，因其外皮所占比重较大，粗纤维含量较高，故不适于饲喂仔猪，可作为奶牛和肉牛的良好饲料，玉米品质对成品品质影响很大，尤其含黄曲霉毒素高的玉米，玉米糠中毒素的含量约为原料玉米的3倍多。高粱糠的消化能和代谢能值比较高，但因高粱糠中含有较多的单宁，适口性差，易引起便秘，故喂量受到限制。在高粱糠中，若加入5%的豆粕，饲喂效果可得到改善，也可搭配适量青饲料，饲喂猪、牛效果更好。谷糠是谷子加工小米的副产品，营养价值随加工程度而异，粗加工时除产生种皮和秕谷外，还有许多颖壳、粗糠，粗纤维含量很高，为23%以上，粗蛋白质含量为7%左右，营养价值接近粗饲料，小米细糠营养价值较高，对鸡代谢能水平可达8.45 MJ/kg，可部分用于猪、鸡饲料。

(二)糠麸类饲料的共同营养特点

(1)无氮浸出物比谷实类少，占40%～50%。

(2)粗纤维含量比籽实高，约占10%。

(3)粗蛋白数量与质量介于豆科与禾本科籽实之间。

(4)米糠中粗脂肪含量达15%，其中不饱和脂肪酸含量高。

(5)矿物质中磷多钙少，磷多以植酸磷形式存在。

(6)维生素 B_1、维生素 B_5 及维生素 B_3 含量较丰富，其他均较少。

(7)糠麸结构疏松、体积大、容重小、吸水膨胀性强，其中多数对动物有一定的轻泻作用。

三、淀粉质的块根块茎瓜果类饲料

它们属于容积大、含水高的饲料，按干物质为基础计算，有效能值与谷实类相等，而且粗纤维和粗蛋白质含量低，应归于能量饲料之列。故其鲜样又称为稀释的能量饲料(属青绿饲料2-00-000)。

(一)常用淀粉质的块根块茎瓜果类饲料

1. 甘薯

甘薯又称红薯、白薯、山芋、红苕、地瓜等。水分60%～80%，适口性好。干物质高达25%～30%；干基淀粉>85%，有效能值高于其他块根类；干基粗蛋白质低，仅4.5%，品质较差，保存不当易黑斑腐烂，产生毒性酮(黑芭霉酮毒素)，毒性酮对肝脏、呼吸道，尤其气管有中毒作用，易引起肺水肿，并导致腹痛、喘息，重者可致死亡，应禁止使用。红黄色芯甘薯胡萝卜素含量丰富，但其他维生素和矿物元素贫乏。

2. 木薯

木薯又称树薯、树番薯，为热带多年生灌木。有苦味种和甜味种两大类，淀粉含量高，占鲜重25%～30%，粗纤维含量低，有效能值高；粗蛋白质含量低，为1.5%～4%，品质差，NPN中亚硝酸和硝酸态氮多；含一定量的氢氰酸，主要存在于皮部，甜味种含量少，无须去毒可直接利用，苦味种则需脱毒处理或限量饲喂，过多采食会造成动物中毒，脱皮、加热、水煮、干燥可除去或减少木薯中氢氰酸，去毒后的木薯粉可用于配合饲料生产，但用量不宜超过15%。氨基酸组成不佳，缺乏赖氨酸、胱氨酸和色氨酸；钙、钾含量高而磷低；微量元素及维生素几乎为零。脱水木薯中无氮浸出物含量达80%，因此其有效能值较高。

3. 马铃薯

马铃薯又称土豆、洋芋、洋山芋、山药蛋等，除用作粮食、蔬菜和工业原料外，也是一种重要的饲料作物。马铃薯含干物质约25%，其中80%～85%为淀粉。粗蛋白质约占干物质的9.0%，主要是球蛋白，生物学价值相当高。鲜马铃薯中维生素C含量丰富，但其他维生素缺乏。马铃薯对反刍动物可生喂，对猪熟喂效果较好。

4. 甜菜渣

甜菜渣是制糖工业的副产品，将洗净并除茎叶的甜菜萃取制得砂糖后剩下的副产品即为甜菜渣。甜菜渣为淡灰色或灰色，略具甜味，干燥后呈粉状、粒状或丝状。甜菜渣中主要成分是无氮浸出物，干物质中达60%，消化能值高；粗蛋白质含量较少，品质差，蛋氨酸含量极少；钙、镁、铁等矿物元素含量较多，但磷、锌等元素含量很少；甜菜渣中维生素较贫乏，但胆碱、烟酸含量较多。

(二)淀粉质的块根块茎瓜果类饲料的共同营养特点

(1)鲜样含水量高，一般为75%～90%，干物质含量少，适口性和消化性好。

(2)以干物质为基础计算，无氮浸出物含量为60%～88%，其中主要是淀粉。

(3)粗纤维含量为3%～10%，木质素几乎为零，所以消化率高。

(4)粗蛋白质含量特低，5%～10%，且多为非蛋白氮。

(5)矿物质含量较低，为0.8%～1.8%，钙、磷缺乏，但钾、氯含量高。

(6)胡萝卜素含量高(红心甘薯)，缺乏B族维生素。

【评估考核】

1. 名词解释

谷实类饲料　　糠麸类饲料

2. 填空题

(1)能量饲料通常分为四类，除液体能量饲料和淀粉质块根块茎瓜果类饲料外，还有__________、__________。

(2)你所在地常用的禾本科籽实饲料有__________和__________等，淀粉质块根块茎瓜果类饲料有__________和__________等。

(3)黄玉米籽实含有__________，对于蛋黄、奶油、鸡皮肤着色有利。

(4)小麦麸容积__________，纤维含量__________，适口性好，可调节饲料的养分浓度，改善饲料的物理性状，具有__________，通便润肠，防止便秘，是母畜饲粮的好原料。

3. 选择题

(1)能量含量最高的谷实类饲料是(　　)。

A. 高粱　　B. 麦类　　C. 玉米　　D. 麸皮

(2)油脂属于(　　)。

A. 蛋白质饲料　　B. 能量饲料　　C. 饲料添加剂　　D. 维生素饲料

(3)玉米在贮藏过程中要求水分含量必须小于(　　)。

A. 14%　　B. 16%　　C. 18%　　D. 20%

(4)能量饲料种皮中含单宁的是(　　)。

A. 大麦　　B. 高粱　　C. 玉米　　D. 小麦

(5)新鲜米糠适口性好，但不宜长期贮藏，其原因是(　　)含量高。

A. 粗纤维　　B. 蛋白质　　C. 不饱和脂肪酸　　D. 微量元素

4. 简答题

(1)简述能量饲料的种类及特点。

(2)简述谷实类饲料的营养特点及饲喂价值。

(3)简述糠麸类饲料的营养价值。

二维码 3-14 能量饲料评估考核参考答案

(4)简述玉米的营养特点。

(5)小麦麸的营养特性是什么?

(6)简述马铃薯饲喂家畜时的注意事项。

5. 讨论与思考

(1)米糠的营养价值是怎样的?如何有效利用?

(2)油脂饲料使用注意事项有哪些?

(3)高粱与玉米的营养价值有何差异?

任务六 蛋白质饲料

根据国际饲料分类法,蛋白质饲料主要指植物性蛋白质饲料、动物性蛋白质饲料、单细胞蛋白质饲料和非蛋白氮饲料。本类饲料与能量饲料相比,蛋白质含量很高,品质优良,在能量价值方面则差别不大或者略显偏高,当然在其他方面如维生素、矿物质等不同种类饲料各有差别。

二维码 3-15 蛋白质饲料(一)

一、植物性蛋白质饲料

植物性蛋白质饲料包括豆类籽实及其加工副产品、各种油料籽实及其加工副产品以及某些谷实的加工副产品。通常将籽实经压榨法提取油后的副产物称为饼,而将浸提法或预压浸提法取油后的副产物称为粕。

(一)常用植物性蛋白质饲料

1. 豆类籽实

(1)全脂大豆。大豆原产于我国东北,2023 年我国的大豆产量达到了 2 084 万 t,居世界第四位。根据种皮颜色可分成黄、青、黑、褐等色,以黄种最多而得名黄豆,其次为黑豆。大豆籽实属于蛋白质含量和脂肪含量都高的蛋白质饲料,如黄大豆和黑大豆的粗蛋白质含量分别为 37% 和 36.1%,粗脂肪含量分别为 16.2%和 14.5%。而且大豆的蛋白质品质较好,主要表现在植物蛋白质中,赖氨酸含量较高,如黄大豆和黑大豆的赖氨酸含量分别为 2.30%和 2.18%,但含硫氨基酸含量不足。大豆脂肪含不饱和脂肪酸甚多,其中必需脂肪酸——亚油酸可占 55%,因属不饱和脂肪酸,故易氧化,应注意温度、湿度等贮藏条件。脂肪中还含有 1%不皂化物,由植物固醇、色素、维生素等组成。另外还含有 1.8%~3.2%的磷脂类,具有乳化作用。

碳水化合物含量不高,其中蔗糖占 27%,水苏糖占 16%,阿戊糖占 18%,半乳糖占 22%,纤维素占 17%。其中阿聚糖、半乳聚糖和半乳糖酸相结合而形成黏性的半纤维素,存在于大豆细胞膜中,有碍消化。淀粉在大豆中含量甚微,为 0.4%~0.9%。

矿物质中以钾、磷、钠居多,其中磷约有 60%为植酸磷,钙的含量高于谷实类,但仍低于磷。在维生素方面与谷实类相似,但维生素 B_1 和维生素 B_2 的含量略高于谷实类。生大豆含有一些有害物质或抗营养因子,如胰蛋白酶抑制因子(生长抑制,胰腺肥大)、血细胞凝集素(PHA)(凝集动物红细胞)、致甲状腺肿物质(甲状腺肿大)、抗维生素因子(抗维生素 A、维生素 D、维生素 E 和维生素 B_{12})、脲酶(迅速分解 NPN)、植酸(影响矿物质利用)、赖丙氨酸(碱性处理会形成,对元素有强烈螯合作用)、皂苷(溶血、降血脂、降胆固醇)、类雌激素(异黄酮)、胃肠胀气因子(胃肠胀气)、大豆抗原蛋白(仔猪肠道过敏,损伤,进而腹泻)等,它们影响饲料的适口性、消化性与动物的一些生理过程。但是这些有害成分中除后三种较为耐热外,其他均不耐热,经湿热加工可使其丧失活性。

(2)豌豆与蚕豆。豌豆又称毕豆、小寒豆、淮豆、麦豆,豌豆适应性强,喜冷凉而湿润的气候,豌豆除作食用外,也可作饲料。蚕豆又名胡豆、湖豆、罗汉豆、佛豆或倭豆等,按豆粒大小分为小粒种、中粒种和大粒种;按种子颜色分为红色种和白色种,红色种早熟、茎高,白色种晚熟、品质好。

豌豆和蚕豆的粗蛋白质含量较低,为22%～25%,两者的粗脂肪含量较低,仅1.5%左右,淀粉含量高,无氮浸出物可达50%以上,能值虽比不上大豆,但也与大麦和稻谷相似。豌豆含有胰蛋白酶抑制因子、外源植物凝集素、致胃肠胀气因子,不宜生喂,生豌豆影响采食量,增重降低、导致腹泻。蚕豆皮较厚,含有单宁,适口性差,含胰蛋白酶抑制剂,饲喂价值不如大豆。国外广泛地用其作为生长育肥猪和繁殖母猪的蛋白质补充料。但是目前我国这两者的价格都较高,很少作为饲料。

2. 饼粕类饲料

油饼、油粕是我国主要的植物蛋白质饲料,使用广泛,用量大。常见的有大豆饼粕、棉籽(仁)饼粕、菜籽饼粕、花生(仁)饼粕、胡麻饼粕、向日葵(仁)饼粕,此外,还有数量较少的芝麻饼粕、蓖麻饼粕、红花饼粕和棕榈饼等。

(1)大豆饼(粕)。大豆饼(粕)是我国使用最广、用量最多的一种植物性蛋白质饲料,大豆饼(粕)是以大豆为原料取油后的副产物。压榨提油后的块状副产物称为大豆饼,浸提出油后的碎片状副产物称为大豆粕。风味好,色泽佳,具有高商品价值;成分变异少,质量较稳定,数量多,可大量供应;其蛋白质含量为40%～50%,蛋白质消化率达80%以上,代谢能值达10.5 MJ/kg,必需氨基酸含量高,组成合理。赖氨酸达2.5%～2.9%,赖氨酸与精氨酸比约为100∶130,比例较为适当,消化率高,可改进饲养效果。蛋氨酸含量较低,约为0.46%。粗纤维含量低,淀粉含量低,可利用能量较低;脂肪的含量因榨油方式不同而异;矿物质中钙少磷多,磷多属植酸态磷,约为61%,硒含量低,尤其东北。胡萝卜素、维生素 B_1 和维生素 B_2 少,烟酸和泛酸多,胆碱丰富,维生素E较高。可大量取代昂贵的动物性蛋白质原料;合理加工,抗营养因子失活,不考虑用量限制,不易变质,霉菌、细菌污染较少。

饲料用大豆饼(粕)国家标准规定的感官性状为:呈黄褐色饼状或小片状(大豆饼),呈浅黄褐色或淡黄色不规则的碎片状(大豆粕);色泽一致,无发酵、霉变、结块、虫蛀及异味、异臭;水分含量不得超过13.0%;不得掺入饲料用大豆饼(粕)以外的物质。评定大豆饼(粕)质量的主要指标为抗胰蛋白酶活性、脲酶活性、水溶性氮指数、维生素 B_1 含量、蛋白质溶解度等。许多研究结果表明,当大豆饼(粕)中的脲酶活性在0.03～0.4范围内时,饲喂效果最佳,而对家禽来说,在0.02～0.2时最佳。也可用饼粕的颜色来判定大豆加热程度适宜与否,正常加热时为黄褐色,加热不足或未加热时,颜色较浅或灰白色,加热过度呈暗褐色。

(2)棉籽饼(粕)。棉籽饼(粕)是棉籽经脱壳取油后的副产品,完全去壳的称为棉仁饼(粕)。棉籽饼(粕)蛋白质含量为33%～40%,棉仁饼(粕)粗蛋白质可达41%～44%,但蛋白质质量较差,赖氨酸达2.5%～2.9%,蛋氨酸0.38%,胱氨酸0.75%,精氨酸含量较高。但氨基酸利用率低。粗纤维含量为11%,故棉籽饼(粕)的鸡代谢能低,仅为7.1～9.2 MJ/kg。

饲料用棉籽饼国家标准规定的感官性状为:呈饼状小片状或饼状,色泽呈新鲜一致黄褐色；色泽一致，无发酵、霉变、虫蛀及异味、异臭；水分含量不得超过 12.0%；不得掺入饲料用棉籽饼以外的物质。

(3)菜籽饼(粕)。菜籽饼(粕)是菜籽榨(浸)油后的残渣。蛋白质含量为 33%～38%，赖氨酸达 1.0%～1.8%，蛋氨酸 0.5%～0.9%，氨基酸组成平衡。粗纤维含量为 12%～13%，无氮浸出物含量为 30%，有效能值较低。矿物质中钙、磷含量均较高，但大部分为植酸磷，富含铁、锰、锌、硒，尤其是硒含量远高于豆饼。维生素中胆碱、叶酸、烟酸、核黄素、硫胺素均比豆饼高。

菜籽饼(粕)因含有硫葡萄糖苷、芥子碱、植酸、单宁等多种抗营养因子。

硫葡萄糖苷：本身无毒，芥子酶作用降解成有毒产物异硫氰酸酯、硫氰酸酯、噁唑烷硫酮、腈，影响适口性和引起甲状腺疾病；降解速度快，水分含量为 15.5%，温度 55 ℃，1 min 内完成 90%水解反应。

芥子碱：含量为 1%～1.5%，具有苦味，影响适口性和产生腥味蛋。鸡胃肠道中分解为芥子酸和胆碱，胆碱进而转化为三甲胺，在体内三甲胺氧化酶作用下迅速氧化为氧化三甲胺而不具腥味。但褐壳蛋系鸡种体内缺乏酶，三甲胺不经氧化直接进入蛋黄积累，每克蛋重含量超过 1 μg 时即有鱼腥味。

植酸：含量为 3%～5%，是很强金属螯合剂，与钙、镁、锌等离子螯合。

单宁：影响蛋白质利用。

饲喂价值明显低于大豆粕，在鸡配合饲料中，菜籽饼(粕)应限量使用，一般用量为 3%～10%。近年来，国内外培育的“双低”(低芥酸和低硫苷)品种已在我国部分地区推广，并获得较好效果。

饲料用菜籽饼国家标准规定：感官性状为褐色、小瓦片状、片状或饼状，碎片或粗粉状(菜籽粕)；具有菜籽油的香味；无发酵、霉变、结块及异味、异臭；水分含量不得超过 12.0%。

(4)花生饼(粕) 花生饼(粕)是花生榨(浸)油后的残渣。蛋白质含量为 33%～38%，赖氨酸为 1.0%～1.8%，蛋氨酸为 0.5%～0.9%，氨基酸利用率比大豆饼(粕)低，蛋白质品质较差。无氮浸出物含量为 30%，粗纤维含量为 12%～13%，鸡的代谢能为 7.1～8.4 MJ/kg，有效能值较低。矿物质中钙、磷含量均少，其他与大豆饼(粕)相近。B 族维生素含量丰富，烟酸、泛酸、硫胺素均高于大豆饼(粕)；胡萝卜素、维生素 D、维生素 C、核黄素含量低；胰蛋白酶抑制因子含量少，是生大豆的 1/5，120 ℃加热即可灭活。含水 9%以上，30 ℃，相对湿度 80%时，易感染黄曲霉。

饲料用花生饼(粕)国家标准规定：花生饼为小瓦块状或圆扁块状，花生粕为黄褐色或浅褐色不规则碎屑状。色泽新鲜一致；无发霉、变质、结块及异味、异臭；水分含量不得超过 12.0%；黄曲霉素 B_1 含量不得大于 0.05 mg/kg。

(5)其他饼粕。

①亚麻仁饼(粕)。亚麻，又称胡麻，是重要的油料作物之一。蛋白质 32%～36%，赖氨酸与蛋氨酸低，精氨酸高，赖氨酸与精氨酸比为 100∶250 左右；粗纤维 8%～10%；热能值较低，代谢能仅 7.1 MJ/kg；碳水化合物中含一种可溶于水的亚麻籽胶，单胃动物无法消化；残余脂肪中亚麻酸含量可达 30%～58%；B 族维生素含量丰富，胡萝卜素、维生素 D 含量少；钙、磷较高，硒含量高，是优良的天然硒源之一。

抗营养因子主要有生氰糖苷、亚麻籽胶、抗维生素 B_6。

生氰糖苷：亚麻酶作用下转变为氢氰酸（HCN）。加热和水浸可去除。吸收后 CN^- 迅速与氧化型细胞色素氧化酶中的三价铁结合成氰化高铁细胞色素氧化酶，导致动物组织细胞不能利用血液中的氧气而造成内窒息。目前发现抑制 40 多种酶活性。

亚麻籽胶：3%～10%，可溶性糖（乙醛糖酸），单胃动物无法利用，影响食欲，黏喙，幼禽喙畸形。反刍动物瘤胃微生物可分解并利用。亚麻籽胶可吸收大量水分而膨胀，使饲料在瘤胃中停留时间延长，利于微生物对饲料进行充分消化。

抗维生素 B_6：影响维生素 B_6 利用率。

饲料用亚麻仁饼（粕）国家标准规定：饼为褐色大圆饼，厚片或粗粉状；粕为浅褐色或深黄色不规则碎块状或粗粉状；具油香味，无发霉、变质、结块及异味；水分含量不得超过 12.0%。

②向日葵仁饼（粕）。向日葵仁饼（粕）是向日葵籽生产食用油后的副产品，可制成脱壳或不脱壳两种，是一种较好的蛋白质饲料。未脱壳的向日葵仁饼（粕）粗纤维含量高，有效能值低，育肥效果差，不宜做肉鸡饲料，但脱壳者可以少量使用；向日葵壳含粗蛋白质 4%，粗纤维 50%，粗脂肪 2%，粗灰分 2.5%，可以作为粗饲料喂牛。压榨饼残留脂肪 6%～7%，脂肪酸 50%～75%属于亚油酸；钙、磷含量较一般饼粕类饲料高，微量元素中锌、铁、铜含量较高；B 族维生素含量丰富，其中烟酸、硫胺素、胆碱等含量都很高。

抗营养因子主要是绿原酸（抑制胰蛋白酶、淀粉酶和脂肪酶），因赖氨酸、亮氨酸等缺乏，需和大豆饼（粕）搭配使用。未脱壳饼粕蛋鸡用量应低于 10%，脱壳后可达到 20%。

饲料用向日葵仁饼（粕）国家标准规定：饼为小片状或块状，粕为浅灰色或黄褐色不规则碎块状、碎片状或粗粉状；色泽新鲜一致；无发霉、变质、结块及异味；水分含量不得超过 12.0%。

③棕榈仁饼。棕榈仁饼为棕榈果实提油后的副产品。粗蛋白质含量低，仅 14%～19%，属于粗饲料。赖氨酸、蛋氨酸及色氨酸均缺乏，脂肪酸属于饱和脂肪酸。肉鸡和仔猪不宜使用，生长育肥猪可用到 15%以下，奶牛使用可提高奶酪质量，但大量使用影响适口性。

④椰子饼（粕）。胚乳部干燥为椰子干提油后的残渣，为淡褐色或褐色；椰子饼（粕）粗纤维含量多，热能值不高；粗蛋白质含量为 20%～23%，缺乏赖氨酸、蛋氨酸及组氨酸，精氨酸高；脂肪中饱和脂肪酸高达 90%，不能提供必需脂肪酸；B 族维生素含量高，磷含量也高；肉鸡不用，雏鸡和仔猪适口性不好尽量少用；其他鸡料用量 5%以下，育肥猪用量 10%以下；喂奶牛可提高乳脂率，并硬化乳脂，且增加乳酪香味；可降低瘤胃内氨浓度，并抑制瘤胃微生物的脱氨作用；为防止便秘，精料中使用 20%以下为宜。

⑤苏子饼。苏子饼为苏子种子榨油后的副产品。粗蛋白质含量为 35%～38%，赖氨酸含量高。粗纤维含量高，有效能值低。含有抗营养因子——单宁和植酸。机榨法取油后含有苏子特有的臭味，适口性不好，对猪、鸡应注意限量饲喂。

3. 其他

(1)玉米蛋白粉。玉米蛋白粉是玉米籽粒经医药工业生产淀粉或酿酒工业提醇后的副产品。玉米蛋白粉粗蛋白质含量为 40%～60%，氨基酸组成不佳，蛋氨酸、精氨酸含量高，赖氨酸和色氨酸严重不足。粗纤维含量低，易消化，代谢能与玉米近似，能量较高。铁含量较多，钙磷较少，胡萝卜素含量较高，富含色素，主要是叶黄素和玉米黄质。

(2)酒糟。酒糟蛋白饲料的商品名是 DDGS，即含有可溶固形物的干酒糟。在以玉米为原料发酵制取乙醇过程中，其中的淀粉被转化成乙醇和二氧化碳，其他营养成分如蛋白质、脂肪、纤维等均留在酒糟中。同时由于微生物的作用，酒糟中蛋白质、B 族维生素及氨基酸含量均比玉米有所增加，并含有发酵中生成的未知促生长因子。市场上的玉米酒糟蛋白饲料产品有两种：一种为DDG，是将玉米酒精糟做简单过滤，滤渣干燥，滤清液排放掉，只对滤渣单独干燥而获得的饲料；另一种为DDGS，是将滤清液干燥浓缩后再与滤渣混合干燥而获得的饲料。后者的能量和营养物质总量均明显高于前者。

由于DDGS的蛋白质含量在26%以上，已成为国内外饲料生产企业广泛应用的一种新型蛋白饲料原料，在畜禽及水产配合饲料中通常用来替代豆粕、鱼粉，添加比例最高可达30%，并且可以直接饲喂反刍动物。

(3)啤酒糟。啤酒糟主要由麦芽的皮壳、叶芽、不溶性蛋白质、半纤维素、脂肪、粗灰分及少量未分解的淀粉和未洗出的可溶性浸出物组成。啤酒糟干物质中含粗蛋白质25.13%、粗脂肪7.13%、粗纤维13.81%、粗灰分3.64%、钙0.4%、磷0.57%；在氨基酸组成上，赖氨酸占0.95%、蛋氨酸占0.51%、胱氨酸占0.30%、精氨酸占1.52%、异亮氨酸占1.40%、亮氨酸占1.67%、苯丙氨酸占1.31%、酪氨酸占1.15%；还含有丰富的锰、铁、铜等微量元素。

由于发酵或提取，其中可溶性碳水化合物明显减少，糟类蛋白质含量相对增加，但粗纤维增加，适口性变差。酒糟喂猪要严格控制饲喂量，一般应与其他饲料搭配，以酒糟的比例不超过日粮的1/3为宜。另外，酒糟最好作热处理后再喂猪。

(4)渣类饲料。豆腐渣是来自豆腐、豆奶加工厂的副产品，为大豆浸渍成豆乳后，过滤所得残渣。豆腐渣干物质中粗蛋白质、粗纤维和粗脂肪含量较高，维生素含量低且大部分转移到豆浆中，与豆类籽实一样含有抗胰蛋白酶因子。鲜豆腐渣是牛、猪、兔的良好多汁饲料，可提高奶牛产奶量，提高猪日增重，育肥猪使用过多会出现软脂现象而影响胴体品质。鲜豆腐渣经干燥、粉碎可做配合饲料原料，但加工成本较高。

酱渣含有大量菌体蛋白，粗蛋白质含量高达24%～40%。含有B族维生素、无机盐、糊精、氨基酸等。脂肪含量约14%，粗纤维含量高，无氮浸出物含量低，有机物质消化率低，有效能值低。酱渣对鸡适口性差，热能低，用量应低于3%，雏鸡禁用。育肥猪用量宜小于5%，否则会降低生长速度，影响胴体品质。多用于牛、羊精饲料中，使用20%不影响适口性、产奶量及乳品质。肉牛饲料中用量不宜超过10%，否则会软化肉质。

(5)粉丝蛋白。利用绿豆、豌豆或蚕豆制作粉丝过程中的浆水经浓缩而得。含有原料豆中淀粉以外的蛋白质、脂肪、矿物质、维生素等；粗蛋白质含量可达80%以上，总氨基酸含量可达75%以上；蛋鸡饲料添加2%～5%，不影响产蛋率和蛋重；猪日粮添加5%具有较好饲养效果；粉丝蛋白在浓缩饲料中是一种重要的蛋白质补充饲料。

(二)植物性蛋白质饲料的共同营养特点

(1)蛋白质含量高，且蛋白质品质较好。一般植物性蛋白质饲料粗蛋白质含量为20%～50%，因种类不同差异较大。它的蛋白质主要由球蛋白和清蛋白组成，其必需氨基酸含量和平衡明显优于谷蛋白和醇溶蛋白，因此蛋白质品质高于谷物类蛋白，蛋白质利用率是谷类的1～3倍。但植物性蛋白质的消化率一般仅有80%左右，原因在于大量蛋白质与细胞壁多糖结合(如球蛋白)，有明显抗蛋白酶水解的作用；存在蛋白酶抑制剂，阻止蛋白酶消化蛋白质；含胱氨酸丰富的清蛋白，可能产生一种核心残基，对抗蛋白酶的消化。

(2)粗脂肪含量变化大。油料籽实含量为15%～30%或以上，非油料籽实只有1%左右。饼粕类脂肪含量因加工工艺不同差异较大，高的可达10%，低的仅1%左右。

(3)粗纤维含量一般不高，基本上与谷类籽实近似，饼粕类稍高些。

(4)矿物质中钙少磷多,且主要是植酸磷。

(5)维生素含量与谷实类相似,B族维生素较丰富,而维生素A、维生素D较缺乏。

(6)大多数含有一些抗营养因子,影响其饲喂价值。

二、动物性蛋白质饲料

动物性蛋白质饲料主要是指水产、畜禽、缫丝及乳品等加工副产品,如鱼粉、肉骨粉、羽毛粉、血粉等。

二维码 3-16 蛋白质饲料(二)

(一)常用动物性蛋白质饲料

1. 鱼粉

鱼粉是鱼类加工食品剩余的下脚料或全鱼加工的产品。一般国产鱼粉的粗蛋白质含量为40%~60%,优质鱼粉的粗蛋白质可达63%以上。氨基酸组成较为平衡。鱼粉中一般含有6%~12%的脂类。钙、磷含量高,比例适宜。微量元素中碘、硒含量高。富含维生素B_{12}、脂溶性维生素A、维生素D、维生素E和未知生长因子(UGF)。其营养成分因原料质量和加工工艺不同,变异较大。

不同种类的鱼粉色泽存在差异,正常鲱鱼粉呈淡黄或淡褐色;沙丁鱼粉呈红褐色;鳗鱼等白鱼粉呈淡黄色或灰白色;蒸煮不透、压榨不完全、含脂较高的鱼粉颜色较深;各种鱼粉均具鱼腥味。鱼粉中水分含量一般为10%左右。进口鱼粉含盐约2%,国产鱼粉盐分含量应小于5%。全鱼粉粗灰分含量多为16%~20%,超过20%疑为非全鱼鱼粉。

在家禽饲粮中使用鱼粉过多可导致肉、蛋产生鱼腥味。各类畜禽饲粮中鱼粉用量宜控制在3%以内,使用时应注意鱼粉是否掺假,掺杂物有尿素、糠麸、羽毛粉、锯末、花生壳、沙砾等;感官性状是否正常,脱脂效果以及蛋白质含量等。鱼粉带入配合饲料中的氯化钠应视为添加的食盐。热加工过程中游离组氨酸及其代谢产物组胺与鱼粉中蛋白质发生反应而生成肌胃糜烂素。热处理温度越高,越易产生。颜色深暗红,表示加热温度过高或时间过长,导致肌胃糜烂的可能性大,最好不用。脂肪含量多及贮藏不当,不饱和脂肪酸易氧化成醛、酸、酮等,发臭,适口性和品质降低。鱼粉不新鲜时会释放出硫胺素酶,大量摄入会引起硫胺素缺乏症。市场上部分不法商贩为了牟取暴利,进行鱼粉掺假,以次充好。因此我们在原料采购中,不仅要有过硬的专业知识和专业技能,更要有诚信意识,在考虑原料价格的同时,必须严把原料质量关。我们诚信经营,不能通过掺假掺杂、使用违禁添加剂等不法手段牟取暴利,我们要有质量意识、精益求精的工匠精神,养成正确的价值观和职业发展观。

2. 肉骨粉

肉骨粉是以动物屠宰后不宜食用的下脚料、肉类罐头厂、肉品加工厂等残余碎肉、内脏杂骨以及各种废弃物或畜禽尸体等为原料,经高温消毒、高压脱脂干燥粉碎而成的产品。肉骨粉的粗蛋白质含量为20%~54%,氨基酸组成不佳,蛋氨酸和色氨酸低,赖氨酸为1%~3%,含硫氨基酸为3%~6%,色氨酸低于0.5%。蛋白来自:磷脂、无机氮、角质、结缔组织及肌肉组织蛋白。磷脂、无机氮及角质蛋白利用率低,结缔组织及水解蛋白利用率差。脂肪为8%~18%。粗灰分为26%~40%,钙为7%~10%、磷为3.8%~5.0%,是动物良好的钙磷来源,锰、铁、锌含量较高。维生素B_{12}、烟酸、胆碱丰富,维生素A、维生素D含量少。

肉骨粉主要由肉、骨、腱、韧带、内脏等组成,包括毛、蹄、角、皮及血等废弃物,品质变异很大，若以腐败的原料制成产品，品质更差，甚至可导致中毒。加工过程中热处理过度的产品适口性和消化率均下降，贮藏不当时，所含脂肪易氧化酸败，影响适口性和动物产品品质，原料易感染沙门菌，加工处理过程中要进行严格的消毒。肉骨粉正常情况下为粉状，一般含有粗骨粒，金黄色至淡褐色或深褐色，含脂肪高时，颜色较深，加热处理时颜色也会加深，一般用猪肉骨制成者颜色较浅。肉骨粉具有新鲜的肉味，并具有烤肉香及牛油或猪油味。在饲粮中一般用量为7.5%～10%，多用于肉猪与种猪饲料，仔猪应避免使用。许多国家禁止用反刍动物副产物制成肉粉饲喂反刍动物，易引发疯牛病。

3. 肉粉

肉粉是以纯肉屑或碎肉制成的饲料。肉粉正常情况下为粉状，粗蛋白质含量为45%～60%，氨基酸组成较差。肉粉蛋氨酸和色氨酸含量较低于鱼粉，适口性也略差。B族维生素含量较多，而维生素A、维生素D和维生素B_{12}的含量都低于鱼粉。肉粉品质差异较大，易变质腐败，在饲粮中一般用量为7.5%～10%。多用于肉猪与种猪饲料，仔猪应避免使用。反刍动物一般不用。某些肉粉由于高温熬制使部分蛋白质变性，消化率降低。

4. 血粉

血粉是以畜、禽血液为原料经血液消毒、脱水干燥和粉碎或喷雾干燥而成的粉状饲料。动物血液占活体重4%～9%，血液固形物约20%，100 kg体重牛产血粉为0.6～0.7 kg，猪为0.5～0.6 kg。血粉干物质中粗蛋白质含量一般在80%以上，赖氨酸含量高达6%～9%，蛋氨酸、异亮氨酸缺乏，总的氨基酸组成非常不平衡。血粉含钙、磷少，含铁较多。饲料用血粉为干燥粉粒状物，具有本制品固有气味，无腐败变质气味，颜色为暗红色或褐色，能通过2～3 mm孔筛，不含砂石等杂质。

血粉适口性差，并具黏性，过量添加易引起腹泻，因此饲粮中血粉的添加量不宜过高。一般仔猪、仔鸡饲粮中用量应小于2%，成年猪和成年鸡饲粮中用量应不超过4%，育成牛和成牛饲粮中用量应在6%～8%为宜。使用血粉要考虑新鲜度，防止微生物污染，设计配方时与异亮氨酸含量较高和缬氨酸含量较低的饲料配伍。未来发展生产发酵血粉、酶化血粉、脱血红素饲料。

5. 蚕蛹粉

蚕蛹是蚕丝工业副产物，分为桑蚕蛹和柞蚕蛹，鲜蚕蛹含脂高，不宜保存，多经压榨或浸提去油，经干燥、粉碎制得。蚕蛹中含有60%以上的粗蛋白质，必需氨基酸组成良好，富含赖氨酸和含硫氨基酸，而且色氨酸含量也高。新鲜蚕蛹富含核黄素；粗脂肪含量为20%～30%，不饱和脂肪酸含量较高，富含亚油酸和亚麻酸。脱脂蚕蛹有效能：消化能12.80 MJ/kg(猪)，代谢能11.67 MJ/kg(鸡)。蚕蛹的钙磷比为1∶(4～5)，可作为配合饲料中调整钙磷比的动物性磷源饲料；B族维生素含量丰富。蚕蛹粉和蚕蛹粕主要用作水产动物的饲料，品质好的，适口性较好，可作猪、鸡蛋白质来源，肉鸡、火鸡饲料用量为2.5%～5%；蛋鸡和猪饲料用量为2%；乳牛、肉牛饲料用量为2%～3%。蚕蛹粉含脂肪22%以上，易氧化酸败，并发出恶臭，用劣质蚕蛹粉喂鱼，易引发鱼的瘦鳍症、贫血症(鳟鱼)、背苔病(鲤鱼)；用劣质蚕蛹粉喂猪可使体脂变黄，产生腥臭味，影响肉质，产生"黄猪肉"。

6. 羽毛粉

羽毛经高压蒸煮、酶水解、烘干和磨碎或膨化成粉状的饲料。每羽成年鸡可得风干羽毛

80～150 g，85%～90%为角蛋白，肽与肽之间由双硫键（—S—S—）和硫氢键相连，很难被动物利用，水解羽毛粉蛋白可破坏双硫键，变为可溶性蛋白。羽毛粉中粗蛋白质达 80%～85%，胱氨酸为 2.93%，居所有天然饲料之首。缬氨酸、亮氨酸、异亮氨酸的含量较高，但赖氨酸、蛋氨酸和色氨酸的含量较少。过瘤胃蛋白约 70%，是反刍动物良好的"过瘤胃"蛋白源。加工适当的羽毛粉，粗脂肪应<4%；矿物质中含硫量高达 1.5%，钙 0.4%、磷 0.7%，还含钾、氯及各种微量元素，硒含量较高，约 0.84 mg/kg；维生素 B_{12} 含量较高，其他维生素含量则很低。

在养殖生产中，水解羽毛粉常因蛋白质生物学价值低，适口性差，氨基酸组成不平衡，而被限量利用。一般在单胃动物饲料中的添加量不应过高，在蛋鸡、肉鸡饲粮中的添加量以 4%为宜；在生长猪饲粮中以 3%～5%比较合适；在奶牛饲粮中用量应控制在 5%以下。

7. 皮革粉

皮革粉是制革工业的副产物，用各种动物的皮革鞣制前或鞣制后的副产品制成的一种粉状饲料，主要成分是骨胶原蛋白。原料的来源和加工方法不同，营养差异较大，粗蛋白质高达 75%以上，消化率 80%以上，蛋白质主要是胶原蛋白，缺乏蛋氨酸、色氨酸和苏氨酸，赖氨酸含量也不高，使用时注意合理搭配或添加合成氨基酸，金属铬的含量较高。我国目前还未制订皮革粉饲料的国家标准。美国 NRC（1994）对未成年鸡铬酸钾（K_2CrO_4）及硫酸铬［$Cr_2(SO_4)_3$］的允许量为 300 mg/kg；对成年鸡氯化铬（$CrCl_3 \cdot 6H_2O$）的允许量为10 mg/kg。

皮革蛋白粉可作为猪、鸡及水产动物的蛋白质原料，对鱼虾有其独特的用途，具有天然黏性，提高蛋白质含量，又做营养性黏合剂，延长颗粒饲料在水中的散开时间，提高饵料的利用率，蛋鸡日粮用量为 3%左右，肉猪日粮用量为 4%～5%，鱼虾饵料用量为 4%～10%。

8. 虾粉、虾壳粉、蟹粉

虾粉、虾壳粉是指利用新鲜小虾或虾头、虾壳及少量全虾，经干燥、粉碎而成的一种色泽新鲜、无腐败异臭的一类粉末状产品。蟹粉是指用蟹壳、蟹内脏及部分蟹肉加工生产的一种产品。这类产品中的成分随品种、处理方法、肉和壳的组成比例不同而异。一般虾粉蛋白质含量约 40%，虾壳、蟹壳粉粗蛋白质约达 30%，其中 1/2 为几丁质（又名甲壳素、甲壳质、壳聚糖等）。粗灰分含量为 30%左右，并含大量不饱和脂肪酸、胆碱、磷脂、固醇和具着色效果的虾红素。

这类产品的共同特点是含有一种被称为几丁质的物质，这种物质的化学组成类似纤维素，很难被动物消化。长期以来其饲用价值并未引起人们的重视。近年来，随着科学技术的发展，人们发现几丁质是由 β-1,4-键连接的氨基葡萄糖多聚体，分解产物为 2-氨基葡萄糖，并证实对于虾、蟹壳的形成具有重要作用，还可作为蛋白质的凝聚剂和鱼生长促进剂。虾、蟹壳粉不仅可为畜禽提供蛋白质，而且还有一些其他特殊作用。鸡饲料中添加 3%，有助于肉鸡脚趾和蛋黄着色。猪饲料中添加 3%～5%，是肠道中双歧乳酸杆菌的生长因子，可提高仔猪的抗病力，改善猪肉色泽。虾饲料中添加 10%～15%，可取得良好的促生长效果。

9. 脱脂奶粉

牛乳经脱脂加工干燥后提炼而成。水分含量<8%，粗蛋白 33%～35%，无氮浸出物约为 50%，由乳糖组成，B 族维生素和矿物质含量丰富，可作断奶幼猪的优质蛋白料和乳猪、犊牛的人工乳料。

10. 酪蛋白粉

脱脂乳加入酸或凝乳酶，酪蛋白凝固、分离、干燥、粉碎而成。酪蛋白多供人类食用，价格低廉时也可用作高蛋白饲料。酪蛋白粉的粗蛋白>70%，各种氨基酸组成平衡，生产中酪蛋白广泛用于鱼类饲料中。

11. 蝇蛆粉

蝇蛆粉的粗蛋白质含量为63.1%，必需氨基酸含量丰富，含硫氨基酸中胱氨酸较低；蛋氨酸含量与鱼粉相当，可代替大豆饼（粕）作为蛋白源；脂肪25.9%，是鱼粉的4～5倍。活蝇蛆可用来喂鸡，也是养鱼的活饵料；根据鸡数和每天喂量，分批育蛆，分批喂鸡。喂量要适宜，30日龄内雏鸡每天每只不超过4 g，40～90日龄鸡不超过8 g，100日龄以上鸡不超过 15 g，产蛋母鸡不超过20 g。

12. 蚯蚓粉

蚯蚓粉富含动物生长发育所需要的各种营养成分，粗蛋白质60%，氨基酸组成良好，苏氨酸、胱氨酸高于鱼粉，在鱼粉等蛋白质饲料不足的情况下，可代替鱼粉，可土法养殖，即利用土沟、土坑养殖，养殖场房前屋后挖40～50 cm深坑或沟，坑沟底铺10 cm左右厚的土，上边复加10 cm厚的动物粪便，然后再复加一层土，按每平方米放1 000条左右的种蚓，然后在上边加盖杂草或草帘等，每条种蚓每日繁殖幼蚓20条左右，工厂化养殖可采用池子养殖法和立体多层养殖法，养殖的饲料为有机废物或畜禽粪便，经过发酵即可。

（二）动物性蛋白质饲料的共同营养特点

（1）蛋白质含量高（40%～85%），氨基酸组成比较平衡，并含有促进动物生长的动物性蛋白因子。

（2）碳水化合物含量低，不含粗纤维。

（3）粗灰分含量高，钙、磷含量丰富，比例适宜。

（4）维生素含量丰富（特别维生素 B_2 和维生素 B_{12}）。

（5）脂肪含量较高，虽然能值含量高，但脂肪易氧化酸败，不宜长时间贮藏。

三、单细胞蛋白质饲料

单细胞生物产生的细胞蛋白质称为单细胞蛋白（SCP）。由单细胞生物个体组成的蛋白质含量较高的饲料，称为单细胞蛋白质饲料。

（一）常用单细胞蛋白质饲料

单细胞蛋白质饲料主要包括一些微生物或单细胞藻类及某些原生动物，如各种酵母、蓝藻与小球藻等。目前已工业化生产的单细胞蛋白几乎都是酵母。

1. 酵母菌类

在单细胞蛋白饲料中饲料酵母利用得最多。将酵母繁殖在适当的工农业副产品上而制成的一种饲料，称为饲料酵母。酵母中常用的有酵母属、球拟酵母属、假丝酵母属、红酵母属、圆酵母属等。饲料酵母按培养基不同常分为石油酵母和工业废液（渣）酵母（包括啤酒酵母、酒精废液酵母、味精废液酵母、纸浆废液酵母）。酵母细胞膜不宜被消化酶破坏，为提高饲用价值，国外生产饲料酵母有时先用自溶酶将膜破坏再制成饲料酵母粉。雏鸡饲料中添加2%～3%

的饲料酵母，有促进生长的作用。因其适口性差，价格也较贵，在蛋鸡和肉鸡日粮中可使用3%左右，不宜超过5%。一般仔猪饲料中可使用3%～5%，肉猪饲料中可使用3%左右。奶牛、肉牛精料中可使用25%～35%的饲料酵母，而且作为唯一蛋白质来源并无不良影响，只是价格昂贵，多用于幼畜饲料。近年来，也有先提取酵母中的核酸再制成"脱核酵母粉"的，使得酵母产品不断开发，如含硒酵母、含铬酵母、含锌酵母。

(1)石油酵母。利用微生物以石油为碳源进行微生物蛋白质生产，经干燥而制成的菌体蛋白称为石油蛋白，也称烃蛋白。目前生产上广泛利用酵母菌来制造石油蛋白，又称为石油蛋白酵母，简称石油酵母。能利用石油的微生物种类包括：细菌、放线菌、酵母菌等30个属。石油酵母有苦味，适口性差，雏鸡、乳猪饲料中避免使用。畜禽饲粮中酵母的最大添加量：肉鸡、产蛋鸡5%～10%，育肥猪5%～15%。一般以石油蜡烃为原料生产的石油酵母因其原料中不含有高分子致癌性多环芳香物，所以安全性高，以轻油或重质油直接作为发酵原料生产的石油酵母含有致癌物质3,4-苯并芘，应慎用。

(2)秸秆酵母。微生物将秸秆营养物质分解合成自身养分，微生物分泌的各种酶重新作用于秸秆进一步将有机物分解，将秸秆养分转化为微生物体内的菌体蛋白。霉菌和细菌产生淀粉酶、毛酶、曲酶、根酶；细菌和酵母产生脂肪酶；黑曲酶产生植酸酶；曲酶产生糖化酶和中性细菌蛋白酶等，微生物酶作为外源酶对动物消化道酶不足或缺乏给予合理补充。秸秆发酵过程中产生并积累大量营养丰富的菌体(如乳酸杆菌、芽孢杆菌和酵母)和有用的代谢产物(如抗生素、维生素、有机酸、激素及氨基酸)。有些对饲料有防腐作用(如乳酸、醋酸、乙酸)；有些能增强动物抗病力，能促进新陈代谢；有些活体微生物可促进有益菌群的生长繁殖，抑制致病菌的生长。在繁殖场喂猪后，猪水肿病发病率减少到20%，发病死亡率从10%减少到2.3%，还可减少家畜患寄生虫。

2. 单细胞藻类

单细胞藻类是指以阳光为能源，以天然有机物和无机物为培养基，生活于水中的小型单细胞浮游生物体。目前主要饲用的藻类有绿藻和蓝藻两种。绿藻呈单细胞微球状，直径5～10 μm，池塘水变绿就是由其所致。蓝藻因呈相连螺旋状又名螺旋藻，长300～500 μm，易培养捕捞，色素和蛋白质的利用率高。从发展前景看，蓝藻有取代绿藻的趋势。

近年来，世界各国对这类饲料已经给予了相当多的重视。有些国家已经由试验阶段进入大规模商业生产阶段，并且对酵母培养物饲喂动物的效果进行了研究。一般认为酵母培养物除可以向动物提供动物性蛋白质外，还可以向动物提供一些生物活性物质，促进动物消化道内有益微生物菌群的生长繁殖，进而提高动物对饲料的消化率，减少疾病的发生。

(二)单细胞蛋白质饲料的共同营养特点

单细胞蛋白质饲料由于原料及生产工艺不同，营养成分组成变化较大。其营养丰富，蛋白质含量较高，一般风干制品中含粗蛋白质在50%以上。且含有18～20种氨基酸，组分齐全，富含多种维生素。因为这类蛋白质是由多个独立生存的单细胞构成，所以富含多种酶系和B族维生素。必需氨基酸组成和利用率与优质豆饼相似，微量元素中富含有铁、锌、硒。

除此之外，单细胞蛋白质饲料的生产具有繁育速度快、生产效率高、占地面积小、不受气候影响等优点。因此，在当今世界蛋白质资源严重不足的情况下，发展单细胞蛋白质饲料的生产越来越受到各国的重视。

四、非蛋白氮饲料

在饲料加工领域，非蛋白氮(NPN)是指饲料中蛋白质以外的含氮化合物的总称，又称非蛋白态氮，包括游离氨基酸、酰胺类(amide)、蛋白质降解的含氮化合物、氨以及铵盐等简单含氮化合物。另一种说法是，为反刍动物提供氮源的氨基酸、肽类以外的非蛋白质形态的含氮化合物。

(一)非蛋白氮饲料的种类

(1)尿素及其衍生物类，如缩二脲、羟基尿素、磷酸尿素。

尿素：白色，无臭，结晶状。味微咸苦，易溶于水，吸湿性强。纯尿素含氮量为46%，一般商品尿素的含氮量为45%。每千克尿素相当于2.8 kg粗蛋白质，或相当于7 kg豆饼的粗蛋白质含量。试验证明，用适量的尿素取代牛、羊饲粮中的蛋白质饲料，不仅可降低生产成本，而且还能提高生产力。

缩二脲：高温加热2分子尿素可缩合成1分子缩二脲。无味，适口性比尿素好，略溶于水，含氮41%，蛋白质当量2.56 kg/kg，瘤胃水解速度比尿素慢，能有效利用，提高氮利用率。

(2)氨态氮类，如液氨、氨水等。

(3)铵类，如硫酸铵、氯化铵、乳酸铵、乙酸铵、磷酸铵等。

(4)肽类及其衍生物，如氨基酸、酰胺、胺等。

(5)动物粪便及其他废弃物。饲料中的营养物质有20%～30%未被吸收而排出体外，禽类粪便干物质中粗蛋白质含量为20%～30%，其中非蛋白氮占30%～50%，可见被单胃动物利用的蛋白质并不多，因此鸡粪不经深加工，只适合饲喂反刍动物。

(二)反刍动物对非蛋白氮饲料的利用

反刍动物营养中所说的NPN化合物，一般是指简单的含氮化合物，如尿素、缩二脲、铵盐等，它们都是简单的纯化学物质，不能提供能量，其营养作用只是作为瘤胃微生物合成蛋白质所需的氮源，可代替植物或动物来源的蛋白质饲料，以节省蛋白质饲料。

根据动物蛋白质营养原理，瘤胃中的微生物可将饲料中非蛋白氮转化为氨，进一步利用氨合成氨基酸，氨基酸被降解后产生的氨又以相同的方式被反刍动物所利用。因此，反刍动物瘤胃中的微生物可以反复充分利用NPN来合成菌体蛋白。

现以尿素为例介绍反刍动物对非蛋白氮的利用。

$$\text{尿素}\xrightarrow{\text{细菌脲酶}}\text{氨}+\text{二氧化碳}$$

$$\text{碳水化合物}\xrightarrow{\text{细菌酶}}\text{酮酸}+\text{挥发性脂肪酸}+\text{能量}$$

$$\text{氨}+\text{酮酸}\xrightarrow{\text{细菌酶}}\text{氨基酸}\xrightarrow{\text{细菌酶}}\text{细菌体蛋白}$$

$$\text{细菌体蛋白}\xrightarrow{\text{真胃和小肠消化酶}}\text{氨基酸}$$

尿素是最普通的非蛋白氮源。它是动物体代谢的产物，是由动物体内氨基酸代谢产生的氨在肝脏中合成的，然后由肝脏分泌出进入血液循环，经过肾的过滤作用，最终从尿中排出。用于饲料中的尿素和用作肥料的尿素相同，是利用空气中的氮、二氧化碳和天然气的化学能通过化学方法合成的。

尿素在瘤胃中可被瘤胃微生物产生的脲酶转化为氨，进而被微生物体所利用。尿素在瘤胃中可以迅速地转化为氨，所以反刍动物进食含有尿素的饲料后，瘤胃中氨水平将迅速升高。

1. 影响尿素利用的因素

(1)饲粮中易被消化吸收的碳水化合物的数量是影响尿素利用效率的最主要的因素。谷类饲料中的碳水化合物很易被发酵成淀粉和糖，由于瘤胃中尿素可以迅速转化为氨，所以能快速利用尿素的微生物数量对尿素的利用起主要作用。如果这些微生物数量少，当尿素转化为氨后，过多的氨就会被瘤胃壁吸收，并随尿排出体外，这就会造成饲料中氮的浪费。微生物利用碳水化合物的实质是满足自身生长繁殖的能量，同时为合成菌体蛋白提供碳源，保证尿素的充分利用。

(2)供给反刍动物适量的天然饲料蛋白质，其水平占饲粮的 9%～12%，以促进菌体蛋白的合成。粗饲料中粗纤维含量高，不利于利用尿素的微生物繁殖，也达不到使用尿素的目的。

(3)供给适量的硫、钴、锌、铜、锰等矿物元素，可为微生物合成含硫氨基酸和吸收利用氮素提供有利条件。

(4)供给适量的维生素，特别是维生素 A、维生素 D，以保证微生物的正常活性。

(5)要控制尿素在瘤胃中分解的速度。能使瘤胃微生物最大限度地发挥其利用效率的氨的最适宜量为 20 mg/100 mL(100 mL 瘤胃液中含有 20 mg 氨)。瘤胃中大量的微生物会迅速利用氨产生大量有机酸，除能够缓慢释放氮外，还能为氨基酸的合成提供支链脂肪酸。

(6)尿素的饲喂对象为 6 月龄以上的反刍动物，用量不能超过饲粮总氮量的 1/3，或占饲粮总量的 1%。产奶量高于 27 kg/d 的奶牛，其饲粮中不应添加。

2. 尿素的毒性

尿素本身并不具有毒性，但用量过多可引起氨中毒，即在瘤胃内形成大量的游离氨，瘤胃液的 pH 增大，致使氨通过瘤胃壁进入血液。如所吸收的氨的数量超过肝脏将氨转化为尿素的能力，则氨在血液中的含量升高。若血液中氨水平达到中毒浓度(牛为 1 mg/100 mL)，便出现典型的氨中毒症状：呼吸急促，肌肉震颤，出汗不止，动作失调。一般中毒严重时，口吐白沫。以上症状多在饲喂后的 15～40 min 出现，如不及时治疗，0.5～2.5 h 即死亡。对于牛的尿素中毒，最常用的治疗方法是灌服 20～40 L 凉水，使瘤胃液温度下降，从而抑制尿素的溶解，使氨的浓度下降。也可以灌服 4 L 稀释的醋酸，以中和瘤胃液。解毒的办法还有：给成年中毒牛灌服 4～5 L 酸奶或酸乳清，或者 0.5～2.0 L 0.5%的食醋(相当于 1 kg 的醋)或同一浓度的乳酸。如果加喂 1～1.5 L 含 20%～30%糖浆或糖的溶液，效果更好。如使用 10%的醋酸钠和葡萄糖混合液(喂量同前)，效果更为理想。对于青年牛和绵羊中毒，急救办法与成年牛相同，但剂量要根据体重和年龄酌减。

尿素不宜单独饲喂，应与其他精料合理搭配。豆粕、大豆、南瓜等饲料含有大量脲酶，切不可与尿素一起饲喂，以免引起中毒。浸泡粗饲料投喂或调制成尿素青贮料(0.3%～0.5%)饲喂，与糖浆制成液体尿素精料投喂或做成尿素颗粒料、尿素精料砖等也是有效的利用方式。

一般奶牛饲粮中尿素的用量不能超过饲粮干物质的 1%，才能保证既安全，又有良好的效果。如果饲粮本身含 NPN 较高，如青贮饲料，尿素用量则应酌减。

【评估考核】

1. 填空题

(1)除单细胞蛋白质饲料和非蛋白含氮物外，蛋白质饲料还包括________、________。

(2)常用动物性蛋白质饲料原料为__________。

(3)在所有植物性蛋白质饲料中，使用效果最佳的饲料原料是________。

(4)豆饼的能量含量__________豆粕，粗蛋白质含量________豆粕。

(5)鱼粉是一种优质蛋白质饲料，一般粗蛋白质含量为________，但鱼粉中食盐含量也较高，一般为________，含盐量较高的鱼粉应控制用量。

(6)当地常用的动物性蛋白质饲料主要有_______、_______、________、_______、________、________和________等。

(7)当地常用的植物性蛋白质饲料主要有_______、_______、_______、________、________和________等。

(8)单细胞蛋白质饲料主要包括_______和_______，非蛋白质含氮饲料包括_______和_______。

2. 选择题

(1)可以为反刍动物提供廉价粗蛋白质的饲料是(　　)。

A. 大豆粕　　B. 酵母　　C. 尿素　　D. 鱼粉

(2)大豆籽实及其饼(粕)中含有的主要抗营养因子是(　　)。

A. 单宁　　B. 植酸　　C. 游离棉酚　　D. 胰蛋白酶抑制因子

(3)各种饼(粕)类饲料中饲喂价值最高的是(　　)。

A. 大豆饼(粕)　　B. 菜籽饼(粕)　　C. 棉籽饼(粕)　　D. 花生饼(粕)

3. 判断题

(1)棉籽饼(粕)的氨基酸组成为赖氨酸含量高、精氨酸含量低。(　　)

(2)饼(粕)类饲料属于能量饲料。(　　)

4. 简答题

(1)植物性蛋白质饲料的营养特性是什么？

(2)鱼粉的营养特点是什么？在使用鱼粉时应注意什么问题？

(3)简述动物性蛋白质饲料的营养特点。

5. 讨论与思考

菜籽饼(粕)、棉籽饼(粕)等饲料的去毒方法有哪些？

二维码 3-17　蛋白质饲料评估考核参考答案

任务七　矿物质饲料

矿物质饲料是补充动物矿物质需要的饲料。它包括人工合成的、天然单一的和多种混合的矿物质饲料，以及配合有载体或赋形剂的痕量、微量、常量元素补充料。矿物质元素在各种动植物饲料中都有一定含量，虽多少有差别，但由于动物采食饲料的多样性，可在某种程度上满足对矿物质的需要。在舍饲条件下或饲养高产动物时，动物对它们的需要量增多，就必须在动物饲粮中另行添加所需的矿物质。

一、常量矿物质饲料

常量矿物质饲料包括钙源性饲料、磷源性饲料、钠源性饲料、含硫饲料和含镁饲料等。

二维码 3-18　矿物质饲料和维生素饲料

(一)钙源性饲料

通常天然植物性饲料中的含钙量与各种动物的需要量相比均感不足，特别是产蛋家禽、泌乳牛和生长幼畜更为明显。因此，动物饲粮中应注意钙的补充。常用的含钙矿物质饲料有石灰石粉、贝壳粉、蛋壳粉、石膏及碳酸钙类等。

1. 石灰石粉

石灰石粉又称石粉，为天然的碳酸钙（$CaCO_3$），一般含纯钙35%以上，是补充钙的最廉价、最方便的矿物质原料。按干物质计，石灰石粉的成分与含量如下：粗灰分96.9%，钙35.89%，氯0.03%，铁0.35%，锰0.027%，镁2.06%。

天然的石灰石中，只要铅、汞、砷、氟的含量不超过安全系数，都可用作饲料。石粉的用量依据畜禽种类及生长阶段而定，一般畜禽配合饲料中石粉使用量为0.5%～2%，蛋鸡和种鸡可达到7%～7.5%。单喂石粉过量，会降低饲粮有机养分的消化率，还对青年鸡的肾脏有害，使泌尿系统尿酸盐过多沉积而发生炎症，甚至形成结石。蛋鸡过多接受石粉，蛋壳上会附着一层薄薄的细粒，影响蛋的合格率，最好与有机态含钙饲料如贝壳粉按1∶1比例配合使用。

石粉作为钙的来源，其粒度以中等为好，一般猪为26～36目，禽为26～28目。对蛋鸡来讲，较粗的粒度有助于保持血液中钙的浓度，满足形成蛋壳的需要，从而增加蛋壳强度，减少蛋的破损率，但粗粒会影响饲料的混合均匀度。

将石灰石煅烧成氧化钙，加水调制成石灰乳，再经二氧化碳作用生成碳酸钙，称为沉淀碳酸钙。

2. 贝壳粉

贝壳粉是各种贝类外壳（蚌壳、牡蛎壳、蛤蜊壳、螺蛳壳等）经加工粉碎而成的粉状或粒状产品，多呈灰白色、灰色、灰褐色。主要成分也为碳酸钙，含钙量应不低于33%。品质好的贝壳粉杂质少，含钙高，呈白色粉状或片状，用于蛋鸡或种鸡的饲料中，使蛋壳的强度较高，破蛋软蛋少，尤其片状贝壳粉效果更佳。不同畜禽对贝壳粉的粒度要求：猪以25%通过50 mm筛、蛋鸡以70%通过10 mm筛、肉鸡以60%通过60 mm筛为宜。

贝壳粉内常掺杂砂石和泥土等杂质，使用时应注意检查。另外，若贝肉未除尽，加之贮藏不当，堆积日久易出现发霉、腐臭等情况，这会使其饲用价值显著降低。选购及应用时要特别注意。

3. 蛋壳粉

禽蛋加工厂或孵化场废弃的蛋壳，经干燥灭菌、粉碎后即得到蛋壳粉。无论蛋品加工后的蛋壳或孵化出雏后的蛋壳，都残留有壳膜和一些蛋白，因此除含有34%左右钙外，还含有7%的蛋白质及0.09%的磷。蛋壳粉是理想的钙源性饲料，利用率高，用于蛋鸡、种鸡饲料中，与贝壳粉同样具有增加蛋壳硬度的效果。应注意蛋壳干燥的温度应超过82 ℃，以消除传染病源。

4. 石膏

石膏为硫酸钙，灰色或白色的结晶粉末。有天然石膏粉碎后的产品，也有化学工业产品。

若是来自磷酸工业的副产品，则因其含有高量的氟、砷、铝等而品质较差，使用时应加以处理。石膏含钙量为20%～23%，含硫量为16%～18%，既可提供钙，又可提供硫，生物利用率高。石膏有预防鸡啄羽、啄肛的作用。一般在饲料中的用量为1%～2%。

此外，大理石、白云石、白垩石、方解石、熟石灰、石灰水等均可作为补钙饲料。至于利用率很高的葡萄糖酸钙、乳酸钙等有机酸钙，因其价格较高，多用于水产饲料，畜禽饲料中应用较少。其他还有甜菜制糖的副产品——滤泥也属于碳酸钙产品。这是由石灰乳清除甜菜糖汁中杂质经二氧化碳中和沉淀而成，成分中除碳酸钙外，还有少量有机酸钙盐和其他微量元素。滤泥钙源性饲料尚未很好地开发利用，如果以加工甜菜量的4%计，全国每年可生产 40万～50万 t 此类钙源性饲料。

钙源性饲料很便宜，但不能用量过多，否则会影响钙磷平衡，使钙和磷的消化、吸收和代谢都受到影响。微量元素预混料常常使用石粉或贝壳粉作为稀释剂或载体，使用量占配比较大时，配料时应注意把其含钙量计算在内。

(二)磷源性饲料

富含磷的矿物质饲料有磷酸钙类、磷酸钾类、磷酸钠类、骨粉及磷矿石等。在利用这一类原料时，除注意不同磷源有着不同的利用率外，还要考虑原料中有害物质如氟、铝、砷等是否超标。

1. 磷酸钙类

(1)磷酸一钙。又称磷酸二氢钙或过磷酸钙，纯品为白色结晶粉末，多为一水盐[$Ca(H_2PO_4)_2 \cdot H_2O$]。市售品是以湿式法磷酸液(脱氟精制处理后再使用)或干式法磷酸液作用于磷酸二钙或磷酸三钙所制成的。因此，常含有少量未反应的碳酸钙及游离磷酸，吸湿性强，且呈酸性。本品含磷22%左右，含钙15%左右，利用率比磷酸二钙或磷酸三钙好，最适合用于水产动物饲料。由于本品磷高钙低，在配制饲粮时易于调整钙磷平衡。

(2)磷酸二钙。又称磷酸氢钙，为白色或灰白色的粉末或粒状产品，又分为无水盐($CaHPO_4$)和二水盐($CaHPO_4 \cdot 2H_2O$)两种，后者的钙、磷利用率较高。磷酸二钙一般是在干式法磷酸液或精制湿式法磷酸液中加入石灰乳或磷酸钙而制成的。市售品中除含有无水磷酸二钙外，还含少量的磷酸一钙及未反应的磷酸钙。含磷18%以上，含钙21%以上，饲料级磷酸氢钙应注意脱氟处理，含氟量不得超过标准。

(3)磷酸三钙。又称磷酸钙，纯品为白色无臭粉末。饲料用常由磷酸废液制造，为灰色或褐色，并有臭味，分为一水盐[$Ca_3(PO_4)_2 \cdot H_2O$]和无水盐[$Ca_3(PO_4)_2$]种，以后者居多。经脱氟处理后，称作脱氟磷酸钙，为灰白色或茶褐色粉末，含钙29%以上，含磷15%～18%及以上，含氟0.12%以下。

2. 磷酸钾类

(1)磷酸一钾。又称磷酸二氢钾，分子式为KH_2PO_4，为无色四方晶系结晶或白色结晶性粉末，因其有潮解性，宜保存于干燥处。含磷22%以上，含钾28%以上。本品水溶性好，易为动物吸收利用，可同时提供磷和钾，适当使用有利于动物体内的电解质平衡，促进动物生长发育和生产性能的提高。

(2)磷酸二钾。也称磷酸氢二钾，分子式为$K_2HPO_4 \cdot 3H_2O$，呈白色结晶或无定型粉末。一般含磷13%以上，含钾34%以上，应用同磷酸一钾。

3. 磷酸钠类

(1)磷酸一钠。又称磷酸二氢钠，有无水物(NaH_2PO_4)及二水物($NaH_2PO_4 \cdot 2H_2O$)两种，均为白色结晶性粉末，因其有潮解性，宜保存于干燥处。无水物含磷约25%，含钠约19%。因其不含钙，在钙要求低的饲料中可充当磷源，在调整高钙、低磷配方时使用不会改变钙的比例。

(2)磷酸二钠。也称磷酸氢二钠，分子式为$Na_2HPO_4 \cdot xH_2O$，呈白色无味的细粒状，无水物一般含磷18%～22%，含钠27%～32.5%，应用同磷酸一钠。

4. 骨粉

骨粉是以动物骨骼为原料加工而成的，一般为黄褐色至灰白色的粉末，有肉骨蒸煮过的味道。骨粉的含氟量较低，只要杀菌消毒彻底，便可安全使用。但由于成分变化大，来源不稳定，而且常有异臭，在国外饲料工业上的用量逐渐减少。

骨粉是我国配合饲料中常用的磷源饲料，优质骨粉含磷量可以达到12%以上，钙、磷比例为2∶1左右，符合动物机体的需要，同时还富含多种微量元素。一般在猪、鸡饲料中添加量为1%～3%。值得注意的是，用简易方法生产的骨粉，即不经脱脂、脱胶和热压灭菌而直接粉碎制成的生骨粉，因含有较多的脂肪和蛋白质，易腐败变质。尤其是品质低劣，有异臭，呈灰泥色的骨粉，常携带大量病菌，用于饲料易引发疾病传播。有的兽骨收购场地，为避免蝇蛆繁殖，喷洒敌敌畏等药剂，而使骨粉带毒，这种骨粉绝对不能用作饲料。

(三)钠源性饲料

1. 氯化钠

氯化钠(NaCl)一般称为食盐，地质学上称为石盐，包括海盐、井盐和岩盐3种。精制食盐含氯化钠99%以上，粗盐含氯化钠为95%。纯净的食盐含氯60.3%，含钠39.7%，此外尚有少量的钙、镁、硫等杂质。食用盐为白色细粒，工业用盐为粗粒结晶。

植物性饲料大都含钠和氯的数量较少，相反含钾丰富。为了保持生理上的平衡，对以植物性饲料为主的畜禽，应补饲食盐。食盐除具有维持体液渗透压和酸碱平衡的作用外，还可刺激唾液分泌，提高饲料适口性，增强动物食欲，具有调味剂的作用。

草食家畜需要钠和氯较多，对食盐的耐受量较大，很少发生过草食家畜食盐中毒的报道。但是猪和家禽，尤其是家禽，因饲粮中食盐配合过多或混合不匀易引起食盐中毒。雏鸡饲料中若配合0.7%以上的食盐，则会出现生长受阻，甚至有死亡现象。产蛋鸡饲料中含盐超过1%时，可引起饮水增多，粪便变稀，产蛋率下降。食盐的供给量要根据家畜的种类、体重、生产能力、季节和饲粮组成等来考虑。一般食盐在风干饲粮中的用量为，牛、羊、马等草食家畜约为1%，猪和家禽一般以0.25%～0.5%为宜。

在缺碘地区，为了人类健康现已供给碘盐，在这些地区的家畜同样也缺碘，故给饲食盐时也应采用碘化食盐。如无出售，可以自配，在食盐中混入碘化钾，用量要使其中碘的含量达到0.007%为度。配合时，要注意使碘分布均匀，如配合不均，可引起碘中毒。再者碘易挥发，应注意密封保存。

补饲食盐时，除直接拌在饲料中外，也可以以食盐为载体，制成微量元素添加剂预混料。在缺硒、铜、锌地区等，也可以分别制成含亚硒酸钠、硫酸铜、硫酸锌或氧化锌的食盐砖、食盐块供放牧家畜舔食。由于食盐吸湿性强，在相对湿度75%以上时开始潮解，作为载体的食盐必须保持含水量在0.5%以下，并妥善保管。

2. 碳酸氢钠

碳酸氢钠又名小苏打，分子式为$NaHCO_3$，为无色结晶粉末，无味，略具潮解性，其水溶液因水解而呈微碱性，受热易分解放出二氧化碳。碳酸氢钠含钠27%以上，生物利用率高，是优质的钠源性矿物质饲料之一。

碳酸氢钠不仅可以补充钠，更重要的是其具有缓冲作用，能够调节饲粮电解质平衡和胃肠道pH。研究证实，奶牛和肉牛饲粮中添加碳酸氢钠可以调节瘤胃pH，防止精料型饲粮引起的代谢性疾病，提高增重、产奶量和乳脂率。一般添加量为0.5%～2%，与氧化镁配合使用效果更佳。夏季，在肉鸡和蛋鸡饲粮中添加碳酸氢钠可减缓热应激，防止生产性能的下降。添加量一般为0.5%。

3. 硫酸钠

硫酸钠又名芒硝，分子式为Na_2SO_4，为白色粉末。含钠32%以上，含硫22%以上，生物利用率高，既可补钠又可补硫，特别是补钠时不会增加氯含量，是优良的钠、硫源饲料之一。在家禽饲粮中添加，可提高金霉素的效价，同时有利于羽毛的生长发育，防止啄羽癖。

（四）含硫饲料

动物所需的硫一般认为是有机硫，如蛋白质中的含硫氨基酸等，因此蛋白质饲料是动物的主要硫源。但近年来研究表明无机硫对动物也具有一定的营养意义。同位素试验表明，反刍动物瘤胃中的微生物能有效地利用无机含硫化合物如硫酸钠、硫酸钾、硫酸钙等合成含硫氨基酸和维生素。用雏鸡试验表明，适当增加饲粮中无机硫含量可减少雏鸡对含硫氨基酸的需要，并有利于合成生命活动所必需的牛磺酸，从而促进雏鸡的生长。

硫的来源有蛋氨酸、胱氨酸、硫酸钠、硫酸钾、硫酸钙、硫酸镁等。就反刍动物而言，蛋氨酸的硫利用率为100%，硫酸钠中硫的利用率为54%，元素硫的利用率为31%，且硫的补充量不宜超过饲粮干物质的0.05%。对幼雏而言，硫酸钠、硫酸钾、硫酸镁均可充分利用，而硫酸钙利用率较差。硫酸盐不能作为猪、成年家禽硫的来源，需以有机态硫如含硫氨基酸等补给。

（五）含镁饲料

饲料中含镁丰富，一般都在0.1%以上，因此不必另外添加。但早春牧草中镁的利用率很低，有时会使放牧家畜因缺镁而出现“草痉挛”，故对放牧的牛羊以及用玉米作为主要饲料并补加非蛋白氮饲喂的牛，常需要补加镁；兔对镁的需要量大，故必须添加镁。多用氧化镁。饲料工业中使用的氧化镁一般为菱镁矿在800～1 000 ℃煅烧的产物，其化学组成为MgO 85.0%、CaO 7.0%、SiO_2 3.6%、Fe_2O_3 2.5%、Al_2O_3 0.4%，烧失量1.5%。此外还可选用硫酸镁、碳酸镁和磷酸镁等。

二、微量矿物质饲料

动物所需的必需矿物元素有16种，其中7种为常量元素，余下的9种为微量元素，它们是铁、铜、锰、锌、钴、碘、硒、钼、氟。其中前7种在动物营养中的作用最大，能提供这些微量元素的矿物质饲料称为微量元素补充料。由于动物对微量元素的需要量少，微量元素补充料通常是作为添加剂加入饲料。

微量元素补充料主要是化学产品（一般以饲料级规格出售），一般是矿物盐及结晶化合物。由于微量元素补充料化学形式、产品类型、规格以及原料细度不同，故生物学利用率差异较大，销售价格也不一样。

三、其他天然矿石及稀释剂与载体

1. 沸石

沸石是一种天然矿石，其分子结构为开放型，有许多空隙与通道，沸石的这种特性使沸石具有吸附气体（如氨气），离子交换和催化作用的性质，因此，有许多饲料厂使用沸石作为畜禽的生长促进剂，有的直接添加于日粮中，有的用作饲料添加剂的载体和稀释剂。日粮中使用少量沸石，可以提高动物的生产性能，减少肠道疾病，降低畜舍臭味。反刍动物日粮中添加沸石，可提高非蛋白氮的使用安全性和利用率。

2. 麦饭石

麦饭石在我国医药中曾作为一种“药石”，用于预防治疗疾病。麦饭石也有许多空隙，具有很强的吸附性，与活性炭一样具有一定的收敛作用，能吸附像氨、硫化氢等不良气体及一些肠道细菌，如大肠埃希菌、痢疾杆菌等。在动物消化道内，麦饭石能释放出铜、铁、锌、锰、钴、硒等微量元素，延长饲料在消化道内的停留时间，提高饲料的消化率，改善畜禽的生产性能。

3. 海泡石

海泡石属于稀有非金属矿石，对热稳定，可吸附氨、消除排泄物臭味，常用于饲料，也可作微量元素的载体和稀释剂及颗粒料黏合剂。

4. 膨润土

膨润土具有阳离子交换、膨胀和吸附性，能吸附大量的水和有机质。膨润土中含有磷、钾、钙、锰、锌、铜、钴、镍、钼、钒、钡等动物所需要的微量及常量元素，常作微量元素的载体和稀释剂及颗粒料黏合剂。

此外，凹凸棒石、稀土、白陶土、水氯镁石等，均可作为动物的矿物质饲料加以开发和利用。

【评估考核】

1. 填空题

一般风干饲料中，食盐的补饲量牛、羊为__________；补充钙的矿物质饲料有__________、__________、__________、__________；补充磷的矿物质饲料有__________、__________、__________、__________等。

2. 简答题

（1）常用矿物质饲料有哪些？

（2）给畜禽补喂食盐有哪些好处？补喂时应注意哪些问题？

3. 讨论与思考

如何合理使用骨粉？

二维码 3-19　矿物质饲料评估考核参考答案

任务八 维生素饲料

根据国际饲料分类法，维生素饲料是指工业合成或提纯的单一或复合的维生素制剂，但不包括某种维生素含量较多的天然青绿饲料在内。由于动物对维生素需要量低，维生素饲料常作为饲料添加剂使用。

维生素种类很多，按其溶解性分为脂溶性维生素和水溶性维生素。因此，维生素饲料或维生素添加剂包括脂溶性维生素添加剂和水溶性维生素添加剂两种。它们分别以脂溶性维生素和水溶性维生素为活性成分，与载体、稀释剂、吸收剂或其他化合物混合而成。

与其他饲料相比，维生素添加剂的稳定性较差。商品维生素制剂对氧化、还原、水分、热、光、金属离子、酸碱度等因素具有不同程度的敏感性。维生素添加剂在没有氯化胆碱的维生素预混料中的稳定性比在维生素-矿物元素预混料中的稳定性高。有高剂量矿物元素、氯化胆碱及高水分存在时，维生素添加剂易受破坏。在全价配合饲料中的稳定性取决于贮藏条件。

维生素添加剂应在避光、干燥、阴凉、低温环境下分类贮藏。在使用维生素添加剂时，不但应按其活性成分的含量进行折算，而且应考虑加工贮藏过程中的损失程度适当超量添加。

任务九 饲料添加剂

饲料添加剂的生产和广泛应用，标志着配合饲料工业发展到了一个崭新的时代。饲料添加剂工业已成为配合饲料工业中一个极重要的组成部分，有人将添加剂称为配合饲料的“灵魂”和“科技核心”。饲料添加剂已和能量饲料、蛋白质饲料一起成为配合饲料原料工业的三大支柱。

一、饲料添加剂的概念和种类

人们为了满足动物的营养需要，对天然饲料中已有的营养物质，再另外加入起补充或强化作用的一类物质，称为补充物。如各种矿物质、维生素、氨基酸和油脂等。对那些天然饲料中所没有的物质，为达到防止饲料品质劣化、提高饲料适口性、促进动物健康生长和发育、提高动物产品的产量和质量等目的而人为加入饲料的一些物质称为添加剂，如抗氧化剂、抗结块剂、防霉防腐剂、驱虫保健剂、抗生素和着色剂等。

狭义的饲料添加剂，系指各种用于强化动物饲料效果和有利于配合饲料生产和贮藏的一类非营养性微量成分，如各种防霉防腐剂、抗氧化剂、驱虫保健剂、黏结剂、抗结块剂、着色剂、调味剂、益生素与酶制剂等。但在动物实际生产中，也常将氨基酸、微量元素、维生素等营养性的微量成分作为添加剂使用。

广义的饲料添加剂概念是国际饲料分类法所定义的饲料添加剂，即在天然饲料的加工、调剂、贮藏或饲喂等过程中，人工另外加入的各种微量物质的总称。它包括上述“补充物”和“添加剂”的全部含义，包括营养性添加剂和非营养性添加剂。

在动物生产中往往不是使用单一的饲料添加剂，而是同时使用几种饲料添加剂或复合添加剂预混料。

添加剂预混料是指由一种或多种添加剂与载体和（或）稀释剂均匀混合后的饲料产品。饲料添加剂分类，见图 3-1。

- 饲料添加剂
  - 营养性饲料添加剂
    - 维生素类饲料添加剂
    - 矿物质类饲料添加剂
    - 氨基酸类饲料添加剂
  - 非营养性饲料添加剂
    - 生长促进剂
      - 抗生素
      - 益生素
      - 酶制剂
      - 生长激素
    - 驱虫保健剂
      - 抗菌药物
      - 抗寄生虫药物
    - 饲料保藏剂
      - 抗氧化剂
      - 防霉防腐剂
    - 其他
      - 着色剂
      - 调味剂
      - 乳化剂
      - 黏结剂
      - 抗结块剂
      - 中草药饲料添加剂

图 3-1　饲料添加剂分类

二维码 3-20　饲料添加剂

二维码 3-21　小不点大能耐
——饲料添加剂

二、饲料添加剂的作用

1. 提高饲料利用率

饲料中因为缺乏某些微量营养物质，特别是在集约化生产条件下，畜禽易发生营养缺乏症与营养代谢障碍，影响畜禽的生长发育，从而造成经济损失。在饲料中使用添加剂，可完善饲粮的营养价值，提高饲料利用率，充分发挥畜禽的生产潜能，提高畜禽生产率。

2. 改善饲料适口性

许多国家都用酯类、醚类、脂肪酸类和芳香族醇类等化学物质生产饲用香味剂，广泛应用于仔猪的人工乳和犊牛代用乳。饲料调味剂的使用不仅可提高饲料适口性，还可获得良好的饲养效果。

3. 促进畜禽生长发育

在饲料添加剂产品中，生长促进剂有防病保健、促进畜禽生长的功效。这类产品除抗生素、合成抗菌剂外，许多新型生长促进剂，如益生素、寡糖、有机盐等已在畜禽生产中得到应用。

4. 改善饲料加工性能

在生产颗粒饲料时，使用各种形式的黏结剂，以减少粉尘、改善饲料加工性能、提高饲料生产能力。饲料中含有的许多营养成分，如维生素、不饱和脂肪酸等，极易氧化失效或变质。几乎所有饲料工业发达的国家均在配合饲料生产中使用抗氧化剂、防霉剂，以减少饲料加工、贮藏中的养分损失。饲料中使用防霉剂、抗氧化剂等饲料保藏剂，可防止饲料养分的损失，避免浪费。

5. 改善畜产品品质

随着人们生活水平的提高，消费者对畜产品的质量要求日益提高，通过饲料添加剂途径，可改善畜产品的外观色泽与内在品质，延长畜产品的货架寿命与提高畜产品的销售价格。

6. 合理利用饲料资源

配合饲料由多种饲料原料配制而成，使用添加剂后可利用某些尚未利用或未充分利用的饲料资源，生产出营养价值完善的饲粮，从而可扩大利用那些在单一状态无法利用或限量使用的饲料资源，降低配合饲料成本。尤其是某些饲料原料含有抗营养因子，单一使用不利于畜禽健康，进而有可能危及环境或人体健康，但配套使用了相应的添加剂，就可使这类饲料资源得以充分利用，获取较高的社会效益、生态效益和经济效益。

三、我国允许使用的饲料添加剂品种

随着养殖业和饲料工业的迅速发展，饲料添加剂的使用越来越广泛，已成为全价配合饲料中不可缺少的组成部分。据统计，2019 年全球饲料添加剂市场规模达到 1 000 亿美元，预计到 2025 年将超过 1 300 亿美元。在我国，绿色、生态、环保添加剂日益受到关注，饲料添加剂的生产更加智能化，功能性饲料添加剂的需求增长，饲料添加剂行业进入国际市场。主要应用品种是单一型饲料添加剂，2021 年单一型饲料添加剂产量达到 1 367.9 万 t，占总添加剂产量的 92.6%。截至 2023 年底，全国饲料添加剂产量为 1 505.6 万 t。

（一）营养性饲料添加剂

1. 微量元素添加剂

（1）种类。动物所需的微量元素有铁、铜、锌、锰、硒、碘、钴等。常用的微量元素添加剂有硫酸亚铁、硫酸锌、硫酸铜、硫酸锰、碳酸锌、碳酸铜、碳酸锰、碘化钾、亚硒酸钠和氯化钴等。这些盐类有不少缺陷，如易吸潮结块，影响其在饲料中的混合均匀度，同时对维生素有一定破坏作用。为了提高微量元素吸收率，弥补上述缺陷，近年来使用了有机酸盐类（如柠檬酸铁）和微量元素-氨基酸螯合物（如苏氨酸铁）。但后两种价格较高，只在特定条件下使用。常用微量元素添加剂及其元素含量，见表 3-3。

表 3-3 几种微量元素添加剂及其元素含量 %

元素	添加剂名称	化学式	元素含量
铁(Fe)	硫酸亚铁	$FeSO_4 \cdot 7H_2O$	20.1
	硫酸亚铁	$FeSO_4 \cdot H_2O$	32.9
	碳酸亚铁	$FeCO_3 \cdot H_2O$	41.7
铜(Cu)	硫酸铜	$CuSO_4 \cdot 5H_2O$	25.5
	硫酸铜	$CuSO_4 \cdot H_2O$	35.8
	碳酸铜	$CuCO_3$	51.4

续表 3-3

元素	添加剂名称	化学式	元素含量
锌(Zn)	硫酸锌	$ZnSO_4 \cdot 7H_2O$	22.75
	氧化锌	ZnO	80.3
	碳酸锌	$ZnCO_3$	52.15
锰(Mn)	硫酸锰	$MnSO_4 \cdot 5H_2O$	22.8
	氧化锰	MnO	77.4
	碳酸锰	$MnCO_3$	47.8
硒(Se)	亚硒酸钠	Na_2SeO_3	45.6
	硒酸钠	Na_2SeO_4	41.77
碘(I)	碘化钾	KI	76.45
	碘酸钙	$Ca(IO_3)_2$	65.1
钴(Co)	硫酸钴	$CoSO_4 \cdot 7H_2O$	21.3
	氯化钴	$CoCl_2 \cdot 6H_2O$	25.1

(2)添加量。微量元素添加剂的添加量因产品的质量、饲养对象、饲料品种等不同而异，添加时要视具体条件而定。几种动物微量元素添加量，见表 3-4。

表 3-4　几种动物微量元素添加量　　mg/kg

微量元素	仔猪	猪	禽	产犊母牛	牛	羊
铁需要量		50～120	40～80		40～60	30～40
最大添加量		3 000	1 000		1 000	500
铜需要量	10～20	10～15	3～4	4～8	5～15	5～6
最大添加量	250	250	300	30	100	15
锌需要量		50～80	50～60		50～100	50～60
最大添加量		1 000	1 000		400	300
锰需要量		30～50	40～60		40～100	30～40
最大添加量		400	1 000		1 000	1 000
钴需要量		(0.1)			0.1～0.2	0.1～0.2
最大添加量		50	20		30	50
硒需要量		0.1～0.2	0.1～0.2		0.1～0.2	0.1～0.2
最大添加量		4	4		3	3
碘需要量		0.1～0.2	0.3～0.4		0.2～0.5	0.2～0.4
最大添加量		400	300		20	50
钼需要量		<1	<1		40～60	30～40
最大添加量		<20	100		1 000	500

2. 维生素添加剂

动物对维生素的需要量极少，但其作用极为显著。在粗放的饲养条件下，动物能采食大量的青饲料，故一般不会出现维生素缺乏症。但在集约化饲养下，动物采食高能高蛋白饲料，生产性能大幅度提高，对维生素的需要量要比正常需要量大 1 倍左右。因此，必须在日常饲料中添加所需量的维生素，以供动物机体需要。

维生素添加剂有天然的与合成的，作为饲料添加剂的维生素主要采用合成维生素。维生素添加剂种类很多，常用的维生素添加剂有 14 种，按其溶解性可分为脂溶性维生素和水溶性维生素制剂两大类。常用的脂溶性维生素包括维生素 A、维生素 D、维生素 E 和维生素 K 四种，水溶性维生素包括 B 族维生素、维生素 C、烟酸、泛酸等。

用于饲料工业的维生素添加剂，除含有纯的维生素化合物活性成分之外，还含有载体、稀释剂、吸附剂等，有时还有抗氧化剂等化合物，以保持维生素的活性及便于在配合饲料中混合。因此，严格地讲，维生素添加剂属于添加剂预混料的范畴。

(1)维生素 A 添加剂。

①维生素 A 油：大多从鱼肝中提取，一般是加入抗氧化剂后制成微囊作添加剂，也称鱼肝油。其中含维生素 A 850 IU/g 和维生素 D 65 IU/g。

②维生素 A 乙酸酯：外观为鲜黄色结晶粉末，易吸湿，遇热或酸性物质、见光或吸潮后易分解。加入抗氧化剂和明胶制成微粒作为饲料添加剂，此微粒为灰黄色至淡褐色颗粒，易吸潮，遇热和酸性气体或见光、吸潮后易分解。产品规格有 30 万 IU/g、40 万 IU/g 和 50 万 IU/g。

③维生素 A 棕榈酸酯：外观为黄色油状或结晶固体，熔点 28～29 ℃。

④β-胡萝卜素。1 mg β-胡萝卜素相当于 1 667 IU 的维生素 A 活性。饲料中多用 10%的 β-胡萝卜素预混剂，外观为红色至棕红色，流动性好的粉末。各种动物对 β-胡萝卜素的吸收率和吸收后转化成维生素 A 的效率不同，鸡最高，反刍动物次之，猪最低。肉食动物不能利用 β-胡萝卜素，但可作为着色剂。

(2)维生素 D 添加剂

①维生素 D_2 和维生素 D_3 的干燥粉剂：外观呈奶油色粉末，含量为 50 万 IU/g 或 20 万 IU/g。

②维生素 D_3 微粒：饲料工业中使用的主要是维生素 D_3 添加剂，其原料为胆固醇。这种胆固醇可从羊毛脂中分离制得，然后经酯化、溴化再脱溴和水解即得 7-脱氢胆固醇，经紫外线光照射得维生素 D_3。维生素 D_3 添加剂是以含量为 130 万 IU/g 以上的维生素 D_3 为原料，酯化后，配以一定量的 BHT 及乙氧喹啉抗氧化剂，采用明胶和淀粉等辅料，经喷雾法制成的微粒。产品规格有 50 万 IU/g、40 万 IU/g 和 30 万 IU/g。

③维生素 A/D 微粒：它是以维生素 A 乙酸酯原油与含量为 130 万 IU/g 以上的维生素 D_3 为原料，配以一定量的 BHT 及乙氧喹啉抗氧化剂，采用明胶和淀粉等辅料，经喷雾法制成的微粒。每单位质量中维生素 A 乙酸酯与维生素 D_3 之比为 5∶1。

(3)维生素 E 添加剂。维生素 E 的主要商品形式有 D-α-生育酚、DL-α-生育酚，D-α-生育酚乙酸酯和 DL-α-生育酚乙酸酯。在维生素 E 商品生产中常以乙酸或棕榈酸处理进行酯化，以稳定其生物学活性。饲料生产中主要使用的是 DL-α-生育酚乙酸酯油剂加入适当的吸附剂制成，一般有效含量为 50%，呈白色或淡黄色粉末，易吸潮。

(4)维生素 K 添加剂。

①亚硫酸氢钠甲萘醌(MSB)：即维生素 K_3。有两种规格：一种 MSB 含活性成分 94%，未加稳定剂，故稳定性较差；另一种 MSB 用明胶微囊包被，稳定性好，含活性成分 25%或 50%。

②亚硫酸氢钠甲萘醌复合物(MSBC)：是甲萘醌和 MSB 的复合物。规定含甲萘醌 30%以

上，是一种晶粉状维生素 K_3 添加剂，可溶于水，水溶液 pH 为 4.5～7。加工过程中已加入稳定剂，50 ℃以下对活性无影响。

③亚硫酸嘧啶甲萘醌(MPB)：是近年来维生素 K_3 添加剂的新产品，呈结晶性粉末，系亚硫酸甲萘醌和二甲嘧啶酚的复合体。含活性成分 50%，稳定性优于 MSBC，但有一定毒性，应限量使用。

(5)维生素 B_1(硫酸素)添加剂。用于饲料工业的主要有两种：一种是盐酸硫胺素，另一种是单硝酸硫胺素，两者折算成硫胺素的系数分别是 0.892 和 0.811。化学法生产，大多数产品的活性成分含量达到 96%以上。

(6)维生素 B_2(核黄素)添加剂。主要商品形式是核黄素及其酯类，为黄色至橙色的结晶性粉末，用化学法或生物发酵法生产，添加剂常用的是含核黄素 96%、80%、55%、50%等的制剂。

(7)泛酸添加剂。游离泛酸不稳定，吸湿性强，生产中常做成其钙盐。含量以百分比表示，有 98%、66%和 55%几种。1 mg *D*-泛酸钙活性与 0.92 mg 泛酸相当，1 mg *DL*-泛酸钙活性仅相当于 0.45 mg 泛酸。

(8)胆碱添加剂。商品形式是氯化胆碱，是胆碱与盐酸反应得到的白色结晶，有液态和粉粒两种形式。液态氯化胆碱的有效成分为 70%，为无色透明的黏稠液体，具有特异的臭味，具有很强的吸湿性。固态氯化胆碱的有效成分为 50%和 60%，是以 70%的氯化胆碱水溶液为原料加入脱脂米糠、玉米芯粉、稻壳粉、麸皮、无水硅酸等赋形剂而制成，吸湿性很强。

(9)烟酸添加剂。饲料工业使用的烟酰胺是烟酸与氨作用后生成，含量为 98%以上。

(10)维生素 B_6 添加剂。商业制剂为吡哆醇盐酸盐，稳定性好，应贮藏于阴凉干燥处。

(11)生物素添加剂。生物素的添加形式是 *D*-生物素，纯品干燥后含生物素 98%以上。商品制剂一般用淀粉、脱脂米糠等稀释成粉末产品，含生物素 1%或 2%。保质期 1 年以上，开封后尽快使用。

(12)叶酸添加剂。有效成分含量为 98%以上。具有黏性，加入稀释剂降低浓度以便于使用。

(13)维生素 B_{12} 添加剂。主要商品形式有氰钴胺、羟钴胺，通过发酵法生产。以碳酸钙做载体有 1%、2%等剂型。

(14)维生素 C 添加剂。主要商品形式有抗坏血酸聚磷酸盐、抗环血酸单磷酸盐、抗坏血酸硫酸盐、包被维生素 C。

3. 氨基酸添加剂

天然饲料中氨基酸的平衡性很差，因此需要添加氨基酸来平衡或补充某种特定生产目的之所需要。饲粮中添加人工合成氨基酸可以达到四个目的：一是节约饲料蛋白质，提高饲料利用率和动物产品产量；二是改善畜产品品质；三是改善和提高动物消化功能，防止消化系统疾病；四是减轻动物的应激症。

目前，人工合成并作为添加剂使用的氨基酸主要有赖氨酸、蛋氨酸、色氨酸和苏氨酸等，其中以赖氨酸和蛋氨酸使用较普遍。

从氨基酸的化学结构来看，除甘氨酸外，都存在 *L*-氨基酸和 *D*-氨基酸两种构型。用微生物发酵法生产的为 *L*-氨基酸，用化学合成法生产的为 *dl*-氨基酸(消旋氨基酸)。一般来讲，*L* 型比 *DL* 型的效价高 1 倍，但对蛋氨酸来说，这两种形式的效价相等。

(1)赖氨酸。一般动物性蛋白质饲料和大豆饼(粕)富含赖氨酸,但这些饲料紧缺,并且在饲粮中所占比例很小,在生产上往往缺乏,称为第一限制性氨基酸,故必须添加赖氨酸。用作添加剂的赖氨酸为 *L*-赖氨酸盐酸盐,白色或淡褐色粉末,无味或稍有特殊气味。易溶于水,1∶10 水溶液的 pH 为 5.0～6.0。

饲料中的赖氨酸有两类:一类为可被动物利用的有效赖氨酸;另一类是和其他物质呈结合状态不易被利用的结合赖氨酸。为了发挥合成氨基酸的作用,在确定赖氨酸的添加量时,除应掌握饲粮中赖氨酸的不足部分外,还应考虑饲料中有效赖氨酸的实际含量。

(2)蛋氨酸。植物性饲料中蛋氨酸含量低,是畜禽最易缺乏的限制性氨基酸之一。在饲料工业中广泛使用的蛋氨酸添加剂有两种,一种为 *DL*-蛋氨酸;另一种是 *DL*-蛋氨酸羟基类似物(MHA)及其钙盐。目前,国内使用的蛋氨酸大部分为粉状 *DL*-蛋氨酸,或 *L*-蛋氨酸。美国孟山都公司生产的蛋氨酸羟基类似物(MHA)为深褐色黏液,它是蛋氨酸中的氨基被羟基取代,家畜吸收后,可由体内的氨基取代羟基,使之又转化为蛋氨酸。因此,MHA 具有蛋氨酸的生物活性,其生物学效价只相当于蛋氨酸的 80%。蛋氨酸羟基类似物的钙盐是用液体的 MHA 与氢氧化钙或氧化钙中和,经干燥、粉碎后制成,为浅褐色粉末。

(3)色氨酸。色氨酸属于最易缺乏的限制性氨基酸之一,具有典型特有气味,为无色或微黄色结晶,可溶于水、热醇、氢氧化钠溶液。玉米、肉粉、肉骨粉中色氨酸含量很低,仅能满足猪需要量的 60%～70%,但在豆饼中含量较高,因此在玉米类型的日粮中,如缺豆饼则易引起色氨酸的不足。色氨酸在动物体内可转变为烟酸,转化效率在猪体内为(50～60)∶1。

(4)苏氨酸。苏氨酸是一种必需氨基酸,也是幼畜生长阶段的一种限制性氨基酸。苏氨酸常用的是 *L*-苏氨酸,为无色结晶,易溶于水,具有极弱的特殊气味。6 周龄断奶仔猪,在低苏氨酸类型日粮中,添加苏氨酸使其达到 0.66%～0.67%时,可在无鱼粉、豆饼的条件下,获得较好的生产效果。在仔猪日粮中,赖氨酸与苏氨酸的最好比例是 1.5∶1。

(二)非营养性饲料添加剂

非营养性饲料添加剂是指为保证或改善饲料品质、提高饲料利用率而掺入饲料中的少量或微量物质。

1. 饲用微生态调节剂

(1)益生素。益生素又称益生菌、促生素、利生剂、活菌制剂或微生态制剂等,是一种通过改善宿主动物肠道菌群平衡,发挥有益影响的活性微生物饲料添加剂。目前,使用的益生素主要是乳酸杆菌、芽孢杆菌、粪链球菌、酵母菌等单一菌种或复合菌种的制剂。益生素的有益影响指的是,产生有益的代谢产物和分泌蛋白酶、淀粉酶、脂肪酶等消化酶,从而促进营养素的消化吸收和提高饲料利用率;益生素能抑制和排斥大肠埃希菌、沙门菌等病原微生物的生长繁殖,促进乳酸菌等有益微生物的生长繁殖,从而在动物的消化道内确立以有益微生物为主的微生物菌群,减少动物患病的机会,促进动物的生长;此外,益生素由于阻止了有害菌的发酵,可减少粪便中的臭气。但是,益生素具有菌种组成的不确定性和在肠道内外环境的不稳定性等缺点,在推广应用中受到一定的限制。

(2)益生元。狭义来讲,益生元主要是指寡糖类产品,包括果寡糖、甘露寡糖、异麦芽寡糖等。由于寡糖可选择性地促进肠道有益菌的生长、繁殖,而不被有害菌利用,从而维持了肠道菌群的平衡,促进了动物的健康。此外,有些寡糖如甘露寡糖可竞争性地与病原菌结合以防止病原菌在肠道上皮细胞的结合与定殖；同时还可使已结合到上皮细胞上的有害菌脱落下来随粪便排出体外。益生元由于具有低热、稳定、无残留和耐药性等优点，被看作是一种很有开发潜力的绿色饲料添加剂。

(3)合生元。合生元主要是指益生素和益生元按一定比例配合而成的生物制剂。Zimmer(2001)研究发现，难消化性寡糖和能降解的益生素配合使用，能很好地控制肠道微生态系统，这些益生菌与肠道固有菌产生竞争性的酵解作用，从而使益生菌在通过上段肠道时存活率得到改善，结肠微生物的定殖率提高，增强了对内源和外源菌生长及活性的刺激作用。尽管对合生元的研究刚刚起步，但是由于其具备益生素和益生元的双重作用，所以这种制剂的研究和应用有日渐增多的趋势。

2. 酶制剂

酶是一类具有生物催化性的蛋白质。饲用酶制剂是从生物中提取的具有酶特性的一类物质，主要是从动物、植物、微生物中提取，其中微生物提取酶制剂较为广泛。酶制剂具有高效、安全、环保等特点，在饲料工业中受到越来越多的重视。饲用酶制剂的种类多样，按照动物自身能否合成来分类，可分为消化酶和非消化酶。其中，消化酶包括蛋白酶、脂肪酶、淀粉酶等，动物体内能够合成这类酶，但因某种原因需要强化和补充。非消化酶包括植酸酶、木聚糖酶等，动物自身不能合成，这类酶大多来源于微生物，能消化动物自身不能消化的物质或降解一些抗营养因子。按照酶制剂的类型来分，可分为单一酶制剂和复合酶制剂。单一酶制剂如淀粉酶、脂肪酶、蛋白酶、纤维素酶、β-甘露聚糖酶、β-葡聚糖酶和植酸酶等。复合酶制剂由一种或几种单一酶制剂为主体，加上其他单一酶制剂混合而成，或者由一种或几种微生物发酵获得。

3. 酵母类饲料添加剂

酵母是单细胞微生物，属于真菌类，耐酸性强，是兼性厌氧微生物，在有氧和无氧状态下都能生存和繁衍。酵母细胞中含有丰富的蛋白质、氨基酸、核酸、维生素、消化酶以及硒、铬、铁、锌等微量元素，其中蛋白质含量占细胞干重30%～50%。酵母细胞壁含有多种生物活性物质，35%～60%为酵母多糖即甘露寡糖和β-葡聚糖。酵母菌分布广泛，其生长具有原核生物的繁殖特点，能够快速增殖。酵母类饲料添加剂能有效改善畜禽消化道菌群平衡、增强机体免疫力、提供丰富的营养物质，从而达到防治消化道疾病和促进生长等多重作用，具有无毒、无副作用、无污染、不产生抗药性等特点，是一种绿色的饲料添加剂。

酵母类饲料添加剂在畜牧业中应用广泛，通常划分为饲料酵母、破壁酵母粉、酵母壳、活性干酵母、酵母培养物、富集微量元素酵母以及以酵母为载体、表达优秀外源基因的生物合成产品。

4. 中草药添加剂

中草药兼有营养和药用两种作用。可用作饲料添加剂的中草药主要有：麦芽、贯众、何首乌、刺五加、山药、当归、淫羊藿、老鹳草、使君子、南瓜子等。中草药，既可以提供营养素，还具有抑菌杀菌功能，可促进动物生长、增强动物体质、提高饲料的利用率。中草药饲料添加剂来源广泛、种类繁多，不产生药物残留和抗药性，应用前景广阔。

5. 食欲增进剂

食欲增进剂包括香料、调味剂及诱食剂三种。添加食欲增进剂可增强动物食欲，提高饲料的消化吸收及利用率。饲料香料添加剂有两种来源，一种是天然香料，如葱油、大蒜油、茴香油、橙皮油等；另一种是化学合成的可用于配制香料的物质，如酯类、醚类、酮类、酚类等。调味剂包括鲜味剂、甜味剂、酸味剂、辣味剂等。诱食剂主要针对水产动物使用，常含有甜菜碱、某些氨基酸和其他挥发性物质。

6. 动物产品品质改良剂

为了改善畜禽产品的外观性状和商品价值，可在饲料中加入不同类型的着色剂。用作饲料添加剂的着色剂有两种，一种是天然色素，主要是植物中的类胡萝卜素和叶黄素类；另一种是人工合成的色素，如胡萝卜素醇。着色剂常用于家禽、水产动物和观赏动物日粮中，可改善蛋黄、肉鸡屠体和观赏动物的色泽。当日粮中添加着色剂时，要调整维生素 A 的用量。另外，有机铬（如烟酸铬、吡啶甲酸铬、氨基酸螯合铬等）也能提高动物胴体品质和瘦肉率。

7. 饲料保藏剂

为了保证饲料的质量，防止饲料品质的下降或提高饲料调制的效果，有必要在饲料中添加各种饲料保藏剂，如抗氧化剂、防霉防腐剂等。

（1）抗氧化剂。在配合饲料或某些原料中添加抗氧化剂可防止饲料中的脂肪和某些维生素被氧化变质，从而达到阻止或延迟饲料氧化、提高饲料稳定性和延长贮藏期的目的，如乙氧基喹啉（山道喹）、丁基化羟基甲苯（BHT）、丁基羟基茴香醚（BHA）等。添加量为 0.01%～0.05%。

（2）防霉防腐剂。在饲料保藏过程中可防止发霉变质，还可防止青贮饲料霉变，常用的有丙酸及其钠（钙）盐和苯甲酸钠、山梨酸、山梨酸钾等。

8. 饲料药物添加剂

为预防、治疗动物疾病而与载体或稀释剂混合后加入饲料中的兽药预混剂。我国饲料药物添加剂的应用始于 20 世纪 80 年代，最早使用的如链霉素、四环素等，这类药物耐药性较强、人畜交叉感染风险较高、在禽畜体内的药残留较多，在实际使用中已被淘汰。为规范和指导饲料药物添加剂的合理使用，防止滥用饲料药物添加剂，农业部 2001 年 6 月 4 日制订了《饲料药物添加剂使用规范》（农业部 168 号公告）。《饲料药物添加剂使用规范》共收载了 57 种饲料药物添加剂，在《饲料药物添加剂使用规范》公布之后，农业部又单独批准了若干种饲料药物添加剂。目前，在饲料中可长期使用、具有预防动物疾病、促进动物生长作用的有 33 种，如二硝托胺预混剂、马杜霉素铵预混剂等，其批准文号需使用“药添字”。用于防治动物疾病，并规定疗程，仅是通过混饲给药的饲料药物添加剂有 24 种，如磺胺喹噁啉、二甲氧苄啶预混剂、越霉素 A 预混剂等，其批准文号需使用“兽药字”。饲料药物添加剂不仅能够用于动物的防病治病，还能促进动物生长发育，提高饲料报酬，饲料药物添加剂行业在保障现代养殖业健康发展和提高人民生活水平中发挥了重要作用。饲料安全关乎食品安全、人畜健康和社会稳定。饲料生产除了遵循质量标准还需要遵守饲料法规。我们要有明确饲料产品安全的法制管理要求，培养学生安全法治意识、职业道德和社会责任感。

9. 酸化剂

酸化剂是一类广泛使用的饲料添加剂。常用的有机酸添加剂包括柠檬酸、乳酸、丙酸、甲酸、山梨酸等。目前，使用的酸化剂由两种或两种以上的有机酸复合而成，主要是增强酸化效果，其添加量为 0.1%～0.5%。

10. 乳化剂

乳化剂是一种分子中具有亲水基和亲油基的物质，它的性状介于油和水之间，能使一方均匀地分布于另一方中间，从而形成稳定的乳浊液。利用这一特性可以改善或稳定饲料的物理性质。常用的乳化剂有动植物胶类、大豆磷脂、脂肪酸、丙二醇、木质素磺酸盐、单硬脂酸甘油酯等。

11. 黏结剂

黏结剂又称黏合剂或制粒添加剂，目的是减少粉尘损失，提高颗粒饲料的牢固程度，减少制粒过程中压模受损，是加工工艺上常用的添加剂。常用的黏结剂有木质素磺酸盐、羟甲纤维素及其钠盐、陶土、藻酸钠等。某些天然的饲料原料也具有黏结性，如膨润土、α-淀粉、玉米面、动物胶、鱼浆、糖蜜等。

12. 缓冲剂

最常用的是碳酸氢钠，俗称小苏打，还有石灰石、氢氧化铝、氧化镁、磷酸氢钙等。这类物质可增加机体的碱贮备，防治代谢性酸中毒，饲用后可中和胃酸，溶解黏液，促进消化，应用于反刍动物可调整瘤胃 pH，平衡电解质，增加产乳量和提高乳脂率，也可防止产蛋鸡因热应激引起的蛋壳质量下降。一般用量为 0.1%～1%。

13. 流散剂

流散剂又称抗结块剂或流动剂。常用的流散剂有天然的和人工合成的两类：硅酸化合物和硬脂酸盐类，如硬脂酸钙、硬脂酸钾、硬脂酸钠、硅藻土、脱水硅酸、硅酸钙等。流散剂用量不宜过高，一般在 0.5%～2%。流散剂使饲料和饲料添加剂具有较好的流动性，以防止饲料在加工及贮藏过程中结块，如食盐和尿素最易吸湿结块，使用流散剂可以调整这些性状，使它们容易流动、散开、不黏着。当配合饲料中含有吸湿性较强的乳清粉、干酒糟或动物胶原时均宜加入流散剂。

14. 除臭剂

现用商品除臭剂，一种是从 *Smilacis rhyzoma* 植物中萃取，能阻断尿素酶活性，减少氨的产生，促进乳酸菌增殖；另一种是从生长在沙漠中的丝兰属麟凤兰肉质植物 *Yucca schidigera* 中提取的，可与氨气、硫化氢、吲哚等有毒有害气体结合，控制恶臭；同时能与肠内微生物协同作用，共同促进营养物质的吸收，抑制尿素分解，使尿中氨含量降低。据报道，日粮中添加活性炭、沙皂素等除臭剂，可显著减少粪中 NH_3 和 H_2S 的产生。膨润土和沸石粉也有与粪尿中氨结合的功能。向生长猪饲粮中添加海泡石或膨润土时，粪尿中氨散发量会减少。另外，还有将腐殖酸钠和硫酸亚铁用作除臭剂的。

15. 脱霉剂

霉菌毒素是由霉菌、真菌在代谢、繁殖过程中产生的代谢产物。在饲料原料及饲料的贮藏加工过程中都会存在霉菌毒素的污染问题。据估计，每年全球大约有 25%农作物受到霉菌毒素的污染，将造成数十亿美元的损失。动物采食含霉菌毒素的饲料后，可导致急性或慢性中毒，主要造成肝脏、肾脏的损害及营养不良，最为严重的是霉菌毒素可造成动物机体的免疫抑制，降低免疫应答能力，从而影响动物的生长和健康状况。近年来，习惯在饲料中使用脱霉剂，抑制或减少霉菌毒素的毒性作用，促进霉菌毒素的排出或改变其生物学活性。

脱霉剂目前还没有一个标准定义，最早脱霉剂的概念是从霉菌毒素吸附剂引申而来，但行业内普遍认为凡能消除饲料中霉菌毒素的添加物都统称“脱霉剂”。脱霉剂种类有：铝硅酸盐类、活性炭、酵母细胞壁类、合成树脂类、微生物及酶类。

脱霉剂具有杀灭和抑制霉菌、真菌的生长繁殖，根本上消除霉菌毒素的产生来源，防止饲料及原料的进一步污染霉变；吸附多种霉菌毒素，消除或减少霉菌毒素对机体的毒副作用；提高动物机体免疫力，解除毒素对机体的免疫；生物降解各种霉菌毒素，转化为无害的代谢产物，改善动物生产和繁殖性能的功能。

四、饲料添加剂使用注意事项

在饲料中合理正确地应用添加剂，可提高畜禽的生产性能，减少饲料消耗，提高畜牧生产的经济效益。由于不同品种、不同生长阶段或不同生产目的（产肉、产蛋、产奶或产毛等）动物对所需物质不同，生产添加剂所用的各种原料性质及加工工艺也不同，合理应用添加剂十分重要。

1. 符合有关的法律法规

如《饲料卫生标准》《饲料标签标准》和《饲料添加剂标准》的有关规定，必须是我国农业农村部公布的《允许使用的饲料添加剂品种目录》所规定的品种。饲料添加剂的使用应遵照饲料标签所规定的用法和用量。药物饲料添加剂的使用应按照我国农业农村部发布的《饲料药物添加剂使用规范》执行，使用药物饲料添加剂应严格执行休药期制度，饲料中不应直接添加兽药。

2. 严禁使用违禁药物作为饲料添加剂，控制药物添加剂污染

禁止使用可以给动物机体和畜产品带来安全隐患的添加剂，如 β-兴奋剂、镇静剂、激素等。对药物添加剂的管理与添加应有专人负责，并有完整详细的书面记录。饲料中使用药物添加剂要遵循逐级稀释扩大的方法进行，确保其均匀性。要定期、及时清理粉碎、混合、输送、贮藏药物添加剂的设备及系统，避免污染其他饲料。也要防止霉变污染。

3. 谨慎使用抗生素

慎用抗生素，减少对抗生素使用的依赖性和随意性，特别是避免滥用抗生素。

4. 科学配制与使用饲料添加剂

(1)选择合适的添加剂种类。

(2)适时适量添加。

(3)注意添加方式和适用对象。

(4)注意配伍禁忌。

(5)混合要均匀。

(6)饲料添加剂应贮藏于干燥、低温及避光处。

添加剂过量添加或残留，危害动物及人类健康。我们应该树立遵纪守法的职业意识，不以危害消费者健康的方式获得不当的短期利益。从事畜牧兽医行业的过程中，应时刻将人民群众的健康和行业的可持续发展放在首位。

【评估考核】

1. 填空题

常用营养性饲料添加剂主要有_________、_________和_________等，常用微量元素添加剂主要有_________、_________、_________、_________、_________、_________和_________等。

2. 简答题

(1)饲料添加剂的概念及分类。

(2)维生素添加剂有哪些？生产实践时应注意哪些问题？

(3)如何正确地使用饲料添加剂？

3. 讨论与思考

(1)影响动物对维生素的利用及维生素需要量的因素有哪些？

(2)药物饲料添加剂在畜禽饲料中如何正确使用？

二维码 3-22　饲料添加剂评估考核参考答案

技能训练

常用饲料的感官识别

二维码 3-23　常用饲料的感官识别

根据本项目任务，能够通过必要的饲草饲料实物、标本、挂图、课件、幻灯片或视频等，重点识别当地常用饲草饲料，并进行归纳分类。

知识拓展

一、草粉

草粉即青干草粉，它与草捆、草颗粒一样，属于草产品，而且是一种主要的草产品形式。在发展畜牧业上，尤其是猪、禽、鱼养殖业中有重要的作用。

1. 草粉生产

加工草粉的原料主要是紫花苜蓿、三叶草等优质豆科牧草以及豆科与禾本科混播的牧草，优良的黑麦草、羊草等禾本科牧草也可作为原料。生产草粉时对牧草的质量要求较高，故对刈割期的选择尤为重要，一般在牧草蛋白质和维生素含量以及产量较高的时期刈割，具体刈割期与青干草基本类同。采用先平铺后小堆的田间干燥或人工烘干有利于保持草粉的绿色和良好的品质。牧草干燥至水分含量为13%～15%时，用锤片式粉碎机粉碎。粉碎的粒度依据饲养畜禽的种类而定，一般在鱼类饲料中应用粉碎细度为60目，至少过40目筛，禽类饲料和仔猪比鱼类稍粗些，草屑长度1 mm左右为宜，育肥猪和母猪草屑可长至2 mm左右。为了减少草粉在贮藏过程中的营养损失和便于运输，生产中常把草粉压制成草颗粒。一般草粒的容重为草粉的2～2.5倍，减少草的运输体积，同时减少了与空气的接触面积，减少养分的氧化。并且在压制过程中，还可加入抗氧化剂，以减少胡萝卜素及其他维生素的损失。

2. 草粉的饲用价值

优质的豆科牧草、禾本科牧草以及豆科与禾本科混播的牧草草粉，具有蛋白质、维生素、β-胡萝卜素含量高的特点，可在反刍动物和单胃动物饲粮中应用。如在现蕾至初花期刈割并且调制良好的优质紫花苜蓿草粉，在雏鸡和产蛋鸡饲粮中可用至5%，青年鸡饲料中可用至15%；育肥猪和母猪饲粮中可分别用至10%～15%；兔饲粮中可用至20%～50%。国外也有维生素草粉等干草品。

二、油脂

动物由于生产性能的不断提高，对日粮养分浓度尤其是日粮能量浓度的要求越来越高。要配制高能量饲粮，用常规的饲料难以配制出高能量饲粮。另外，对高产奶牛，常通过增大精饲料用量、减少粗饲料用量来配制高能量饲粮，但这会引起瘤胃酸中毒等营养代谢疾病，并导致乳脂率下降。鉴于这些原因，近几年来，油脂作为能量饲料在动物日粮中的应用越来越普遍。

1. 油脂的营养特性

(1)油脂是高热能来源。油脂的能量相当于碳水化合物和蛋白质的2.25倍，添加油脂很容易配制成高能饲料，因此，油脂是配制高能量饲粮的首选原料，对肉用仔鸡和仔猪尤为重要。

(2)油脂是必需脂肪酸的重要来源之一。必需脂肪酸缺乏会造成皮肤角质化，生长抑制，繁殖功能障碍，生产性能下降等。植物油、鱼油等富含动物所需的必需脂肪酸，它们常是动物必需脂肪酸的最好来源。

(3)油脂具有额外热能效应。添加的油脂与基础日粮中的油脂在脂肪酸组成上产生协同作用，互相补充。例如，牛脂和大豆油的代谢能分别平均是29.04 MJ/kg和35.40 MJ/kg，当两者以1∶1混合后，代谢能成为35.19 MJ/kg，而并非两者的平均值。又如在玉米、豆饼等日粮中已具有3%左右的植物油，添加牛脂后所提供的热能高于其本身所含的热能。

(4)油脂能促进色素和脂溶性维生素的吸收。饲料中的色素及脂溶性维生素如维生素A、维生素D、维生素E、维生素K等，均须溶于脂肪后才能被动物体消化、吸收和利用。

(5)油脂的热增耗低，可减轻畜禽热应激。通常蛋白质的热增耗约占其代谢能的30%，碳水化合物占其代谢能的10%～15%，而脂肪只占其代谢能的5%～10%。可见脂肪的热增耗最低，因而添加油脂可减少因代谢而造成的体温上升，故在高温环境下畜禽可处于舒适状态，既提高了抗热能力，又避免了热应激所带来的损失。

2. 饲料中添加油脂的好处

(1)改善饲料适口性，增加采食量。在粉状饲料加入油脂后使之容易采食，并具有油香味，采食量增加。

(2)提高饲料能量浓度。配制高能饲粮用于满足某些能量需要量较多的动物(如肉鸡)的能量需求。

(3)防止产生粉尘和改善外观。配合饲料加工过程产生的粉尘不但造成饲料养分的损失，而且给人体带来危害，甚至引起爆炸。通过添加油脂，可以有效地控制粉尘产生，同时还可改善饲料的外观，增加光泽，提高饲料的商品价值。

(4)减少机械磨损，提高颗粒饲料生产效率。添加油脂可减少饲料粉碎及混合过程引起的机械磨损，延长机械使用寿命，并有利于颗粒饲料的造粒。

三、叶蛋白饲料

叶蛋白饲料又称绿色蛋白浓缩物(简称 LPC)，是以新鲜牧草或青绿植物的茎叶为原料，经压榨后，从其汁液中提取出高质量的浓缩蛋白质饲料。

我国青绿饲料资源丰富，而且豆科牧草的栽培面积逐年扩大。利用牧草生产叶蛋白饲料，以其副产品草渣作为反刍动物的粗饲料，以其废液生产单细胞蛋白，是牧草深加工和综合利用的有效途径之一。除专门生产叶蛋白饲料的工厂外，也可利用各地的制糖工业设备或将其稍加改进后，在夏秋季节生产叶蛋白饲料。因此，在我国发展叶蛋白饲料工业是一项有潜力、有广阔前景的事业。

叶蛋白饲料的营养价值与植物种类、刈割期及生产工艺有关。一般粗蛋白质含量为 40%～60%，高者可达 70%左右。其氨基酸组成比较完善，如精氨酸、亮氨酸、异亮氨酸、赖氨酸、苯丙氨酸、色氨酸含量均大于或接近大豆饼(粕)。由于加工过程中部分氨基酸如蛋氨酸变成动物不易吸收的复合物，故蛋氨酸为叶蛋白饲料的第一限制性氨基酸。总之，叶蛋白的品质接近大豆饼(粕)和鱼粉而优于花生饼(粕)。也有研究表明，叶蛋白的生物学价值优于大豆蛋白。

叶蛋白饲料含有丰富的叶黄素、胡萝卜素、叶绿素及其他维生素等。如苜蓿叶蛋白饲料中含叶黄素 1 100 mg/kg 左右、胡萝卜素 300 mg/kg 以上，有的高达 900 mg/kg，维生素 E 含量为 600～700 mg/kg。叶黄素可增加蛋黄、皮肤及脂肪的色泽，提高商品价值。目前许多国家已限制或禁止在饲料中添加可能有致癌作用的合成色素，而叶蛋白饲料就成为极好的天然色素来源。

叶蛋白饲料不含或少含粗纤维，其有效能接近于鱼粉或大豆饼(粕)，如代谢能水平为 10.78～13.37 MJ/kg。此外，叶蛋白饲料中还含有促进畜禽生长发育的未知生长因子，而一些不良因子如植物雌激素、皂角苷等，在絮凝分离叶蛋白时，通过碱法处理或乳酸发酵处理等可能大部分被破坏。

知识链接

(1)NY/T 140—2002 苜蓿干草粉质量分级。

(2)NY/T 141—1989 饲料用白三叶草粉。

(3)GB/T 17890—2008 饲料用玉米。

(4)NY/T 115—2021 饲料原料　高粱。

(5)NY/T 118—2021 饲料原料　皮大麦。

(6)NY/T 210—1992 饲料用裸大麦。

(7)NY/T 119—2021 饲料原料　小麦麸。

(8)NY/T 211—2023 饲料原料　小麦次粉。

(9)NY/T 122—1989 饲料用米糠。

(10)GB/T 20411—2006 饲料用大豆。

(11)GB/T 19541—2017 饲料原料　豆粕。

(12)GB/T 19164—2021 饲料原料　鱼粉。

(13)GB/T 20193—2006 饲料用骨粉及肉骨粉。

(14)GB 13078—2017 饲料卫生标准。

(15)NY 5032—2006 无公害食品　畜禽饲料和饲料添加剂使用准则。

(16)饲料添加剂品种目录(2013)。

二维码 3-24　粗饲料相关标准

二维码 3-25　能量饲料相关标准

二维码 3-26　蛋白质饲料相关标准

二维码 3-27　GB/T 22144—2008 天然矿物质饲料通则

二维码 3-28　添加剂饲料相关标准

模块三

动物饲养

项目四
饲料原料加工调制

学习目标

了解和掌握饲料原料加工调制的原理、方法；在动物饲养实践中，能够熟练运用青贮、氨化、微贮等技术。培养遵纪守法、高质量发展意识及具体问题具体分析的能力，合理利用粗饲料资源，减少资源浪费，建立生态理念和社会发展全局观，饲料加工过程中培养团结协作和动手能力。

学习内容

饲养实践中，常用饲料原料种类很多，有些饲料如新鲜牧草、饲料作物以及用这些原料调制而成的青干草和青贮饲料，一般适口性好，营养价值较高，可以直接饲喂动物。有些精饲料如谷物类籽实，本身颗粒细小，并带有颖壳或本身含某些抗营养因子，降低了其自身的潜在营养价值；有些粗饲料资源如秸秆、秕壳等，正常状态下不易被动物消化，营养价值较低，同时适口性较差，直接单独饲喂给反刍动物，往往难以达到应有的饲喂效果。为了提高这些饲料的利用率和适口性，最大限度地发挥饲料原料的营养潜力，提高经济效益，对这些饲料原料可进行适宜的加工调制。饲料原料的加工调制方式很多，归纳起来有物理处理、化学处理、生物学处理三种方式。

任务一 物理处理

物理处理是指借助人工或机械将饲料原料的外形及结构加以改变，且不改变饲料原料化学组成的方法。目的是增加动物的采食量和减少饲料的浪费。

一、常用方法

(一)谷实类饲料的加工

1. 粉碎

谷实是最主要的一种能量饲料。若将谷粒完整投喂动物，则其消化率一般较低。其原因是种皮和其内淀粉粒具有抗裂解性。将谷粒粉碎，可增大谷料与消化酶接触面，从而提高其消化率和利用率。但将谷粒磨得过细，一方面降低其适口性，另一方面在消化道内易形成小团，因而也不易被消化。对鱼类来说，谷粒粉碎的适宜程度为：粉料 98%通过 0.425 mm(40 目)筛孔，80%通过 0.250 mm(60 目)筛孔。对用作猪、禽的谷粒料，可磨碎。玉米、高粱等谷实类饲料粉碎的粒度在 700 μm 左右时，猪对其消化率最高。对用于饲喂牛、羊、马的谷粒料，可破碎，但也不必磨得太细，以碎到直径 1～2 mm 为宜。谷粒粉碎后，与空气接触面增大，易吸潮、氧化和霉变等，不易保存。因此，应在配料前才将谷粒粉碎或破碎。

2. 湿润及浸泡

湿润一般用于粉尘多的饲料，而浸泡多用于硬实的籽实或油饼，使之软化或用于溶去有毒物质。对磨碎或粉碎的精料，喂牛前，应尽可能湿润一下，以防饲料中粉尘多而影响牛的采食和消化，对预防粉尘呛入气管而造成的呼吸道疾病也有好处。坚硬的饲料，经过浸泡后变得膨胀柔软，便于咀嚼和消化，但是浸泡的时间应掌握好，浸泡时间过长，会造成营养成分的损失，适口性也随之降低，有的饲料甚至还会因为浸泡过久而变质。

3. 制成颗粒饲料

颗粒饲料通常是用动物的平衡饲粮制成，目的是便于机械饲养或自动饲槽的应用，并减少浪费。由于粉尘减少，颗粒大小适合，利于咀嚼，改善适口性，从而诱使动物提高采食量和生产性能。粗饲料可直接粉碎制粒，或经粉碎与其他辅料(如少量精料、尿素等)混合制成的颗粒或块状饲料，适口性好，可消化氮几乎提高 2 倍，减少精料消耗。颗粒饲料的大小尺寸因畜禽而异，乳牛、马 9.5～16 mm，犊牛 6～4 mm，鸡 3.2～4 mm，鸭和鹅 4～6 mm。

4. 焙炒

籽实饲料，特别是禾谷类籽实饲料，经过 130～150 ℃短时间焙炒后，部分淀粉转化成糊精，从而提高了淀粉的利用率；焙炒可使豆类籽实中含有的不良物质(如抗胰蛋白酶、产生甲状腺肿大的物质等)失去作用，提高消化率；焙炒还可消灭有害细菌和虫卵，使饲料香甜可口，因而饲料的卫生性、诱食性和适口性增强。由于压扁处理使饲料中的淀粉经加热糊化，豆类籽实中抗营养因子也受到破坏。

5. 发芽

籽实的发芽是一种复杂的质变过程。籽实萌发过程中，部分糖类物质被消耗，贮存的蛋白质转变为氨基酸，许多代谢酶以及维生素大量增加。例如，1 kg 大麦在发芽前几乎不含胡萝卜素，发芽后(芽长 8.5 cm 左右)可产生 73～93 mg 胡萝卜素，核黄素含量由 1.1 mg 增加到 8.7 mg，蛋氨酸含量增加 2 倍，赖氨酸含量增加 3 倍，但无氮浸出物减少。

谷实发芽的方法是：将谷粒清洗去杂后放入缸内，用 30～40 ℃温水浸泡一昼夜，必要时可换水 1～2 次。等谷粒充分膨胀后即捞出，摊在能滤水的容器内，厚度不超过 5 cm，温度一般保持在 15～25 ℃，过高易烧坏，过低则发芽缓慢。在催芽过程中，每天早、晚用 15 ℃清水冲洗一次，这样经过 3～5 d 即可发芽。在开始发芽但尚未盘根期间，最好将其翻转 1～2 次。一般经过 6～7 d，芽长 3～6 cm 时即可饲用。

6. 糖化

糖化是利用谷实和麦芽中淀粉酶作用，将饲料中淀粉转化为麦芽糖的过程。例如，玉米、大麦、高粱等都含 70%左右的淀粉，而低分子的糖分仅为 0.5%～0.2%。经糖化后，其中低分子糖含量可提高到 8%～12%，并能产生少量的乳酸，从而改善了饲料的适口性，提高了消化率。

糖化饲料的方法是：将粉碎的谷料装入木桶内，按 1∶(2～2.5)的比例加入 80～85 ℃水，充分搅拌成糊状，使木桶内的温度保持在 60 ℃左右。在谷料表层撒上一层厚约 5 cm 的干料面，盖上木板即可。糖化时间需 3～4 h。为加快糖化，可加入适量(约占干料重的 2%)麦芽曲(大麦或燕麦经过 3～4 d 发芽后干制磨粉而成，其中富含糖化酶)。

糖化饲料贮藏时间最好不要超过 10～14 h，存放过久或用具不洁，易引起饲料酸败变质。

(二)秸秆饲料的加工

直接饲喂是粗饲料利用的常用方式和最原始方式。对于一些品质优良的粗饲料，如优质的禾本科干草、豆科干草、桑叶、啤酒糟、味精渣和甜菜渣等，因其本身的营养价值和可利用性较高，即使不做任何加工处理，直接饲喂反刍动物也能获得良好的饲喂效果。因此，在实践中这些饲料常常以直接饲喂方式单独饲用或与其他饲料适当搭配后饲喂，很少做加工处理。对于一些适口性、营养价值和可利用性质较差的粗饲料，如农作物秸秆，就应该适宜地加工处理后再饲喂。

1. 切短

秸秆较粗硬，切短处理除便于采食和咀嚼外，易于与精料拌和，提高采食量和减少浪费。在长期实践中人们体会到切短的好处，总结出一句话："寸草铡三刀，无料也上膘。"秸秆切短的程度应视家畜的种类与年龄而定，一般牛草可长些，为 3～4 cm，马属动物为 2～3 cm，羊为 1.5～2.5 cm。

2. 粉碎或压扁

优良的秸秆和干草经粉碎后，以低比例掺和精料喂猪。对牛来说，粉碎粗料在日粮中占适当比例，可提高采食量，多采食部分能补偿粗饲料本身所含能量的不足。对于质地坚硬或有秕壳的饲料，饲喂前需要铡短或粉碎，否则难以消化而由粪中排出，造成浪费。牛饲喂整粒玉米，也会出现这种现象。但不能过短，以 6～10 mm 为宜。因为粉碎得过细，呈面粉状，容易在瘤胃内沉积，不但影响反刍和饲料的消化，还容易引起牛瘤胃积食等病患。多种粗饲料的粉碎也有技巧，不能全粉碎后，再混合。方法是先粉一捆麦草，后粉一捆稻草，再粉一捆玉米秸，即会自然混合成五花草，是一种边粉边混的方法，以便营养相互补充。因为没有一种饲料，能把牛所需要的营养全都包含进去，所以喂牛的精粗配合饲料，最少应在 6 种以上。粗饲料经过粉碎既减少饲草浪费，又提高饲料利用率。

加工粉碎或处理后的粗饲料，可单独饲喂，一般应在喂精料前饲喂，趁饿劲饲喂。即先粗后精的喂法，符合动物"先吃坏，还能再吃好"和"先吃好，不肯再吃坏"的习性。先喂粗饲料再喂精料或精粗料一起混合喂，效果更好。一可避免牛挑食和浪费饲料；二可增加适口性，不剩料，吃的干净，以免冷天冻结，热天酸败；三是把草料混合喂，牛不能挑食，牛吃得多，可有效提高牛的采食量。

3. 秸秆碾青

在地面先铺厚 30～40 cm 的秸秆，上铺同样厚的青饲料(以苜蓿等豆科牧草为好)，最上面再铺以秸秆，然后用滚碾压。青草流出的汁液为上下两层秸秆吸收。该法的优点是能缩短晒制青草的时间，并提高粗饲料的适口性和营养价值。

4. 热喷粗饲料(膨化)

将初步破碎(或不经破碎)的粗饲料装入压力罐内，用 1 471～1 961 kPa 的蒸汽加压，持续 1～30 min，然后突然减至常压喷放即得热喷饲料。经热喷处理的粗饲料，可提高采食量和有机质的消化率。

5. 秸秆丝化(揉碎)

玉米秸秆等收割后,含水量较大,翌年 3—4 月份才能粉碎利用,由于自然堆放时间过长,营养成分损失严重,最好的方法是收获后及时揉碎成丝状饲草,可直接饲喂,或氨化,或微贮,或晒干贮藏,以免营养损失。

6. 盐化

盐化是指铡碎或粉碎的秸秆饲料,用 1%的食盐水与等重量的秸秆充分搅拌后,放入容器内或在水泥地面上堆放,用塑料薄膜覆盖,放置 12～24 h,使其自然软化,可明显提高适口性和采食量。

其他处理如成型加工、辐射处理等,通过特定的加工机械,将粗饲料压制成颗粒状或小块状,可提高粗饲料密度,有利于粗饲料特别是秸秆类饲料的贮藏和运输,并改善适口性和可消化性,减少饲喂过程中的浪费。通过辐照处理(如 γ 射线)可增加粗饲料中的水溶性成分,提高粗饲料消化率,但辐照处理难以进入实用化。

二、青干草调制

二维码 4-1　青干草调制及品质鉴定

干草调制就是把天然草地或人工种植的牧草和饲料作物进行适时地收割、晾晒和贮藏的过程。广义上讲,干草调制和青贮属于饲料加工调制的范畴(狭义上讲,饲料加工主要是指可改善饲料适口性、增加饲料营养成分、提高饲料营养价值的方法和技术),但它们的主要目的是贮藏饲料,并不能改善牧草或饲料作物的营养价值。

(一)调制原理

青饲料的水分含量高,细菌和霉菌生长繁殖容易使其霉烂腐败。所以,在自然或人工条件下,使青饲料迅速脱水干燥,至水分含量达 14%～17%或以下时,所有细菌、霉菌均不能在其中生长繁殖,从而能达到长期贮藏的目的。即干草调制原理,就是通过自然或人工干燥方法使刈割后的新鲜饲草迅速处于生理干燥状态,细胞呼吸和酶的作用逐渐减弱直至停止,饲草养分分解很少。饲草的这种干燥状态防止了其他有害微生物对其所含养分的分解而产生霉败变质,达到了长期贮藏饲草的目的。

(二)调制方法

干草调制有两个步骤:刈割和干燥。

1. 牧草刈割时期

牧草最适刈割时期,主要是看两个指标:一是产草量;二是可消化营养物质的含量。最佳的收割期就是产草量和营养成分之积最高的时候。

(1)禾本科,以羊草为例。

营养动态:孕穗至抽穗最高。羊草各生育期的营养价值,见表 4-1。

表 4-1　羊草各生育期的营养价值　%

生育期	粗蛋白质含量	粗纤维含量	维生素含量
抽穗	16.17	32	35
初花期	13.35	35	63
籽实期	4.25	41	49

产量动态：抽穗至开花期最高。见图 4-1。

大多数多年生禾本科牧草的适宜刈割期应在抽穗至初花期。

(2)豆科，以苜蓿为例。

豆科牧草调制干草的特点：品质下降快(多年生)，叶片脱落严重，茎叶干燥速度不一致。某些豆科牧草茎叶的蛋白质含量，见表4-2。紫花苜蓿不同生育期茎叶重量比，见表 4-3。

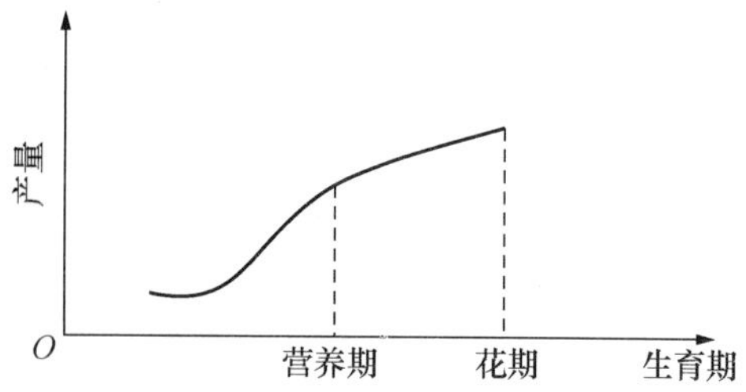

图 4-1 羊草产量动态

表 4-2 豆科牧草茎叶的蛋白质含量 %

牧草种类	蛋白质含量(茎)	蛋白质含量(叶)	牧草种类	蛋白质含量(茎)	蛋白质含量(叶)
苜蓿	10.6	24.0	杂三叶	9.5	20.7
红三叶	8.1	19.3	大豆	10.1	22.0

表 4-3 紫花苜蓿的茎叶重量比 %

生育期	叶	茎	生育期	叶	茎
现蕾期	57.3	42.7	50%开花	53.2	46.8
初花期	56.6	43.4	终花期	33.7	86.7

营养动态：孕蕾期达到顶峰，粗蛋白质含量、维生素含量也在此期达到顶峰。

产量动态：在开花盛期最高。见图 4-2。

大多数豆科牧草的适宜刈割期应在孕蕾期至初花期。

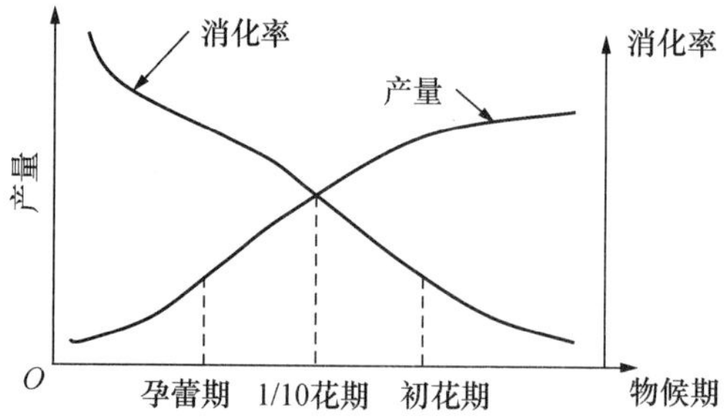

图 4-2 紫花苜蓿产量动态

2. 牧草干燥方法

(1)自然干燥法。

①地面干燥法：此法又称为田间干燥法，见图 4-3。地面晒制青干草多采用平铺与集堆结合晒草法。具体方法是：青草刈割后即在原地

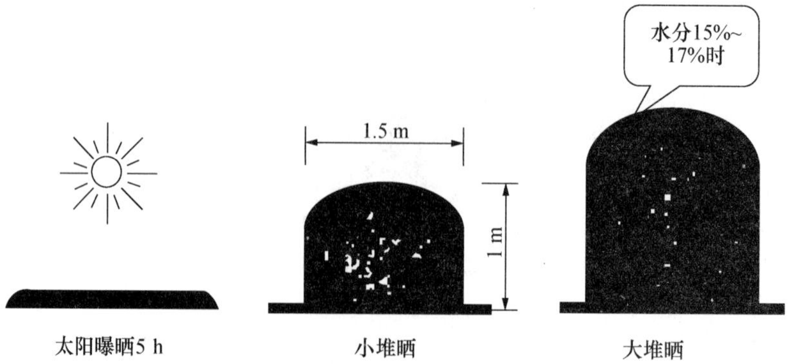

图 4-3 地面干燥法

(曝晒 4～5 h 使草水分由 85%左右减到 40%，细胞呼吸作用迅速停止，减少营养损失)

或另选一高处平摊均匀翻晒，一般早晨刈割的牧草，在 11:00 左右翻晒 1 次，13:00—14:00 再翻晒 1 次效果好。傍晚时茎叶凋萎，水分可降至 40%～50%，此时就可将青草堆集成约 0.5 m 高的小堆，每天翻晒通风 1～2 次，使其迅速风干，经 2～3 d 干燥，即可调制成青干草。

优点：平铺干燥速度快，可减少因植物细胞呼吸造成的养分损失；集堆后接触阳光曝晒面积小，能更好地保存青草中的胡萝卜素，且因堆内干燥可适当发酵，产生一些酯类物质，使青干草具有特殊香味；茎叶干燥失水速度基本一致，可防止嫩枝叶片严重受损脱落，减少损失。

②草架干燥法：在多雨或湿润地区应采用草架干燥法，在特制的草架上晒草。方法是：先将割下的牧草在地面干燥 0.5 d 或 1 d，待含水量降至 40%～50%时，再用草叉将草上架，堆放牧草时应自下而上逐层堆放，草尖朝里，草架两侧平顺减少雨水浸入。草架干燥法，虽然成本较高，但通风好，干燥快，营养损失少，能获得优质青干草，还能减少潮湿和雨淋所造成的损失。见图 4-4。

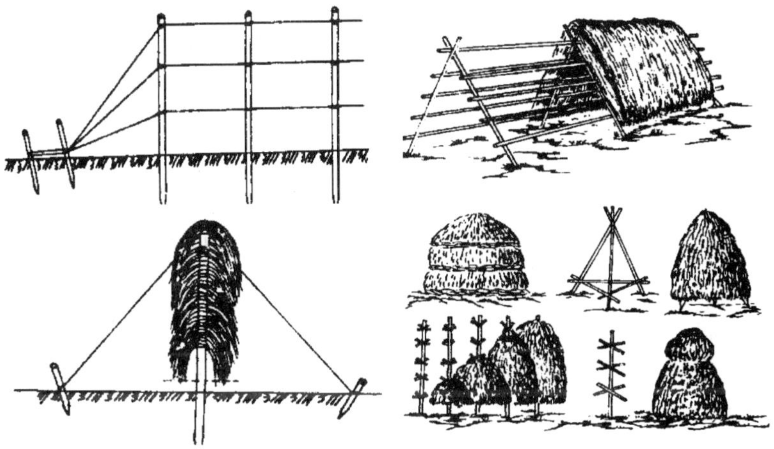

图 4-4　草架干燥法

③化学制剂加速干燥法：是使用化学制剂喷洒在刈割后的豆科牧草上，加快自然干燥速度，调制豆科青干草的方法。其原理是应用化学物质能破坏植物体表面的蜡质层结构，促进植物体内水分蒸发，缩短调制青干草的时间，从而减少豆科牧草蛋白质、胡萝卜素和其他维生素的损失。目前，应用的化学制剂主要有碳酸钠、碳酸钾和长链脂肪酸混合液，碳酸氢钠等。这种方法成本较高，适用于大型草场。

(2)人工干燥法。

①常温鼓风干燥法：是把刈割后的牧草压扁，再自然干燥到含水量 50%左右时，分层架装在设有通风道的干草棚内，用鼓风机或电风扇等吹风设备进行常温鼓风干燥，加快干燥速度，减少营养物质的损失。

②高温快速干燥法：是利用人工热源加温使牧草快速失水。温度越高，干燥时间越短，营养物质损失越少，调制效果越好。如 150 ℃干燥 20～40 min 即可；温度超过 500 ℃，6～10 s 即可。这种方法耗能大，成本高，中小型草场不宜使用。

将青干草加工成草粉，从保存营养角度看，其营养成分损失比较少。青干草还可以继续加工成草捆、草块。草块是指将秸秆或牧草先经切碎或揉搓后，经特制机器压制成的高密度块状饲料。适用于饲喂反刍动物。

(三)自然干燥过程对青干草品质的影响

牧草在自然干燥过程中,体内营养物质会发生复杂的物理和化学变化,一些有益的变化会促使其产生某些营养物质,改变青干草的品质,而由于植物体内的呼吸和氧化作用使青干草的一些营养物质被损耗掉,青干草产量和质量受到很大影响。

1. 水分的散失

牧草刈割后,植物体内游离于细胞间隙的自由水通过蒸腾作用散失很快,良好天气经5~8 h,含水量从80%左右降至40%~50%(豆科降至50%~55%),所以,要尽量选择干燥、晴朗有微风的天气刈割晾晒牧草,促使水分快速散失。

此后,植物体内水分散失的速度越来越慢,这是因为植物角质层有一层蜡质,阻挡了水分的散失,水分蒸发缓慢。使牧草含水量由40%~55%降至18%~20%,需1~2 d,为使这一阶段水分快速散失,应采取合理方法干燥,勤翻晒,使植物体内各部分的水分均匀散失,尽量缩短干燥时间,减少损失。

2. 某些养分的变化

主要的变化是产生芳香物质和增加维生素D含量,提高了青干草的质量。牧草干燥后期或贮藏过程中,在酶的作用下发生自体溶解,植物体内部分蛋白质、蜡质、挥发油等物质氧化产生醛类和醇类,使青干草有一种特殊的芳香气味。另外,新鲜饲草在晒制过程中,植物体内的麦角固醇经阳光中紫外线照射作用,转化为维生素D,使牧草中维生素D的含量增加,成为家畜冬春季节所需维生素D的主要来源。

3. 营养物质的损失及其影响因素

(1)机械作用引起的损失。青干草在调制和贮藏过程中,由于受搂草、翻草、搬运、堆垛等一系列机械作用,叶片、嫩茎、花序等细嫩部分破碎脱落而损失。据报道,一般禾本科牧草损失2%~5%,豆科牧草损失严重,为15%~35%。植物叶片和嫩茎所含可消化养分多,因此机械作用引起的损失不仅降低青干草产量,而且使青干草质量下降。为了减少机械损失,应适时刈割,在牧草细嫩茎叶不易脱落,水分降至40%~50%时,及时集成草垄或小堆干燥,也可适时打捆,在干燥棚内通风干燥。

(2)植物体生化变化引起的损失。牧草刈割后,植物细胞并未立即死亡,其呼吸作用继续进行。呼吸作用可促使水分散失;植物体内的部分无氮浸出物被水解成单糖而消耗;少量蛋白质被分解成肽、氨基酸等。当水分降至40%~50%时,细胞才逐渐死亡,呼吸停止,牧草凋萎。因此,应尽快采取有效干燥法,迅速使水分降至40%~50%,以减少呼吸等作用引起的损失。

植物细胞死亡后,植物体内酶和微生物活动产生的分解酶的参与,引起氧化破坏作用,使细胞内的部分营养物质自体溶解,部分糖类分解成二氧化碳和水,氨基酸被分解成氨。该过程直到水分降至17%以下时才停止。因此,要注意晾晒方法,掌握好时间,尽快使水分降至17%以下,以减少氧化作用造成的损失。

(3)阳光照射与漂白作用造成的损失。晒制干草时,阳光照射会使植物体内所含的胡萝卜素、叶绿素及维生素C因光化学遭到破坏而损失很多。叶绿素和胡萝卜素的破坏,再加上阳光的漂白作用会使青草颜色变淡。为了减少阳光对这些营养成分的破坏，应尽量缩短曝晒时间，牧草凋萎后立即集堆或搭架晾晒。

(4)雨水的淋洗造成的损失。雨水淋洗会使牧草可消化蛋白质和粗脂肪等可溶性营养物质受到不同程度的损失，阴雨天气还易使饲草霉烂失去饲用价值。因此，应尽量选择晴朗、干燥天气晒制干草，以减少雨淋造成的损失。

总之，自然干燥由于过程比较缓慢，牧草体内营养物质分解与破坏过程持久，养分损失较多，所以国外普遍利用各种能源进行青绿饲料的人工脱水干制。特别是高温快速干燥法制成的干草水分可达 5%～10%，且几乎完全保存青饲料的营养价值。人工干燥唯一的缺点是干草缺乏维生素 D。

(四)干草调制技术要点

干草调制过程一般分为两个阶段。第一阶段，从牧草收割到水分降至 40%左右。这个阶段的特点是：刚刈割的植物细胞尚未死亡，呼吸作用、蒸腾作用仍在进行，此时养分的变化是分解作用大于同化作用。为了减少此阶段的养分损失，必须尽快使水分降至 40%以下，促使细胞及早萎亡，这个阶段养分的损失量一般为 5%～10%。第二阶段，饲草水分从 40%降至 17%以下。这个阶段的特点是：牧草细胞的生理作用停止，多数细胞已经死亡，呼吸作用停止，但仍有一些酶参与一些微弱的生化活动，养分受细胞内酶的作用而被分解。此时，微生物已处于生理干燥状态，繁殖活动逐渐趋于停止。

由此可见，青干草调制的技术要点就是：尽量缩短青草体内化学变化持续的时间；尽快干燥到青草能够贮藏的程度(即水分含量达 14%～17%)，以停止青草体内一切化学及生物学的变化，保持青草最大的营养价值。

【评估考核】

1. 填空题

(1)干草调制有__________和__________两个步骤。

(2)牧草干燥的方法有__________和__________。

2. 简答题

(1)谷实类饲料的加工方法有哪些？

(2)秸秆饲料的加工方法有哪些？

3. 讨论与思考

自然干燥过程对青干草品质的影响主要是哪些方面？

二维码 4-2　物理处理评估考核参考答案

任务二　化学处理

物理处理只能改变饲料原料的某些物理性质，而对于提高营养价值的作用不大，化学处理则有一定的作用。化学处理是指利用碱、酸等化学物质对饲料原料进行适当处理，以使其本身含有的不良物质失去作用或降解其本身含有的纤维素和木质素等不易消化的物质，从而达到改善适口性、提高消化率和营养价值的作用(广义上讲，化学处理中的碱化处理、氨化处理，既能起到利于贮藏饲料的作用,又能够提高饲料的营养价值,属于饲料加工调制的范畴)。

一、碱化处理

碱化处理是利用碱溶液中的氢氧根离子破坏木质素与半纤维素之间的酯键,使半纤维素和大部分木质素(60%～80%)溶于碱液中,把镶嵌在木质素-半纤维素复合物中的纤维素释放出来,便于反刍动物消化利用,以提高秸秆饲料的消化率。碱化处理所用物质,主要有氢氧化钠和石灰水。

(一)氢氧化钠处理

常用的方法是将 8 倍于秸秆重量的 1.5%氢氧化钠溶液,浸泡 12～24 h,捞出,淋去余液,水洗至中性,湿喂或晾干后饲喂反刍动物。此法可提高有机物消化率 25%。但反复冲洗也损失了很多有机物和营养物质,且用水量大,若不净化处理易污染环境。1964 年 Wilson 等提出的改进方法——“干法碱化”,用占秸秆风干重 4%～5%的氢氧化钠,配制成 30%～40%溶液,喷洒在粉碎的秸秆上,堆放数日后不经冲洗,直接喂饲反刍动物,可提高秸秆消化率 12%～20%。“干法碱化”虽可减少有机物损失,不用处理污水,但动物长期饲喂,粪便中增多的钠离子,对土壤和环境也有一定程度的污染。浸碱法处理秸秆流程,见图 4-5。

(二)石灰水处理

用其处理秸秆可浸泡,可喷洒,方法是:每 100 kg 秸秆,需生石灰 3 kg,加水 200～300 kg,将熟化的石灰水均匀喷洒在粉碎的秸秆上,堆放在水泥地面上,经 1～2 d 后直接喂饲家畜。或 3%$Ca(OH)_2$ 溶液,8～10 kg 秸秆/100 kg 碱液,浸泡 12～24 h,捞出沥干。

二维码 4-3 氨化饲料制作及品质鉴定

二、氨化处理

氨化处理秸秆饲料始于 20 世纪 70 年代。氨化后的秸秆质地松软,气味糊香,颜色棕黄,提高了饲料的适口性,增加了采食量,是牛、羊等反刍动物良好的粗饲料。

氨化饲料的质量受秸秆饲料本身的质地优劣、氨源的种类及氨化方法等诸多因素的影响。氨源的种类很多,国外多利用液氨,需有专用设备,进行工厂化加工或流动服务。我国广大农村多利用尿素、碳酸氢铵作为氨源。靠近化工厂的地方,氨水价格便宜,也可作为氨源使用。由于氨化饲料制作方法简便,饲料营养价值提高显著,近年来世界各地普遍采用。我国自 80 年代后期,开始推广应用,每年制作数量达 2 150 万 t。

(一)原理

秸秆饲料蛋白质含量低,当氨与秸秆中的有机物相遇发生氨解反应,破坏木质素与多糖(纤维素、半纤维素)链间的酯键结合,并形成铵盐,成为牛、羊瘤胃内微生物的氮源。同时,氨溶于水形成氢氧化铵对粗饲料有碱化作用。秸秆经氨化处理中的氨化与碱化双重作用,粗蛋白质含量可提高 1 倍左右,纤维素含量降低 10%,有机物消化率提高 20%以上。

(二)技术要点

无论使用何种氨源氨化饲料,均需使用占风干饲料重 2%～3%的氮,使饲料含水量达到 20%～30%,温度在 20～30 ℃时氨化 30～20 d,容器密闭,秸秆铡成 2～3 cm 长。

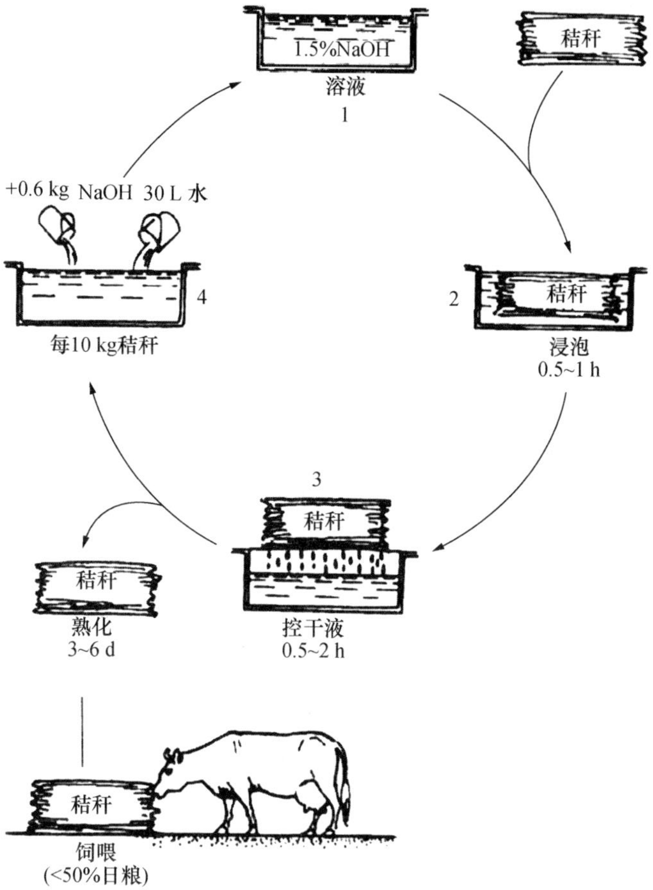

图 4-5　浸碱法处理秸秆流程

(三)具体方法

氨化处理方法有堆垛法、窖(池)氨化法、氨化炉氨化法。

目前多采用无水液氨、氨水、尿素、碳酸氢铵为氨源,见表 4-4。加工氨化秸秆的四联池示意图,见图 4-6。草垛液氨氨化,见图 4-7。如用无水液氨可采用堆垛法氨化,先用塑料薄膜铺底,上面堆放秸秆成垛,再用塑料薄膜罩在垛上,上下两张塑料薄膜四周封严。在垛的底部由输氨管通入无水液氨,气温为 5～15 ℃时,需 4～8 周即可使用。如果秸秆干燥,堆垛时可喷入 30 kg 水使其湿润。稻草、小麦秸等经氨化后疏松柔软,气味糊香,颜色棕黄,提高适口性和采食量,增加营养价值和饲用价值。

表 4-4　氨化处理方法(供参考)

氨源	处理方法	条　件
氨水或无水液氨	(1)原料垛成方形或圆形垛,用聚乙烯薄膜盖严,注入氨	按干物质计,加入 3%～3.5%氨,原料水分 15%～20%,在温度 5～15 ℃条件下处理 4～8 周
	(2)草捆装入聚乙烯塑料袋中,分别用氨处理	同氨水法(1)

续表 4-4

氨源	处理方法	条件
无水液氨	(1)在密封箱或室中进行，无须加热	同氨水法(1)
	(2)在氨化炉内进行，加热	温度 90 ℃，3%～3.5%氨化处理 17 h 静置 5 h，通入新鲜空气
尿素	(1)将原料青贮在土坑、青贮窖或成堆青贮	5%尿素水溶液与原料按 50∶50 混合，>20 ℃温度下青贮 1 周以上；或相当于秸秆重 5%的尿素溶解在相当于秸秆重 20%～30%的水中，制成尿素水溶液，均匀喷洒在秸秆中
	(2)将原料切短或磨细，加入尿素后制粒	2%～3%尿素液，温度不低于 133 ℃，原料水分 15%～20%
碳酸铵或碳酸氢铵	按尿素处理方法(1)进行，用量为秸秆重的 10%～12%	尿素(4%～7%)+碳酸氢铵(10%～15%)+(20%～30%)水

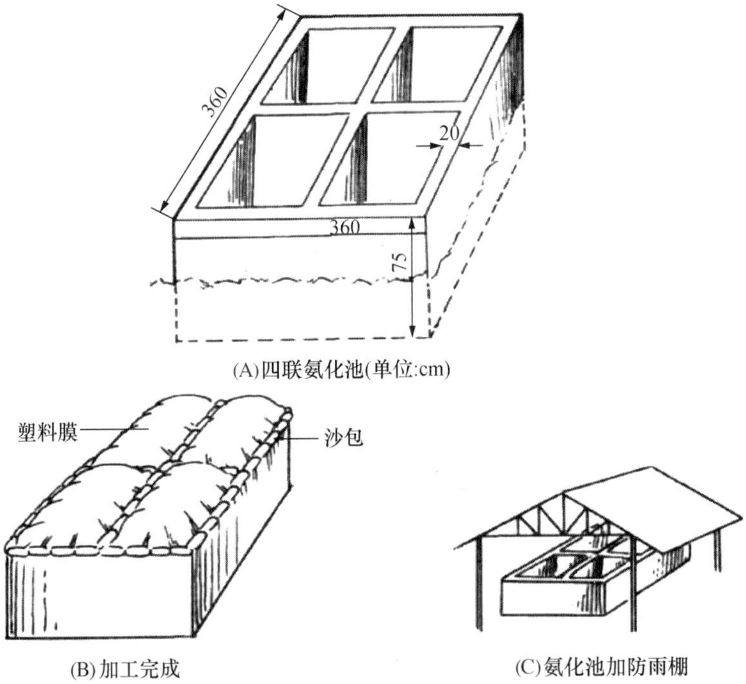

(A)四联氨化池(单位:cm)

(B)加工完成

(C)氨化池加防雨棚

图 4-6　加工氨化秸秆的四联池示意图

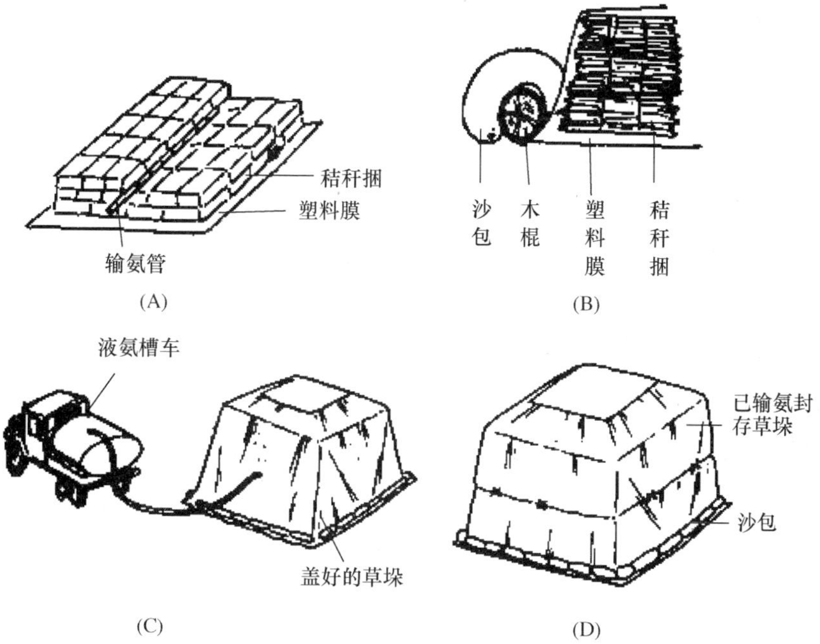

图 4-7　草垛液氨氨化示意图

(四)影响氨化效果的因素

1. 秸秆的质量

氨化的原料主要为禾本科作物和牧草的秸秆，所选用的秸秆必须无发霉变质。最好将收获籽实后的秸秆及时进行氨化处理，以免堆积时间过长而霉烂变质。一般来说，品质差的秸秆，氨化后可明显提高消化率，增加非蛋白氮含量。

2. 氨源的用量

根据具体的氨源种类来确定使用量。用量过小，达不到氨化的效果；用量过大，会造成浪费。氨的用量，一般以秸秆干物质重的3%为宜。

3. 秸秆含水量

含水量过低，水都吸附在秸秆中，没有足够的水充当氨的“载体”，氨化效果差。含水量过高，不但开窖后需延长晾晒时间，而且由于氨浓度低而会引起秸秆发霉变质。水是氨的“载体”，氨与水结合成氢氧化铵，其中 NH_4^+ 和 OH^- 分别对提高秸秆的含氮量和消化率起作用。因而，必须有适当的水分，一般以25%～35%为宜。水在秸秆中的均匀分布，也是影响氨化结果的因素之一，如上层过干，下层积水，都会妨碍氨化的效果。

4. 氨化时间与温度

氨化时间的长短，要依据气温而定，气温越高，完成氨化所需的时间越短；相反，氨化时气温越低，氨化所需的时间就越长。不同温度条件下氨化所需的时间，见表4-5。

表 4-5　不同温度条件下氨化所需的时间

外界温度/℃	>30	20～30	10～20	5～10	<5
需要天数/d	5～7	7～14	14～28	28～56	>56

值得注意的是，用尿素进行氨化的时间要比表中所列时间长 5 d 左右。由于尿素在脲酶作用下释放氨，温度越高，脲酶作用的时间越短。只有释放出氨以后，才能真正起到氨化的作用。

5. 秸秆的粒度

用尿素或碳铵进行氨化，秸秆铡的越短越好，用粉碎机粉碎成粗草粉效果最好。用液氨进行氨化时，粒度应大一点；过小则不利于输氨。麦秸完全可以不铡。

(五)氨化注意事项

1. 季节

氨化时，应尽量避开闷热时期和雨季。

2. 严格按操作规定进行

氨化时操作要快，最好当天完成输氨和密封，否则将造成氨气挥发或秸秆霉变。

3. 注意防止爆炸

液氨遇火容易引起爆炸，因此要经常检查贮氨容器的密封性。在运输、贮藏过程中，要严防泄漏、烈日曝晒和碰撞，并远离火源，严禁吸烟。

4. 氨量

计算氨的用量要力求准确，并注意做好排气和密封工作，要经常检查，如发现塑料膜的破漏现象，应立即粘好，及时排除故障。否则，达不到预期的氨化效果，甚至产生一些副作用。

5. 防护

氨水和液氨有腐蚀性，操作时要特别注意，应做好防护工作，以免伤及眼睛和皮肤。

三、酸处理

使用硫酸、盐酸、磷酸和甲酸处理秸秆饲料称为酸处理。其原理和碱化处理相同，用酸破坏木质素与多糖(纤维素、半纤维素)链间的酯键结构，以提高饲料的消化率。但酸处理成本太高，在生产上很少应用。

四、氨-碱复合处理

为了使秸秆饲料既能提高营养成分含量，又能提高饲料的消化率，把氨化与碱化二者的优点结合利用，即秸秆饲料氨化后再进行碱化。如稻草氨化处理的消化率仅 55%，而氨-碱复合处理后则达到 71.2%。当然氨-碱复合处理投入成本较高，但能够充分发挥秸秆饲料的经济效益和生产潜力。

【评估考核】

1. 填空题

(1)碱化处理包括__________和__________。

(2)氨化处理的氨源有__________、__________、__________和__________。

2. 简答题

影响氨化效果的因素有哪些?

3. 讨论与思考

(1)氨化的原理是什么?

(2)试述氨化秸秆的优点及氨化注意事项。

二维码 4-4　化学处理评估考核参考答案

任务三　生物学处理

粗饲料的生物学处理主要是指微生物的处理。其主要原理是利用某些有益微生物,在适宜培养的条件下,分解秸秆中难以被动物利用的纤维素或木质素,增加菌体蛋白、维生素等有益物质,并软化秸秆,改善味道,从而提高粗饲料的营养价值。

微生物种类很多,但用于饲料生产真正有价值的是乳酸菌、纤维分解菌和某些真菌。应用这些微生物加工调制的粗饲料与青贮饲料、发酵饲料一样,也是在厌氧条件下,加入适当的水分、糖分,在密闭的环境下,进行乳酸发酵。在粗饲料微生物的处理方面,国外筛选出一批优良菌种用于发酵秸秆,如层孔菌、裂褶菌、多孔菌、担子菌、酵母菌、木霉等。我国已培育出一些可供生产应用的优良菌株,并有了成形的固体培养技术,已有一定的优势。

我国从 20 世纪 60 年代起就开始进行微生物提高粗饲料利用率的研究。主要在木霉和人工瘤胃两方面做了不少工作,均因生产工艺、设备条件等不足未能推广。其他一些方法如粗饲料的自然发酵、加酵母菌发酵或糖化霉菌发酵等,尽管起到软化饲料、改善味道或增加了一些菌体蛋白等作用,但对粗纤维影响很小,而且粗饲料中含有的易消化能源物质也会被微生物消耗而损失。因此对能量价值本来就低的粗饲料来说这些方法并不可取。

20 世纪 80 年代之后,尤其是近十几年来,随着生物领域中基因工程技术的发展,人们试图把木霉等纤维素分解菌中产生纤维素酶的 DNA 基因片段分离出来,移植到大肠埃希菌的染色体上,让其也能产生纤维素酶。然后将这种带有纤维素酶基因的大肠埃希菌增殖后接种到杂食动物体内,使其在动物体内产生纤维素酶达到分解纤维素的目的。但这种技术目前尚处于摸索试验阶段,离实际应用还有很长的一段距离。

总之,生物学处理因操作技术复杂,投入成本太高,一般难以在生产上推广应用,但粗饲料经微生物处理后,营养价值得到提高,也有利于饲料的消化利用,因此,有条件的地区或养殖场在制作青贮饲料(广义上讲,青贮、微贮是微生物处理,属于饲料加工调制范畴)的同时,也可尝试制作微贮饲料以用于反刍动物饲养。

一、青贮饲料的调制

青绿饲料有许多优点,但因水分含量高,不易保存,这是一个很大的缺点。为了全年平衡供应青绿饲料,又必须贮藏大量的青绿饲料,这是一个矛盾。

二维码 4-5　青贮料制作及品质鉴定

青绿饲料不易保存的原因,无非是因为外界物理的、化学的与生物学的因素使青绿饲料发生各种程度的化学变化。可以采取两种途径达到保存青绿饲料的目的:一是使其脱水干制以抵抗外界有害因素的作用;二是尽可能控制外界因素条件而使青绿饲料中的物质停止化学变化而达到保存的目的。青干草的制作就属于前者,青贮技术就属于后者。

(一)青贮原理

青贮是在厌氧条件下，使附着在青贮原料上的乳酸菌大量繁殖，将青贮原料中可溶性糖类分解成乳酸，当乳酸达到一定浓度(pH 为 4.2～3.8)时，抑制有害微生物的生长繁殖，从而达到长期安全贮藏饲料的目的。因此，青贮实际上是促进乳酸菌繁殖而抑制其他微生物活动的复杂的发酵过程。

二维码 4-6　籽实类饲料的加工调制

(二)青贮原料

优良的青贮原料是调制优质青贮饲料的基础。常用的青贮原料有如下几种。

1. 玉米

玉米产量高，干物质含量及可消化的有机物质含量均较高，还富含蔗糖、葡萄糖和果糖等可溶性碳水化合物，很容易被乳酸菌发酵利用生成乳酸。

2. 禾本科牧草

禾本科牧草用于青贮的主要有多花黑麦草、多年生黑麦草、鸭茅、猫尾草、象草和羊茅属牧草等。禾本科牧草富含可溶性糖，易于青贮。除单独青贮外，常还与豆科牧草混合青贮。

3. 高粱

高粱一般在蜡熟期收割，茎秆含糖 17%以上，能调制成优良的青贮饲料。

4. 大麦

大麦具有茎叶繁茂、柔软多汁、适口性好、营养价值高等特点，将冬大麦与冬黑麦混播栽培，可改进单纯冬黑麦青贮的品质。

5. 冬黑麦

冬黑麦生长在我国北方地区，耐寒力强，可在抽穗期刈割青贮。

6. 豆科牧草

豆科牧草包括紫花苜蓿、红三叶、白三叶、红豆草、蚕豆和箭筈豌豆等。

7. 饲用植物及各种副产品

饲用植物及各种副产品可用于青贮的主要有胡萝卜缨子、萝卜缨子、白菜帮子、甘蓝叶、菜花叶、红薯藤、蔓菁茎叶、南瓜蔓等。因其含水量较高，故需要在青贮前晾晒或与糠麸、干草粉混贮。饲用甜菜、糖用甜菜及副产品、胡萝卜等，含糖量和淀粉量均高，可与豆科饲料混贮。

8. 向日葵茎叶

向日葵茎叶调制青贮饲料时，以开花期收获为宜。

9. 马铃薯茎叶

马铃薯茎叶含糖量低，青贮时需要与富含淀粉或糖渣的原料混贮为宜。

此外，还有灰菜、苦荬菜等野菜，水葫芦、水花生、红绿萍等水生植物，遇到霜冻而不能成熟或干旱严重影响籽实产量的粮食作物，以及秕谷、糠麸、啤酒糟、果品罐头的废弃物之类的农副产品，均可作为青贮原料。

青贮时可根据当时当地的条件，确定青贮原料种类及来源，根据青贮需要计算好青贮总量，决定收割面积或收购数量，可按下列参考数计算，见表 4-6。

表 4-6 各种原料(鲜)青贮时的重量 kg/m^3

原料	质量
玉米茎叶(乳熟—蜡熟)	500～600
玉米秸(收获后立即刈割，尚有 1/2 青绿)	400～500
野青草、牧草	600～700
甘薯藤	650～750
菜叶、紫云英	750～800
水生饲料	800～1 000

在收割或收购原料时，一般应比计算青贮量多准备 20%～30%，贮后如有剩余可作日常牲畜青料用。

(三)青贮设备

1. 青贮建筑设备选用的原则

(1)因地制宜，采用不同的设备。可修建永久性的建筑设备，也可挖掘临时性的土窖，还可利用闲置的贮水池、发酵池等。我国南方养殖专业户则可利用木桶、水缸、塑料袋等。在地下水位较低、冬季寒冷的北方地区，可采用地下式或半地下式青贮窖或青贮壕。

(2)应选在地势高燥、土质坚实、地下水位低、靠近畜舍、远离水源和粪坑的地点做青贮场所。塑料青贮袋选择在取用方便的僻静地点放置。

(3)设备应不透气、不漏水、密封性好，内壁表面光滑平坦。

(4)取材容易，建造简便，造价低廉。

2. 常用青贮设备

(1)青贮窖。有地下式和半地下式 2 种。在地下水位高的地方采用半地下式。生产中多采用地下式，见图 4-8。贮量少时，多用圆形青贮窖；而贮量多时，以选用长方形沟状的青贮壕为好。在地下水位高的地区，采用半地下式青贮窖，窖底须高出地下水位 0.5 m 以上，见图 4-9。剖面图见图 4-10、图 4-11。

(A)圆形(剖面) (B)沟形

图 4-8 地下式青贮窖

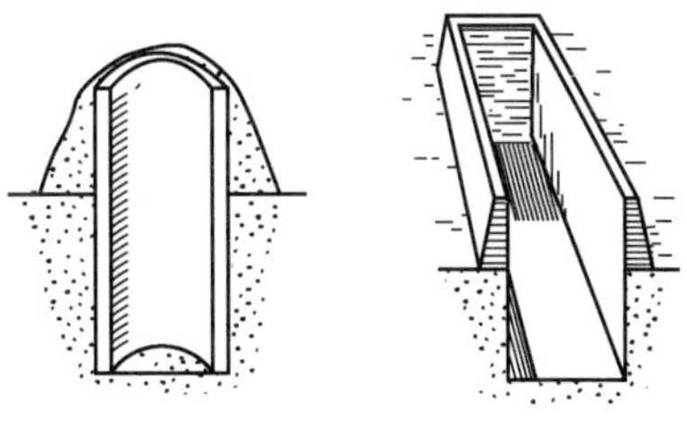

(A)圆形 (B)沟形

图 4-9 半地下式青贮窖

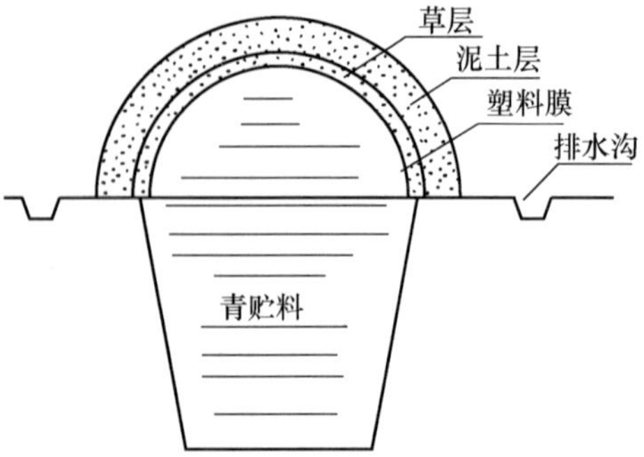

图 4-10 地下式青贮窖剖面图

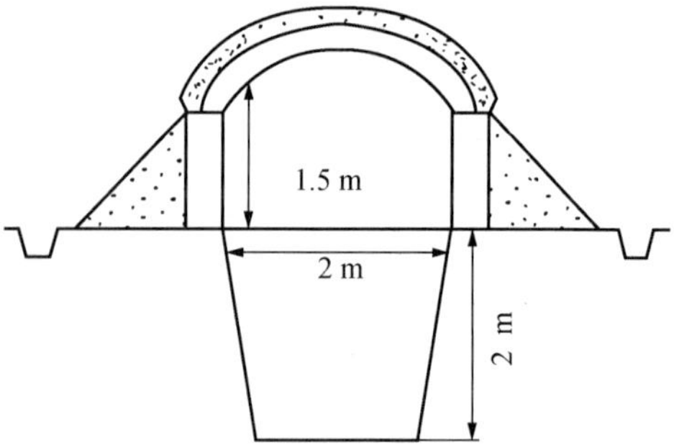

图 4-11 半地下式青贮窖剖面图

一般青贮窖多为圆柱状，恰似一口井，窖的直径与窖深之比为 1∶(1.5～2)。建筑临时青贮土窖，应将窖壁和底部夯实。长方形土窖的四角要挖成半圆形，窖壁要有一定斜度，上大下小，底部呈弧形。土窖应在制作青贮前 1～2 d 挖好。经过晾晒，以便减少土壤水分含量，增加窖壁坚硬度。但不宜曝晒过久，以防干裂。临时性青贮土窖常易渗水，且窖壁四周原料易霉烂，损失较大，加上每年都要修建，并不经济。所以，条件允许时应建筑砖石、水泥结构，坚固耐用的永久窖。

(2)青贮壕。青贮壕是水平坑道式结构，适于短期内大量保存青贮饲料。大型青贮壕长 30～60 m、宽 10 m、高 5 m 左右。在青贮壕的两侧有斜坡，便于运输车辆调动工作。底部为混凝土结构，两侧墙与底部接合处修一沟，以便排泄青贮料渗出液。青贮壕的地面应倾斜以利排水，青贮壕最好用砖石砌成永久性的，以保证密封和提高青贮效果。青贮壕的优点是便于人工或半机械化机具装填、压紧和取料，又可以一端开窖取用，对建筑材料要求不高，造价低；缺点是密封性较差，养分损失较大，耗费劳动力较多。青贮壕设计，见图 4-12。联体式青贮壕设计，见图 4-13。

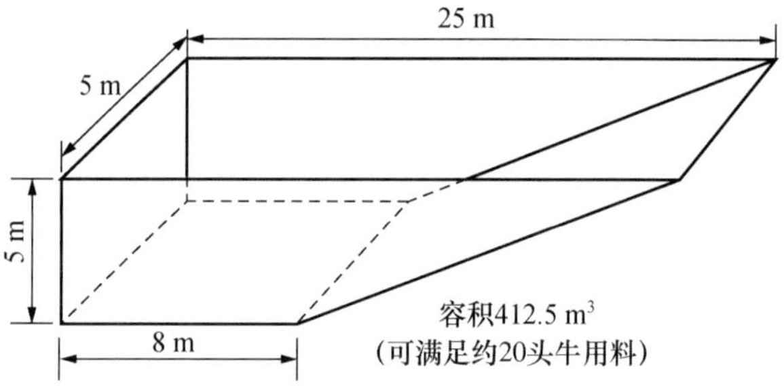

图 4-12 青贮壕设计

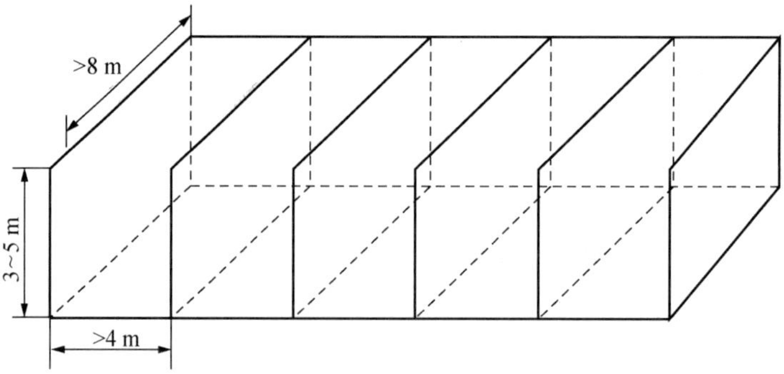

图 4-13 联体式青贮壕设计

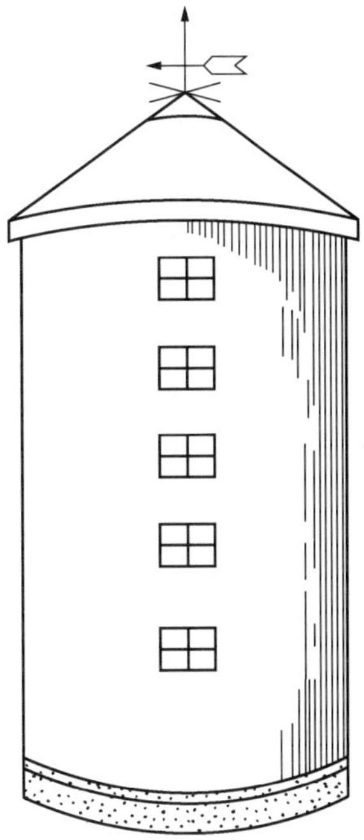

图 4-14　青贮塔

(3)青贮塔。为用砖和水泥建成的圆形塔,高 12～14 m 或更高,直径 3.5～6 m。在一侧每隔 2 m 留一 0.6 m×0.6 m 的窗口,以便装取饲料。塔内装满饲料后,发酵过程中受饲料自重的挤压而有汁液沉向塔底,且汁液量大。为此,底部留有排液结构和装置。青贮塔耐压性好,便于压实饲料,具有耐用、贮量大、损耗少、便于装填与取料的机械自动化等优点,但青贮塔的成本较高。青贮塔,见图 4-14。

青贮塔的建筑材料有镀锌钢板、水泥砖板、整体混凝土及硬质塑料等。按贮量大小又可分 100 m^3 以下的小型青贮塔和 400～600 m^3 的大型青贮塔。

大型青贮塔的塔内应配置相应的饲料升降装卸机。装料时,将切碎的青贮料由塔旁的吹送机吹入塔内,塔内的装卸机以塔心为中心做圆周运动,将饲料层层压实。取料时又能层层挖出青贮饲料,并能通过窗口管道卸出塔外。

(4)塑料袋。供调制青贮饲料的塑料袋应是无毒农用聚乙烯双幅塑料薄膜。

厚度为 0.8～1 mm。袋的大小根据需要灵活掌握,一般是每千克塑料制成 3～4 个塑料袋。塑料袋的颜色通常为黑色,或者外白内黑两色。塑料袋青贮,见图 4-15、图 4-16。

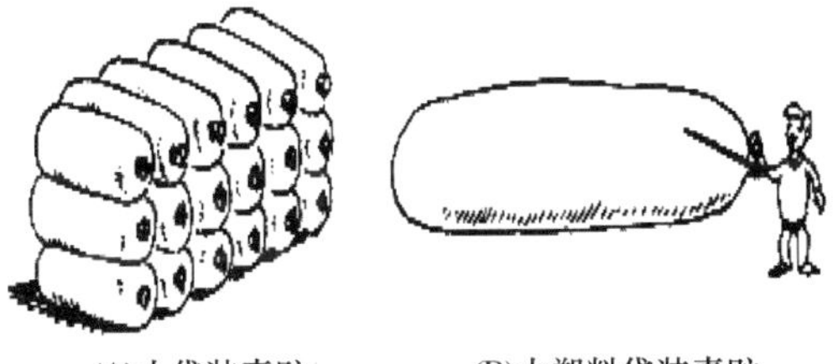

(A)小袋装青贮　　(B)大塑料袋装青贮

图 4-15　塑料袋青贮示意图

图 4-16　塑料袋青贮成品

(5)草捆青贮。草捆青贮是用打捆机将新鲜青绿饲草打成草捆,装入塑料袋,密封发酵而成,是 20 世纪 80 年代中后期发展起来的一种牧草贮藏新技术。其特点是兼有青贮与干草二者的优点,对天气的依赖性较小,还解决了豆科牧草调制贮藏过程中叶片易损失的问题。见图 4-17。

3. 确定青贮设备大小的依据

(1)窖式或塔式青贮建筑。一般高度不小于直径的 2 倍,也不大于直径 3.5 倍。其直径应按每天饲喂青贮饲料的数量计算,深度或高度由饲喂青贮饲料家畜的数量而定。

(2)青贮壕。宽度应取决于每天饲喂的青贮饲料的数量,长度由饲喂青贮料的天数决定。每日取料的挖进量以不少于 15 cm 为宜。

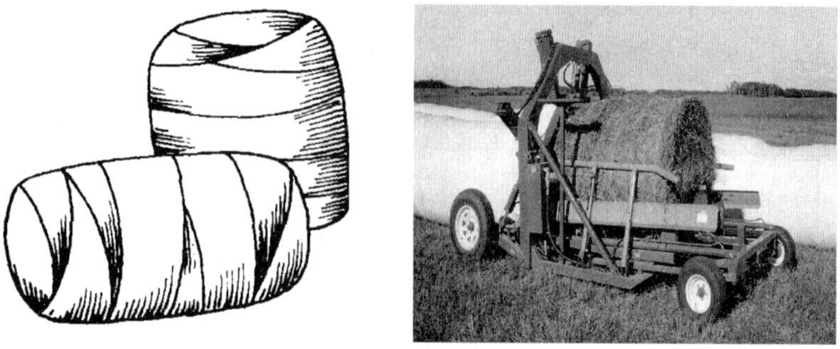

图 4-17 草捆青贮

青贮壕的长度(cm)=计划饲喂天数×15(cm/d)

青贮建筑中青贮饲料重量的估算：

青贮料重量=青贮建筑设备的容积×每立方米青贮料的平均重量

圆形青贮窖容积=πr^2×高

长形青贮壕容积=长×宽(上、下宽的中数)×高

(四)青贮方法

青贮前要做好准备和组织工作，事先要对青贮设备、机械、车辆进行检修，特别是要搞好青贮窖等青贮容器的卫生清理工作，合格后再使用。要组织好人员，连续作业，尽量使制作工艺紧凑，以便在尽可能短的时间内完成青贮。一般青贮的生产步骤大体上可分为：适时刈割、原料切短、装填压实、密封覆盖等。

1. 适时刈割

一般情况下，禾本科牧草宜在孕穗至抽穗刈割，豆科牧草宜在现蕾期至初花期刈割，整株玉米青贮应在蜡熟期刈割(蜡熟期的标志是靠近籽粒尖的几层细胞变黑而形成黑层)，果穗收获后的玉米秸青贮，宜在果穗成熟，仅下部 1～2 片叶枯黄时收割；或果穗成熟时，在果穗上部保留 1 片叶削尖后青贮。

2. 原料切短

切短可使原料踩压紧实，排出空气，还可使原料汁液渗出，润湿表面，有利于乳酸发酵，提高青贮饲料的品质。饲喂牛、羊，禾本科和豆科牧草宜切成 2～3 cm，玉米秸等切成 0.5～2 cm，幼嫩原料可长些；饲喂猪、禽，各种原料切得越短越好。小量青贮可用人工铡草机切短，大量青贮可用青贮切碎机。使用青贮玉米联合收割机，一次完成割、切作业效率更高。

3. 装填压实

切短的青贮原料装窖时，要装填压实，尤其是靠近青贮窖壁和角的地方不能留有空隙，尽量减少空气，抑制好氧菌活动，利于乳酸菌的繁殖。装窖前先在窖底铺一层 15～20 cm 厚的麦草或其他秸秆，窖壁四周可铺一层塑料薄膜，加强密封，防止透水漏气。如果原料含水量大，在装填时要掺入适量的糠麸以调节含水量。装填青贮秸秆时，应逐层装入，每层装 15～20 cm，随装随压实。添加糠麸、谷实等进行混合青贮时，要在压紧前分层混合。压实的方法：小型窖可用人力踩压，大型长壕可用链轨拖拉机等，要特别注意压紧窖的边缘和四角，人力和机械结合，使原料装填达到技术要求。这样层层装填压实，直至高出窖口 50～60 cm 为止。

4. 密封覆盖

装满秸秆后即可加盖封顶。先覆盖一层塑料薄膜，再盖一层厚 20～30 cm 切短的秸秆或软草，然后盖上厚 30～50 cm 的洁净湿土，并做成馒头形（圆窖）或屋脊形（长窖），盖土的边缘要超出窖口四周外围，以利排水。距青贮窖 1 m 四周挖好排水沟，防止雨水渗入窖内，用塑料袋做青贮时，装满秸秆后用细绳扎紧袋口即可。贮后 5～6 d 进入乳酸发酵阶段，青贮料脱水，软化，当封口出现塌裂、塌陷时，应及时进行增补，以防漏水漏气。要防牲畜践踏并做好防鼠工作，保证青贮质量。青贮秸秆装窖密封，经 1.5 个月后，乳酸菌的发酵过程完成，青贮饲料也就制作成了，便可以开窖饲喂。

（五）青贮技术要点

1. 选择合适的原料

乳酸菌发酵需要一定的糖分，青贮原料中含糖量不宜少于 1.0%～1.5%，否则会影响乳酸菌的正常繁殖，青贮饲料的品质难以保证。对于含糖少的原料，可以和含糖多的原料混合青贮，也可以添加 3%～5%的玉米面或麦麸单独青贮。

二维码 4-7　青贮饲料制作技术

2. 确定适宜的时间

利用农作物秸秆青贮，要掌握好时机，过早会影响粮食生产，过迟会影响青贮品质。青贮玉米秸秆在籽实蜡熟而秸秆上又有一定数量的绿叶，茎秆中水分较多时进行较好。

3. 排除空气

乳酸菌是厌氧菌，只有在没有空气的条件下才能进行繁殖。如不排除空气，不仅乳酸菌不能存活，而且好气的霉菌、腐败菌会乘机滋生，导致青贮失败。因此，在青贮过程中，原料要切的长短适宜，尽量踩实，排除空气，并缩短铡短装料的过程，密封严实。

4. 创造适宜的温度

原料温度在 25～35 ℃时，乳酸菌会大量繁殖，很快占主导优势，致使其他一切杂菌都无法活动繁殖。若原料温度在 50 ℃以上时，丁酸菌就会生长繁殖，使青贮料出现臭味，以致腐败。

5. 掌握好水分

适于乳酸菌繁殖的含水量为 70%左右，过干不易踩实，温度易升高；过湿酸度大，牛不爱吃。70%的含水量，相当于玉米植株下边有 3～5 片干叶；如果全株青绿，砍后可以晾晒半天，青黄叶比例各半。

总之，青贮过程要连续进行，一次完成。青贮设备最好在当天装满后再封严，中间不能停顿，以避免青贮原料营养损失或腐败，导致青贮失败。概括起来就是要做到“六快”，即做到快割、快运、快切、快装、快压、快封。

二、微贮饲料的制作

微贮饲料是秸秆、牧草、藤蔓等饲料作物经专业设备揉搓软化，添加有益微生物，通过微生物发酵而制成的一种具有酸香气味、适口性好、利用率高、耐贮藏的粗饲料。微贮饲料可保存饲草料原有的营养价值，在适宜的贮藏条件下，只要不启封即可长时间保存。

秸秆微贮即农作物秸秆微生物发酵贮藏技术，是农作物秸秆提高其营养价值的生物学处理方法。近年来，秸秆氨化、碱化、青贮等处理技术的推广应用，为合理开发饲料资源，充分解决饲草、饲料问题做出了积极的贡献，并取得了巨大的经济效益和社会效益。但是，青贮对秸秆的要求较高，季节性较强；而氨化的液氨和氨水运输又很不方便，而且还有一定的不安全性。秸秆微贮技术通过加入木质素、纤维素发酵剂（如华巨秸秆微贮宝），在密闭的厌氧条件下，促进秸秆纤维素、半纤维素和木质素的分解，改善秸秆的适口性，提高其消化率，并增加营养，是一种处理农作物秸秆的实用新型技术，值得推广运用。

（一）秸秆微贮的优点

（1）成本低、效益高。每吨秸秆制成微贮饲料只需用 3 g 秸秆发酵活干菌（价值 10 元），而每吨秸秆氨化处理需用 30～50 kg 尿素，其处理成本降低了 60%～80%，解决了畜牧业与种植业争化肥的矛盾。

（2）提高秸秆消化率与利用率。秸秆微贮饲料的干物质体内消化率提高了 24.14%；粗纤维体内消化率提高了 43.77%，有机物体内消化率提高了 29.4%，代谢能为 8.73 MJ/kg。经检验：微贮提高的是真蛋白，而氨化提高的是粗蛋白。与未处理前的秸秆相比，微贮秸秆饲料蛋白质提高 10.7%，有机酸提高 37.5%，纤维素降低 14.2%，半纤维素降低 43.8%，木质素降低 10.2%，麦秸消化率提高 55.6%，稻秸消化率提高 58%，玉米秸消化率提高 60%。

（3）适口性好，采食量高。由于微贮饲料具有酸香味，刺激了畜禽的食欲，从而提高了采食量。牛羊的采食速度可提高 20%～40%，采食量可增加 20%～40%。

（4）秸秆来源广泛。麦秸、稻秸、青（干）玉米秸、土豆秧、树叶及干草等都可以用来作微贮原料。

（5）制作季节长，与农业不争劳力，不论青的或干的秸秆都能发酵。春、夏、秋三季都可以制作。北方地区冬季也可以在室内热炕上制作。

（6）保存期长、不易发霉变质。可以作为牛羊常年基础饲料，随取随喂，不需晾晒和加工，饲喂方便。

（7）无害无毒，长期饲用无副作用，安全可靠。

（8）增重快、产奶量高，据试验日产奶量可提高 0.5 kg 以上，羔羊日增重达 150～200 g 及以上，牛日增重达 1.2 kg 以上。

（9）节约粮食，缩短育肥周期，提高饲料报酬。

（10）长期饲喂可减少消化道中疾病，有增膘复壮作用，贮藏时间越长，粗纤维分解越多。贮藏 2 年的人工瘤胃发酵饲料，仍然保持原有味道，粗饲料变成糊状，质地更加柔软，粗纤维分解率提高，营养物质相对提高。

（二）微贮的原理

秸秆中加入高活性发酵活干菌后，在适宜温度、湿度和厌氧条件下，秸秆中的纤维素、半纤维素和木质素大量降解，产生糖类，糖类又经有机酸发酵转化为乳酸和挥发性脂肪酸，使 pH 降到 4.5～5.0，抑制了丁酸菌、腐败菌等有害菌的繁殖，不但提高了饲用价值，而且不容易发生腐败，可以长期贮藏饲喂。

(三)微贮饲料的制作(微贮设备同青贮设备)

1. 菌种复活

秸秆发酵活干菌每袋 3 g,可调制干秸秆(麦秸、稻草、玉米秸)1 t 或青秸秆 2 t。在处理秸秆前,先将菌剂倒入 200 mL 水中充分溶解混合,然后在常温下放置 1～2 h,使菌种复活。复活好的菌剂一定要当天用完,不可隔夜使用。

2. 菌液的配制

将复活好的菌剂倒入充分溶解的 0.8%～1.0%食盐水中拌匀。食盐、水、菌种的用量计算,见表 4-7。

表 4-7 菌液中食盐、水和菌种的用量

秸秆种类	秸秆重量/kg	活干菌用量/g	食盐用量/kg	自来水用量/kg	贮料水分含量/%
稻、麦秸秆	1 000	3.0	9～12	1 200～1 400	60～70
风干玉米秸	1 000	3.0	6～8	800～1 000	60～70
青玉米秸	1 000	1.5	适量	适量	60～70

3. 秸秆铡(揉、粉)碎

麦秸、稻草比较柔软,可用铡草机铡碎成 2～3 cm 的长度。玉米秸较粗硬,可用揉碎机加工成丝条状,以提高利用率及适口性。用玉米秸饲喂绵羊、山羊时,可用锤片式粉碎机加工成粗粉,便于混拌精饲料,并可提高利用率。

4. 秸秆入窖

在窖底铺放 20～30 cm 厚的粉碎秸秆,均匀喷洒菌液水,要有计划地掌握应喷洒的数量,使秸秆含水率达 60%～70%。喷洒后及时踩压,尤其注意窖的四周及角落处。压实后再铺放 20～30 cm 秸秆,喷洒菌液、踩实等。如此一层层装填原料,直到高出窖口 40 cm 时再封口。分层踩压的目的是排出窖内多余的空气,给发酵菌繁殖创造厌氧条件。如果当天未装满窖,可盖上塑料薄膜,第二天再继续装窖。

5. 封窖

在秸秆分层压实到高出窖口 30～40 cm,再充分压实后,在最上层均匀撒上食盐粉,盖塑料薄膜。食盐用量 250 g/m^2,其目的是确保微贮饲料上部不发生霉烂变质。盖塑料薄膜后,在上面铺 20～30 cm 厚的稻草或麦秸,覆土 15～20 cm,密封。

6. 开窖与饲用

封窖 21～30 d,即可完成发酵过程,开窖喂用。

微贮饲料质量的优劣,可通过看、嗅、摸等方法进行感官鉴定。

微贮玉米秸的颜色应接近原料色泽,稻、麦秸应呈金黄褐色。微贮饲料应具有醇香和果香酸甜味。若有强烈刺鼻酸味,就表明醋酸太多,这是水分过高和高温发酵所造成的。微贮饲料的手感应松散,质地柔软湿润。

微贮饲料的利用与青贮饲料基本相同。

微贮饲料的制作工艺见图 4-18。

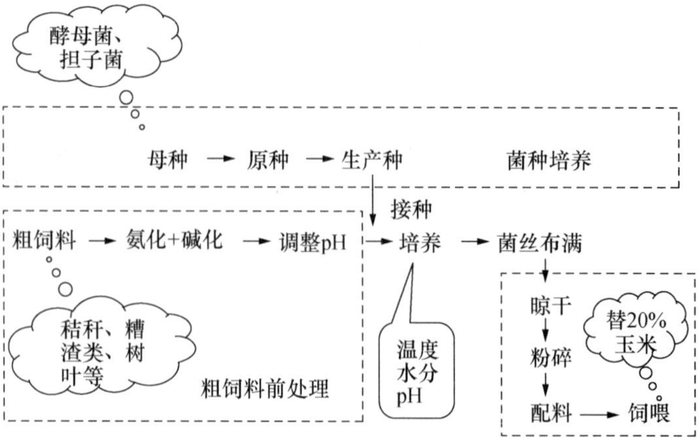

图 4-18　微贮饲料的制作

二维码 4-8　生物学处理评估考核参考答案

【评估考核】

1. 填空题

常用的青贮设备有__________、__________、__________和__________等。

2. 简答题

(1)简述青贮的技术要点。

(2)简述青贮饲料的优越性。

技能训练

(1)根据本项目任务,学生5人一组,查阅相关资料,编制下列生产计划任务书。

①计算饲养1 000头产奶牛生产5个月需要的玉米秸秆?

②计算饲养1 000头产奶牛生产5个月需要多大的青贮池?

③制订玉米青贮制作的工艺方法。

(2)组织学生参观当地奶牛场青贮设施和参加现场制作青贮饲料或观看相关视频。

二维码 4-9　氨化饲料制作技术

(3)根据本项目任务,学生5人一组,查阅相关资料,编制下列生产计划任务书。

①计算氨化1 t稻草或麦秸需要多少水和尿素?

②制订氨化稻草或小麦秸的工艺方法。

③每组在实训室制作袋装氨化稻草或麦秸50 kg。

(4)组织学生参观当地奶牛场氨化设施和参加现场制作氨化饲料或观看相关视频。

(5)购买有关商品微贮饲料活干菌剂,组织学生在实训室制作袋装微贮饲料。

知识拓展

一、特种青贮

为了提高青贮饲料的品质和青贮效果,在青贮时对青贮原料进行适当处理,或添加其他物质也可以进行青贮,这种特殊的调制方法称为特种青贮。

1. 低水分青贮

低水分青贮又称半干青贮。低水分青贮饲料制作的原理是:青饲料刈割后,经风干水分含量降至45%～50%,对腐败菌、酪酸菌及乳酸菌均可造成生理干燥状态,限制它们的生长繁殖。因此,青贮过程中微生物发酵微弱,有机酸形成量少,碳水化合物损失不多,蛋白质分解少。低水分青贮对原料糖分含量、最终的pH的高低要求不高,采用常规方法难以青贮的原料(如豆科牧草),尤其适合低水分青贮。

低水分青贮要求禾本科原料含水量达到45%,豆科牧草达到50%,原料更要切短,填装更要紧实,以容易形成厌氧环境,提高青贮饲料品质。优质的低水分青贮饲料营养物质损失少,呈湿润状态,深绿色,具有果香味,适口性好,动物采食量高。

2. 加酸青贮

(1)加无机酸青贮。青贮时加无机酸可抑制植物细胞呼吸作用,降低pH,杀灭微生物,抑制不良发酵,提高青贮效果。使用的方法是:1份硫酸(或盐酸)加5份水,配成稀酸,100 kg青贮原料加5 kg稀酸。无机酸对青贮设备有腐蚀作用,对家畜和环境不利,使用时应注意。

(2)加有机酸青贮。青贮时常添加的有机酸是甲酸,甲酸是较好的发酵抑制剂。添加甲酸降低pH,减少青贮料中乳酸的含量,抑制原料呼吸作用和不良细菌活动,减少营养物质的损失。甲酸的一般用量:每吨青贮原料添加纯甲酸2.4～2.8 kg。丙酸作为防霉剂和抗真菌剂,抑制好氧性菌也很有效。加酸制成的青贮饲料颜色绿,有香味,适口性好,蛋白质等营养物质损失少,提高了饲料品质。

3. 添加其他物质青贮

(1)添加尿素青贮。尿素属于营养性添加剂,青贮中通过微生物的作用,可使添加在原料中的尿素形成菌体蛋白,以增加青贮饲料中的蛋白质含量。尿素的一般用量为原料重量的0.5%。

(2)添加甲醛青贮。甲醛能抑制青贮过程中各种微生物的活动,40%的甲醛水溶液俗称福尔马林,在青贮料中添加0.15%～0.30%的福尔马林,就可有效抑制腐败菌活动。甲醛还有减弱瘤胃微生物对食入蛋白质分解的作用,保护蛋白质损失较少地通过瘤胃,使大部分蛋白质被家畜吸收利用。

(3)添加乳酸菌青贮。青贮原料中添加乳酸菌培养物制成的发酵促进剂或由乳酸菌和酵母菌培养制成的混合发酵促进剂,可以促进乳酸菌的繁殖,这是人工扩大乳酸菌群体的方法。生产中菌种应选择盛产乳酸而不产生乙酸和乙醇的同质型乳酸杆菌或球菌作为发酵促进剂(一般每吨青贮料中加乳酸菌培养物0.5 L或乳酸菌制剂450 g)。

(4)添加酶制剂青贮。青贮中添加的酶制剂主要有淀粉酶、糊精酶、纤维素酶、半纤维素酶,酶制剂由胜曲酶、黑曲酶、米曲酶等培养物浓缩而成,可使青贮料中部分多糖水解成单糖,有利于乳酸发酵。按青贮原料重量的0.01%～0.25%添加酶制剂,青贮效果良好。

二、饼(粕)类饲料的去毒处理

(一)常用饼(粕)所含有毒有害物质及其毒性

1. 棉籽饼(粕)

普通棉籽中含有一种称为棉酚的毒素,占棉籽的0.7%~4.8%。棉酚有游离态和结合态2种,结合棉酚是棉酚在高温蒸炒过程中,游离棉酚与棉仁中的蛋白质、糖类化合而成的,它在消化系统中不被吸收,可很快随粪便排出体外,毒性很低;游离棉酚是具有活性醛基和活性羟基的棉酚,其毒性较大,含量超过安全界线,将导致畜禽生长迟缓、中毒、繁殖率下降及死亡。此外,含活性醛基和活性羟基的游离棉酚的酚基或酚基氧化产物醌基可以和饲料中蛋白质氨基酸残基的活性基团(如赖氨酸的ε-氨基、半胱氨酸的巯基)结合生成不溶性复合物,并且还可以与消化道中的蛋白质水解酶结合,抑制其活性,由此降低蛋白质的利用率。游离棉酚对胃肠黏膜有刺激作用,引起胃肠黏膜发炎和出血,并能增加血管壁的通透性,使血细胞和血浆渗透到外周组织,致受害组织发生血浆性浸润。它还可与蛋白质和铁结合,损害血红蛋白中铁的作用,引起畜禽的缺铁性贫血。棉酚使机体严重缺钾,能导致低钾麻痹症,肝、肾细胞及血管神经受损,中枢神经活动受抑,心搏骤停或呼吸麻痹。游离棉酚溶于磷脂后,在神经细胞中积累,导致神经细胞的功能发生紊乱。

2. 菜籽饼(粕)

菜籽饼(粕)中的抗营养成分和有毒物质主要有:一是硫葡萄糖苷及其衍生物;二是植酸;三是单宁。

硫葡萄糖苷本身无毒,只是其水解产物才具有毒性,其降解产物主要有异硫氰酸酯、噁唑烷硫酮、硫氰酸酯和腈四类。异硫氰酸酯有辛辣味,严重影响菜籽饼(粕)的适口性。高浓度的异硫氰酸酯对黏膜有强烈的刺激作用,长期或大量饲喂菜籽饼(粕)时可引起胃肠炎、肾炎及支气管炎,甚至肺水肿。异硫氰酸酯中的硫氰离子是与碘离子的形状和大小相似的单价阴离子,在血液中含量多时,可与碘离子竞争,而浓集到甲状腺中去,抑制了甲状腺滤泡细胞浓集碘的能力,从而导致甲状腺肿大,并使动物生长速度降低。硫氰酸酯的硫氰离子也可引起甲状腺肿大,其作用机制与异硫氰酸酯相同。噁唑烷硫酮的主要毒害作用是阻碍甲状腺素的合成,引起腺垂体促甲状腺素的分泌增加,导致甲状腺肿大,故又称为甲状腺肿因子或致甲状腺肿素。同时,还可使动物生长缓慢,一般来说,鸭对噁唑烷硫酮比鸡敏感,鸡比猪敏感。硫葡萄糖苷在较低的温度及酸性条件会有大量的腈形成,腈对机体的毒性比异硫氰酸酯和噁唑烷硫酮大得多,腈可引起细胞内窒息,但症状发展较慢。抑制动物生长,使肝和肾肿大,单胃动物的胃环境很有利于腈的生成。

植酸具有很强的螯合能力,其螯合能力与螯合剂乙二胺四乙酸近似,植酸在消化道中能结合二价和三价金属离子如钙、锌、镁、铜、锰、钴和铁等,形成不溶性螯合物。在pH为7.4的条件下,植酸和金属离子结合的能力:$Cu^{2+}>Zn^{2+}>Co^{2+}>Mn^{2+}>Fe^{3+}>Ca^{2+}$。这些螯合物即使在弱酸(pH为3~4)条件下,也极难溶解,不易被消化道吸收。因此,饲料中植酸的含量过高时,可使钙、锌等元素的利用率大为降低。特别是锌,在小肠上端pH条件下,锌形成极难溶解的植酸盐。据报道,高含量的植酸可使单胃动物对钙的吸收降低达35%。尤其是幼畜,植酸过多对钙的吸收的抑制作用表现得更为明显,并可导致佝偻病。

单宁通常存在于菜籽外壳中，主要是缩合单宁，单宁具有涩味，适口性差，影响动物的食欲，降低采食量。在消化道中单宁可与饲粮中的蛋白质结合，生成不溶性化合物，也可与多种金属离子如钙、铁及锌等发生沉淀作用，从而降低它们的利用率。单宁还可与消化酶结合，影响酶的活性和功能，不利于营养物质的消化吸收。中国饲料卫生标准中规定：菜籽饼（粕）中异硫氰酸酯的允许量为≤4 000 mg/kg，鸡配合饲料≤500 mg/kg，生长育肥猪配、混合饲料≤500 mg/kg；噁唑烷硫酮的允许量：肉用仔鸡、生长鸡配合饲料≤1 000 mg/kg，产蛋鸡配合饲料≤500 mg/kg。

（二）棉籽饼（粕）常用去毒方法

（1）取草木灰或生石灰适量加入 100 kg 清水中搅拌均匀，沉淀后取上清液浸泡棉籽饼，饼液比例为 2∶1，浸泡 24 h 后再用清水冲洗 3～4 遍，即可饲用。

（2）在每 100 kg 土榨棉籽饼中加硫酸亚铁 1.2～1.5 kg，机榨粕只需加 0.15～0.2 kg，再以适量清水浸泡 4～6 h，即可饲喂。

（3）用 2%的碳酸氢铵或 1%的尿素溶液均匀喷洒在棉籽饼粉上充分拌匀，当饼粉中含水量达 15%时为宜，然后用塑料薄膜密封闷 24 h，即可饲用。

（4）用 15%的纯碱溶液 24 kg 喷洒在 100 kg 棉籽饼（粕）上，充分拌匀，用塑料薄膜密封闷 5 h，然后蒸煮 50 min，晾干；也可用浓度为 1%的氢氧化钠溶液浸泡 3～4 h，沥去溶液，用清水冲洗干净，晾干，110 ℃的高温下蒸煮 3～5 min。

虽然瘤胃微生物可以降解棉酚，使其毒性降低，但也应控制日粮中棉籽饼（粕）的比例。在母牛干奶期和种公牛日粮中，不要使用棉籽饼（粕）；犊牛日粮中可少量添加；成年母牛日粮中，棉籽饼（粕）的添加量一般不超过精料的 20%；在架子牛育肥日粮中，棉籽饼（粕）可占精料的 60%。

（三）菜籽饼（粕）常用去毒方法

菜籽饼常用去毒方法，主要有碱液中和法、土埋法、浸泡法、青贮法和氨处理法等，但效果均不理想。有的方法损失菜籽饼部分营养，有的方法过程麻烦，有的方法耗时久，有的方法因废水排放而污染环境。目前，较好的方法则是利用高活性生物制剂给菜籽饼去毒，这是由乳酸菌、酵母菌、芽孢杆菌、纳豆菌及白地霉菌等菌株复合而成的一类高效活干菌制剂——饲料发酵脱毒剂。利用它发酵处理菜籽饼，不仅可以脱去其中的有毒成分，而且可以增加菜籽饼中的有益成分。具体步骤与方法如下。

（1）配比：菜籽饼（粕）800 kg、玉米粉 50 kg、麸皮 150 kg、菌种 5～10 kg、培养基 8 kg、水 400～450 kg（夏天 400 kg，冬天 450 kg），如果每吨添加 50～100 g 纳豆菌发酵更好。

（2）设备工具：搅拌机或铁锹、喷水枪，水泥池或厚汽车篷布或塑料桶、塑料袋，500 m^2 晒场（饲料厂）。

（3）制作稀释活化发酵液：将上述培养基、菌种按配方比例倒入水中搅拌均匀制成活化发酵液。

（4）先将配好比例的菜籽饼（粕）粉碎（粉碎机筛片孔径为 2 mm）。

（5）有搅拌机的养殖户按比例添加菜籽饼（粕）、玉米粉、麸皮于搅拌机内搅拌后，然后倒入菌种活化发酵液继续搅拌均匀，湿度以手捏成团不滴水，一触即散为宜。没有搅拌机的养殖户先将菜籽饼(粕)、玉米粉、麸皮混合均匀,再将活化发酵液用喷水枪慢慢地少量喷到混合物上,用铁锹搅拌均匀。注意:不能有团块、水结块,用手将团块、水结块搓散并搅拌均匀。

(6)将混合物装入水泥池压实,用塑料薄膜密封或直接在水泥地面堆积用厚汽车篷布密封;小型养殖场可以将其装入缸、大塑料桶、塑料袋内压实密闭,保证密封完全不透气。

(7)放在常温、防鼠的地方厌氧发酵,根据季节经3～5 d(夏3 d,春、秋4 d,冬5 d)发酵,发出略带酸甜的浓郁酒曲香味,表明发酵成功。若只酸不香,没有酒曲香味;或有变白色是密封不完全透气原因发酵不成功,发酵失败的可晒干后重新发酵(稍加大菌种用量)。发酵要做到压实密封不漏气;水分适当,多了易酸,少了发酵太慢;搅拌要均匀,粉碎团块、水结块。

(8)发酵成功之后,如果饲料厂生产使用,可以通过低温烘干机或太阳晒干;如果养殖户或小型养殖场使用,取出直接按照配方添加饲料原料混合均匀饲喂。如果发酵5 d的饲喂用量,每天取用之后迅速密封,再取再用再密封。

注意:此用法数量不超过5 d用量。如果一次发酵数量较多,超过5 d用量部分必须晒干保存。如果要销售,可以晒干再销售,或者销售给养殖户发酵。

知识链接

(1)青贮饲料制作技术规程。

(2)DB61/T 367.18—2005 秸秆氨化饲料调制技术规范。

项目五
饲料资源的开发利用

学习目标

了解饲料资源开发利用的必要性；掌握饲料资源开发利用的基本途径。培养开发利用当地饲料资源的使命感和开创精神；饲料合理搭配使用，开发利用新的资源和创新加工方法。

学习内容

饲料资源是饲料工业的物质基础。将各种饲料资源用于饲喂动物的过程称为饲料资源的利用。在正常情况下完全不宜用作饲料或不能被动物有效利用的物质，通过特殊处理使其成为饲料或能被动物有效利用，或者直接增加可利用资源的生产量的过程称为饲料资源的开发。

配合饲料工业作为人类食品生产网络中的一条主干线，在国民经济中的支柱作用越来越突出。受人口增长和粮食增产潜力的制约，我国的饲料原料相当短缺，必然影响饲料工业的发展水平和速度，因此，饲料资源的开发利用迫在眉睫。

任务一 饲料资源的利用现状

了解现有饲料资源的类型、性质、利用方式和存在的问题是合理利用和开发饲料资源的前提。我国优质的能量、蛋白质饲料资源不仅短缺，而且利用方式存在不科学的地方；非常规饲料资源和饲草资源丰富，有待进一步开发利用。

一、饲料资源的类型

根据饲料资源的性质，自然界的饲料资源可分为三大类：一是再生性饲料资源，二是非再生性饲料资源，三是创生性饲料资源。

（一）再生性饲料资源

再生性饲料资源是指能不断产生的资源，是一种不灭的养分来源，主要指三大有机物——蛋白质、碳水化合物和脂肪，其生产者为植物及微生物。植物和大多数微生物属自养型生物，它们能直接利用土壤和大气等环境中的无机物合成有机物。据估计（表 5-1），地球上植物每年通过光合作用合成的有机物总量约为 16.4×10^{10} t，其中，陆地生态系统的植物约为 10.9×10^{10} t，海洋生态系统的植物约为 5.5×10^{10} t。高等动物是异养型生物，它们不能直接利用环境中的二氧化碳、水和无机物，只能以自养型生物所合成的有机物为食。

表 5-1 地球上绿色植物每年生产的有机物总量 $\times 10^{10}$ t

植物群落	有机物产量	植物群落	有机物产量
森林	7.70	沙漠	0.25
草原	1.90	湖沼、河流	0.10
耕地	0.90	海洋	5.50

注：引自李复兴和李希沛，1994。

根据动物对饲料的可利用情况，再生性饲料资源可分为可利用饲料资源和不可利用饲料资源。

1. 可利用饲料资源

可利用饲料资源也称为常规饲料资源，是指能够直接用作饲料的常用饲料资源，如玉米、小麦、豆类等。这类饲料资源应用普遍，在饲料工业发展中起着很重要的作用。

2. 不可利用饲料资源

不可利用饲料资源是指不能直接利用的饲料资源，即非常规饲料资源，如森林资源、农作物秸秆等。

(二)非再生性饲料资源

非再生性饲料资源主要是指地球上的矿物质饲料资源，贮量有限，可利用的数量更少。目前，作为营养源利用的矿物质饲料资源 500 万～1 000 万 t。

(三)创生性饲料资源

创生性饲料资源是指人工合成的氨基酸、维生素、尿素、微生物蛋白质饲料以及一些非营养性的饲料添加剂等，其生产往往需消耗再生性资源。目前，这类资源的生产正处于兴旺时期。

二、饲料资源的利用现状

(一)饲料资源的利用方式

1. 传统利用方式

传统利用方式是指饲料资源未经合理的加工处理和配制而直接、单一使用的方式。该方式利用的资源量约占资源利用总量的 1/2，在发展中国家应用普遍，而在发达国家较少采用。其特点是对资源利用不经济，具有掠夺性，资源浪费大。

2. 科学利用方式

科学利用方式是指对饲料资源进行适宜加工处理和配合使用的方式。其特点是对饲料资源利用效率高，经济有效。

(二)影响饲料资源利用的因素

就世界范围来看，再生性饲料资源和非再生性饲料资源的利用率都较低，前者只有 5%～10%。饲料资源的利用受很多因素的影响，主要归纳为 3 大类因素。

1. 饲料资源性因素

饲料资源性因素包括饲料资源的类型、结构、质地、养分含量、有毒有害物质含量等。某种物质在正常情况下不宜用作饲料或不能被动物有效利用的主要原因有两个：一是分子结构坚硬，动物无分解机制或分解能力差，如树木、秸秆；二是植物在进化过程中积累了某些物质，这些物质对植物有保护作用，但对动物却有毒有害，影响饲料的利用，如棉酚等。此外，饲料资源的养分平衡情况、适口性等也是影响饲料利用的重要因素。

2. 社会经济文化水平

一个国家、地区的饲料资源的利用受当地人口数量、文化和经济水平、意识、法律法规等的制约。人口数量增长水平直接影响人们对畜产品的需求数量和用于养殖的精饲料的数量。文化经济水平、意识和法律法规影响人们对饲料资源的认识、开发和利用方式。盲目利用和滥用饲料资源不仅造成资源浪费，同时，也影响畜牧业、饲料工业的可持续发展。饲料资源所在的自然环境、气候、交通等因素直接影响饲料资源开发投入的成本，从而决定饲料资源的开发利用前景。

3. 养殖业和饲料工业发展水平

由于养殖业和饲料工业水平落后，大量饲料资源未经有效合理加工、单一直接饲喂，以传统方式利用为主；或配合饲料的普及率不高、配方不合理，而使得饲料利用率低。此外，由于加工、贮藏、运输、销售不当，造成饲料资源浪费。据估计，全世界每年因此而损失的粮食占总量的 20％～30％；因虫、霉、鼠害而损失的谷物约占贮粮的 10％。

(三)我国饲料资源利用现状

1. 饲料资源短缺

我国饲料工业经过 30 多年的发展，已经成为我国的支柱产业之一，配合饲料产量居全世界第二。随着饲料工业的发展，已出现饲料资源短缺，并将继续存在。2017—2022 年我国工业饲料总产量情况见图 5-1，数据显示，2022 年我国工业饲料总产量 30 223.4 万 t，同比增长 3.0％。其中配合饲料产量 28 021.2 万 t，同比增长 3.7％；浓缩饲料产量 1 426.2 万 t，同比下降 8.1％；添加剂预混合饲料产量 652.2 万 t，同比下降 1.6％。

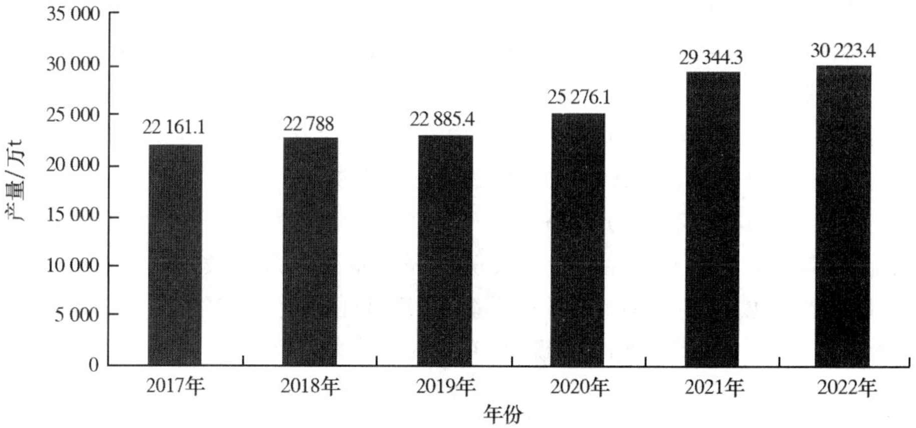

图 5-1　2017—2022 年我国工业饲料总产量情况

2. 资源分布不平衡

我国的饲料资源分布不平衡，玉米和豆粕主要集中在东北，而南方相对较缺乏；鱼粉和肉骨粉等在沿海地区和南方相对较丰富。动物屠宰加工下脚料比较分散，难以收集加工利用。

3. 优质能量饲料紧缺，糠麸等副产品相对较多

我国的能量饲料主要是玉米，约占饲料总量的60%。我国玉米大部分分散在农户，且资源分布极不平衡，主要分布在东北。因而用于工业饲料生产的玉米量仍然不足，特别是南方地区。小麦和稻谷等谷物籽实用作饲料的比例相对较少，受价格影响很大。作为优质能源的油脂十分紧缺，植物油尚需进口，而动物油脂也因畜禽的分散屠宰和人们的食用习惯很难集中用于饲料。从而使我国的饲料工业对玉米的依赖性很大，并限制了我国配合饲料能量浓度的提高。

但我国由于人们膳食的习惯和食品加工业的发展，糠麸类和糟渣类饲料数量较大，估计每年分别有5 000万t左右和2 000万t。但糠麸、糟渣类饲料含粗纤维高(特别是加工不合理，含大量谷壳的米糠)、能量低、养分消化利用率低。所以，改善糠麸类饲料的加工工艺、科学合理利用是一个急需解决的问题。

4. 优质蛋白质饲料缺乏，棉、菜籽粕等杂粕相对较多

优质蛋白质饲料主要是鱼粉、豆粕等。据估计，我国国产鱼粉只有几十万吨，每年进口鱼粉在60万t以上。我国曾是大豆和豆粕的出口国，随着对大豆油作食用油和大豆粕作饲料的需求增加，国产大豆和豆粕已不能满足需求，预计豆粕缺口达200万t。我国已变为大豆和豆粕进口国。目前，大豆进口量约占我国消费量的45%、生产量的67%，占世界大豆贸易总量的20%，是世界第一大豆进口国。

我国油菜籽粕和棉籽粕产量虽然较多，但由于品种和加工工艺不佳，存在粗纤维含量高、能量低、氨基酸不平衡、氨基酸消化利用率低、含有毒有害物质等缺点，有待合理利用。

5. 非常规饲料资源丰富

除常规的饲料资源外，我国也含有大量的非常规饲料资源如秸秆、工业废弃物等，通过合理开发利用，这些资源将成为重要的配合饲料原料。

6. 饲草资源的开发利用具有很大前景

饲草是发展节粮型养畜的物质基础。由饲草转化成的畜产品在发达国家的畜产品总产量中占比很大，如美国为74%、法国为60%、澳大利亚为90%、新西兰近100%，全世界平均为55%。我国有各类天然草地4亿hm^2，占国土面积的42%，其中可利用面积为3.3亿hm^2，分为3类。即牧区草山草地，面积3亿hm^2，占75%；北方草山草地，面积2 500万hm^2，占6.29%；南方草山草地，面积7 400万hm^2，占18.65%。但天然草原退化严重、草质较差、载畜量低，单位面积草地生产的畜产品数量不及美国同类草地畜产品数量的1/20。通过加强投入、保护草地自然资源、维护草场生态系统平衡、合理利用草地、扩大高产人工草地面积、推进草业产业化发展，可以大大增加饲料资源，具有重要的战略意义。

【评估考核】

1. 填空题

(1)根据饲料资源的性质，自然界的饲料资源可分为三大类：一是__________，二是__________，三是__________。

(2)饲料资源的利用方式有＿＿＿＿＿＿和＿＿＿＿＿＿。

2. 简答题

影响饲料资源利用的因素有哪些？

3. 讨论与思考

试述我国饲料资源利用现状。

二维码 5-1　饲料资源的利用现状评估考核参考答案

任务二　饲料资源开发利用的途径

"开源节流"是解决饲料资源短缺的基本思路。"开源"就是充分利用自养型生物，发掘和扩大新的饲料资源。"节流"就是充分了解现有饲料资源的营养特性，科学合理和充分利用现有饲料资源。必须从战略的眼光来重视饲料资源的开发利用，同时，又必须注意资源开发与环境保护相结合，重视生物安全问题，走可持续发展道路。

一、饲料资源开发利用的基本途径

(一)增加可利用资源的生产量

具体措施包括增加作物的种植面积，科学调整种植计划，提高土地的复种指数；改善饲料加工和贮藏条件，减少饲料浪费等。

(二)利用生物技术育种，培育优质饲料资源

培育养分含量高、有毒有害物含量低的作物新品种一直是作物育种追求的目标，并已成功培育出了一些新品种，如双低油菜籽、低酚或无毒棉籽、高蛋白玉米、高赖氨酸玉米等。随着现代生物技术的发展，利用基因工程技术来改变生物的性状与杂交育种，具有直接、定向的特点，而且能打破生物界门纲目科属种之间的界限，极大地提高人们改造生物的能力。因此，利用基因工程技术可大大提高新作物的育种速度，快速培育出具有特定质量特性的作物新品种。作物新品种的培育目标有如下几个方面。

1. 提高蛋白质含量和改良蛋白质品质

被誉为"饲料之王"的玉米是最重要的能量饲料，但其蛋白质含量低、品质差，缺乏赖氨酸和色氨酸等必需氨基酸。因此，提高玉米的蛋白质含量和品质一直是玉米遗传选育的目标。通过传统的杂交育种方法，已成功培育出了高蛋白玉米（如 Floury-2 玉米）的蛋白质可达 17.0%；高赖氨酸玉米（如 Opaque-2 玉米）的赖氨酸和色氨酸含量比普通玉米高 50%以上，氨基酸组成较好。最早选育的高赖氨酸玉米品种对疾病的抵抗力减弱，产量不高，目前已有突破，一些产量高的高赖氨酸品种已在生产中开始推广应用。利用基因工程技术培育的高营养浓度玉米，与普通玉米相比，赖氨酸含量高 30%，含硫氨基酸高 50%，苏氨酸高 18%，色氨酸高 100%，能量高 6%。大豆是重要的植物性蛋白质饲料资源，但缺乏含硫氨基酸，按照传统的杂交育种技术很难增加含硫氨基酸。目前，通过基因工程技术，已培育出高蛋氨酸大豆。

2. 提高油脂含量和改良油脂组成

培育高油玉米品种是玉米品种选育的新方向，已引起了营养学家和养殖生产者们的广泛关注。该类品种的胚芽比常规玉米大得多，因而脂肪和蛋白质含量均高于普通玉米，蛋白质品

质也得以改善。脂肪含量可达6%～10%，甚至高达17%；亚油酸含量提高40%～60%；蛋白质含量提高6%～20%；赖氨酸和蛋氨酸等提高12%～30%；代谢能值提高5%～6%。在畜禽饲粮中添加高油玉米，不仅可提高饲粮能量浓度，满足动物在应激或采食量下降时的能量需要，进一步提高动物生产性能和饲料利用率。而且可减少粉尘，减少动物呼吸道疾病，改善动物被毛（羽毛）的生长。

通过植物育种技术不仅可提高植物籽实的油脂含量，也可改变脂肪酸组成，从而提高植物油脂的稳定性、营养价值和功能价值。如低芥酸菜籽、高油酸葵花籽及不同脂肪酸组成的大豆品种，如低亚麻酸大豆（含量从8%降到2.8%～4.0%）、低棕榈酸大豆（含量从11%降到4%）、高油酸大豆（高达80%）、高硬脂酸大豆（含量从4%增加到20%）、高棕榈酸大豆（含量从10%左右增加到20%）、高饱和脂肪酸大豆（含量从15%增加到40%）等。但目前，各种新大豆品种尚处于研究开发阶段。

3. 低抗营养因子含量品种

传统选育的品种有低硫葡萄糖苷油菜、"双低"油菜、无酚棉花（或低酚棉花）。现在已培育出低植酸玉米品种（可利用磷含量高的玉米），植酸含量比普通玉米低33%～66%，磷利用率从15%提高到65%～75%；低植酸大豆、低聚糖大豆等。推广这些作物新品种，可提高动物生产性能和饲料利用率，改善环境质量，显示出巨大的潜在价值。

（三）科学加工饲料，提高饲料利用率

饲料加工方法包括物理加工、化学处理和生物学方法等。适宜的物理加工（如筛选、分离、稀释、粉碎、加热、加压、吸附）、化学处理（如酸处理、碱处理）和微生物作用，可破坏饲料的分子结构和降解有毒有害物质，从而提高饲料利用率。

从饲料工业的发展历程来看，饲料加工工艺经历了从简单粉碎、人工混合→机械混合、冷压制粒→蒸汽制粒→挤压和膨化加工的变化，而且粉碎、混合、制粒、膨化等工艺参数等都不断改进。合理的饲料加工，可破坏植物细胞壁，钝化抗营养因子，改善饲料的适口性，提高养分的消化利用率。因此，每一次饲料加工工艺的革新，都对饲料原料的合理利用、新产品的开发、产品质量的改良或生产效率的提高等带来有益的变化。

（四）充分利用微生物和化学合成，增加创生性饲料资源

用人工方法来生产创生性饲料资源如单细胞蛋白饲料、活性酵母饲料、活菌制剂、酶制剂、合成氨基酸、合成维生素、各种非营养性饲料添加剂等，具有规模化程度高、容易控制等优点，既可生产优质饲料资源，又可变不可利用的饲料资源为可利用饲料资源，变废为宝，改善环境质量。

（五）合理应用饲料添加剂，提高饲料养分消化利用率

随着科学的发展，饲料添加剂的研究和应用得到了迅速发展，添加剂种类大大增加，其作用也不仅仅是促进生长，一些添加剂已成为促进营养物质消化吸收或保证动物营养生理功能正常发挥所"必需"的物质，成为全价饲粮中必不可少的组成部分，而不看作是饲料中"额外添加"的成分。合理应用饲料添加剂，是提高饲料养分利用率、开发利用饲料资源的重要途径。饲料添加剂种类繁多，其中，具有重要应用价值的包括酶制剂（如蛋白酶、淀粉酶、纤维素酶、半纤维素酶、植酸酶）、有机微量元素化合物、微生态制剂等。

(六)进一步推广全价配合饲料,提高配方技术水平

合理的配方设计,避免单一使用养分不平衡的饲料原料,可有效提高饲料养分的利用效率,减少饲料资源浪费。在配方设计和饲料加工过程中,充分应用现代营养学和饲料学知识,如理想蛋白质模式应用,以有效氨基酸、有效磷等为基础配制饲粮来提高配方技术含量,提高饲料转化率。

(七)推进饲料工业的标准化工作与国际接轨,弥补国内饲料资源的不足

饲料工业标准化工作是组织现代饲料工业生产的重要手段。从它的发生和发展来看,是通过实践—理论—实践,不断接受检验,不断完善的自然科学与管理科学相结合的交叉学科。饲料工业标准化体系涉及农业、畜牧、渔业、粮食、医药、化工、食品、机械、工程、外贸、信息技术等10多个行业的大生产体系。一个完整的饲料工业标准化体系,不仅要使饲料工业自身符合最优化的目标,同时还要使这个体系与其他相关行业经济管理体系相协调,与整个国家经济发展的速度相适应,与科学技术的进展水平相衔接。

二、主要饲料资源的开发利用途径

(一)能量饲料

(1)通过育种改良,提高蛋白质、脂肪的含量和质量,提高能量价值和养分利用效率。

(2)通过育种,降低植酸磷含量,提高磷的利用效率。

(3)合理利用非淀粉多糖酶,提高小麦、大麦、高粱等籽实及加工副产物的利用价值。

(4)采用先进的加工工艺,充分发挥能量饲料的潜在价值。

(二)油料饼(粕)

(1)通过育种改良,减少抗营养因子含量。

(2)通过育种提高含硫氨基酸含量。

(3)改进榨油工艺,提高饼(粕)的蛋白质和氨基酸消化利用率。

(4)合理利用酶制剂,降解非淀粉多糖和抗营养因子,提高养分利用率。

(5)合理搭配,平衡营养素含量,提高利用率。

(三)青粗饲料

(1)加大投入,加强人工改良草地,建立饲草资源基地,合理使用草原,发展种草养畜。

(2)加快草产品商品化生产,开发草粉、饼块、叶蛋白等饲料产品;开发森林资源,生产树叶蛋白质浓缩物和添加剂。

(3)开展秸秆加工调制工艺和高效利用研究,提高农作物秸秆资源的利用率。

(4)合理配制饲粮和应用饲料添加剂,平衡饲粮养分,提高饲料利用率。

(四)动物性饲料资源

1. 血液

血液蛋白质含量高,氨基酸不平衡,氨基酸消化率低,资源分散。其开发利用重点在于集中资源、采用喷雾瞬间干燥先进工艺、减少氨基酸损失;开展深加工研究,开发血浆蛋白粉、血球蛋白粉等。

2. 角质化蛋白质如角、蹄、羽毛、毛发等

该类资源数量多、分散、品质差、加工水平低。开发利用重点在于集中资源、改进加工工艺、平衡氨基酸和利用特异性酶制剂或微生物发酵来提高角质蛋白的利用率，如研究发现，从土壤中分离出的新霉素链霉菌和从动物皮肤分离出的粒状发癣菌具有水解角质蛋白的能力。羽毛经新霉素链霉菌发酵处理，可显著提高 Met、Tyr、Lys 和 His 水平，体外消化率(90%)明显高于未发酵羽毛粉(65%～70%)。

非常规性动物蛋白饲料的开发利用无疑是缓解蛋白质饲料资源紧缺和降低成本的良策。在开发利用过程中，原料及加工方法的不同对营养价值影响很大。因此，为更好地发挥非常规性动物蛋白饲料的潜力，应深入探索更好的开发和利用方法。

(五)矿物质饲料资源

(1)开发利用天然矿物质资源，如沸石、麦饭石、稀土、膨润土等。

(2)改进饲料级矿物质饲料的生产和加工工艺，减少浪费和提高养分利用率。

(3)开发生产有机矿物元素添加剂，提高利用率。

(六)畜禽粪便资源

(1)改进干燥加工工艺，杀灭有毒有害微生物，消除异味。

(2)通过合理的饲粮配制和饲喂技术，改善养分的平衡情况，提高养分利用率。

(七)微生物饲料资源

(1)加大投入，充分利用工业废水、废气、废渣生产单细胞蛋白饲料、微生态制剂等微生物饲料资源。

(2)利用基因工程技术，开发基因工程菌，提高微生物饲料资源的生产规模和速度。

(3)加强基础研究，明确微生态制剂的应用原理和应用技术，合理利用微生态制剂。

(八)饲料添加剂资源

1. 氨基酸高产技术研究

筛选优良菌株，开展最佳发酵、分离、提纯工艺研究，提高产酸率和回收率。

2. 充分开发中草药添加剂和动植物提取物

中草药是我国最有潜力的饲料资源。目前的利用方式比较粗放，应加强中草药活性成分和作用机理研究，加强中草药和动植物提取工作，逐步向中草药添加剂产业化方向发展。利用中草药和动植物可生产一系列饲料添加剂如天然抗生素大蒜素；酶制剂如木瓜蛋白酶；代谢调控剂如用黄芪、白术、刺五加、枸杞子、银耳、三七、人参、灵芝等中草药开发蛋白质代谢调节剂，用何首乌、金樱子、女贞子、决明子、黄芪、大蒜等中草药开发脂肪代谢调节剂；天然色素等。

3. 利用生物技术，开发高效、安全的绿色饲料添加剂

生物技术是以现代生命的科学理论为基础，利用生物体及其细胞的、亚细胞的和分子的组成部分，结合工程学、信息学等手段开展研究及制造产品，或改造动物、植物、微生物等，并使其具有所期望的品质、特性，从而为社会提供商品和服务的综合性技术体系，又称为“生物工程”。广义的生物技术是指所有用有机体或它们的产物开发产品的技术，包括基因工程、细胞工程、发酵工程、酶工程。狭义的生物技术仅指基因工程，又称为“现代生物技术”，包括酶或细胞固定化技术、细胞或原生质体融合技术、细胞大规模培养技术、生物反应器技术、动植物转基因技术、克隆技术、生物芯片技术等。应用生物技术可开发出一系列高效、安全的饲料添加剂，如饲用酶制剂、生物活性肽、益生素、功能寡糖、核苷酸、卵黄抗体、饲用抗生素、氨基酸等。

三、开发饲料资源应注意的问题

(1)明确饲料资源开发利用的战略意义，制订饲料资源的开发利用规划。各级政府部门应充分认识饲料资源开发利用对饲料工业、养殖业和国民经济发展的重要意义，发挥好宏观决策和调控的职能，制订出饲料资源开发利用的发展规划，并根据各部门的饲料资源特点，落实到各个相关部门和行业，以便发挥优势，以利规划的实施。

(2)饲料资源开发利用和环境保护相结合。未来中国饲料工业和养殖业的发展，必须走"可持续发展"的道路。可持续的基本含义：一是指饲料和动物生产在生态、资源与环境上的可持续性，必须降低投入成本，提高产出生产力，降低环境污染，保证食品安全，改善产品质量，提高竞争力；二是在经济与社会等方面与其他行业协调发展。即必须在饲料和动物生产及环境之间建立一种复杂的网络系统，保证资源的合理利用和永续利用，防止环境退化；必须使饲料和动物生产经济效益及其产品市场供给保持良好的稳定性；必须使饲料和动物生产发展与国民经济整体发展协调，具有能够满足社会需要的能力，并为消除贫困和发展不平衡性，保障社会繁荣与稳定发挥积极作用。可持续发展模式为克服饲料和动物生产发展与环境的矛盾提供了有力武器。治污环保是我国目前亟待解决的问题，因此，必须将饲料资源的开发利用和环境保护相结合，健全法制，增强环保意识，才能有利于饲料工业和养殖业的可持续发展。

(3)加强人才培养和科学研究，提高饲料资源的开发利用水平。开发新的饲料资源，一般在保持营养特性、降低开发成本、规模化生产、设备研制等方面存在很多问题，因此，应重视人才培养和技术投入，抓住重点，组织攻关，使饲料资源的开发利用有新突破、新发展。

(4)重视生物安全。广义的生物安全是指在一个特定的时空范围内，由于自然或人类活动引起的外来物种迁入，并由此对当地其他物种和生态系统造成改变和危害；人为造成环境的剧烈变化而对生物的多样性产生影响和威胁；在科学研究、开发、生产和应用中造成对人类健康、生存环境和社会生活有害的影响。狭义的生物安全是指通过基因工程技术所产生的遗传工程体及其产品的安全性问题。生物安全的提出是基于目前大量涌现的转基因作物、微生物和动物及其产品的应用。生物安全的问题很多，如物种绝灭与新物种肆虐，基因飘移、扩散与杂草化；致畸、致癌、致突变；不育；抗药力递增；基因武器；生物入侵等。但关注的焦点有两方面：一是环境生态安全即转基因作物演变成农田杂草的可能性、基因漂流到近缘野生种的可能及对自然生物类群的影响；二是食物安全如抗药性转移、杀虫蛋白的致病性、除草剂的大量使用和残留等。转基因产品的安全问题已由学术观点分歧，发展到知识产权、环境问题、经济问题、生物武器、伦理道德甚至政治等问题。各国政府都非常重视，并制订了相应的管理法规。我国于1993年发布了《基因工程安全管理办法》；1996年发布了《农业生物基因工程安全管理实施办法》；2001年6月，国务院发布《农业转基因生物安全管理条例》，对转基因产品的研究、开发、进出口、标签做了严格的规定；2002年1月颁布了《农业转基因生物安全管理条例》实施细则，于2002年3月20日生效。因此，利用基因工程技术来开发饲料资源必须符合国家法规，对基因工程产品的营养价值、安全特性做深入研究，避免潜在的危险。目前，当务之急是我国进口的大部分饲料原料如玉米和大豆为转基因作物，应加强投入，开展对转基因饲料原料营养价值和安全特性的研究，防患于未然。

非常规饲料资源开发利用，对减少资源浪费、减少环境污染、缓解饲料资源短缺、饲料工业发展的制约以及缓解人畜争粮矛盾等具有重大社会意义，我们要建立生态理念和经济社会高质量发展全局观，合理利用。

【评估考核】

讨论与思考

(1)简述开发利用饲料资源的基本途径。

(2)简述开发饲料资源应注意的问题。

二维码 5-2　饲料资源开发利用的途径评估考核参考答案

项目六

配合饲料生产

学习目标

了解营养需要与饲养标准的表示方法及其意义；理解维持需要和生产需要之间的关系；掌握饲料配方设计的原则、方法和步骤；生产中，能够合理地选购和使用配合饲料。培养具备对数据结果实事求是、科学严谨的态度；培养严谨求实工作作风和爱国主义精神；激发民族自信和爱国情怀。

学习内容

任务一　营养需要与饲养标准

一、营养需要

营养需要是指每头(只)动物每天(24 h)对能量、蛋白质、矿物质和维生素等养分的需要量。不同种类、品种、年龄和性别的动物，在不同的生理状态和生产水平下，对饲料能量、蛋白质、矿物质和维生素的需要各不相同。根据动物营养学原理，动物从饲料摄取的能量和各种营养物质，一部分用来维持正常体温、血液循环、组织更新等必要的生命活动；另一部分则用于妊娠、泌乳、生长、产肉、产蛋、产毛和劳役等生产活动。

因此，动物总营养需要＝维持营养需要＋生产营养需要。

随着营养科学的发展，对动物所需营养物质的种类和数量的研究也由简到繁，由粗略到精确。在实际生产中，根据不同动物对营养物质消化代谢的特点，成年反刍动物与非反刍动物所需营养物质的种类(或指标)是不同的。各种动物除需要能量和蛋白质外，对成年反刍动物不必强调 B 族维生素、维生素 C、维生素 K 及有效磷的供应，而对非反刍动物则一定要考虑必需氨基酸、各种维生素及有效磷等的供应。

动物营养需要是广大营养学家和科研人员通过长期大量的饲养实验和生产实践总结的特定动物所需要的各种营养物质的定额数据，是群体的均值，存在个体差异。动物种类、品种、年龄、性别、生理功能、生产目的、生产性能和环境条件等不同，营养需要也会有差别，所以可参考但不能照搬。在实际生产工作中，我们应该具备具体问题具体分析的能力，结合实际情况进行适当调整。

二维码 6-1　维持营养需要　　二维码 6-2　生产营养需要　　二维码 6-3　猪的营养需要

二、饲养标准

营养需要实际上是指动物在适宜的环境条件下，正常、健康生长或达到理想生产成绩对各种营养物质种类和数量的最低要求，它是一个群体平均值，不包括一切可能增加需要量而设定的保险系数，它是指动物从饲料中获得养分的种类和数量。

饲养标准则是根据大量饲养实验结果和动物生产实践的经验总结，对各种特定动物所需要的各种营养物质的定额做出的规定，这种系统的营养定额及有关资料统称为饲养标准。简而言之，即特定动物系统成套的营养定额就是饲养标准，简称“标准”。饲养标准是指饲料供给动物养分种类和数量的科学化、标准化、具体化，二者具有一致性。在实际应用中，饲养标准是设计饲料配方、制作配合饲料、使用营养性添加剂及规定动物采食量等的依据，而营养需要又是制订饲养标准的依据。

早期的“饲养标准”基本上是直接反应动物在实际生产条件下摄入营养物质的数量，“标准”的适用范围较窄。现行饲养标准更为准确和系统地表述了实验研究确定的特定动物能量和营养物质的定额数值，即动物所需的一种或多种养分在数量上的叙述或说明。

二维码 6-4 饲养标准

(一)饲养标准的内容

饲养标准包括以下几方面。

(1)说明：介绍标准的研究方法、研究条件、标准特点、使用方法及建议等。

(2)需要量：标准的主要内容。

(3)饲料营养价值表：标准的主要内容之一。一般分畜种列出常用饲料的各种概略养分含量、能值，一些纯养分的含量及某些养分的消化率或利用率等。

(4)典型配方：供实践使用参考。

(5)饲养标准的指标。

(二)饲养标准的指标

1. 干物质或风干物质

干物质或风干物质的采食量(DMI)是一个综合性指标，用千克(kg)表示。干物质或风干物质的采食量一般占体重的3%～5%。动物年龄越小，生产性能越高，DMI占体重的百分比越高。DMI越高，一般来说要求日粮的养分浓度也越高。若日粮养分浓度过高，可能因为能量等主要指标的需要量已经满足，而造成DMI不足。若饲料品质太差，养分浓度低，可能因受DMI的限制(吃不进去)，而造成主要养分摄入不足。因此，配制动物日粮时应正确协调DMI与养分浓度的关系。

2. 能量

能量是动物的第一需要，净能可与产品直接挂钩，我们可以净能的食入量准确预测畜产品的产量。因此，用净能衡量动物的能量需要是营养学发展的必然趋势。目前，对奶牛用净能、对鸡用代谢能、对猪用消化能表示其能量需要，单位是兆焦(MJ)。我国在奶牛饲养标准中为了突出实用性，用奶牛能量单位(NND)表示奶牛的能量需要，对肉牛用肉牛能量单位(RND)表示肉牛的能量需要。

3. 蛋白质及氨基酸

猪、禽用粗蛋白质来表示其蛋白质的需要，单位是百分数；牛用可消化粗蛋白来表示其蛋白质的需要，单位是克(g)。

非反刍动物(尤其是禽)对日粮中的氨基酸有着特殊的需要，平衡供给氨基酸，可在降低日粮粗蛋白质浓度的情况下(减少蛋白质的浪费)，提高动物的生产性能和经济效益。必需氨基酸是猪、禽饲养标准中不可缺少的营养指标。用总的、表观可消化或真可消化氨基酸表示饲料蛋白质的营养价值或动物对蛋白质的需要量是总的发展趋势。

随着反刍动物蛋白质营养研究的深入，为了更加准确地测定牛、羊的蛋白质需要，预计将来会用降解蛋白(RDP)和非降解蛋白(UDP)来衡量牛、羊的蛋白质需要，甚至可能用小肠可吸收有效氨基酸表示蛋白质需要。反刍动物蛋白质饲养新体系的不断完善，必将使反刍动物更加合理、有效地利用饲料蛋白质。

4. 矿物质

钙、磷、钠是各种动物饲养标准中的必需营养元素，用克(g)表示，对于猪和禽(尤其是禽)还应强调有效磷的需要量。我国饲养标准中还规定了猪和禽对铁、铜、锌、锰、硒、碘等微量元素的需要量。

微量元素是近年来动物营养研究最活跃的内容，在过去被认为非必需，甚至有毒或剧毒的元素如砷、氟、铅等，现在也认为是动物生产所必需的。因此，动物所需的微量元素种类还将增加。但实际添加时应十分慎重，严格按照用法和用量添加。

5. 维生素

猪、禽所需的维生素应全部由饲料提供，年龄越小，生产性能越高，所需维生素的种类与数量越多。一般情况下，反刍动物仅需由饲料提供维生素 A，有时还需考虑维生素 D 和维生素 E。水溶性维生素的单位是毫克(mg)，脂溶性维生素的单位是国际单位(IU)或毫克(mg)。

6. 亚油酸

亚油酸已经作为家禽的必需脂肪酸被列入饲养标准，其单位是克(g)。亚油酸一般占日粮的 1%，对种用家禽可能更高些。对猪而言，亚油酸占日粮的 0.1%即可。

(三)饲养标准的表达方式

1. 按每头动物每天需要量表示

这是传统饲养标准表述营养定额所采用的表达方式。需要量明确给出了每头动物每天对各种营养物质所需要的绝对数量。对动物生产者估计饲料供给或对动物进行严格计量限饲很适用。现行反刍动物饲养标准一般以这种方式表达各种营养物质的确切需要量。非反刍动物，特别是猪的饲养标准也采用这种表示方法。如 NRC(1998)20～50 kg 阶段的生长猪，每天每头需要 DE 26.4 MJ，钙 11.13 g，总磷 9.28 g，维生素 A 2 412 IU。产蛋鸡的“标准”也常用这种方式表示产蛋阶段的营养物质需要。

2. 按单位饲粮中营养物质浓度表示

这是一种用相对单位表示营养需要的方法，该表示法又可分为按风干饲粮基础表示或按全干饲粮基础表示。“标准”中一般给出按特定水分含量表示的风干饲粮基础浓度，如 NRC 的“需要”按 90%的干物质浓度给出营养指标定额。按单位浓度表示营养需要，对任食制饲养动物、饲粮配合、饲料工业生产全价配合饲料十分方便。猪、禽饲养标准一般都列出按这种方式表示的营养浓度。例如，我国鸡的饲养标准，0～4 周龄肉鸡饲粮中需要粗蛋白 21%，蛋氨酸

0.45%，钙 1%，非植酸磷 0.45%。不同饲养标准，相对表示营养需要的方法基本相同，能量用“MJ”或“J/kg”表示，粗蛋白、氨基酸、常量元素用百分数表示，维生素用国际单位或“mg”或“μg/kg”表示。不同营养指标，表示营养需要量的单位不同。能量一般用“MJ”或“J”表示；粗蛋白和氨基酸用“g”表示，其中粗蛋白也可用占饲粮百分数结合采食量（g/d）给出每天的绝对数量；维生素中，维生素 A、维生素 D、维生素 E 用“IU”表示，维生素 B_{12} 用“μg”表示，其他用“mg”表示；矿物元素中，常量元素一般用“g”表示，微量元素一般用“mg”表示。

3. 其他表达方式

（1）按单位能量浓度表示。这种表示法有利于衡量动物采食的营养物质是否平衡。我国鸡的“标准”采用了这种表示方法，例如 6 周龄以前的生长禽饲粮，每兆焦 ME 需要 67 g CP（即蛋白质能量比）、蛋氨酸加胱氨酸 2.07 g。

（2）按体重或代谢体重表示。此表示法在析因法估计营养需要或动态调整营养需要或营养供给中比较常用。按维持加生长或生产制订营养定额的“标准”中也采用这种表达方式。“标准”中表达维持需要常用这种方式，例如产奶母牛维持的粗蛋白质需要是 4.6 $g/W^{0.75}$，钙、磷、食盐的维持需要分别是每 100 kg 体重 6 g、4.5 g、3 g。

（3）按生产力表示。即动物生产单位产品（肉、奶、蛋等）所需要的营养物质数量，例如奶牛每产 1 kg 标准奶需要 CP 58 g。母猪带仔 10～12 头，每天需要 DE 66.9 MJ。反刍动物饲养标准还可能有其他表示方法，如 NRC 牛的“需要”中，能量常列出可消化总养分（TDN），我国奶牛饲养标准中能量指标列出了奶牛能量单位（NND）。

（四）饲养标准的基本特性

1. 饲养标准的科学性和先进性

饲养标准或营养需要是动物营养学和饲料学领域科学研究成果的概括和总结，高度反映了动物生存和生产对饲养及营养物质的客观要求，具体体现了本领域科学研究的最新进展和生产实践的最新总结。“标准”的科学性和广泛的指导作用无可非议。此外，总结、概括纳入饲养标准或营养需要中的营养、饲养原理和数据资料，都是以可信度很高的重复实验资料为基础，对重复实验资料不多的部分营养指标，在“标准”或“需要”中均有说明。表明“标准”是实事求是、严密认真科学工作的成果。

随着科学技术不断发展、实验方法不断进步、动物营养研究不断深入和定量实验研究更加精确，饲养标准或营养需要也更接近动物对营养物质摄入的实际需要。

2. 饲养标准的权威性

“标准”的权威性首先是由其内容的科学性和先进性决定的。其次以其制订的过程和颁布机构的地位作用看，也体现了权威性。“标准”不但是大量科学实验研究成果的总结，而且它的全部资料都要经过有关专家定期或不定期的集中严格审定，其审定结果又以专题报告的文件形式提交有关权威行政部门颁布。这样，“标准”不仅有权威性，其严肃性也是显而易见的。

我国研究制订的猪、鸡、牛和羊等的饲养标准，均由农业农村部颁布。世界各国的“标准”或营养需要均由该国的有关权威部门颁布，其中有较大影响力的饲养标准有：美国国家科学院科学研究委员会（NRC）制订的各种动物的营养需要、英国农业研究委员会（ARC）制订的畜禽营养需要、日本的畜禽饲养标准等。它们都颇有代表性，并各有特点，值得参考。

3. 饲养标准的可变化性

“标准”不可能一成不变。就“标准”本身而言，它不但随科学研究的发展而变化，也随实际生产的发展而变化。变化的目的是使“标准”规定的营养定额尽可能满足动物对营养物质的客观要求。就应用“标准”而言，仅起着指导饲养者向动物合理提供营养物质的作用。不能一成不变地按“标准”规定供给动物的营养，必须根据具体情况调整营养定额，认真考虑保险系数。只有充分考虑“标准”的可变化性特点，才能保证对动物经济的有效供给，才能更有效地指导生产实践。

4. 饲养标准的条件性和局限性

“标准”是确切衡量动物对营养物质客观要求的尺度。“标准”的产生和应用都是有条件的，它是以特定动物为对象，在特定环境条件下研制的满足其特定生理阶段或生理状态的营养物质需要的数量定额。但在动物生产实际中，影响饲养和营养需要的因素很多，诸如同品种动物之间的个体差异，各种饲料的不同适口性及其物理特性，不同的环境条件，甚至市场经济形势的变化等。这种“标准”产生和应用条件的特定性和实际动物生产条件的多样性及变化性，决定了“标准”的局限性，即任何饲养标准都只在一定条件下、一定范围内适用。切不可不顾时间、地点、条件生搬硬套“标准”。在利用“标准”中的营养定额拟订饲粮、设计饲料配方、制订饲养计划等工作中，要根据不同地区、不同环境情况和对畜禽生产性能及产品质量的不同要求，对“标准”中的营养定额酌情进行适当调整，才能避免其局限性，增强实用性。

总之，我们既要肯定由“标准”的科学性、先进性所决定的“标准”的普遍性，即其在适用条件和范围内的普遍指导意义，又要看到条件差异形成的特殊性，在普遍性的指导下，从实际出发，灵活应用“标准”。只有这样，才能获得预期效果。

(五)应用饲养标准的基本原则

饲养标准是发展动物生产、制订生产计划、组织饲料供给、设计饲粮配方、生产平衡饲粮、对动物实行标准化饲养管理的技术指南和科学依据。但是，照搬“标准”中数据，把“标准”看成是解决有关问题的现成答案，忽视“标准”的条件性和局限性，则难以达到预期目的。因此，应用任何一个饲养标准，应充分注意以下基本原则。

1. 选用“标准”的适合性

“标准”都是有条件的“标准”，是具体的“标准”。所选用的“标准”是否适合要被应用的对象，必须认真分析“标准”对应用对象的适合程度，重点把握“标准”所要求的条件与应用对象实际条件的差异，尽可能选择最适合应用对象的“标准”。选用任何一个“标准”，应考虑“标准”所要求的动物与应用对象是否一致或比较近似，若品种之间差异太大则难以使“标准”适合应用对象，如 NRC 猪的营养需要则难以适用于我国地方猪种。除动物遗传特性外，绝大多数情况下均可通过合理设定保险系数使“标准”规定的营养定额适合应用对象的实际情况。

2. 应用标准定额的灵活性

“标准” 规定的营养定额一般只对具有广泛或比较广泛的共同基础的动物饲养有应用价值，对共同基础小的动物饲养则只有指导意义。要使“标准”规定的营养定额变得可行，必须根据具体情况对营养定额进行适当调整。选用按营养需要原则制订的“标准”，一般都要增加营养定额。选用按“营养供给量”原则制订的“标准”，营养定额增加的幅度一般比较小，甚至不增加。选用按“营养推荐量”原则制订的“标准”，营养定额可适当增加。

3.“标准”与效益的统一性

应用“标准”规定的营养定额，不能只强调满足动物对营养物质的客观要求，而不考虑饲料生产成本。必须贯彻营养、效益（包括经济效益、社会效益和生态效益）相统一的原则。“标准”中规定的营养定额实际上显示了动物的营养平衡模式，按此模式向动物供给营养，可使动物有效利用饲料中的营养物质。在饲料或动物产品的市场价格变化的情况下，可以通过改变饲粮的营养浓度，不改变平衡，而达到既不浪费饲料中的营养物质又实现调节动物产品的量和质的目的，从而体现“标准”与效益统一性原则。

只有注意“标准”的适合性和应用定额的灵活性，才能做到“标准”与实际生产的统一，获得良好的效果。

【评估考核】

1. 名词解释

营养需要　　维持需要　　生产需要

2. 填空题

(1) 总的营养需要＝__________＋__________。

(2) 测定动物营养需要的方法有__________和__________。

3. 讨论与思考

(1) 饲养标准中规定了哪些营养指标？

(2) 应用饲养标准时应注意哪些问题？

二维码 6-5　营养需要与饲养标准评估考核参考答案

任务二　配合饲料生产

在生产中，单一的饲料原料各有其特点，有的以供应能量为主，有的以供应蛋白质和氨基酸为主，有的以供应矿物质或维生素为主，有的粗纤维含量高，有的水分含量高，有的是以特殊目的而添加到饲料中的产品。所以单一饲料原料普遍存在营养不平衡、不能满足动物的营养需要、饲养效果差的问题，有的饲料还存在适口性差、不能直接饲喂动物、加工和贮藏不方便的缺陷，有的饲料含抗营养因子和毒素等问题。为了合理利用各种饲料原料，提高饲料的利用效率和营养价值、提高饲料产品的综合性能、提高饲料的加工性能和保存时间等，有必要将各种饲料进行合理搭配，以便充分发挥各种单一饲料的优点、避开其缺点，因此，配合饲料便成为集约化饲养、饲料工业化生产的必然选择。

一、配合饲料的种类及特点

配合饲料是应用现代营养科学原理，根据不同畜禽的不同生理阶段、不同生产目的和生产方式对营养的需要，将多种饲料原料按照科学比例，经工业生产工艺配制并生产出均匀的商品饲料。

(一)种类

配合饲料的种类很多,按其营养特性可分为如下几种。

二维码 6-6　配合饲料概述

二维码 6-7　配合饲料生产

1. 全价配合饲料

全价配合饲料中除水外无需添加和饲喂任何数量和种类的其他物质便能够满足畜禽生活和生产所需要的各种营养成分的饲料,它可用来直接饲喂畜禽。全价配合饲料的原料构成有能量饲料、蛋白质饲料、常量矿物质饲料(钙、磷、食盐等精料补充料)、微量元素添加剂(铁、锌、铜、硒、锰、碘、钴等补充物)、氨基酸添加剂和维生素添加剂。此外,全价配合饲料中还常加有非营养性添加剂。

2. 浓缩饲料

浓缩饲料又称平衡配合料或维生素-蛋白质补充料。由添加剂预混料、蛋白质饲料、钙、磷以及食盐等按配方制成,是全价配合饲料的组分之一。因须加上能量饲料组成全价配合饲料后才能饲喂,配制时必须知道拟搭配的能量饲料成分,方能保证营养平衡。如饲养肉用仔鸡,育肥前期浓缩饲料通常占全价配合饲料的 30%,能量饲料占 70%,俗称三七料;到了育肥后期,则前者占 20%,后者占 80%,俗称二八料。反刍动物的浓缩饲料可采用尿素类饲料如尿素、双缩脲等,以节省蛋白质饲料。

3. 添加剂预混料

添加剂预混料是由多种维生素、氨基酸、微量元素添加剂与稀释剂组成的均匀混合物,既是一种借助载体或稀释剂将一种或多种营养性或非营养性微量组分均匀分布、降低其浓度,又添加在浓缩饲料或全价配合饲料中的特殊组分的预混合物。它由微量元素、维生素、氨基酸等营养性或非营养性添加剂与载体或稀释剂组成。

饲料添加剂或添加剂预混料中的载体,是一种能接受和承载粉状活性成分的可食性物料,表面粗糙或具有小孔洞。常用的载体为粗小麦粉、麸皮、稻壳粉、玉米芯粉、石灰石粉等。稀释剂也是可食性物料,但不要求表面粗糙或有小孔洞。二者的作用都在于扩大体积和有利于混合均匀。

预混料在配合饲料中所占的比例很小,一般占 0.5%～10%,多集中在 1%～5%的范围内。预混料与蛋白质饲料按一定比例配合生产出浓缩饲料。

4. 精料补充料

精料补充料是反刍动物用配合饲料,与其他饲料原料一起使用的一种饲料产品,目的在于补充某些营养物质,增进整个饲料的营养平衡效能。精料补充料的原料构成通常为能量饲料、蛋白质饲料、常量矿物质饲料、微量元素和维生素添加剂等。精料补充料可供反刍动物直接饲喂,它的终产品是一种半日粮型配合饲料,不需要与能量、蛋白质饲料等混合的一种配合饲料,因此必须严格控制与药物添加剂的配合浓度,确保安全。

配合饲料按其饲喂对象又可分为:鸡用配合饲料、猪用配合饲料、牛用配合饲料、鱼用配合饲料、鸭用配合饲料、兔用配合饲料、马用配合饲料、鹿用配合饲料、虾用配合饲料、实验动物用配合饲料及观赏动物用配合饲料等。而每一类动物的配合饲料又根据其品种、性别、生产目的、生产性能和生长阶段对应不同的配合饲料。如猪用配合饲料又可分为仔猪开食料、幼猪料、生长育肥猪料、妊娠母猪料、哺乳母猪料和公猪料。

配合饲料按成品形态还可分为粉料、颗粒饲料、碎粒料、压扁饲料、膨化饲料、液体饲料等。

(二)特点

在近代畜牧业生产发达的国家，配合饲料已在猪、鸡、牛的饲养业中广泛的应用，美国、德国、日本等发达国家的养猪、养禽业饲料的80%或更多采用配合饲料形式。与20世纪上半叶相比，采用配合饲料饲喂畜禽的效率几乎提高了1倍，这是因为配合饲料具有任何其他饲料所不具备的特点。

二维码 6-8 配合饲料的营养价值

1. 提高了饲料的营养价值和经济效益

配合饲料通过饲料配方的制作和拥有先进的技术设备条件，可以集中地应用饲料营养价值评定和畜禽营养需要的最新研究成果，并能把构成配合饲料的几十种不同组分，包括计量微小到百万分之一或宏大到百分之几十的各种组分，均匀地混合在一起，从而保证活性成分的稳定性，提高饲料的营养价值和经济效益。所以，配合饲料营养全面，饲喂效果显著，能加速畜禽生长，缩短饲养周期，降低饲养成本。

2. 能充分合理地利用饲料资源

长期以来，由于畜禽养殖业中使用传统的单一饲料，饲料资源没有得到充分合理的利用。而配合饲料是由粮食、各种加工副产品(如饼粕、麸皮、糟渣、糖蜜、鱼粉、血粉、肉骨粉、羽毛粉、制革下脚料)、植物的茎叶、矿物质饲料及微量添加剂等配合组成。可见，配合饲料配制的原料多样化，可以使上述各方面的资源得到充分利用，同时也刺激饲料资源加工业的开发，使一些不易被畜禽利用的和不能单独利用的饲料资源经工业化加工处理后，可成为饲料原料被进一步利用。

3. 可充分利用各种饲料添加剂

配合饲料能运用各种饲料添加剂，加速畜禽生长，减少疾病的发生，提高饲料的利用率。在天然的饲料中，某些营养物质，如维生素、矿物质、氨基酸的含量少且不平衡，即使互相配合也难以弥补其营养缺陷，而配合饲料可根据畜禽在不同生长阶段维持正常生产的养分需要量设计，对基础原料中的养分缺陷给予恰当的补充，因而大大提高了饲料转化率。同时，在配合饲料中适当加入药物饲料添加剂，可有效预防畜禽疾病的发生及传染病的蔓延；若加入饲料保藏剂(如抗氧化剂、黏结剂、防霉剂等)，可使配合饲料中的活性成分稳定，减少饲料产品在贮运过程中的自动分级现象，同时延长其商品货架期。

二、配合饲料生产及使用

(一)配合饲料配方设计

配合饲料质量的好坏与饲料原料、饲料配方的优劣及加工工艺等因素有着紧密的关系，其中饲料配方的好坏至关重要。配合饲料的核心是饲料添加剂预混料，它对配合饲料的饲养效果和经济效益起着重要的作用。但是，有了科学的饲料添加剂预混料配方并不等于就能生产出优质的预混料，还需要有优质的原料，并通过正确地选用生产设备和科学的加工工艺，以及一整套完整的质量管理措施，方能把各种预混料和原料按配方要求加工成合格的产品，做到以最低的加工成本实现科学配方应该取得的效果。因此，饲料配方特别是饲料添加剂预混料的配方设计及其加工技术就显得极为重要。

饲料配方是指能够满足给动物营养需求的、不同饲料原料的配比。生产配合饲料必须有饲料配方。生产中，往往把一头动物 24 h 采食的各种饲料原料总量称为日粮；把按照日粮中各种饲料原料百分比配合成的全价饲料称为饲粮。因此，饲料配方也就是日粮配方、饲粮配方，与饲养标准指标是一致的。

饲料配方设计方法有手工设计和配方软件两种。其中，手工设计有交叉法、试差法、代数法等；配方软件也有许多种，这里不再详细介绍。

总之，饲料配方实质是一个资源最优配置的运筹学问题，它可以用适当的线性或非线性决策模型来定量的描述，对这些模型的求解可实现资源的最优配置，即得到配方的最低成本或配方的最大收益。无论应用什么模型来计算最终各种原料的配比，要设计一个配方，必须考虑以下三大参数。

1. 动物的饲养标准

针对不同的动物、不同的品种、不同的年龄段，各国或机构都通过试验等手段提出一套动物饲养标准，应查阅选用合适的饲养标准。根据动物的品种、生产阶段选用不同营养需要标准，必须清楚地了解标准制订的基础和条件与要设计的配方使用条件的差异。尽可能选择使用这种差异小的饲养标准。经常注意国内外有关营养需要研究报道。尽可能了解所选“饲养标准”有关数据的详细资料，便于灵活应用，最大限度地缩小饲养标准与要设计的配方使用基础和条件之间的差异。

2. 饲料原料的营养成分

在饲料配方中，原料的营养成分随产地、季节、水分含量等的不同而不同，应查阅合适的饲料营养成分表。

(1)注意同一饲料不同来源，其数据可能相差 20%左右。因此，在选用数据前必须作精细论证。尽可能了解所选饲料原料的一般特性，如地质、土壤、生长、加工、贮藏等。在没有把握选用饲料原料的现有数据时，可实测。

(2)注意不同饲料原料的组合特性：即对饲料原料之间的相互影响要有清楚估计。采取有效措施，抑制不利的相互作用，突出其有利方面。如猪日粮中的棉籽饼与亚铁盐结合，可抑制游离棉酚的毒性。若铁用量超过 400 mg/kg，可能引起 Ca、P、Zn 缺乏症。只要合理使用棉籽饼用量与适宜铁盐结合，即可消除游离棉酚的影响，避免结合使用可能造成的不利后果。常用谷类与其副产品配合的猪日粮，总是赖氨酸不足，精氨酸过量；若再加入菜籽饼，这种情况会变得更严重。类似的组合特性，在配方设计中必须认真对待，适当处理。

(3)设计者要全面掌握所用饲料原料有关饲料学方面的知识。如前所述外，限定因素、使用范围、实际营养价值、饲料之间的适宜搭配等都要心中有数。

3. 饲料原料的价格

饲料原料的价格决定了一个饲料配方最终的成本，应选用价廉物美的饲料原料。尽管饲料配方设计对饲料产品起着决定性作用，但并不意味着有了良好的饲料配方就一定能生产出优质的饲料产品。实践证明，在生产工艺流程中，各道工序的工作质量都直接影响产品的质量，其中清理、粉碎、计量和混合又是保证产品质量的关键工序。

(二)饲料配方设计举例

饲料配方设计有多种方法，但其设计步骤基本类似，一般按以下 5 个步骤进行。

1. 明确目标

饲料配方设计的第一步是明确目标，不同的目标对配方要求有所差别。目标可以包括整个产业的目标、整个产业中养殖场的目标和养殖场中某批动物的目标等不同层次。主要目标包含以下几个方面。

(1)单位面积收益最大。

(2)每头上市动物收益最大。

(3)使动物达到最佳生产性能。

(4)使整个集团收益最大化。

(5)对环境的影响最小。

(6)生产含某种特定品质的畜产品。

随饲养目标的不同，配方设计也必须做出相应的调整，只有这样才能实现各种层次的需求。

2. 确定动物的营养需要量

国内外的猪、鸡、牛、羊等饲养标准可以作为营养需要量的基本参考。但养殖场的情况千差万别，动物的生产性能各异，加上环境条件的不同，因此在选择饲养标准时不应照搬，而是在参考标准的同时，根据当地的实际情况，进行必要的调整，稳妥的方法是先进行试验，在有了一定的把握的情况下再大面积推广。动物采食量是决定营养供给量的重要因素，虽然对采食量的预测及控制难度较大，但季节的变化及饲料中能量水平、粗纤维含量、饲料适口性等是影响采食量的主要因素，供给量的确定一般不能忽略这些方面的影响。

3. 选择饲料原料

这是饲料配方设计的第三步，即选择可利用的饲料原料并确定其养分含量和对动物的利用率。饲料原料的选择应是适合动物的习性并考虑其生物学效价(或有效率)。饲料配方中常用饲料原料使用量大致范围，见表 6-1。

表 6-1 饲料配方中常用饲料原料使用量大致范围 %

饲料原料	猪			禽			
	生长(育肥)	后备(空怀)	繁殖(泌乳)	育雏期	育成期	产蛋期	肉仔禽
谷实类	55～70	40～65	60～70	55～65	50～60	55～65	55～70
植物蛋白类	12～25	10～12	12～16	20～25	12～18	18～26	20～35
动物蛋白类	0～5	0～5	0～5	0～5	0～5	0～5	0～5
糠麸类	5～25	10～25	10～15	≤5	10～20	≤5	0～15
粗饲料类	10～20	15～30	10～20	优质苜蓿粉 0～5			
青绿青贮类	占精料量的 0～50			青绿饲料按日采食量的 0～30			

4. 饲料配方

将以上三步所获取的信息综合处理，形成配方配制饲粮，可以用手工计算，也可以采用专门的计算机优化配方软件。

5. 配方质量评定

饲料配制出来以后，想弄清配制的饲粮质量情况必须取样进行化学分析，并将分析结果和预期值进行对比。如果所得结果在允许误差的范围内，说明达到饲料配制的目的。反之，如果结果在这个范围以外，说明存在问题，问题可能是出在加工过程、取样混合或配方，也可能是出在实验室。为此，送往实验室的样品应保存好，供以后参考用。配方产品的实际饲养效果是评价配制质量的最好尺度，条件较好的企业均以实际饲养效果和生产的畜产品品质作为配方质量的最终评价手段。随着社会的进步，配方产品安全性、最终的环境和生态效应也将作为衡量配方质量的尺度之一。

凡在饲料生产中使用的饲料原料、饲料添加剂以及配合饲料产品均需符合国家标准要求，我们要建立饲料生产的标准理念和产品规范管理意识。

二维码 6-9　交叉法和方程组法配方设计

二维码 6-10　试差法配方设计

【例 1】 猪日粮配方设计：为体重 140 kg 哺乳母猪配合日粮。

计算步骤如下。

(1)查阅饲养标准。得知体重 140 kg 哺乳母猪所需养分数量，见表 6-2 及表 6-3。

表 6-2　哺乳母猪每千克饲粮养分含量

体重/kg	消化能/MJ	粗蛋白质/%	钙/%	磷/%	蛋氨酸+胱氨酸/%	赖氨酸/%
140	12.13	14	0.64	0.46	0.31	0.5

表 6-3　哺乳母猪每头每日营养需要量

体重/kg	消化能/MJ	粗蛋白质/g	钙/g	磷/g	蛋氨酸+胱氨酸/g	赖氨酸/g
140	60.67	700	32.0	23.0	15.5	25

(2)查阅饲料成分及营养价值表。得知采用玉米、大麦、麦麸、豆饼、鱼粉、苜蓿草粉、骨粉等各种饲料所含养分，见表 6-4。

表 6-4　饲料成分及营养价值

饲料原料	消化能/(MJ/kg)	粗蛋白质/%	钙/%	磷/%	蛋氨酸+胱氨酸/%	赖氨酸/%
玉米	14.18	8.0	0.02	0.27	0.34	0.24
大麦	13.56	13.0	0.04	0.39	0.39	0.58
麦麸	9.37	15.7	0.11	0.92	0.39	0.44
豆饼	13.51	40.9	0.30	0.49	1.20	2.38
鱼粉	12.55	60.2	4.04	2.90	2.16	4.72
苜蓿草粉	6.23	14.3	1.34	0.19	0.33	0.60
骨粉			36.4	16.4		

(3)试配日粮。画出一个配料表格,确定原料大致比例,计算试配日粮的营养价值。其试配日粮的组成和营养价值,见表 6-5。

表 6-5 试配日粮的组成和营养价值

饲料原料	比例/%	消化能/MJ	粗蛋白质/%	钙/%	磷/%	蛋氨酸+胱氨酸/%	赖氨酸/%
玉米	55.3	14.18×55.3% =7.842	8.0×55.3% =4.42	0.02×55.3% =0.01	0.27×55.3% =0.149	0.34×55.3% 0.188	0.24×55.3% 0.133
大麦	10	13.56×10% =1.36	13.0×10% =1.3	0.04×10% =0.004	0.39×10% =0.039	0.39×10% =0.039	0.58×10% =0.058
麦麸	19	9.37×19% =1.78	15.7×19% =2.98	0.11×19% =0.021	0.92×19% =0.175	0.39×19% =0.074	0.44×19% =0.084
豆饼	5.7	13.51×5.7% =0.77	40.9×5.7% =2.33	0.30×5.7% =0.02	0.49×5.7% =0.028	1.20×5.7% =0.068	2.38×5.7% =0.136
鱼粉	2.5	12.55×2.5% =0.31	60.2×2.5% =1.51	4.04×2.5% =0.1	2.90×2.5% =0.073	2.16×2.5% =0.054	4.72×2.5% =0.118
苜蓿草粉	5	6.23×5% =0.31	14.30×5% =0.72	1.34×5% =0.07	0.19×5% =0.01	0.33×5% =0.017	0.60×5% =0.03
骨粉	1			36.40×1% =0.364	16.40×1% =0.164		
食盐	0.5						
预混料	1						
合计	100	12.37	13.26	0.59	0.64	0.44	0.56
饲养标准	100	12.13	14	0.64	0.46	0.31	0.5
相差	0	+0.24	−0.7	−0.05	+0.18	+0.13	+0.06

分析表 6-5 可见,试配的日粮所含粗蛋白质比标准低,且钙含量较低,消化能略高于标准,其他养分与饲养标准基本相等,因此应提高豆饼比例,减少麦麸比例,以提高日粮中粗蛋白质的水平。

(4)调整配方比例。将上述试配的日粮中豆饼、麦麸、玉米调整为 8%、17%、55%,其他饲料配方不变。经调整后日粮配方每千克养分含量是消化能为 12.5 MJ,粗蛋白质为 14%,钙为 0.64%,磷为 0.66%,蛋氨酸+胱氨酸为 0.46%,赖氨酸为 0.61%,这样就与表 6-2 哺乳母猪饲养标准的要求相符合。一般与饲养标准相比较,相差以不超过 5%即为合格。

若按表 6-3 中粗蛋白质需要量计,可日喂经调整后的日粮 5 kg(700÷140=5),则可获得营养,见表 6-6。

表 6-6 哺乳母猪每日获得营养量与饲养标准比较

项目	消化能/MJ	粗蛋白质/g	钙/g	磷/g	蛋氨酸+胱氨酸/g	赖氨酸/g
日喂 5 kg	12.5×5 =62.5	14%×5 000 =700	0.64%×5 000 =32	0.66%×5 000 =33	0.46%×5 000 =23	0.61%×5 000 =30.5
饲养标准	60.67	700	32.0	23.0	15.5	25
相差	+1.83	0	0	+10.0	+7.5	+5.5

由表 6-6 得知，该日粮基本已满足哺乳母猪的营养需要。

进行饲料配方设计时，除要具备专业知识外，还要严格按照饲养标准进行计算，对每一组数据负责，养成严谨求实的科研精神和工作作风。后期饲料的生产过程也要以配方为准，进行精准投料生产。培育精益求精的“工匠”精神，科学配制日粮，为动物生产提供安全优质的饲料，以促进动物的高效生产，所以饲料品质决定畜产品的品质。

【例 2】 蛋鸡日粮配合设计：利用玉米、豆饼、花生饼、鱼粉、骨粉、石粉、食盐、添加剂，为产蛋率 65%～80%的母鸡配合日粮。

计算方法步骤如下。

(1)查阅饲养标准及饲料成分及营养价值表(或根据实测值)，见表 6-7 及表 6-8。

表 6-7　产蛋率 65%～80%母鸡的饲养标准

蛋白能量比/(g/MJ)	代谢能/(MJ/kg)	粗蛋白质/%	钙/%	磷/%	食盐/%	蛋氨酸+胱氨酸/%	赖氨酸/%
13	11.50	15.0	3.40	0.32	0.37	0.57	0.66

表 6-8　饲料成分及营养价值

饲料原料	代谢能/(MJ/kg)	粗蛋白质/%	钙/%	磷/%	蛋氨酸+胱氨酸/%	赖氨酸/%
玉米	14.06	8.6	0.04	0.12	0.31	0.27
豆饼	11.05	43.0	0.32	0.31	1.08	2.45
花生饼	12.26	43.9	0.25	0.31	1.02	1.35
鱼粉	12.13	60.5	3.91	2.90	2.21	4.35
骨粉			36.40	16.40		
石粉			35.00			

(2)假设确定：鱼粉 2%，花生饼 4%，矿物质饲料(骨粉、石粉、食盐)9%，添加剂预混料 1%(含各种维生素、微量元素和蛋氨酸)。则 2%鱼粉和 4%花生饼提供的粗蛋白量为：$60.5\times 2\%+43.9\times 4\%=2.966\%$。

与饲养标准比较，相差 12.034%(15.0%－2.966%)，只能由玉米和豆饼提供。

(3)求玉米和豆饼的用量。先计算两种饲料原料的共计用量：

100%－2%(鱼粉)－4%(花生饼)－9%(矿物质饲料)－1%(添加剂预混料)＝84%

设玉米用量为 x，豆饼用量为 y，得出：

$$x+y=84 \quad ①$$

再根据玉米和豆饼的粗蛋白质含量，得出：

$$8.6x+43y=1\ 203.4 \quad ②$$

由方程式①、②得：玉米 $x=70.02$，豆饼 $y=13.98$。

(4)求骨粉、石粉的用量。先计算2%鱼粉、4%花生饼、13.98%豆饼、70.02%玉米共计提供磷量:2.90×2%+0.31×4%+0.31×13.98%+0.12×70.02%=0.20%,尚缺0.12个百分点的磷,可用骨粉补充其不足。骨粉含有16.40%磷,则:

$$骨粉用量=0.12/16.40\times100\%=0.73\%$$

配方中鱼粉、花生饼、豆饼、玉米、骨粉提供的总钙量为:

3.91×2%+0.25×4%+0.32×13.98%+0.04×70.02%+36.40×0.73%=0.43%。尚缺少钙3.40%−0.43%=2.97%。用石粉补充钙的需要。因石粉含钙35.0%,则石粉用量=2.97/35.0×100%=8.50%。

上述配方合计为100.53%,比初算的代谢能略高,暂且将玉米调整为69.00%,食盐为0.30%,豆饼调整为14.47%,使配方各原料比例总计为100%。

(5)将调整后的饲粮配方及营养指标列表,见表6-9。

表6-9 试配日粮的组成和营养价值

饲料原料	比例	代谢能/MJ	粗蛋白质/%	钙/%	磷/%	蛋氨酸+胱氨酸/%	赖氨酸/%
玉米	69.00	9.70	5.93	0.03	0.083	0.21	0.19
豆饼	14.47	1.60	6.22	0.05	0.045	0.16	0.35
花生饼	4.00	0.49	1.76	0.01	0.012	0.04	0.05
鱼粉	2.00	0.24	1.21	0.08	0.06	0.04	0.09
骨粉	0.73			0.27	0.12		
石粉	8.50			2.98			
食盐	0.30						
预混料	1.00						
合计	100	12.03	15.12	3.42	0.32	0.45	0.68
饲养标准		11.50	15.0	3.40	0.32	0.57	0.66
相差		+0.53	+0.12	+0.02	0	−0.12	+0.02

从表6-9可以看出,代谢能略高于标准,而粗蛋白质、钙、磷、赖氨酸均与标准相同或接近,但蛋氨酸与胱氨酸尚不足,缺少0.12%,应补充*DL*-蛋氨酸添加剂。

【例3】 奶牛日粮配方设计:某乳牛场成年乳牛体重为500 kg,日产奶量20 kg,乳脂率为3.5%。该场有紫花苜蓿干草、玉米青贮、玉米、豆饼、麸皮、骨粉和食盐等饲料。试配制一平衡日粮。

计算方法步骤如下。

(1)查阅饲养标准,计算乳牛营养总需要量,见表6-10。

表 6-10　乳牛营养总需要量

营养需要	可消化粗蛋白质/g	产奶净能/MJ	钙/g	磷/g	胡萝卜素/mg
体重 500 kg 维持需要	317	37.57	30	22	53
日产奶 20 kg(乳脂率 3.5%)	1 060	58.60	84	56	
合计	1 377	96.17	114	78	53

(2)查阅饲料成分及营养价值表或根据实测值,得知每千克紫花苜蓿干草、玉米青贮、玉米、豆饼、麸皮、骨粉等各种饲料所含的养分,见表 6-11。

表 6-11　饲料成分及营养价值

饲料原料	可消化粗蛋白质/g	产奶净能/MJ	钙/%	磷/%	胡萝卜素/mg
紫花苜蓿干草	146	4.86	1.44	0.19	500
玉米青贮	4	1.26	0.10	0.05	13.71
玉米	67	8.61	0.29	0.13	2.36
豆饼	395.1	8.90	0.24	0.48	0.17
麸皮	103	6.76	0.34	1.15	
骨粉			30.12	13.46	

(3)先满足乳牛对青粗饲料的需要。按乳牛体重 1%～2%,可给 5～10 kg 干草或相当于这一数量的其他粗饲料,现取中等用量 7.5 kg,用紫花苜蓿干草 2.5 kg,玉米青贮饲料 15 kg (3 kg 青贮折合 1 kg 干草)。计算紫花苜蓿干草、玉米青贮饲料的营养价值,见表 6-12。

表 6-12　计算青粗饲料营养价值

饲料原料	可消化粗蛋白质/g	产奶净能/MJ	钙/g	磷/g	胡萝卜素/mg
2.5 kg 紫花苜蓿干草	365	12.15	36	4.75	1 250.00
15 kg 玉米青贮	60	18.90	15	7.50	205.65
合计	425	31.05	51	12.25	1 455.65

(4)将表 6-12 中青粗饲料可供给的营养价值与总的营养需要量比较后,不足的成分再由混合精饲料来满足,见表 6-13。

表 6-13　由混合精饲料提供营养价值

对比内容	可消化粗蛋白质/g	产奶净能/MJ	钙/g	磷/g	胡萝卜素/mg
饲养标准	1 377	96.17	114	78	53
全部青粗料	425	31.05	51	12.25	1 455.65
差数	−952	−65.12	−63	−65.75	+1 402.65

(5)先用含 70%玉米和 30%麸皮组成的能量混合精料(每千克含产奶净能 8.055 MJ),即 65.12÷8.055=8.08(kg)。其中玉米为 8.08×0.7=5.66(kg),麸皮为 8.08×0.3=2.42(kg),见表 6-14、表 6-15。

表 6-14 计算能量饲料精料的营养价值

饲料原料	可消化粗蛋白质/g	产奶净能/MJ	钙/g	磷/g	胡萝卜素/mg
5.66 kg 玉米	379.22	48.73	16.4	7.36	13.36
2.42 kg 麸皮	249.26	16.36	8.23	27.83	
合计	628.48	65.09	24.63	35.19	13.36

表 6-15 由能量混合精料提供营养价值

对比内容	可消化粗蛋白质/g	产奶净能/MJ	钙/g	磷/g	胡萝卜素/mg
饲养标准	−952	−65.12	−63	−65.75	+1 402.65
全部能量混合精料	628.48	65.09	24.63	35.19	13.36
差数	−323.52	−0.01	−38.37	−30.56	+1 416.01

经补充能量混合精饲料后,与营养需要相比,其日粮中产奶量已满足需要,胡萝卜素超过需要量,但可消化粗蛋白质、钙及磷分别缺少 323.52 g、38.37 g 及 30.56 g。

(6)用含粗蛋白质高的豆饼代替部分玉米。即每千克豆饼与玉米可消化粗蛋白质之差为 395.1−67=328.1(g),则豆饼替代量为 323.52÷328.1=0.99(kg)。故用 0.99(kg)豆饼替代等量玉米,以其混合精饲料来提供营养价值,见表 6-16。

表 6-16 混合精饲料提供营养价值

精料	可消化粗蛋白质/g	产奶净能/MJ	钙/g	磷/g	胡萝卜素/mg
4.67 kg 玉米	312.89	40.21	13.54	6.07	11.02
2.42 kg 麸皮	249.26	16.36	8.23	27.83	
0.99 kg 豆饼	391.15	8.81	2.38	4.75	0.17
合计	953.3	65.38	24.15	38.65	11.19

从表 6-13、表 6-16 可知,日粮中尚缺钙 38.85 g,缺磷 27.1 g,可用骨粉 38.85÷30.12%=128.98 g 补充。另外,食盐的喂量按每 100 kg 体重给 3 g,每产 1 kg 乳脂率 4%标准乳1.2 g 计算,故需补充食盐 37.2 g。

$$\text{标准乳量} = 0.4M + 15F$$

$$= 0.4\times 20 + 15\times(20\times 0.035) = 18.5(\text{kg})$$

式中:M 为未折算的乳量(kg),F 为乳中的脂肪含量(%)。

(7)最后,该乳牛群的日粮组成和营养价值,见表 6-17。

表 6-17 乳牛群的日粮组成和营养价值

日粮组成	可消化粗蛋白质/g	产奶净能/MJ	钙/g	磷/g	胡萝卜素/mg
2.5 kg 紫花苜蓿干草	365	12.15	36	4.75	1 250.00
15 kg 玉米青贮	60	18.90	15	7.50	205.65
4.67 kg 玉米	312.89	40.21	13.54	6.07	11.02
2.42 kg 麸皮	249.26	16.36	8.23	27.83	
0.99 kg 豆饼	391.15	8.81	2.38	4.75	0.17
128.98 g 骨粉			38.85	17.36	
37.2 g 食盐					
合计	1 378.3	96.43	114.0	68.26	1 466.84
占需要量/%	100.1	100.3	100.0	87.5	2 767.7

上述日粮除磷稍缺外，其他营养成分已基本满足乳牛需要，磷可以通过含磷饲料添加剂得以补充。胡萝卜素较多，但在奶牛耐受范围内，不会引起中毒。在实际生产中，为考虑损耗部分，各种养分含量应高于需要量的 10%左右添加。

【例 4】 羊日粮配方设计：现有一批活重 30 kg 羔羊需进行育肥，计划日增重 300 g。试用现有野干草、中等品质苜蓿干草、黄玉米和豆饼 4 种饲料，配制育肥日粮。

计算方法步骤如下。

(1)查阅饲养标准，记下相应育肥羔羊的营养需要量；同时查阅饲料成分及营养价值表，记下所用几种饲料的营养价值，见表 6-18。

表 6-18 饲料组成及营养价值表

营养指标		干物质/%	消化能/(MJ/kg)	粗蛋白质/%	钙/%	磷/%
羔羊需要量		1.3 kg	17.15 MJ	191 g	6.6 g	3.2 g
饲料组成	野干草	92.21	7.99	11.20	0.98	0.41
	苜蓿干草	92.45	10.13	12.30	1.67	0.52
	玉米	80.00	14.02	6.95	0.05	0.36
	豆饼	95.26	18.16	42.10	0.59	0.96

(2)计算粗饲料提供的营养量。根据羊的精饲料给量，不能超过日粮量 60%，并以控制在 40%～20%为较合适的原则。设日粮的粗饲料给量为 60%，则两种干草混合的总给量为羔羊日需干物质总量 1.3×0.6＝0.78(kg)。这样，混合精料的干物质给量则为 1.3－0.78＝0.52(kg)。那么，混合干草可提供的各种营养量如下：

设野干草和苜蓿干草的配比为 70%和 30%，则野干草日给干物质量为 0.78×0.7＝0.546(kg)，苜蓿干草的干物质量为 0.78－0.546＝0.234(kg)。它们的风干量分别为 0.546÷0.922 1＝0.592 1(kg)和 0.234÷0.924 5＝0.253 1(kg)。

可提供的营养物质分别如下。

消化能：0.592 1×7.99＋0.253 1×10.13＝7.294 8(MJ)；

粗蛋白质：592.1×0.112+253.1×0.123=97.45(g)；

钙：592.1×0.009 8+253.1×0.016 7=10.03(g)；

磷：592.1×0.004 1+253.1×0.005 2=3.74(g)。

消化能和粗蛋白质分别比羔羊的日需量少 9.855 2 MJ 和 93.55 g(17.15－7.294 8=9.855 2；191－97.45=93.55)。钙和磷均超过需要量，并磷钙比为 1∶2.68，处于 1∶(2～3)的合理范围内。

(3)调配玉米和豆饼两种精饲料以补充其所缺少的消化能和粗蛋白质。

根据生产经验，设所缺消化能由玉米解决 70%，则由玉米提供的消化能为 9.855 2×0.7=6.898 6(MJ)，玉米风干饲料量为 6.898 6÷14.02=0.492 5(kg)，它所能提供的粗蛋白质则为 492.5×0.069 5=34.23(g)。

那么，豆饼提供的消化能为 9.855 2－6.898 6=2.956 6(MJ)，风干豆饼的给量则为 2.956 6÷18.16=0.162 9(kg)。可提供粗蛋白质 0.162 9×421=68.59(g)。

总计玉米和豆饼可提供的粗蛋白质量为：34.23+68.59=102.82(g)，完全满足标准的规定。

(4)总结，活重 30 kg、日增重 300 g 的育肥羔羊日粮组成，见表 6-19。

可见，由这 4 种饲料所组成的日粮，能满足育肥羔羊对消化能、粗蛋白质、钙、磷的需要。为进一步提高育肥的效果，只需在上述日粮中，根据当地的实际情况，有针对性地另外添加一些矿物质微量元素和生长剂即可。

表 6-19 活重 30 kg、日增重 300 g 的育肥羔羊日粮组成

饲料原料	干物质量/kg	风干物质/kg	所占比例/%		消化能/MJ	粗蛋白质/g
			干物质	风干物		
野干草	0.546 0	0.592 1	41.08	39.46	4.731 7	66.315 2
苜蓿干草	0.234 0	0.253 1	17.60	16.87	2.562 7	31.131 3
玉米	0.394 0	0.492 5	29.64	32.82	6.903 2	34.230 0
豆饼	0.155 2	0.162 9	11.68	10.86	2.958 5	68.590 0
合计	1.329 2	1.500 6	100.00	100.01	17.156 1	200.27

【例 5】 浓缩饲料配方设计：由全价配合饲料配方推算出浓缩饲料的配方。

(1)由配制出的全价配合饲料配方求浓缩饲料配方设计的系数。即用 100%减去全价配合饲料中能量饲料所占的百分数，此值也是将来配制成的浓缩饲料的用量比。

(2)用系数分别除浓缩饲料将使用的各种饲料占全价配合饲料的百分数，得到所要配制的浓缩饲料配方。

(3)列出配方，并计算出浓缩饲料的营养价值。

举例：利用例 1 中的猪日粮配方推算浓缩饲料配方。由例 1 可知，现有能量饲料 84.3%，浓缩饲料中：豆饼 5.7%、苜蓿草粉 5%、骨粉 1%、鱼粉 2.5%、食盐 0.5%、预混料 1%，计算方法步骤，见表 6-20。

二维码 6-11 浓缩饲料配方设计

表 6-20　浓缩饲料试配过程

	饲料原料	原配方比例	浓缩饲料配方比例/%	消化能/(MJ/kg)	粗蛋白质/%	钙/%	磷/%	蛋氨酸+胱氨酸/%
能量饲料	玉米	55.3						
	大麦	10						
	麦麸	19						
浓缩饲料	豆饼	5.7	5.7/15.7×100=36.31	13.51×36.31%=4.91	40.9×36.31%=14.85	0.3×36.31%=0.11	0.49×36.31%=0.18	1.2×36.31%=0.44
	苜蓿草粉	5	5/15.7×100=31.85	6.23×31.85%=1.98	14.3×31.85%=4.55	1.34×31.85%=0.43	0.19×31.85%=0.06	0.33×31.85%=0.11
	骨粉	1	1/15.7×100=6.37			36.4×6.37%=2.32	16.4×6.37%=1.04	
	鱼粉	2.5	2.5/15.7×100=15.92	12.55×15.92%=2	60.2×15.92%=9.6	4.04×15.92%=0.64	2.9×15.92%=0.46	2.16×15.92%=0.34
	食盐	0.5	0.5/15.7×100=3.18					
	预混料	1	1/15.7×100=6.37					
合计		100	100	8.89	29.07	3.50	1.74	0.89

【例 6】 预混料配方设计。

(1)微量元素预混料配方设计。

设计 0～3 周龄肉用仔鸡 1%微量元素预混料配方。

计算方法步骤如下。

①确定添加量。根据鸡饲养标准(NY/T 33—2004)中的肉用仔鸡营养需要,一般不考虑基础饲料中微量元素的含量,则需要量即为添加量,可确定微量元素添加量,见表 6-21。

表 6-21　肉用仔鸡微量元素设计标准

微量元素	铜	碘	铁	锰	硒	锌
需要量/(mg/kg 全价料)	8	0.70	100	120	0.30	100

②微量元素原料选择(表 6-22)。

表 6-22 商品微量元素化合物的规格

商品微量元素化合物	分子式	元素含量/%	商品原料纯度/%
硫酸铜	$CuSO_4·5H_2O$	Cu:25.5	96
1%碘化钾稀释粉	KI	I:0.764	98
硫酸亚铁	$FeSO_4·H_2O$	Fe:30.0	98
硫酸锰	$MnSO_4·H_2O$	Mn:32.5	98
1%亚硒酸钠稀释粉	Na_2SeO_3	Se:0.447	95
硫酸锌	$ZnSO_4·H_2O$	Zn:34.5	99

③计算商品原料量。商品原料添加量:微量元素添加量÷元素含量(%)÷商品含量(%)÷预混料在配合饲料中的添加量(本例为1%),按以上方法计算各种商品原料在每千克预混料中的添加量,见表 6-23。

④计算载体用量。载体用量(g/kg)为:1 000－120.654＝879.346。

⑤列出预混料配方。见表 6-23。

⑥配方说明。

a)配方适用对象:适用于 0～3 周龄的肉用仔鸡。

b)配方产品使用方法及使用剂量:按 1%的比例将本配方产品与饲料拌匀后使用。

c)保存方法:本配方的产品应保存在阴凉、避光、干燥、通风之处。保质期一般为 12 个月。

表 6-23 肉用仔鸡微量元素预混料配方

商品原料	每千克预混料中用量/mg	每千克预混料中用量/g	配合比例/%
硫酸铜 $CuSO_4·5H_2O$	8÷25.5%÷96%÷1≈3 270	3.27	0.327 0
1%碘化钾稀释粉 KI	9 350	9.35	0.935 0
硫酸亚铁 $FeSO_4·H_2O$	34 014	34.014	3.401 4
硫酸锰 $MnSO_4·H_2O$	37 677	37.677	3.767 7
1%亚硒酸钠稀释粉 Na_2SeO_3	7 065	7.065	0.706 5
硫酸锌 $ZnSO_4·H_2O$	29 278	29.278	2.927 8
载体(麦饭石)		879.346	87.934 6
合计		1 000	100

(2)维生素预混料配方设计

为产蛋期蛋用种母鸡设计一个维生素预混料配方。

计算方法步骤如下。

①确定维生素种类和添加量。查阅饲养标准得知蛋用种母鸡维生素需要量,见表 6-24。根据饲养的具体条件,确定维生素的种类及每千克饲料中添加量。

表 6-24　产蛋期蛋用种母鸡每千克全价饲料中维生素需要量

维生素名称	饲养标准需要量	维生素名称	饲养标准需要量
维生素 A/(IU/kg)	4 000	泛酸/(mg/kg)	10.0
维生素 D_3/(IU/kg)	500	烟酸/(mg/kg)	10.0
维生素 E/(mg /kg)	10	维生素 B_6/(mg/kg)	4.5
维生素 K/(mg/kg)	0.5	生物素/(mg/kg)	0.15
维生素 B_1/(mg/kg)	0.8	维生素 B_{12}/(mg/kg)	0.004
维生素 B_2/(mg/kg)	3.8	叶酸/(mg/kg)	0.35

②选择维生素添加剂及其规格，见表 6-25。

表 6-25　维生素添加剂及其规格

维生素名称	规格	维生素名称	规格
维生素 A/(IU/g)	500 000	泛酸/%	98
维生素 D_3/(IU/g)	500 000	烟酸/%	99.5
维生素 E/%	50	维生素 B_6/%	98
维生素 K_3/%	50	生物素/%	2
维生素 B_1/%	98	维生素 B_{12}/%	1
维生素 B_2/%	80	叶酸/%	95

③确定每吨饲料中维生素预混料的添加量或比例。一般添加量为 200～500 g/t（即 0.02%～0.05%）。本例为 500 g/t，并计算每千克预混料中各种维生素添加量，见表 6-26 及表 6-27。

表 6-26　各种维生素产品的保险系数　　%

维生素名称	保险系数	维生素名称	保险系数
维生素 A	2～3	维生素 B_6	5～10
维生素 D_3	5～10	维生素 B_{12}	5～10
维生素 E	1～2	叶酸	10～15
维生素 K_3	5～10	烟酸	1～3
维生素 B_1	5～10	泛酸钙	2～5
维生素 B_2	2～5	维生素 C	5～10

注：引自德国 BASF 公司资料。

表 6-27 不同条件下家禽对维生素需要量增加的比例

影响因素	受影响的维生素种类	维生素需要量增加的百分比
饲料成分	所有种类	10%～20%
环境温度	所有种类	20%～30%
舍饲笼养	B族维生素、维生素 K	40%～80%
无稳定剂或遇有过氧化的脂肪	维生素 A、维生素 D_3、维生素 E、维生素 K	100%或以上
蛔虫、线虫、球虫	维生素 A、维生素 K	100%或以上
应用亚麻籽粉	维生素 B_6	50%～100%
疾病	维生素 A、维生素 E、维生素 K、维生素 C	100%或以上

计算过程如下。

①计算每吨饲料各种维生素用量。

维生素的添加量＝实际需要量＝需要量×(1＋保险系数)

维生素 A:12 000×1 000＝12 000 000(IU)

维生素 E:25×1 000÷1 000＝25(g)

其他依此类推。

②计算每千克维生素预混料中各种维生素含量。

维生素 A:1 000÷500×12 000 000＝24 000 000(IU)

维生素 E:1 000÷500×25＝50(g)

其他依此类推。

③计算预混料中维生素商品原料用量。根据所选择维生素添加剂原料规格,确定每千克维生素预混料中各种维生素的原料用量。一般按标示的维生素含量进行计算。如果贮藏时间较长或没有确切含量的情况下,应进行有效成分检测。

维生素 A:24 000 000 维生素预混料÷500 000＝48(g)

维生素 E:50 维生素预混料÷50%＝100(g)

其他依此类推。

(4)确定载体用量。用作维生素预混料载体的种类很多。设计配方时,可根据配方特点和使用目的选用适宜的载体,然后根据每千克维生素预混料中各种维生素原料量之和可求出载体的用量。载体用量＝1 000 g－324.3 g＝675.7 g。

(5)列出维生素添加剂预混料配方(表 6-28)。

表 6-28　产蛋期蛋用种母鸡维生素添加剂预混料配方计算示例（添加量为 500 g/t）

维生素名称	每千克饲料中		每千克维生素预混料中含量(添加量 500 g/t) ($b÷0.05\%$)	维生素原料中有效成分	每千克预混料中维生素原料实际用量/g ($c÷d$)	100 kg 预混料中维生素原料量/kg
	饲养标准需要量 a	确定适宜添加量 b	c	d	e	
维生素 A/IU	4000	12 000	2400 万 IU	50 万 IU/g	48	4.8
维生素 D_3/IU	500	2 500	500 万 IU	50 万 IU/g	10	1
维生素 E/mg	10	25	50 g	50%	100	10
维生素 K/mg	0.5	2	4 g	50%	8	0.8
维生素 B_1/mg	0.8	2	4 g	98%	4.1	0.41
维生素 B_2/mg	3.8	8	16 g	80%	20	2
泛酸钙/mg	10.0	18	36 g	98%	36.7	3.67
烟酸/mg	10.0	30	60 g	99.5%	60.3	6.03
维生素 B_6/mg	4.5	4	8 g	98%	8.1	0.81
生物素/mg	0.15	0.15	0.3 g	2%	15	1.5
维生素 B_{12}/mg	0.004	0.02	0.04 g	1%	4	0.4
叶酸/mg	0.35	1	2 g	95%	2.1	0.21
BHT/mg			4 g	50%	8	0.8
小计					324.3	32.43
载体					675.7	67.57
合计					1 000	100

注：BHT 为抗氧化剂二丁基羟基甲苯。

(3)复合添加剂预混料配方设计

计算方法步骤如下。

利用单项原料直接生产复合预混料（以 20～60 kg 生长育肥猪为例）。

①确定复合添加剂预混料的组成。

该复合添加剂预混料拟包含微量元素、维生素、赖氨酸、土霉素、风味剂、抗氧化剂(BHT)和防霉剂(丙酸钙)等有效成分。

②确定微量元素预混料的用量和配方。

设微量元素预混料在全价配合饲料中的用量为 0.5%，则配方设计，见表 6-29。

表 6-29 微量元素预混料配方设计

商品原料	每千克饲粮中添加量/mg a	原料纯度/% b	元素含量/% c	饲粮中原料的用量/(mg/kg) $(a \div b \div c)$ d	在预混料中的百分比/% $(d \div 5\ 000 \times 100)$ e
$CuSO_4 \cdot 5H_2O$	6	98	25.5	24	0.48
$FeSO_4 \cdot 7H_2O$	100	98	20.1	507.7	10.15
$ZnSO_4 \cdot 7H_2O$	145	99	22.7	624.2	12.48
$MnSO_4 \cdot H_2O$	60	98	22.8	268.5	5.37
1%亚硒酸钠稀释粉/mg	0.3	45.65	1	65.7	1.31
1%碘稀释粉/mg	0.5	76.4	1	65.4	1.31
小计				1 555.5	31.1
载体(石粉)				8 444.5	68.9
合计					100.0

③确定维生素预混料的用量和配方。设维生素预混料在全价配合饲料中的用量为0.1%,则配方设计,见表 6-30。

表 6-30 维生素预混料配方设计

维生素名称	添加量(每千克饲粮中) a	原料规格(每克含量) b	饲粮中原料用量/(g/kg) $(a \div b) = c$	预混料配方/% $(c \times 100) = e$
维生素 A/IU	5 000	500 000 IU	0.01	1.00
维生素 D_3/IU	1 000	500 000 IU	0.002	0.20
维生素 E/mg	10.00	500 mg	0.02	2.00
维生素 K/mg	2.00	950 mg	0.002 1	0.21
维生素 B_1/mg	1.00	980 mg	0.001	0.10
维生素 B_2/mg	2.00	930 mg	0.002 2	0.22
烟酸/mg	20.00	980 mg	0.020 4	2.04
叶酸/mg	0.10	850 mg	0.000 12	0.012
维生素 B_{12}/mg	0.01	900 mg	0.000 011	0.001 1
小计			0.057 831	5.783 1
载体(麸皮)			0.942 169	94.216 9
合计			1.000 0	100.00

④确定 L-赖氨酸盐酸盐、饲用土霉素、风味剂和抗氧化剂(BHT)的添加量及原料用量，见表 6-31。

表 6-31　赖氨酸等添加剂的用量换算

商品原料	在全价配合饲料中的添加量	原料规格（有效含量）/%	原料在全价料中的用量/%
L-赖氨酸盐酸盐	0.15%	78.0	0.19
饲用土霉素	50 mg/kg	10	0.05
风味剂	200 mg/kg	100	0.02
抗氧化剂(BHT)	0.01%	100	0.01
防霉剂(丙酸钙)	1 000 mg/kg	100	0.10
合计			0.37

⑤确定复合添加剂预混料的用量，选择载体并计算其用量。

拟配复合预混料在全价配合饲料中的添加量为 2%，载体选用麸皮。

载体用量＝复合添加剂用量－(微量元素预混料用量＋维生素预混料用量＋氨基酸等添加剂用量)
＝2%－(0.5%＋0.1%＋0.37%)＝1.03%

⑥整理出复合添加剂预混料配方，注明配方说明。配方计算及结果，见表 6-32。该配方适用于生长育肥猪(20～60 kg)；按 2%的比例将本配方产品添加到配合饲料中并混匀后使用；本配方的产品应贮藏在阴凉、避光、干燥之处，有效保质期为 2 个月；一旦出现结块、变色和异味，则不能再作添加剂预混料使用。

表 6-32　复合添加剂预混料配方　　%

组分	在全价配合饲料中用量	预混料配方
微量元素预混料	0.5	25
复合维生素预混料	0.1	5
L-赖氨酸盐酸盐	0.19	9.5
饲用土霉素	0.05	2.5
风味剂	0.02	1.0
抗氧化剂(BHT)	0.01	0.5
防霉剂(丙酸钙)	0.1	5.0
麦麸	1.03	51.5
合计	2.00	100

注：预混料配方(%)＝各组分在全价配合饲料中的用量÷2×100。

(三)配合饲料生产工艺

尽管饲料配方设计对饲料产品起着决定性作用，但并不意味着有了良好的饲料配方就一定能生产出优质的饲料产品。研究和实践证明：在生产工艺流程中，各道工序的工作质量都直接影响产品的质量，其中清理、粉碎、计量和混合又是保证产品质量的关键工序。

配合饲料的加工工序主要包括原料接收、原料清理、粉碎、配料混合、制粒、挤压膨化、包

二维码 6-12 饲料加工工艺流程动态演示

二维码 6-13 饲料加工工艺

装、贮藏等。其中部分工序可根据饲料厂的生产要求增添或删除。

配合饲料的加工工艺传统上分为两类：一是先粉碎后配合工艺，二是先配合后粉碎工艺。前者是先将需要进行配合的原料粉碎至要求的粒度后再进行配合，后者则是先将大部分原料（添加剂除外）进行配合，然后再粉碎至所要求的粒度。这两种工艺各有其特点，可根据生产要求和饲料厂实际情况进行选择（具体加工工序和工艺本教材不作详细介绍）。

（四）选购配合饲料时应注意的事项

1. 根据饲养水平确定选购什么档次的饲料

对养殖户而言，选购什么档次的配合饲料，或者添加剂、浓缩饲料，一要考虑价格，二要考虑质量，三要考虑饲养水平。如浓缩饲料，有蛋白质含量为38%、42%、45%的，蛋白质含量不同，价格不同。乳猪、仔猪、鱼、笼养肉鸡、肉鸭、高产蛋鸡对营养要求较高，采用养分浓度高的优质日粮，对养殖户是有利的。

2. 选购饲料应考虑饲料的安全性

随着人们生活水平的提高，消费者对畜产品品质的要求越来越高。饲料安全直接关系到畜产品的安全。凡质量合格、使用可靠的饲料，应具备以下要素。

(1)合格证。包装袋内应有合格证，合格证加盖有检验人员的印章、检验日期、批次等。

(2)饲料标签标示完整、正确。完整的饲料标签应具有以下内容：

①品名：饲料产品名称应与产品标准一致，不得在产品名称前随意加修饰语。浓缩饲料不得称为“超级浓缩饲料”或“蛋白精”；饲料使用对象、饲料名称需指明使用对象和使用阶段。“仔猪配合饲料、生长猪配合饲料”，不得统称为“猪配合饲料”。猪是使用对象，使用阶段则是指仔猪、生长猪等。

②使用的主要原料：配合饲料、浓缩饲料、预混料、精料补充料应列出饲料中决定饲料品质的原料和起主要作用的添加剂原料产品成分分析保证值。分析保证值只标示范围值，不标示分析允许误差。如粗蛋白质保证值的正确标示应为粗蛋白质不低于20.0%，如标示为粗蛋白质20.0%±0.8%就是错误的。

③预混料、浓缩饲料、精料补充料不能直接饲喂畜禽，应给出相应配套的推荐配方、使用说明；有生产日期、保质期、厂名、厂址、电话；应标有“本产品符合饲料卫生标准”字样；应标有生产该产品所执行的标准编号；有注册商标。

合格证、标签完整无缺的饲料才是安全可靠的，可以放心购买及使用。

3. 采用全价配合饲料饲喂畜禽

全价配合饲料能全面而又经济地满足畜禽在不同生长发育阶段的营养需要（除水分外），既缩短了饲养周期，又提高了饲料报酬，有效地发挥了饲料养分之间的协同作用和互补作用。全价配合饲料利用率高，可直接饲喂畜禽，不需要再添加其他饲料。全价配合饲料是配合饲料的终极产品，有条件的养殖户应尽可能地根据自身经济条件和知识水平，选购全价配合饲料以追求最大经济效益。

4. 根据畜禽的品种、生产性能、生长发育阶段选购相应的饲料产品

畜禽品种不同，生产性能迥异，需要的营养水平相差也较大。同一品种不同的生长发育阶段，需要的营养水平也有差异。不同畜禽品种间，即使是同一品种处于不同的生长发育阶段它们的饲料都不可混用。

5. 饲料的物理性状选择

饲料的性状可以影响畜禽的采食量、养分的吸收率、饲料的外观形状，常见的有粉状饲料、颗粒饲料、块状饲料等。乳猪、仔猪、家禽、鱼和虾的全价配合饲料一般选用颗粒饲料；生长猪、育肥猪一般选用粉状饲料；牛羊一般以放牧为主，适当补充矿物质及其他微量元素，一般选购制成块状的营养舔砖。

6. 从感官上鉴别饲料质量的优劣

好的饲料从外观上看色泽鲜艳一致，无发霉、发酵、结块现象，颗粒饲料碎粒和粉末少；口尝为乳香味或鱼香味，无苦味、涩味、哈味；通过嗅觉感觉无焦煳味、酸败味。

7. 饲料厂家的选择

一般而言，养殖户选择饲料，一要注重产品质量，大型企业、名牌企业一般能严格按照饲养标准生产，并建有强大的销售网络和售后服务网络，如正大、希望、通威、大北农等，应是首选；二要考虑到地区差异，我国地区间的饲用作物因品种、肥力、收获时间的不同养分含量各有差异，土壤中的矿物质在地区间也存在差异，因此养殖户在选购饲料时应尽量挑选与本地区在气候、土质、种植条件相差较小的地区厂家的饲料为佳。

(五)使用配合饲料时应注意的问题

随着养殖规模化的发展，越来越多的养殖户需要购买配合饲料，以便解决自有饲料的不足。那么怎样到市场上去选购合适的配合饲料呢？

首先，要问清饲料的种类。市场上的配合饲料种类很多，可分为浓缩饲料、添加剂预混料、精料补充料和全价配合饲料，而全价配合饲料又根据不同畜禽的生长阶段分为多种类型，不同的配合饲料的营养成分和饲喂方法也不一样。因此，购买饲料首先要问清楚饲料的种类，然后根据自己的需要进行购买。如玉米充足，可选购浓缩饲料；有玉米、豆饼、麸皮等主要原料，可购买添加剂预混料；饲喂草食动物，可购买精料补充料；如为了省事，则可购买全价配合饲料。即使这样，也要问清是哪种家禽(畜)、哪个阶段的配合饲料；如对产蛋鸡而言，其不同的产蛋率就分为三个阶段而饲喂3种不同的配合饲料。

其次，问清营养成分。配合饲料是根据一定的配方，将多种原料经过一定的加工工艺流程制成的。因此，选购饲料时要问清营养水平，即饲料中的蛋白质、钙、磷、维生素及微量元素等的含量是多少，以便决定还需要补充哪些营养成分。另外，配合饲料的营养成分含量与饲料的贮藏时间有关，配合饲料从加工到喂完不应超过2个月，如果贮藏时间过长，配合饲料不仅容易结块、霉烂，而且营养成分会大幅降低。

最后，看饲喂的效果。判断一种配合饲料的好坏，最终是看饲喂的效果；而要了解饲喂效果，可将一批畜禽随机平分成几个小群，喂给不同的配合饲料，对比其增重、产奶、产毛、产蛋和单位产品的耗料量等便清楚了。

那么如何合理使用配合饲料呢？可按以下的要求进行。

(1)忌掺和其他饲料。不少养殖户为减少饲料开支，将配合饲料当作浓缩料或添加剂预混料掺和到糠麸类饲料和青粗饲料中饲喂畜禽，这样配合饲料便失去了应有效果。

(2)忌煮熟饲喂。在冬春两季，有的养殖户习惯将配合饲料煮熟饲喂，认为这样可以提高畜禽的食欲。殊不知，高温会破坏配合饲料中的蛋白质、维生素等营养成分和生物活性酶，造成饲喂效果降低。

(3)忌掺水稀喂。配合饲料加水稀喂，会使畜禽吃得快、饱得快、食后排泄快、饿得也快，导致畜禽从所采食的日粮中得不到充足的营养物质。此外，有的养殖户将配合饲料拌水发酵后再饲喂畜禽，这样也会破坏其中的营养成分。因此，配合饲料饲喂畜禽应与饮水分开，以干喂为主，并定时定量饲喂。

(4)忌添加药物和添加剂。配合饲料在生产过程中，厂家已配足畜禽生长发育所需的添加剂和保健药物，若再添加这类物质，不仅会造成浪费，还会因药物过量而引起畜禽中毒。

(5)忌随意混用。有的养殖户错误地把配合饲料当作“万能”饲料，不分畜禽种类和畜禽的生长阶段而随意混用，这样不仅降低了配合饲料的利用率，若长期混喂还会导致畜禽发生某些营养性疾病。

(6)忌突然更换配合饲料。突然更换配合饲料，会使畜禽一时难以适应而影响食欲，造成生长发育受阻，饲喂效果不好。如果一定要更换配合饲料，应在逐渐增加新饲料比例的前提下，逐渐减少原配合饲料的用量，需用 7～10 d 时间来完成更换新的饲料。

(7)使用浓缩饲料时，必须严格按照产品说明中补充能量饲料的种类和比例，使用前各种原料必须混合均匀。

(8)贮藏浓缩饲料时，要注意通风、阴凉，避光，严防潮湿、雨淋和曝晒；超过保质期的浓缩饲料要慎用。

除上述要求外，配合饲料还不宜久存，最好每次购进的饲料贮藏时间不超过 10～15 d，同时应存放在干燥、阴凉的地方，并防虫害鼠害。

【评估考核】

1. 名词解释

配合饲料　　日粮　　饲粮　　全价配合饲料　　浓缩饲料　　预混料

2. 简答题

(1)简述配合饲料的优越性。

(2)试述发展浓缩饲料的意义，怎样合理开发和使用浓缩饲料。

(3)简述配合饲料配方设计的原则。

(4)简述配合饲料的加工工序。

3. 讨论与思考

(1)图示各种配合饲料的相互关系。

(2)现有一能量饲料粗蛋白质含量为 10%(其中玉米占 70%，麸皮占 30%)，与一浓缩饲料粗蛋白质含量为 38%，为猪配制一种粗蛋白质含量为 14%的饲粮 3 000 kg，问用玉米、麸皮、浓缩饲料各多少千克？

二维码 6-14　配合饲料生产评估考核参考答案

技能训练

根据本项目任务，查阅相关资料，每位同学完成下列任务。

(1)设计产蛋率大于 80%蛋鸡全价配合饲料配方，并写出设计主要步骤(饲料原料种类自己确定)。

(2)设计体重 300 kg 育肥 1 周岁牛日粮配方。

(3)设计 60～90 kg 阶段生长育肥猪浓缩饲料配方,并注明其产品使用说明。

(4)设计生长育肥猪(30～60 kg)微量元素预混合料的配方。

(5)设计 7～20 周龄蛋鸡维生素预混合饲料的配方。

知识拓展

目前形势下饲料配方调整方向

我国是全球最大的工业饲料生产国和消费国。随着养殖业的高质量发展,工业饲料的市场规模不断扩大。工业饲料行业保持稳定的增长速度,年均增长率为 3%～5%。这一增长得益于农业现代化进程和养殖业的快速发展。2023 年我国工业饲料行业的总产值为 14 018.3 亿元。随着我国经济的发展,人们的消费水平普遍提高,对肉类、蛋类、奶制品和水产品的需求不断增长,推动了养殖业的发展,从而增加了对饲料的需求。规模化、集约化养殖模式的普及,提高了养殖效率和生产能力,对高效、高品质饲料的需求也随之增加。我国工业饲料在经历 2020 年和 2021 年的快速增长之后,2022 年有所放缓,2023 年增速恢复至 6.6%,产量为 32 162.7 万 t。

在充分竞争的市场环境下,原料、人工、管理、运输等综合生产成本全面上涨,饲料企业承担高成本压力,行业平均利润水平下降。大家知道,饲料费用占整个养殖业生产成本的 60%～80%。目前,饲料行业逐步趋向于质量同质化、利润一致化。如何在保证质量的前提下,尽量降低配方成本,是每个饲料企业追求的目标。配制饲料的关键是考虑降低成本、调整代谢能、改善动物肉品质量。

1. 降低成本

优化饲料成本的首要措施应该是正确地选择和使用饲料原料,不把饲料原料的价格作为最主要的选择目标,而是提高饲料原料的利用价值。以饲料中最为常见的豆粕为例,我们很多饲料企业在肉鸡饲料配方中选择 43%蛋白的豆粕,并认为 43%蛋白的豆粕便宜。但是我们忽略了几个重要的因素:首先,43%蛋白的豆粕和 46%蛋白的豆粕主要的区别是豆皮的含量不同,而豆皮是很难被家禽消化的,同时豆粕中含有含量很高的甘露聚糖,影响肠道对葡萄糖的吸收。其次,46%蛋白的豆粕的消化率要高于 43%蛋白的豆粕,而且在配方中会节约配方空间。在肉鸡饲料配方中,配方系统会自动选择 46%蛋白的豆粕,而我们只采购了 43%蛋白的豆粕。这无形中增加了饲料成本,同时降低了饲料的品质。因此一些大型的饲料企业,在生产肉鸡生长育肥期日粮时,只能使用高蛋白豆粕。棉粕的选择与此类似,建议使用高蛋白棉粕,因为低蛋白棉粕和高蛋白棉粕的区别就是多了棉绒和棉壳,棉绒和棉壳只会影响饲料蛋白质的消化率。

有不少人认为,只要饲料配方不变饲料品质就稳定,可以说这是一个错误的观点,因为饲料原料的来源和营养指标是动态的,饲料价格也是在变动的。如不同季节采购的玉米水分不同,代谢能值不同,如果配方比例不发生变化则饲料品质发生了变化。正确的方法是:在每个周期内(根据原料的变化周期),根据每批饲料原料的水分、粗蛋白质、灰分、纤维等指标,调整原料数据库,在保证饲料原有营养值和饲料外观等因素的前提下进行配方的微调。这样才能使饲料的品质和效果更加稳定。

2. 调整代谢能

现在大多肉鸡养殖户和肉鸡一条龙生产企业还是只关注料肉比，没有太多关注“造肉成本”，养殖的最终目的是用最少的饲料投入来得到最多的肉，而不是其他(脂)。饲料中的能量或粗蛋白质水平合适与否往往对饲料成本起决定性的作用。现在很多饲料企业为了降低料肉比把饲料代谢能做的很高，料肉比是降下来了但是肉鸡的腹脂很多，屠宰时都被剔除，然后再让油脂加工厂买去炼饲料油。不同代谢能的饲料对成本的影响，见表 6-33。

表 6-33 不同代谢能的饲料对成本的影响

项目	对照组(高代谢能)	试验组(低代谢能)	组别	料号	用量/kg	单价/(元/kg)	成本/元
接鸡数量/只	39 678	39 474	对照组	1001	31 480	2.873	90 446.321
出栏数量/只	37 614	37 535		1002	102 400	2.822	288 944.753
成活率/%	94.80	95.09		1003	40 680	2.739	111 432.104
耗料/kg	174 560	180 200		总计	174 560		490 823.178
毛鸡总重/kg	92 253.87	94 548.44		平均单价/(元/kg)	2.812		
出栏均重/kg	2.453	2.519	试验组	510	18 520	2.987	55 313.851
胴体重/kg	68 083.400	76 111.500		511	44 520	2.874	127 956.053
药费/(元/只)	1.04	1.02		512	58 640	2.756	161 639.760
饲养天数/d	44	44		513	58 520	2.676	156 571.670
每千克鸡肉饲料成本/元	7.209	6.589		总计	180 200		501 481.333
每千克鸡饲料成本/元	5.320	5.304		平均单价/(元/kg)	2.783		

从上面的实验结果看，试验组每千克鸡肉所耗饲料成本比对照组节省 0.6 元，为什么出现这样的结果，分析如下：

对照组所用原料为玉米、豆粕、DDGS、蛋白粉都是容易消化的原料，而试验组所用原料为玉米、豆粕、DDGS、蛋白粉、花生粕、棉粕、羽毛粉、生物蛋白粉，难以消化的原料偏多，这些难以消化的原料为后肠道中的微生物发酵提供基质。这种旺盛的微生物生长可在家禽中产生各种不良影响。如果微生物是病原性的，会出现疾病。如果繁衍的是非病原菌，营养素对家禽的效力也会损失，这种情况无疑会导致“过料”。非常规原料中大多数都含有抗营养因子，也是造成腺胃炎的病因之一。

3. 改善动物肉品质量

上面试验中配方成本高的主要原因是设置的营养指标高，特别是代谢能，用此类饲料喂出来的鸡腹脂率高，而肌间脂肪含量低，屠宰时把腹脂去掉，胴体率就低，导致造肉成本偏高同时也影响肉品质量；另外，非常规原料中含有很多抗营养因子，造成吸收不良和各种应激反应，肉的品质和口味也大幅下降。

从上面可以看出要想生产出品质好的鸡肉且造肉成本低，必须从饲料原料的选择和配方营养指标的设定入手，降低饲料代谢能，使企业养殖成本更低，鸡肉品质更好。

知识链接

(1)NY/T 65—2004 猪饲养标准。
(2)GB/T 39235—2020 猪营养需要量。
(3)NY/T 33—2004 鸡饲养标准。
(4)NY/T 1338—2007 蛋鸡饲养 HACCP 管理技术规范。
(5)NY/T 34—2004 奶牛饲养标准。
(6)NY/T 815—2004 肉牛饲养标准。
(7)NY/T 816—2021 肉羊营养需要量。
(8)GB/T 5915—2020 仔猪、生长育肥猪配合饲料。
(9)GB/T 5916—2020 产蛋鸡和肉鸡配合饲料。
(10)GB 13078—2017 饲料卫生标准。

二维码 6-15 NY/T 65—2004 猪饲养标准

二维码 6-16 GB/T 39235—2020 猪营养需要量

二维码 6-17 GB 13078—2017 饲料卫生标准

二维码 6-18 配合饲料生产相关标准

二维码 6-19 饲料厂

二维码 6-20 复合饲料工厂

项目七
饲养常规

学习目标

了解动物的饲养方式；掌握饲喂动物的一般原则和技术；能运用常规饲养技术指导动物生产；能对动物饲养效果进行检查与分析。培养吃苦耐劳的品德，树立正确的择业观、人生观、价值观；培养辩证看待问题的能力及创新思维能力。

学习内容

任务一　饲养方式

饲养方式一般是指动物就食饲料的方式，包括以饲料就动物与以动物就饲料两种基本类型。前者多在舍内饲喂，称为舍饲；后者是使动物自行采食生长、遗留在土地上的饲料，称为放牧；部分舍饲、部分放牧的称为半舍饲。有时饲养方式也是指畜牧业中的经营形式，如我国集体所有制合作经济中的牲畜统一饲养、公有私养（分散给社员家庭饲养）、私有私养（社员私有的牲畜分别由各自饲养）等。

一、舍饲

舍饲是从作为放牧的补充开始的，过去是指牧区因地制宜改变过去放牧方式的畜禽养殖方式。具体来说就是改变原有的靠天吃饭，哪里有草就去哪里放牧的习惯，将牲畜安置到房舍中，用人工种植的牧草或人工饲料喂养。这样在房舍中的牲畜不容易冻死，而且便于接种疫苗，便于管理等。

由于长期的传统的放牧方式，造成了部分土地荒漠化、山体裸露、植被退化、水土流失严重，出现了“畜多产量低，山多草木稀，雨少田干旱，风大沙盖地”的恶性循环现象。同时，由于放牧受到天然饲料的限制，种植业成了越来越重要的饲料基地，舍饲逐渐变为主要饲养方式。舍饲的发展反映畜牧业对种植业的依赖增加，也反映畜牧业在农区的发展。舍饲为发展不适于放牧的畜禽，扩大畜牧业的内容提供了条件，同时加强了人对牲畜的控制，有利于采用新技术。

工厂化饲养是舍饲的现代化，可全面控制环境，使牲畜成为整个畜产品工厂机器系统的一个有机组成部分，从而显著地提高了畜牧业的劳动生产率。目前，规模化畜禽养殖场均采用舍饲，进行工厂化饲养；除水产动物养殖外，大多数特种动物养殖也采用舍饲。

二、半舍饲

半舍饲是一种放牧与舍饲相结合的饲养方式。半舍饲有的是由于放牧不能满足饲料的需要，故补以舍饲；有的则是舍饲畜为了利用可供放牧的饲料资源，如附近的天然草地、田边野草等。半舍饲形式有的是白天放牧，晚间舍饲；有的是夏秋季节放牧，冬春季节舍饲；也有的是育成阶段放牧，育肥阶段舍饲，并在地区上形成同一牲畜先在牧区育成，后在农区育肥等情况。

根据不同季节牧草生产的数量和品质、畜群本身的生理状况，确定每天放牧时间的长短和在畜舍饲喂的次数和数量。夏秋季节各种牧草、灌木生长茂盛，通过放牧可以充分吃饱，满足营养需要，可以不补饲或少补饲。冬春季节牧草枯萎，量少质差，单纯放牧不能获得足够营养，必须在畜舍进行较多的补饲。

饲料工业的发展，添加剂与补充饲料的广泛应用，使完全不结合舍饲的纯粹放牧方式减少。

三、放牧

放牧是家畜饲养方式之一，是使人工管护下的草食动物在草原上采食牧草并将其转化成畜产品的一种饲养方式，也是最经济、最适应家畜生理学和生物学特性的一种草原利用方式。在牧草生长季节放牧，可以获得营养全面而丰富的新鲜牧草。天然牧草又是地球上分布最广的植被，且能自然更新，同时家畜也可得到充分的光照和运动，从而有利于增进健康和提高其生产力。但家畜在草原上进行采食、践踏和排泄粪尿，会对草原产生多方面的影响。随着牲畜数量增加，出现了畜多草少的矛盾，依靠放牧的畜牧业便转入发展长期停滞的阶段。直到生产力发展了的近代，开展了草地改良，放牧才又得到发展。天然草地的改良，是放牧条件的大变化，是使天然草地不断减少天然成分和增加人工成分并最终成为人工草地的过程，也是放牧所利用的饲料从自然资源变为人类劳动产品的过程，以及逐渐改游牧为定牧的过程。放牧这种历史悠久的饲养方式，对开发、利用大面积草地至今仍有重要意义。由于电围栏、畜牧业机械、畜用化工产品的广泛使用以及飞机播种，放牧地水利工程的兴建，优良品种和疫病防治新技术的推广，生产管理方式的改进，而使放牧逐步走向现代化。

1. 放牧制度

放牧制度可分为无系统放牧（自由放牧）和系统放牧两类。

2. 放牧方式

（1）连续放牧。家畜在全部放牧时期内，不受限制地在一块草地上放牧，属于自由放牧，是一种较原始的放牧方式。

（2）固定放牧。在放牧时期的一个较长阶段，使一定数量的家畜不受限制地在一定面积的草地上放牧。也属自由放牧，但比连续放牧有进步。

（3）轮流放牧。将草原划分成若干区段，按一定的时间和顺序轮回放牧和休牧，是系统放牧的主要形式，也是草原合理利用的主要方法。

(4)混合放牧。将两种或多种采食特性不同的家畜放牧在同一草地上，如牛、羊混群放牧或先放牛后放羊。有计划的混合放牧属于系统放牧。

(5)隔栏放牧。容许幼畜通过隔栏间隙进入某一草场采食，而母畜不能进入的放牧方式，也属于系统放牧。我国北方和西南部的一些农区，一户或几户的混合小畜群利用小片零星草地、茬地放牧或用绳索系留放牧，一般属于自由放牧。

羊的生活习性与消化功能特点决定了羊适宜放牧饲养。放牧饲养能充分利用天然的植物资源，降低生产成本，且能增加运动量有利于羊体健康，在我国广大牧区和农牧交错地区应广泛采用放牧饲养来发展养羊业。实践证明，羊的放牧效果的好坏，不仅取决于草场的质量和利用的合理性，还受放牧的方法和技术的影响。

总之，动物种类不同，饲养方式不尽相同。在农区或牧区，马、驴、骡的饲养大多是常年舍饲，仅夏秋季节在地头、沟旁、草甸放牧；牛的饲养，夏季放牧，春秋冬季节舍饲，使役期补饲精料；山羊、本地绵羊大多是常年放牧，冬季和早春对羔羊、怀孕哺乳母羊补饲部分精料，一般春季到阴坡放牧以防“跑青”；夏季转入阳坡，平日“满天星”散牧，降雨时顺风放牧；秋季可食籽粒成熟的牧草和收割完庄稼遗留田间的粒穗，称之“抓膘”或“跑茬”，延长放牧时间；冬季为防寒风侵袭，多在低洼地放牧，雪天不能出牧时给予补饲；奶牛、猪、禽等多数肉用畜禽养殖均采用舍饲。

在不同国家或地区，饲养方式也不相同，但从放牧到舍饲是人类社会多数地区饲养方式的总趋势。同时，放牧和舍饲本身也随着生产力的发展而变化。饲养方式的变化反映畜牧业从粗放经营向集约经营发展。

二维码 7-1 饲养方式评估考核参考答案

【评估考核】

1. 简答题

(1)饲养方式有哪些？

(2)放牧方式有哪些？

2. 讨论与思考

试述半舍饲饲养方式。

任务二 饲养技术

饲养技术的应用及饲养效果的不断完善是动物生产中的重要环节，其目的是把配合日粮高效率地转化为优质动物产品。饲养效果是多种饲养因素通过饲养过程的集中体现，它能够综合地、客观地反映配合日粮是否完善，饲养技术及其他管理措施是否合理。而饲养技术是把饲料转化为动物产品过程中所采用的科学方法和管理措施。平衡日粮与饲养技术的完美结合，才能保证动物具有良好的食欲、正常的生长发育及健康体质，并发挥最大生产潜力，提高饲料转化率。

一、饲养日程与操作规程

为了使动物的饲养管理工作有章可循，养殖场必须根据动物种类、生产规模情况，制订出一系列切实可行的规章制度和操作规程，并根据相关制度将养殖场的一系列常规工作进行科学安排，形成饲养日程和操作规程，以便于饲养员和技术员在生产中执行，也便于对各项工作进行检查督促。

养殖场的规章制度包括场长、技术员、饲养员等岗位的职责规范，这里不再赘述。

饲养日程是对每天以饲喂为中心的各项饲养操作在时间上所做的规定，即“一天做什么?”制订饲养日程应提前对饲料喂前的调制方法和要求，饲喂时间、次数、方式、数量、顺序，对动物采食情况的观察(剩料、粪便等)，饮水的次数，动物的运动，环境(清扫、通风换气等)等进行规定。还要充分考虑到动物种类、生产季节、生产性能、动物生理特点、饲料性质、给料方式、饲养人员的生活及其他因素。饲养日程一经实施，应严格执行，不可随意改动。这样做会使动物建立一定的条件反射，并形成良好的节奏性，这对于保持消化系统功能旺盛尤为必要，有利于充分发挥动物的生产潜力，也便于对饲养人员进行监督检查，从而使各项生产活动有条不紊。

操作规程一般是指有关部门为保证本部门的生产、工作能够安全、稳定、有效运转而制订的，相关人员在操作设备或办理业务时必须遵循的程序或步骤。饲养操作规程就是对饲养日程的细化，即对某些饲养环节所做的进一步规定，也就是“怎么做”。它的不断完善和严格实施是规范化动物生产管理的重要组成部分。如奶牛饲喂，涉及喂前饲料质量检查及准备、料槽卫生检查、投料顺序、采食及粪便观察、饮水、料槽清理等方面。操作规程的全面贯彻，不仅有利于生产，而且有利于提高工作效率。

饲养操作规程应保持相对稳定，但也应随科学技术的发展进行必要的调整和充实。

二、饲养制度

动物饲养一般可分为“全进全出”和“公母分群”两种制度。

所谓“全进全出”制度是指在同一栋舍同时间内只饲养相同(雏鸡)或相近日龄的动物，经过一个饲养期后，又在同一天(或大致相同的时间内)全部出栏。这种制度简便易行，在饲养期内管理方便，可采用相同的技术措施和饲养管理方法，易于控制温、湿度，有利于切断病原的循环感染，有利于疾病控制，有利于机械化作业，提高劳动效率；在饲养动物全出后，舍内的设备和用具可进行彻底打扫、清洗、消毒与维修，这样能有效地消灭舍内的病原体，切断病原的循环感染，减少疫病发生，降低死亡率，同时也提高了设备的利用率。肉用畜禽多采用“全进全出”饲养制度。

所谓“公母分群”制度是指不同性别的动物采取不同的饲养管理制度。例如，肉用仔鸡公母雏在生理基础上有很大差异，它们对生活环境和营养条件的要求及反应都有差别，为了便于实行“全进全出”制度及采取其他新技术，使鸡群生长发育整齐，适于自动化屠宰加工工艺，肉用仔鸡的饲养，基本上实行公母分群饲养制度。生产实践也充分证明，大规模生产肉用仔鸡，公母分群饲养，增重快，饲料报酬高，其饲养效果远比公母混群饲养好。再如，绵羊在选种选配阶段也要实行公母分群放牧等。

在动物生产实践中，动物饲养制度还包括许多管理制度，如光照制度、防疫制度、隔离制度、消毒制度等。

三、常规饲养技术

(一)饲料形态

饲料的形态可影响动物的采食量和利用效率。如干草和秸秆类粗饲料,饲喂草食家畜时,可压碎铡短,这样可防止损失且增加采食量。但不可加工成草粉饲喂大家畜,那样反而会使得饲料利用率下降;谷实类精饲料,整粒饲喂,往往未被消化又整粒排出,尤其是哺乳牛容易出现"过料"现象。但是,将谷实粉碎过细,反而会造成通过消化道过快,降低了消化率。同时,细粉状的精料大家畜不爱采食,适口性差;青绿饲料、多汁饲料饲喂大家畜时,可单独喂给,喂猪时可混拌其他饲料一起投给。用颗粒饲料喂猪、鸡的效果很好,比喂粉料效率高,但成本也要高些。在生产中,为了适应动物生产的需要及各种动物的采食习性,配合饲料往往被加工成不同的外形和质地,概括起来有以下 5 类。

1. 粉料

粉料是目前饲料厂生产的主要料型,它与颗粒料相比,容易引起家畜的挑食,造成浪费,且容重相差较大的饲料原料混合而成的粉料易产生分级现象。粉料的生产工艺简单,加工成本低,易与其他饲料搭配。但加工粉料时粉尘较大,采食时容易造成损失。粉料的颗粒大小应根据畜禽种类、年龄而定。

鸡粉料直径:幼鸡<1.0 mm,中、大鸡 2.0 mm,成年鸡 2.0~2.5 mm。

猪粉料直径:哺乳仔猪<1.0 mm,仔猪 1.0 mm,育肥猪 1.0 mm。

乳牛粉料直径:哺乳牛<1.0 mm,幼牛和乳牛<2.0 mm。

鱼饵料直径<0.5 mm。

2. 颗粒饲料

以粉料为基础的经过蒸汽调质、加压处理、冷却后制成的颗粒饲料其形态有圆筒状和角状。这种饲料容重大,改善了畜禽适口性,因而可增加畜禽的采食量,避免挑食,保证了饲料的营养全价性,饲料报酬高,主要用于幼龄动物的饲料、肉用型动物的饲料和鱼的饵料。一般可使动物增重提高 5%~15%,但加热加压处理可使部分维生素、抗生素和酶等受到影响,且耗能大,成本高。颗粒饲料的直径依动物种类和年龄而异。我国一般采用的饲料直径范围是:肉鸡 1~2.5 mm,成鸡 4.5 mm;仔猪 4~6 mm,育肥猪 8 mm,成年母猪 12 mm;小牛 6 mm,成牛 15 mm;鱼生长前期(前半年)4 mm,鱼生长后期(后半年)6 mm。颗粒饲料的长度一般为其直径的 1~1.5 倍(鱼为 2~2.5 倍)。

3. 碎粒料

碎粒料是颗粒饲料的一种特殊形式,用机械方法将生产好的颗粒饲料破碎、加工成细度为 2~4 mm 的碎料。其特点与颗粒饲料相同。因畜禽采食碎粒料速度稍慢,故不致采食过多而过肥,因此,特别适用于蛋鸡、雏鸡和鹌鹑。

4. 膨化饲料

膨化饲料的适口性好,容易消化吸收,是幼龄动物的良好开食饲料;同时,膨化饲料密度小,孔多,保水性好,是水产养殖的最佳浮饵。膨化饲料密度比水轻,可在水上漂浮一段时间。由于膨化饲料中的淀粉在膨化过程中已胶质化,增加了饵料在水中的稳定性,故可减少饲料中水溶性物质的损失，保证饵料的营养价值。由于膨化饲料可在水中漂浮，易于观察鱼采食情况，避免了投料不适。用膨化饲料喂鱼比用普通颗粒料喂鱼可减少饲料损失10%～15%，并可提高鱼产量10%左右。膨化饲料是把粉状的配合饲料加温加压，使之糊化，在通过机器喷嘴时的10～20 s时间内突然加热至120～180 ℃挤出，使之膨胀发泡呈饼干状，再根据需要切成适当的大小。

5. 液体饲料

国外有些大型现代化养殖场为了需要和输送的方便，有时将配合饲料制成流体状。

（二）料型

饲喂动物的料型有干料、湿料、稀料、稠料等。它们各有优缺点，可针对饲喂对象、生产条件，灵活运用。干料多用于猪、鸡，适于自由采食，机械化给料，省工、省燃料，四季皆宜。但要求有相应的饲槽，否则饲料损失较大。大型机械化养禽场多用配合饲料，以干料喂饲，但必须设置自动饮水装备。湿料、稠料、稀料都要加水，根据水料之比，区分为湿料，其水料比为1∶1左右；若水多于料1倍，则为稠料；若水再多则为稀料。这样的湿料多用于猪。总之料型不是绝对的，要因多种条件而决定。

（三）饲喂次数

饲喂次数取决于动物的种类、年龄、生产水平、饲料性质、管理方式、牧场设施等。饲喂次数过多，生产效果未必好。在以下几种情况下，应酌情增加饲喂次数：幼龄畜禽消化道小，因而一次采食量较少；进入育肥期的动物，不仅饲喂次数应增加，而且夜间采食时间也应适当延长。群众在长期实践中积累的丰富经验，如"少喂勤添""马要吃夜草"等包含深刻的科学道理，至今仍有借鉴与启发作用。

（四）饲喂方式

饲喂方式指每顿的喂法。一般原则是：给料有序，定时定量，先粗后精，少给勤添，建立起条件反射，不能随意变更。

1. 全混合饲喂方式

全混合饲喂方式（可以是粉料，也可以是颗粒料）是根据动物每天所要采食的粗饲料、精饲料、副料等原料混合均匀，让动物自由采食的饲喂方式。

适用于集约化饲养（所有动物，只要是集约化饲养），自由采食。在猪、禽、鱼和奶牛（全价混合日粮TMR）饲养中已广泛应用。

全混合饲喂方式的优点是：保证动物吃到日粮中所有成分（特别是粗饲料、精饲料和矿物质）；增加动物对饲料干物质的总摄入量；与粗饲料分开单独饲喂大量精饲料会引起动物消化障碍，饲喂全价混合日粮可减少这一副作用的发生率；不仅靠增加干物质摄入量，而且靠精确的营养平衡日粮配方来提高生产性能。此外，与粗、精饲料分开饲喂的做法相比，全混合饲喂可使动物在任何时间采食的饲料都是营养平衡的；提高了精饲料的利用率；使适口性差的饲料成分以及非蛋白氮（如尿素）得到更充分的利用；全混合后能掩盖住某些饲料成分的异味，并使所有成分均匀分配；减少饲喂劳力。

二维码7-2　TMR日粮搅拌车

全混合日粮的缺点是：长纤维干草很难混合，需要昂贵的秤、搅拌机和传送设备；日粮必须精确配制并经常核对。

2. 分混分喂方式

主要是指草食动物自由采食粗饲料，分几次补充精料、多汁料。

3. 干料和湿料

一般情况下采用干料饲喂，它易掌握饲喂量，便于机械化操作，可促进动物唾液分泌，夏季不易霉变，剩料不易腐败，便于自由采食，适用于多数动物，尤其是集约化养殖。但干粉料的适口性差，易抛洒。使用干料要注意饮水的供应。

湿料适口性好，有利于动物采食；但不便于掌握饲喂量，不便于机械化操作，不利于保持畜舍干燥，剩料易腐败，夏季易发霉，冬季易冻结。传统饲养模式常采用这种料型饲喂，个别小型养殖场也有使用，而规模化、集约化生产很少采用。

4. 生喂和熟喂

试验表明，多数饲料生喂效果比熟喂好。这是因为加热后，部分蛋白质变性，引起消化率降低；部分维生素失效并伴随其他养分损失或流失；加热过程消耗能源，这一费用需纳入成本核算；青饲料加热不当易产生有毒物质；工作量大，不适合大规模生产方式。多数饲料煮熟后，营养价值降低约10%。但熟化处理有时在饲养中是必要的，其主要作用有：破坏饲料中的有毒有害物质或抗营养因子（如大豆抗胰蛋白酶）；杀灭饲料中的病原体（如肉骨粉加工）；使淀粉糊化，增大其吸水量，从而有利于消化酶的作用；产生特有香味，用于仔猪开食。熟化的方法有蒸煮、焙炒、膨化、制粒等。

5. 根据生产水平的变化给料

这种饲喂方式适用于某些大家畜。如针对奶牛个体产奶量及增减趋势，确定精料补充饲料的配给量。随着计算机及辅助设备在畜牧业生产上的广泛应用，这种给料方式逐渐变为现实。实验证明，为个体分别制订饲喂程序，并在计算机和识别系统辅助下，可以做到准确按照个体的定额给料。这样，达到相同生产水平，可节省一定量的精料。

6. 根据气温的变化调整日粮

在炎热的夏季，动物采食量明显减少，各种养分的日摄入量降低，并伴随生产力下降。针对这一现象，应增加饲粮中养分的浓度，如蛋白质、维生素和微量元素等，以确保动物生产发育和健康高产；在严寒的冬季，动物维持体温消耗能量较多，应适当提高日粮的能量水平，并采取保温措施，以避免能量消耗和饲料转化率明显降低。

（五）育肥方式

育肥一般是指在宰杀之前的一段时期使家畜、家禽等动物很快地长肥，也称为育肥、催肥。它分为幼龄育肥和成年育肥两种，两者在饲料转化效率和肉质方面均具有显著差别。

幼龄育肥又称生长育肥，即动物从出生（出壳）后即开始接受生长与育肥同时并进的饲养过程，在此过程中，主要增长肌肉和骨骼，同时也蓄积部分脂肪。这种育肥方式成本低，肉质较好，如肉用仔鸡生产和羔羊育肥等。

成年育肥主要是指成年的种用、役用和乳用等动物淘汰后于屠宰前短时间内的催肥，其目的在于通过育肥沉积脂肪，并加粗肌肉纤维，以提高屠宰率和肉品的营养价值，改善肉的风味。

在生产实践中，肉猪育肥也有阶段育肥、一贯育肥和前高后低育肥等。

(六)饲料更换

在饲养实践中，由于动物进入不同生长阶段、季节交替、原料供应发生改变或远距离引种等，不得不改变日粮的来源、组成或配比等。由于长时间采食某种日粮，动物会来不及适应这种变化出现采食量减少、消化功能紊乱、便秘或下痢等现象，甚至生长发育和生产也受到严重影响。所以，饲料更换必须稳妥进行，特别注意一般要有 5～7 d 过渡期，以使动物逐渐适应。

饲料更换应遵循以下原则。

(1)避免骤然增减饲料量。在一般情况下，骤然增减饲料会给动物带来不良后果。突然减少给量时，会出现不安，甚至啄癖；骤然增加，出现消化紊乱、下痢或便秘。

(2)饲料更换应逐步替换。无论何种原因需要变更饲料，都应有过渡期。

(3)开发新饲料资源时，应在小群中试用，然后在大群中普遍使用。

(4)变更时间。应尽可能避开动物生理敏感期，如幼龄期和生产高峰期。

(七)限饲与丰饲

限饲是根据动物生长发育、生产需要或特定的培育目的，为避免肥胖或体重过大而维持正常繁殖或其他性能采用的一种饲喂制度。

限饲可通过 3 种途径实现。其一，数量限饲，70%～80%的正常采食量，如肉种鸡 6 周后，按 75%隔日饲喂以控制体重；其二，质量限饲，降低蛋白质，增加粗纤维，减少干物质；其三，时间限饲，控制采食时间，一般在饲喂粉料时容易达到，颗粒料时动物会提高采食速度以适应，不易做到。

限饲方法多用于种用动物、蛋鸡的生长阶段以及为改善肉用动物胴体品质的后期育肥，如蛋鸡育成期(CP，12%，质量限饲)，肉种鸡(数量限制，75%饲喂)；瘦肉型育肥猪的后期限制饲养。另外，对于草食动物精料作为补充料，也可实行定量供给。

丰饲是指丰足饲养，即自由采食。自由采食要保持料槽内经常有料，能完全满足动物的食欲。丰饲方法多用于商品肉禽，如肉仔鸡、肉鸭(填鸭)、乳鸽(吹鸽)、鹅、火鸡等；配种前母畜的“短期优饲”，配种前 10～20 d 优饲，能促使多排卵；羔羊和犊牛缩短育肥期和吊架子猪的后期育肥等。

(八)饮水和供水

水的品质很重要，它直接影响动物的饮水量、饲料消耗、健康和生产水平。

美国国家事务局(1973)建议，家畜每 100 mL 饮用水中大肠埃希菌数应低于 5 000 个。但这仅能作为一个参考，因为某些病原体在这个水平以下可能是有害的。另外，动物能耐受高水平的有益微生物。地表水通常比深井水等地下水更易被细菌污染。在水质较差的情况下，应采取措施改善水质，降低饮水对动物的损伤。氯化作用能消灭和清除致病微生物，在使用含高总可溶性固形物(TDS)水的畜场，通常应降低日粮中盐的水平，用软化剂可改善水的硬度，反渗透装置对消除硫酸盐是适用的。另外，要注意饮水温度和供水方式。

(九)训练与调教

训练与调教也是动物饲养管理中不可忽视的一个环节。实践中，针对不同种类动物的生理和生产特点，利用条件反射，使动物形成一些“习惯”。这不仅有利于健康和高产，而且可以减少工人的劳动强度。如训练猪定点排泄，使粪便清理变得容易；喂猪前鸣哨，使其消化系统提前做好采食准备，有利于改善养分的消化吸收等；特别是在畜牧业生产中，对种公畜、种公禽人工采精行为的训练与调教显得更为重要。

二维码 7-3 饲养技术评估考核参考答案

【评估考核】

1. 简答题

简述饲养技术在畜牧生产中的重要性。

2. 讨论与思考

试述全混合饲喂方式的优点。

任务三 饲养效果检查

一、饲养效果检查的目的

饲养效果检查的目的，就是通过对动物食欲、健康状况、繁殖、生产等方面检查，发现不足和存在的问题，及时采取措施加以纠正修改，以不断提高配合日粮质量、饲养技术及动物的生产水平。

二、饲养效果检查的内容

（一）食欲及健康状况

动物食欲的高低，既是其健康状态的标志，又在一定程度上反映了配合日粮的综合质量。由于不正常的饲养而引起食欲不良或异嗜，反映了动物机体存在早期的代谢紊乱。如多数动物出现拒食或大量剩料现象，则多因饲料品质存在异味、霉烂、毒素等情况。日粮中长期缺乏某些养分，会导致动物患异嗜癖，如蛋鸡啄食蛋壳，则常因日粮缺钙所致；生长猪舔食泥土或石块等，则可能与日粮缺钙、磷、食盐等有关。

动物的健康状况是反映饲养效果的重要标志之一，而良好的营养状况为动物的健康提供了保证，精神状态在一定程度上又反映了动物的健康情况。健康状态良好的动物，表现眼睛有神，警觉性高，并对周围的异常变化反应敏锐。生长发育正常，群体整齐度好，生产水平达到本品种要求。营养状况良好，如被毛光亮而平滑，抗病力强。如有不良现象，则应调整日粮营养水平，加强饲养管理，但不排除营养缺乏症的可能性。

（二）粪便状况

粪便状况与消化和健康密切相关。如饲养不合理可引起粪便多种异常的变化。

（三）繁殖

种公畜的性欲、精液品质指标及母畜的发情、排卵、受胎、妊娠、产仔数、初生重、泌乳量等，均与饲养是否合理有关。如早春时节，补饲母畜蛋白质及维生素丰富的优质青饲料，可促进发情排卵，也可提高种公畜的精液品质。

（四）生产

1. 畜产品的数量

乳用家畜的日产奶量、蛋用鸡群的日产蛋量等指标都反映了饲养效果。但在追求数量的同时还应该注意：①短期内日粮营养不平衡或采食量不足，机体动用自身贮备，从而在一定时间内维持较高产量。泌乳初期的母畜出现这一现象是不可避免的。然而对于产蛋家禽，如果在产蛋前饲喂不平衡日粮，往往引起产蛋高峰持续期缩短和体重减轻等现象。②某些动物采食不平衡日粮，虽能维持较高产量，却以增加采食量为代价，这势必降低饲料转化率。

2. 畜产品的质量

动物的种质是影响其产品质量的主要因素，而饲养因素同样是不容忽视的。饲养因素可直接影响肉、脂肪、蛋、毛等畜产品的质量。如猪在屠宰前，日粮中鱼粉占有一定比例，则屠宰后商品肉会带有鱼腥味；产蛋鸡日粮中钙、磷缺乏或比例不当，维生素不足，均可产软壳蛋或蛋壳易破，造成经济损失。由此使畜产品商品等级和市场竞争力下降，损失更为严重。

3. 体重

任何种类的动物，无论处于任何生长发育阶段，体重的正常与否，都是评定饲养是否合理的重要标志。种用畜禽最忌过肥，过肥将导致繁殖性能降低，但过瘦也不符合种用体况要求。

4. 饲料转化率

饲料转化率是指生产 1 kg 畜禽产品或增重 1 kg 所需要的配合饲料量。它是衡量养殖业生产水平和经济效益的一个重要指标。当饲养水平低下或日粮营养组成不平衡时，都会增加每千克产品耗料重，但要排除畜禽品种质量和疾病的因素。

5. 饲养效益分析

饲养效益是养殖业的全部产出与全部投入之差，是饲养效果的集中表现。饲养过程中经常性地做效益分析与评估是十分必要的，如各类动物饲养后期（出栏或淘汰），应特别重视每天的实际经济效益。否则，往往出现低效益甚至负效益饲养。

为此，要有畜产品产量、饲料消耗、生长发育、繁殖情况等各项生产记录，并及时分析记录，作为饲养效果检查的依据。当然，畜牧工作者还应经常深入生产现场，巡视畜群，观察动物行为表现、采食及粪便状况等。经常分析饲养条件是否存在问题，以求用低料耗换取高额产品。

【评估考核】

1. 简答题

（1）简述饲养效果检查的目的。

（2）饲养效果检查畜产品的质量应注意什么？

2. 讨论与思考

如何进行饲养效益分析？

二维码 7-4　饲养效果检查评估考核参考答案

技能训练

组织学生参观某动物养殖场。

(1)根据动物饲养效果检查的内容,简要分析该养殖场的动物饲养效果;分析参观过程中发现的问题,并从理论上查找原因,进行营养诊断,提出解决方案。

(2)利用计算机或计算器,核算该养殖场使用的日粮营养成分是否符合饲养标准。

知识拓展

某母猪分娩舍饲养日程及操作规程

一、饲养日程

6:00—8:00	喂母猪(责任人:接产护理员)。 清理卫生(责任人:产房卫生员)。 检查吃料情况,及时清理剩余饲料给其他胃口好的母猪,并量体温做记录,检查保温箱、补料槽、补料(责任人:接产护理员)。 巡视产房,做好昨晚的产仔数、病、死记录,准备、安排当天的日常工作(责任人:产仔车间主任)。
8:30—9:30	清理卫生(责任人:产房卫生员)。 教槽、喂糖水(责任人:接产护理员)。 治疗、打耳号、断尾、补铁补硒等工作(责任人:产仔车间主任)。
9:30—11:30	清理卫生(责任人:产房卫生员)。 每周工作流程中规定的日常工作以外的事(责任人:产仔车间主任、接产护理员)。
14:30—16:00	清理卫生(责任人:产房卫生员)。
16:00—17:30	每周工作流程中规定的日常工作以外的事(责任人:产仔车间主任、接产护理员)。 教槽、喂糖水(责任人:接产护理员)。
17:30—18:00	清理卫生(责任人:产房卫生员)。 母猪、仔猪喂饲(责任人:接产护理员)。 治疗、报表(责任人:产仔车间主任)。
19:00—21:00	补教槽料,检查调整保温箱、风扇、门窗(责任人:接产护理员)。
21:00—22:00	给母猪补料,喂糖水、鱼汤(责任人:接产护理员)。
全天 24 h	尽心做好接产及辅助乳猪吃初乳工作(责任人:接产护理员)。

二、操作规程

(一)产前准备

(1)空栏彻底清洗、消毒,检修产房设备。

(2)根据产房空床的数量，事先通知妊娠配种组可接收临产母猪的头数(空床 $N-1$)及产房栋、栏号和顺序。

(3)接收妊娠配种组转出的临产母猪及生产牌，并按猪背上的栏号定位，挂好生产牌。

(4)及时清洗干净母猪身体，并带猪消毒。

(二)判断分娩

(1)阴道红肿，频频排尿。

(2)乳房有光泽、两侧乳房外涨，用手挤压有乳汁排出，初乳出现后 12～24 h 内分娩。最后一个乳头乳汁呈直线射出时 2～3 h 内将破水。

(三)接产

(1)要求有专人看管，接产时每次离开时间不得超过 0.5 h。

(2)分娩前(破水后)用 0.1% $KMnO_4$ 消毒水(半瓶盖 $KMnO_4$ 对半桶水)清洗母猪的外阴和乳房并挤出每个奶头的前三滴奶。

(3)仔猪出生后，应立即将其口鼻黏液清除、擦净，用抹布将猪体抹干，发现假死猪及时抢救，断脐、剪牙，产后检查胎衣是否全部排出，如胎衣不下或胎衣不全可肌内注射催产素。

(4)有羊水排出、强烈努责后 1 h 仍无仔猪排出或产仔间隔超过 1 h，即视为难产，需要人工助产。

(5)断脐在 5 cm 左右用线结扎，掐断，5%碘酊浸泡消毒。

(6)乳猪吃初乳前口服 3 mL 糖水(自制 4 d 以上的)，帮助每头仔猪吃上初乳，固定乳头，初生重小的放在前面，大的放在后面。

(7)吃完初乳后把仔猪放入保温箱插上插板，保持箱内尽可能高的温度。

(8)产后 24 h 内(最好在产第 3 头或排胎衣时)按规定的药物输液并于后海穴注射缩宫素 3 次，间隔时间为 0.5 h 一次。

(9)产后 3 d 内每天将吃完奶的仔猪关进保温箱，训练仔猪在保温箱内休息。

(四)难产的处理

(1)有难产史的母猪临产前 1 d 肌内注射律胎素或氯前列烯醇，或预产期当日注射缩宫素。

(2)临产母猪子宫收缩无力或产仔间隔超过 1 h 者可注射缩宫素，但要注意在子宫颈口开张时使用。

(3)注射催产素仍无效或由于胎儿过大、胎位不正、骨盆狭窄等原因造成难产应立即人工助产。

(4)人工助产时，要剪平指甲，润滑手、臂并消毒，然后随着子宫收缩节律慢慢伸入阴道内，手掌心向上，五指并拢；抓仔猪的两后腿或下颌部；母猪子宫扩张时，开始向外拉仔猪，努责收缩时停下，动作要轻。拉出仔猪后应帮助仔猪呼吸(假死仔猪的处理：将其前后躯以肺部为轴向内侧并拢、放开反复数次)。产后阴道内抹上两瓶青霉素粉，同时输液，以防发生子宫炎、阴道炎。

(5)对难产的母猪，应在母猪卡上注明发生难产及原因，以便下一个产次的正确处理或作为淘汰鉴定的依据。

(五)产后护理和饲养

(1)哺乳母猪每天喂 3 次,产前 3 d 开始减料,渐减至日常量的 1/2～1/3,产后 3 d 恢复正常量直至断奶,日喂量为:带 8 头以下仔猪的 4 kg/d,8 头以上仔猪的 5～6 kg/d。喂料时若母猪不愿站立吃料,应赶起。产前产后日粮中加 0.75%～1.5%的轻泻剂(大黄苏打或芒硝)以预防产后便秘,夏季日粮中添加 1.2%的 $NaHCO_3$ 可提高采食量。

(2)哺乳期内注意环境安静、圈舍清洁、干燥,做到冬暖夏凉。随时观察母猪的采食量和泌乳量的变化,以便针对具体情况采取相应措施。

(3)仔猪初生后第 2 天注射“富来血”铁剂 2 mL,预防贫血。同时注射亚硒酸钠-维生素 E 0.5 mL,以预防白肌病,并打耳号、断尾(纯种除外)、7～10 日龄商品小公猪去势;无乳母猪采用催乳药拌料或口服,并喂鱼汤。

(4)打耳号时,尽量避开血管处,缺口处用 5%碘酊消毒;断尾时尾根部留下三指宽处(至阴部下边缘)剪断、5%碘酊消毒;去势时要彻底,切口不宜太大,术后用 5%碘酊灌注消毒。

(5)仔猪吃过初乳后同品种内适当做过哺寄养调整,尽量使仔猪数与母猪的有效乳头数相等,防止未使用的乳头萎缩,从而影响下一胎的泌乳性能。寄养时,仔猪间日龄相差不超过3 d,寄后不寄前,把大的公仔寄出去(纯种寄养事先汇报),寄出时先在保温箱内混养以混合气味。

(6)产房适宜温度,分娩后 1 周 27 ℃,2 周 26 ℃,3 周 24 ℃,4 周 22 ℃。保温箱温度:初生 36 ℃,体重 2 kg 30 ℃,体重 4 kg 29 ℃,体重 6 kg 28 ℃,体重 6 kg 以上至断奶 27 ℃,断奶后 3 周 24～26 ℃(根据实际情况尽可能保持保温箱较高的温度,以仔猪不扎堆为宜)。

(7)产房要保持干燥,产栏内只要有小猪,便不能用水冲洗。预防仔猪下痢,参照《黄白痢综合防治措施》。

(8)补料。出生后 5 日龄开始诱食补料,方法为:前 3 天,每头小猪每天早晚 2 次,每次向每头仔猪口里塞七八颗的教槽料,同时喂糖水 1 次。每天补料次数为 3 次,补料量以当天能吃完为宜。保持料槽清洁,饲料新鲜。勤添少喂,晚间要补添 1 次料。

(9)产房人员不得擅自离岗,有其他工作不得已离岗时每次离开时间控制在 0.5 h 以内。

(10)仔猪平均 21～24 日龄断奶,一次性断奶,不换栏,不换料。断奶时事先通知妊娠配种组做好接猪准备,确认断奶母猪耳号,然后肌内注射长效土霉素 20 mL/头,之后设好路障,取下生产牌,将母猪赶出产房交给妊娠配种组。

(11)断奶前 1 天开始在教槽料中加药,连用 1 周。

(12)产房的免疫接种。7～9 日龄留种仔猪首免支原体灭活苗(瑞倍适-旺)2 mL;14～17 日龄的母猪接种猪瘟脾淋组织苗 2 头份/头;母猪猪瘟的接种和 25～28 日龄仔猪猪瘟的接种同时进行。每次免疫接种工作应和防疫员共同完成。具体程序严格按《仔猪保健免疫接种记录表》完成。

知识链接

(1)NY/T 1242—2006 奶牛场 HACCP 饲养管理规范。

(2)NY/T 2123—2012 蛋鸡生产性能测定技术规范。

模块四

饲料质量检定

饲料质量检定包括感官检定、物理学检定、化学分析和动物试验四个方面。本模块不介绍动物试验方面的内容。

项目八

品质鉴定

学习目标

了解和掌握饲料原料感官检定和物理学检定的方法,会对常用饲料原料和加工调制饲料进行品质鉴定。培养饲料分析要严谨认真,不能马虎,也不能作假,树立良好的职业道德观。

学习内容

任务一 感官检定

感官检定主要是通过人的五官检查饲料的外观形状(颗粒大小、色泽、杂质、异物、虫害、霉变和结块等)、气味(酸败、焦化、腐臭等)和质地(软硬程度、松散程度、水分含量等)。检定时应根据国家颁布的饲料原料标准中规定的内容进行检查。

感官检定是最原始但也是最重要、最简单、最廉价的检定。其他各种检定都离不开感官检定的配合。有时仪器检定不出的质量改变,凭感官也能检出。但感官检定是正常人凭经验得出的判断,可能带有主观性,受某些内在、外界条件限制,有可能不十分精密。所以一些重大问题应与其他方法配合。

一、常用饲料原料的感官检定

(一)影响饲料原料品质的因素

1. 自然变异

饲料原料养分含量的自然变异系数平均为±10%,一般变异在10%~15%的范围内是正常的。这是由于地区、年份、品种、土壤肥力、气候条件及收割时期等不同而引起的。

2. 加工

由于加工方法和加工技术的不同,饲料原料特别是一些工农业副产品原料在质量上出现差异。

3. 掺假

颗粒细小的饲料原料最容易掺假,即以一种或多种,可能有或可能没有营养价值的廉价细粒物料进行故意掺杂。

4. 损坏和变质

在不适当的运输、装卸、贮藏和加工过程中，会使饲料原料因损坏和变质而失去原有的质量。

5. 污染

饲料原料在受到农药、工业“三废”等污染后，会带上重金属及有毒有害物质，从而使饲料质量降低甚至不能利用。

（二）感官检定方法

1. 视觉（眼看）

通过肉眼或放大镜观察饲料的外观、形状、色泽、颗粒大小、有无霉变、虫蛀、硬块、异物、夹杂物和均匀性等。观察时若发现原料结块，可能是水分过大或霉变。花生饼、胡麻饼、芝麻饼很容易发霉，特别是饼（粕）裂缝中常有黄曲霉污染。粉碎过筛时若发现粉料呈球块状，一捻又成粉末时，除上述原因外，可能与脂肪含量较高，有黏性物存在有关。又如，正常豆粕呈黄色或淡黄色，若呈褐色、棕褐色或棕黑色，则可能是加热过度。豆饼掺假的原因很多，有的豆饼中掺入玉米、豆皮、沙子、其他饼类，需要把饼掰开，细心观察才能发现。当然大宗原料种类较多，各种原料均有自己的特点。同种原料在不同的季节又有不同的特征。

2. 味觉（舌舔）

通过舌舔和牙咬来检查饲料的味道（如咸、涩、甜、苦、哈、香）、硬度、口感等。检查原料有无刺激的异味、苦味或其他异味。如菜粕、花生粕，有时有大的团块，若把粕外的绿霉擦去，肉眼不易看出，通过舌舔和咀嚼就会尝到刺激性的异味。但应注意不要误尝对人体有毒有害的物质。

3. 嗅觉（鼻闻）

用鼻子来嗅闻饲料是否具有原料物质的固有气味，嗅辨饲料气味是否正常，鉴别有无霉臭、腐臭、氨臭、焦臭、发酵酸味或其他异味。特别是对鱼粉、肉骨粉、骨粉等物质的鉴别，要注意利用嗅觉来鉴定是否腐败变质。当然，鉴别时要避免环境中其他气味的干扰。

4. 触觉（手摸）

取样在手上，用指头捻，通过触觉来判断饲料温度、粒度的大小、硬度、黏稠性、滑腻感、有无夹杂物及水分的多少。如手插入料堆感觉湿凉，表示原料含水量超标。

5. 过筛

使用 8 目、16 目、40 目的筛子，测定混入的异物及原料或成品的大约粒度。

6. 放大镜

使用放大镜（或实体显微镜）鉴定内容与视觉观察的内容基本相同。

（三）主要原料的感官特征

1. 玉米

（1）观察其颜色。较好的玉米呈黄色且均匀一致，无杂色玉米。

（2）随机抓一把玉米在手中，嗅其有无异味，粗略估计（目测）不饱满粒、杂质、霉变粒、虫蛀粒的比例，初步判断其质量。随后，取样称重，测容重（或千粒重），分选霉变粒、虫蛀粒、不饱满粒、热损伤粒、杂质等异常成分，计算结果。玉米的外表面和胚芽部分可观察到黑色或灰色斑点为霉变，若需观察其霉变程度，可用指甲掐开其外表皮或掰开胚芽做深入观察。区别玉米胚芽的热损伤变色和氧化变色，如为氧化变色，味觉及嗅觉可感氧化（哈喇）味。

（3）用指甲掐玉米胚芽部分，若很容易掐入，则水分较高；若掐不动，感觉较硬，水分较低；感觉较软，则水分较高。也可用牙咬判断；或用手搅动（抛动）玉米，如声音清脆，则水分较低，反之水分较高。

2. 豆粕

（1）先观察豆粕颜色，较好的豆粕呈黄色或浅黄色，色泽一致。较生的豆粕颜色较浅，有些偏白；豆粕过熟时，则颜色较深，近似黄褐色（生豆粕和熟豆粕的脲酶均不合格）。再观察豆粕形状及有无霉变、发酵、结块和虫蛀，并估计其所占比例。好的豆粕呈不规则碎片状，豆皮较少，无结块、发酵、霉变及虫蛀。有霉变的豆粕一般都有结块，并伴有发酵，掰开结块，可看到霉点和面包状粉末。其次判断豆粕是否经过二次浸提，二次浸提的豆粕颜色较深，焦煳味也较浓。最后取一把豆粕在手中，仔细观察有无杂质及杂质数量，有无掺假（豆粕主要防掺豆壳、秸秆、麸皮、锯木粉、沙砾等）。

（2）闻豆粕的气味，是否有正常的豆香味，是否有生味、焦煳味、发酵味、霉味及其他异味。若味道很淡，则表明豆粕较陈。

（3）咀嚼豆粕，尝一尝是否有异味，如生味、苦味或霉味等。

（4）用手感觉豆粕水分。用手捏或用牙咬豆粕，感觉较绵的，水分含量较高；感觉扎手的，水分含量较低。两手用力搓豆粕，若手上沾有较多油腻物，则表明油脂含量较高（油脂高会影响水分判定）。

3. 菜粕

（1）先观察菜粕的颜色及形状，判断其生产工艺类型。浸提的菜粕呈黄色或浅褐色粉末或碎片状，而压榨的菜粕颜色较深，有焦煳味，多碎片或块状，杂质也较多，掰开块状物可见分层现象。压榨的菜粕因其品质较差，一般不被选用（但有可能掺入浸提的菜粕中）。再观察菜粕有无霉变、掺杂、结块现象，并估计其所占比例（菜粕中可能掺入沙砾、桉树叶、菜籽壳等）。

（2）闻菜粕味道，是否有菜油香味或其他异味，压榨的菜粕较浸提的菜粕味道香得多。

（3）抓一把菜粕在手上，掂一掂其分量，若较重，可能有掺沙现象，松开手将菜粕倾倒，使自然落下，观察手中菜粕残留量，若残留较多，则水分及油脂含量都较高。同时，观察其有无霉变、氧化现象。再用手摸菜粕感觉其湿度，一般情况下，温度较高，水分也较高，若感觉烫手，大量堆积很可能会引起自燃。

4. 棉粕

（1）观察棉粕的颜色、形状等。好的棉粕多为黄色粉末，黑色碎片状棉籽壳少，棉绒少，无霉变及结块现象。抓一把棉粕在手中，仔细观察有无掺杂，估计棉籽壳所占比例及棉绒含量高低。若棉籽壳及棉绒含量较高，则棉粕品质较差，粗蛋白质含量较低，粗纤维含量较高。

（2）用力抓一把棉粕，再松开。若棉粕被握成团块状，则水分较高；若成松散状，则水分较低。将棉粕倾倒，观察手中残留量，若残留较多，则水分较高，反之较少。用手摸棉粕感觉其湿度，一般情况下，温度较高，水分也较高，若感觉烫手，大量堆积很可能会引起自燃。

(3)闻棉粕的气味，是否有异味、异臭等。

5. 次粉

(1)看次粉颜色、新鲜程度及含粉率。好的次粉呈白色或浅灰白色粉状。颜色越白，含粉率越高(好的次粉含粉率应在90%以上)。

(2)闻次粉气味，是否有麦香味或其他异臭、异味、霉味、发酵味等。

(3)抓一把次粉在手中握紧，若含粉率较低，松开时次粉呈团状，说明水分较高，反之较低(含粉率很高时，则不能以此判定水分高低，要以检测为准)。

(4)取一些次粉在口中咀嚼感觉有无异味或掺杂。若次粉中掺有钙粉等时，会感觉口内有渣，含而不化。

6. 麸皮

(1)观察颜色、形状。麸皮一般呈土黄色，细碎屑状，新鲜一致。

(2)闻麸皮气味，是否有麦香味或其他异味、异臭、发酵味、霉味等。

(3)抓一把麸皮在手中，仔细观察是否有掺杂和虫蛀；掂一掂麸皮分量，若较坠手则可能掺有钙粉、膨润土、沸石粉等；将手握紧，再松开，感觉麸皮水分，水分高较沾手；再用手捻一捻，看其松软程度，松软的麸皮较好。

7. 洗米糠

(1)观察洗米糠颜色、形状。洗米糠呈浅灰黄色粉状，新鲜一致，伴有少量碎米和谷壳尖。再看其是否发霉、发酵和生有肉虫。

(2)闻洗米糠气味，是否有清香味或其他异臭、异味、霉味、发酵味等。

(3)抓一把洗米糠在手中，用力握紧后再松开，若手指和手掌上有滑腻的感觉，则含油较高，反之较低；若手感没有滑腻感觉，但有湿润感，则水分较高；观察碎米颜色，若米粒有渗透形的绿色时，则不新鲜；用手指在手掌上反复揉捻，若感觉粗糙则说明糠壳较重；抓一把若坠手，则说明可能掺杂。

(4)取少许洗米糠在口中含化，看有无异味或掺杂。正常情况下，应有微甜味、化渣。假如含化时不化渣，咀嚼有细小硬物，则可能掺有膨润土、沸石粉、泥灰、砂石等物质。

8. 大豆

(1)观察大豆颜色及外观。大豆应颗粒均匀，饱满，呈一致的浅黄色，无杂色、虫蛀、霉变或变质。

(2)用手掐或用牙咬大豆，据其软硬程度判断大豆水分含量高低，大豆越硬，水分含量越低。

9. 酒糟蛋白饲料(DDGS)

(1)看颜色、形状，DDGS呈黄褐色碎屑状，含有较多玉米皮状物。

(2)闻气味，DDGS略带微酸甜味，无其他异臭、异味。

(3)尝味道，DDGS尝起先有微酸味，后有玉米香味。

(4)用手捻DDGS，若感觉沾手，则水分含量较高，反之较低。

10. 肉骨粉

(1)看肉骨粉颜色、形状。肉骨粉是呈黄色至淡褐色和深褐色粉状物，含脂肪高的色深，牛羊肉骨粉颜色较深，猪肉骨粉颜色较浅，含有细骨粒、肉质和脂肪球。

(2)借助镜检可见黄色至淡褐色或深褐色固体颗粒，显油腻。组织形态变化很大，肉质表面粗糙并沾有大量细粉，一部分可看到白色或黄色条纹和肌肉纤维纹理，肉质为较硬的白色、灰色或浅棕黄色的块状颗粒，不透明或半透明，带点儿斑点，边缘圆钝。经常混有血粉特征，也有混入动物毛发的，毛发特征为长而粗，弯曲。颜色不同，羊毛通常是无色的半透明弯曲线条。

(3)肉骨粉闻之有腊肉香味。若有异味、异臭、氨味和焦煳味则表明此肉骨粉不新鲜，存放时间过长，已腐败。

(4)抓一把肉骨粉握紧，松开后，能自然散开，否则可判断此肉骨粉水分及脂肪含量较高。

(5)口含少许能成团，咀嚼时有肉松感，有肉香味，无其他异味；无细硬物，若有且多，则表明砂石含量较高；味咸则盐分含量高；味苦则表明曾自燃或烧焦过。

11. 鱼粉

(1)观看鱼粉颜色、形状。鱼粉呈黄褐色或深灰色(颜色以原料及产地为准)粉状或细短的肌肉纤维性粉状，蓬松感明显，含有少量鱼眼珠、鱼鳞碎屑、鱼刺、鱼骨、虾眼珠，蟹壳粉等，松散无结块，无自燃、无虫蛀等现象。

(2)闻鱼粉气味。有鱼粉正常气味，略带腥味、咸味，无异味、异臭、氨味，否则表明鱼粉放置过久，已经腐败，不新鲜。

(3)抓一把鱼粉握紧，松开后，能自动疏散开来，否则说明油脂或水分含量较高。

(4)口含少许能成团，咀嚼有肉松感，无细硬物，且短时间内能在口里溶化。若不化渣，则表明此鱼粉含砂石等杂物较重；味咸则表明盐分重；味苦则表明曾自燃或烧焦过。

(5)通过显微镜详细检查鱼粉有无掺杂掺假现象。

12. 膨化大豆

(1)观其颜色和形状。膨化大豆应呈黄色或淡黄色膨化颗粒状，无明显大豆瓣和粉末状。

(2)闻其气味。膨化大豆应有较浓的豆香味，不应有生豆子味。也不能有焦煳味和霉臭味。

(3)用手触摸。颗粒均匀疏松，不硬也不软。

(4)用口尝。感受有无异味，用牙咬应有较清脆的声音。

13. 蚕蛹

(1)看蚕蛹颜色和含量。蚕蛹呈黄褐色或浅黑色的蛹状油浸物，无明显粉末泥沙和丝状杂质，僵蚕含量不宜超过5%，无明显霉变和虫蛀。

(2)抓一把蚕蛹详闻其气味，应有新鲜的腊香味，无异味异臭。若已有霉臭味，则该蚕蛹不新鲜，已发酵变质。

(3)手捏，蚕蛹能成粉末，但又不全是粉末，若全呈粉末则说明烘烤过度，将影响粗蛋白质。

(4)口尝，有酥香味，口含不久将溶化。

14. 啤酒糟

(1)啤酒糟呈灰色或浅黑色的粉状物，存在明显的纤维物(如大麦皮、稻谷皮等)。

(2)闻其气味应有淡淡的酒香味，无其他异味异臭。

(3)用手捏有松软的感觉，体轻。若体重，则有掺假嫌疑(主要掺入物为膨润土、沸石粉、泥沙等)。

15. 统糠

(1)看统糠颜色、形状。统糠呈浅灰黄色形状新鲜一致，伴有少量谷壳壳尖，看其是否发霉发酵和生有肉虫。

(2)闻统糠气味，是否有清香味或其他异臭、异味、霉味、发酵味等。

(3)抓一把统糠在手中，用力握紧后再松开，若手感没有滑腻感觉，但有湿润感，则水分含量较高。抓一把若坠手，则说明可能掺杂；咀嚼有细小硬物，则可能掺有膨润土、沸石粉、泥灰、砂石等。

16. 膨润土

(1)看其颜色。

(2)打开袋子，看其是否有结块现象，若有结块现象则水分较高，用力握紧后再松开，成块不散开则水分含量较高。

(3)抓一把膨润土在手中，有滑腻的感觉，若有细小颗粒，则有掺杂。

17. 油脂(混合油、棕油、鱼油)

(1)观察油脂颜色，油脂颜色为棕色。

(2)嗅油脂味道，是否有异臭、异味或焦煳味。

(3)拿木棍在油脂容器的中间和底部取油。分别沾在纸上，用火烧，有滋滋声音则掺有水分。

(4)用手指捻，油脂有十分滑腻的感觉，有细小颗粒则掺杂。

二、常见加工调制饲料的品质鉴定

(一)青干草

青干草品质鉴定主要是从植物学成分分析、收割时期、颜色和气味、含水量等几个方面综合评定。

1. 含水量

取干草一束，先用肉眼观察，再用手揉折，鉴定其含水量。

(1)干燥：含水量在15%以下。用肉眼观察有相当数量的枝叶保存不完整，有的完全失去叶片和花果；干草夹杂一些草屑；用手抖动草束，发出轻微声音并易折断。

(2)中等干燥：含水量在15%～17%。用手扭折时，草茎破裂，稍压有弹性而不断。

(3)较湿：含水量在17%以上。用手扭折时，草茎不易折断，并溢出水，不易保存。

2. 颜色和气味

(1)优质干草：呈鲜绿色，其绿色越深营养物质损失越少，具有清香气味。

(2)中等干草：呈淡绿色或灰绿色，无异味。

(3)低劣干草：呈微黄色或深褐色甚全暗褐色，草上有白灰(粉化)或有霉味。

3. 草龄

在青干草样品中，如果有大量花序尚未结籽，表明刈割适时，品质较好。如果草束有大量种子或已结籽脱落，表明刈割迟质量差。

4. 叶片的含量

叶片、花序及嫩枝数量多，营养价值就高。鉴定时取干草一束看叶的多少，禾本科牧草叶不易脱落，优良豆科牧草叶的重量应占干草总重量的50%以上。

5. 植物学组成

植物学组成对判定干草营养价值有重要意义。在干草堆中选20处取草样，每处取草样200～300 g，将充分混合后从中取1/4。计算禾本科牧草、豆科牧草、可食性杂草、不可食草、有毒有害植物。然后分别称重并按下列公式求出各类草所占比例。

$$\text{某类草占样品百分数}=\frac{\text{某类草质量}}{\text{样品质量}}\times 100\%$$

优质干草：豆科牧草占的比例较大，不可食草不超过5%(其中杂质不超过10%)。

中等干草：禾本科牧草及其他非豆科可食性杂草比例较大，不可食草不超过10%。

低劣干草：除禾本科牧草、豆科牧草外，其他可食性杂草比例较多，不可食草不超过15%(其中杂质不超过30%)。

如果杂草中有少量的地榆、防风、茴香等，因其有芳香气味可增强牲畜食欲。有毒有害植物如白头翁、飞燕草等含量不应超过干草重量的1%。

6. 病虫害的侵袭情况

凡是受病虫害侵袭过的牧草，调制成干草后不但营养价值低，而且有损于家畜的健康。鉴定方法是抓一把干草，检查其穗上是否有黄色或黑色的斑纹及小穗上有煤烟的粉末，有时具有腥味。如有上述特征，不可饲喂家畜，尤其是种畜和幼畜。

7. 含杂质的多少

干草中的杂质(如残茎、枯枝、树叶)含量越少越好。

(二)青贮饲料

青贮饲料在饲用前要对其进行品质鉴定，一是确定青贮品质的好坏，并检查青贮过程中原料的调配和青贮技术是否正确；二是确定青贮饲料的可食性与适口性。感官鉴定不用仪器设备，通过嗅气味、看颜色、看茎叶结构和质地来判断品质好坏，适用于现场快速鉴定。

青贮饲料感官鉴定标准及评分标准，见表8-1、表8-2。

表8-1 青贮饲料感官鉴定标准

等级	颜色	酸味	气味	质地
优良	黄绿色或绿色，有光泽	较浓	芳香酸味重，给人以舒适感	柔软湿润、松散柔软、不沾手、茎叶结构良好
中等	黄褐色或墨绿色	中等	芳香味弱、稍有酒精或酪酸味	柔软、水分稍干或稍多、结构变形
低劣	黑色或褐色	淡	刺鼻腐臭味或霉味	黏滑或干燥、粗硬、腐烂、分不清结构

表 8-2　青贮饲料感官评分标准

项目	评分标准			分数
气味	无丁酸臭味，有芳香果味或明显的面包香味			14
	有微弱的丁酸臭味，或较强的酸味、芳香味弱			10
	丁酸臭味颇重，或有刺鼻的焦煳味或霉味			4
	有很强的丁酸臭或氨味，或几乎无酸味			2
结构	茎叶结构保存良好			4
	叶子结构保存较差			2
	茎叶结构保存极差或发现有轻度霉菌或轻度污染			1
	茎叶腐烂或污染严重			0
色泽	与原料相似，烘干后呈淡褐色			2
	略有变色，呈淡黄色或带褐色			1
	变色严重，墨绿色或褪色呈黄色，呈较强的霉味			0
总分	16～20	10～15	5～9	0～4
等级	1 级、优良	2 级、尚好	3 级、中等	4 级、腐败

(三)氨化饲料

氨化秸秆在饲喂之前，应进行品质鉴定，以确定它能否作为饲喂家畜的饲料。如果秸秆氨化后手感柔软、有潮湿感，色泽呈黄褐色，有氨气逸出的为品质良好的氨化秸秆；如果色泽呈黄白色、氨气微弱，可能是漏气、含水不足、时间不够、温度过低等原因造成的氨化不成熟；如果色泽呈褐色或棕黑色、发灰、发黏、有霉味，则说明秸秆已变质。具体从以下几个方面进行鉴定。

1. 质地

氨化秸秆柔软蓬松，用手紧握没有明显的扎手感。

2. 颜色

不同秸秆经氨化后，其颜色与原色相比，都有一定的变化。经氨化的麦秸为杏黄色，未经氨化的麦秸为灰黄色；经氨化的玉米秸为褐色，其原色为黄褐色。

3. pH

经氨化的秸秆偏碱性，pH 为 8.0 左右；未经氨化的秸秆偏酸性，pH 为 5.7 左右。

4. 发霉情况

一般氨化秸秆不易发霉，因加入的氨具有防霉杀菌作用。有时有局部发霉现象，但内部秸秆仍可用于饲喂。若大部分已发霉，则不能饲喂家畜。

5. 气味

氨化成功的秸秆，一般都有糊香味和刺鼻的氨味。经氨化的玉米秸的气味略有不同，既具有青贮的酸香味，又有刺鼻的氨味。

(四)微贮饲料

根据微贮饲料的外部特征进行鉴定。

1. 手感

优质微贮饲料拿到手里感到很松散,质地柔软湿润,发黏或黏到一块,以及虽松散,但干燥粗硬,均属不良饲料。

2. 看

优质微贮青玉米秸秆色泽呈橄榄绿,优质微贮麦稻秸秆色泽呈金黄褐色。若呈褐色或墨绿色则质量较差。

3. 嗅

优质微贮饲料具有醇香和果香气味,并具有弱酸味。若有强酸味,表明醋酸过多,这是由于水分过多和高温发酵造成的。若有腐臭、发霉味则不能饲喂。

【评估考核】

二维码 8-1 感官检定评估考核参考答案

1. 填空题

影响饲料原料品质的因素有:____________、____________、____________、__________、__________。

2. 简答题

(1)从哪些方面进行青干草品质鉴定?

(2)青贮饲料在使用前为什么要进行感官鉴定?

3. 讨论与思考

试述氨化饲料的感官鉴定。

任务二 物理学检定

一、筛别法

分别用不同孔径的分样筛,仔细分别饲料颗粒的大小,分别判断饲料的种类和混入的东西。这个方法可以分辨出用肉眼看不出的混入异物。

二、容重法

一定容积的重量称为容重。把 1 L 的重量称为 1 L 重。各种饲料原料均有其一定的容重,测定饲料样品的容重,并与标准纯品的容重进行比较,可判断有无异物混入和饲料的质量。精料和其他饲料的一定容积,其重量也是一定的。

简易测定法:

(1)测定仪器设备。粗天平,感量 0.1 g;量筒,1 000 mL;药匙。

(2)测定步骤。取代表性试样,仔细将试样放入 1 000 mL 的量筒中,用药匙调整容积,直到恰好达 1 000 mL 刻度为止;然后,将样品从量筒中倒出并称重。反复测量 3 次,取平均值,即为容重。常见饲料容重见表 8-3。

表 8-3　常见饲料容重(1 L 重)　g

饲料名称	重量	饲料名称	重量	饲料名称	重量
大麦(皮麦)	580	玉米	730	大麦混合糠	290
大麦(碎的)	460	玉米(碎的)	580	豆饼	340
黑麦	730	盐	830	豆饼(粉末)	520
燕麦	440	麸	350	棉籽饼	480
粟	630	米糠	360	亚麻籽饼	500
脱脂米糠	426	鱼粉	700	贝壳粉(细)	600
淀粉渣	340	石粉	850	贝壳粉(粗)	630

三、相对密度法

应用相对密度不同的液体,将饲料放入液体内,有的浮起来,有的沉下去,根据其沉浮的情况,鉴别出是否混入异物、异物的种类和混入的比例。

常用相对密度液的种类及相对密度,见表 8-4。

表 8-4　常用液体的种类及相对密度

液体名称	相对密度	液体名称	相对密度
低汽油	0.64	氯仿	1.47
甲苯	0.88	四氯化碳	1.58
水	1.00	三溴四烷	2.90

该法简单有效,用上述液体就能鉴别出鱼粉及其他种类饲料中混杂的沙土等异物。(用试管或细长的玻璃杯盛上供试样品,加入 4～5 倍的蒸馏水或干净的自来水,充分振荡混合。放置一会后,因为沙土等异物的相对密度大,所以沉降在试管的最底部,很容易鉴别出来。)

四、镜检分析法

显微镜检测,就饲料原料质量鉴别而言,有其独到之处,投资少,消耗小,直观,判定准确,数据精密,技术易掌握,应大力提倡。标准图谱在鉴别时非常重要。

1. 饲料显微镜检测原理

饲料显微检测是以动植物形态学、组织细胞学为基础,将显微镜下所见物质的形态特征、物化特点、物理性状与实际使用的饲料原料应有的特征进行对比分析的一种鉴别方法。

2. 饲料显微镜检测所需设备

体视显微镜、生物显微镜、离心机、烘箱、抽滤器、分析天平、分样筛(10 目、20 目、30 目、40 目)、电热板、载玻片、盖玻片、探针、镊子、镜头纸、滤纸、漏斗、滴管、烧杯、试管。

3. 饲料显微镜检测的基本步骤

饲料显微镜检测的基本步骤,见图 8-1。

(1)被检样品的检前处理。取有代表性的分析样品 10～15 g,进行以下工作。

①记录外部特征:将取好的待测样品平铺于纸上,仔细观察,记录颜色、粒度、软硬程度、气

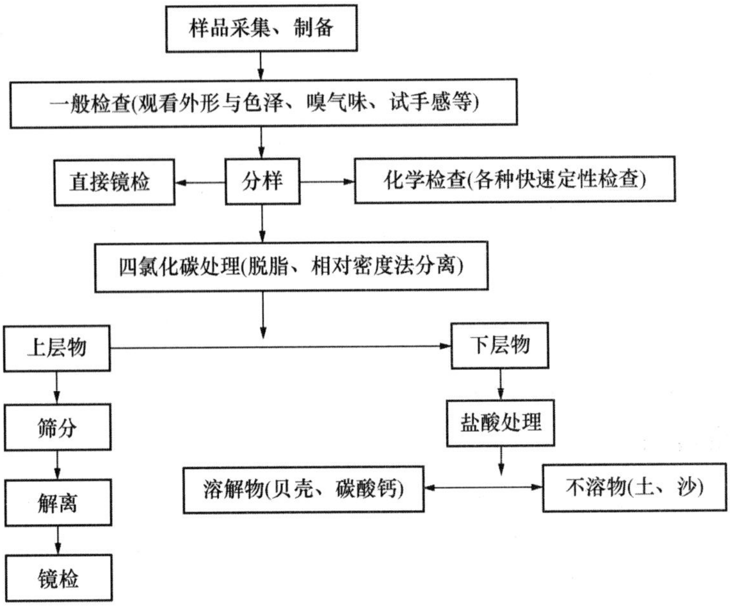

图 8-1 饲料显微镜检测的基本步骤

味、霉变、异物等情况。观察中应特别注意细粉粒,因为掺假、掺杂物往往被粉碎得很细。

②筛分处理:镜检之前应对样品进行筛分,通常用 20～40 目筛子将样品分成三组,然后观察。此过程对熟练的检测人员可以省略。

③脱脂:对高脂含量的样品,脂肪溢于样品表面,往往黏上许多细粉,使观察产生困难。用乙醚、四氯化碳等有机溶剂脱脂,然后用烘箱干燥 5～15 min 或室温干燥后,可使样品清晰可辨。

(2)被检样品的体视镜观察。将筛分好的各组样品分别平铺于纸下或培养皿中,置于体视显微镜下,从低倍至高倍进行检查。从上到下,从左到右逐粒观察,先粗后细,边检查边用探针将识别的样品分类,同时探测各种颗粒的硬度、结构、表面特征,如色泽、形状等并做记录。将检出的结果与生产厂家出厂记录上的成分相对照,即可将掺假、掺杂、污染等质量情况做出初步测定。

(3)被检样品的生物镜观察。当某种异物掺入较少且磨得很细时,在体视显微镜下很难辨认,需通过生物镜进行观察。

①样品处理:生物镜观察的样品,一般采用酸与碱进行处理。对于不同的原料,所用酸碱浓度和处理时间也不同,动物类原料多用酸处理,植物类原料和甲壳类原料需用酸碱处理。对于动物中的单纯蛋白,如鱼粉、肉骨粉、水解羽毛粉等只需用 1.25%的硫酸处理 5～15 min,而对含角蛋白的样品,如蹄角粉、皮革粉、生羽毛粉、猪毛等需用 50%的硫酸处理,时间也稍长。动物中的甲壳类和动植物中的玉米粉、麸皮、米糠、饼(粕)类等先用 1.25%硫酸处理,再用 1.25%的氢氧化钠处理,时间 10～30 min。稻壳粉和花生壳粉等硅质化程度高和纤维含量较高的样品需分别用 50%硫酸和 50%的氢氧化钠处理,对各种样品的处理时间可根据经验而定。

②处理步骤如下:过筛(粒大 10 目,粒小 20 目)→酸处理(加热)→过滤→蒸馏水冲洗 2～3 次→必要时还需碱处理(加热)→过滤→蒸馏水冲洗 2～3 次→制作。

③制片与观察：取少量消化好的样品于载玻片上，加适量载液并将样品铺平，力求薄且均匀，载液可用 1∶1∶1的蒸馏水、水合氯醛、甘油；也可以用矿物油，单纯用蒸馏水也较普遍。观察时，应注意样片的每个部位，而且至少要检查三个样片后再综合判断。

【评估考核】

1. 填空题

饲料物理学检定方法有：__________、__________、__________、__________。

2. 讨论与思考

对被检饲料样品进行生物镜观察时，样品应如何处理？

二维码 8-2　物理学检定评估考核参考答案

技能训练

1. 饲料原料质量感官检定

学生按 5 人一组，在实训室对饲料厂或养殖场采集的饲料样品实施下列工作任务。

(1)完成玉米、小麦麸、米糠、豆粕、菜籽粕、棉籽粕、花生粕、鱼粉、肉骨粉、血粉等的感官性状观察和检验，描述每种原料的感官特征，写出检验报告。

(2)参照饲料容重检测方法，完成玉米、小麦麸、米糠、豆粕、菜籽粕、棉籽粕、花生粕、鱼粉、肉骨粉、血粉等容重的测定。

2. 青干草的品质鉴定

首先，学生按 5 人一组，从某干草垛各个部位(至少 20 处)，每处采集草样 200～250 g，均匀混合，样品总重 5 kg 左右。然后，在实训室每组从平均样抽取 500 g，根据其植物学成分分析、收割时期、颜色和气味、含水量等几个方面进行综合评定，确定干草的品质等级。

(1)优质。植物学组成鉴定指标为优等；颜色青绿，有光泽，气味芳香；在样品中有花蕾出现；含水量在 17%以下。

(2)中等。植物学组成鉴定指标为中等；颜色淡绿或灰绿，无异味；在样品中有大量花序但尚未结籽；含水量在 17%左右。

(3)低劣。植物学组成鉴定指标为劣等；颜色微黄或淡褐、暗褐，有霉味；在样品中有大量种子或籽实已脱落；含水量在 17%以上。

凡有毒有害植物超过 1%，杂质过多，颜色暗褐、发霉和变质的干草不能饲用。

3. 青贮饲料品质鉴定

组织学生到青贮饲料现场或在实训室打开学生前期制作的袋装青贮，根据青贮饲料感官鉴定标准及评分标准进行综合评定等级。

知识链接

(1)GB/T 14698—2017 饲料原料显微镜检查方法。

(2)GB/T 20570—2015 玉米储存品质判定规则。

项目九

质量检测

学习目标

掌握饲料原料采样、制样的原理和方法，熟悉饲料质量检测的一般方法与技术，掌握六大概略养分（水分、粗蛋白质、粗脂肪、粗纤维、粗灰分、无氮浸出物）测定的原理和方法。培养遵守国家规范、规程和标准的习惯；培养良好的职业道德和职业素养；养成热爱劳动的品德，激发科技报国的家国情怀和使命担当。

学习内容

任务一　采样与制样

二维码 9-1　饲料样品采样与制样

一、基本概念

1. 采样

采样是指从物料中抽取一定数量、具有充分代表性样品的过程。在某种程度上可以说采样比分析更重要。

2. 样品

从受检的饲料产品或原料中，按规定抽取一定数量具有代表性的部分，称为样品。样品一般分为原始样品，平均样品和试验样品。

原始样品：又称初级样品，是从生产现场如田间、牧场、仓库、青贮窖、试验场等地的一批受检的饲料或原料中最初采集的样品，原始样品一般不少于 2 kg。

平均样品：又称次级样品，将原始样品按规定混合，均匀地分出一部分，称为平均样品，平均样品一般不少于 1 kg。

试验样品：又称分析样品，平均样品经过混合分样，根据需要从中抽取一部分，用作实验室分析，称为试样样品。

3. 样品的制备

样品的制备是指将样品经过干燥、粉碎和混合处理，以便进行理化分析的过程。

4. 几何法

这种方法适用于非均匀性物品。即把待测的大量饲料看成某种有规则的几何体（长方体、圆柱体、圆锥体等)。采样时就可将该立体形状假想分为若干体积相等的部分(虽然不便实际上去操作,但至少可以在想象中把它分开),这些部分必须在全体中分布均匀,即不只是在表面或只是在一面上。从这些部分中选取体积相等的样品,这些部分的样品称为支样,将支样混合即得样品。

5. 四分法

这种方法适用于均匀性的物品。即把均匀性的饲料(搅拌均匀的籽实、粉末状饲料)或混合完全后的原始样本放置在一张方形纸、塑料布等上面,提起一角,使饲料流向对角,随后提起对角使饲料回流,如法将四角反复提起,使饲料反复移动混合均匀。然后将饲料展平,铺成圆形或方形薄层(1～2 cm),用分样板或料铲,从中划一"十"字或以对角线连接,将样品分成四等份,任意除去对角两份,将剩余的两份,如前述混合均匀后再分成四等份,重复上述过程,直到剩余样品量与测定需要量接近为止(图 9-1)。

对大量的籽实、粉末也可将样品倒在洁净的地板上,用分样板或小铲将其堆成锥形,然后用铲将堆移至另一处,移动时将每一铲倒于前一铲之上,这样使样品由锥顶向下流动到周围,如此反复移动 3 次以上,即可混合均匀。最后将饲料堆成圆锥形,将顶部略略压平使成圆台状,再从上部中间分割为"十"字形的四等份,弃去对角线的两部分,将剩余的两部分如上法缩减至适当数量为止。

(A) 将均匀样品堆成圆锥形　(B) 平铺成椭圆形

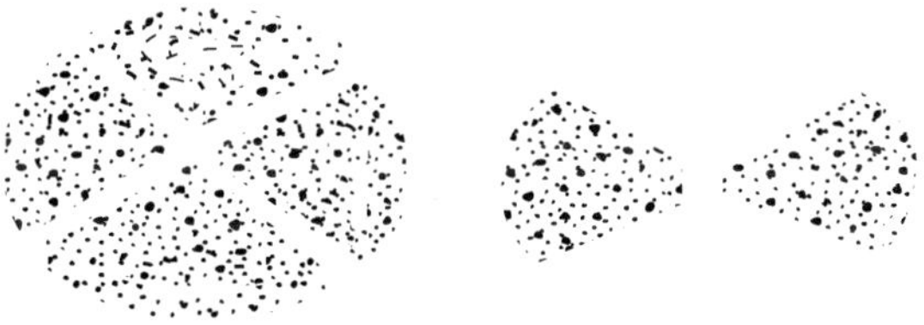

(C) 分成四等份　(D) 移去对角部分,进行缩分

图 9-1　四分法取样

二、材料用具

采样设备有取样铲、取样器、抽样器、抽样管等。也可分为固体产品采样的设备和液体或半液体产品手采样的设备。采样设备应清洁,干燥,不受外界气味的影响。

1. 固体产品手工采样的工具

(1)散装饲料采样工具。普通取样铲(图 9-2)、手柄勺、柱状取样器(如取样钎、管状取样器、套管取样器)和圆锥取样器。取样钎可有一个或更多的分隔室。

(2)袋装或其他包装饲料的采样工具。手柄勺、麻袋取样钎或取样器、管状取样器、锥形袋式取样器(图 9-3)和分割式取样器。

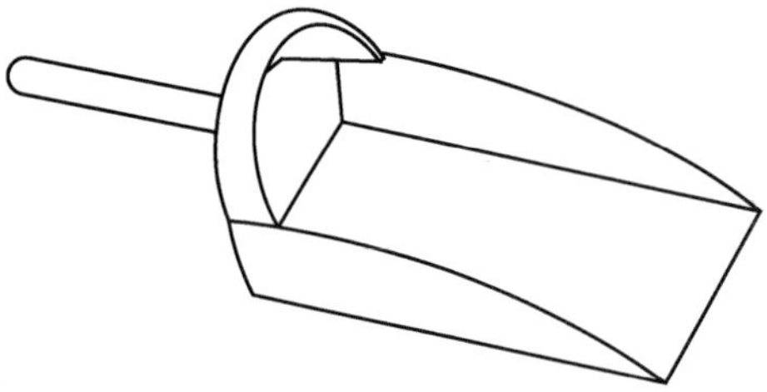

图 9-2 取样铲

图 9-3 锥形袋式取样器

2. 机械采样工具

从流动的产品中周期性采样可以使用认可的设备(如气力装置),速度较高的流动产品的采样可以通过手工控制机器来完成。主要包括:

(1)分流型机械抽样器。如 Gamet 公司的 6800L 系列 D/T 型。

(2)旋转式缩分器。如 Gamet 公司的 4500 系列旋转式缩分器。

(3)重力缩分器。如 Gamet 公司的 5∶1重力缩分器。

(4)转盘式集样器。如 Gamet 公司的 24 位集样器。

3. 液体或半液体产品手工或机械采样的设备

适当大小的搅拌器、取样瓶、取样管、带状取样器和长柄勺。

(1)不锈钢或铝合金制成的底部抽样器(图 9-4)。适合于从罐(舱)装油脂等液态样品底部抽取样品。

图 9-4 底部抽样器

(2)瓶式抽样器(图 9-5)。适合从罐(舱)中抽取油脂等液态样品。

(3)套管式抽样器(图 9-6)。适用于糊状油脂等抽样。

(4)抽样探子(图 9-7)。全长 100 cm,柄长 7 cm,槽深 1.5 cm,槽口宽 1.5 cm,横柄长 12 cm,横柄直径 1.5 cm,由不锈钢制成。适用于糊状或软固体油脂抽样。

(5)抽样管(图 9-8)。管长 100 cm,外径 2 cm,下口 0.5 cm,上口 0.8 cm,由厚壁玻璃管或不锈钢制成,适用于油脂等液体类货物抽样。

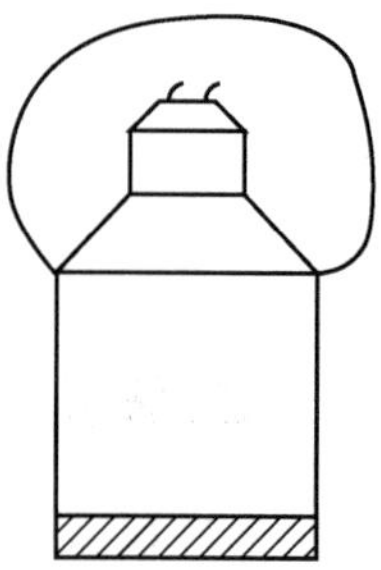

图 9-5 瓶式抽样器

三、样品的采集

样品的采集通常采用随机抽样的方法。随机抽样是指不带主观框架,在抽样过程中保证整批饲料中的每一个单位产品(为检验需要而划分的产品最小的基本单位)都有被抽取的机会。抽取的样品必须均匀地分布在整批饲料的各个部位。

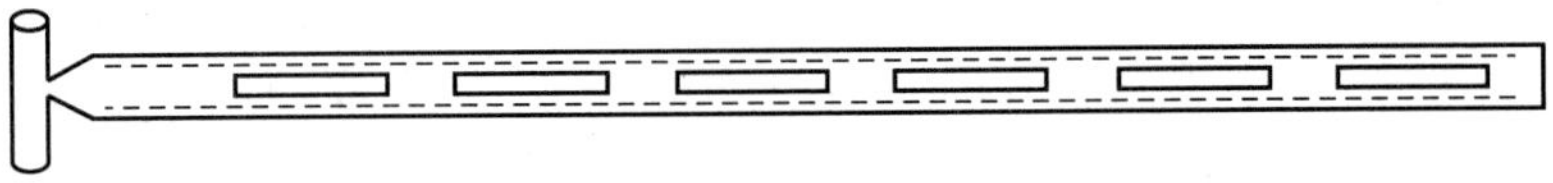

图 9-6　套管式抽样器

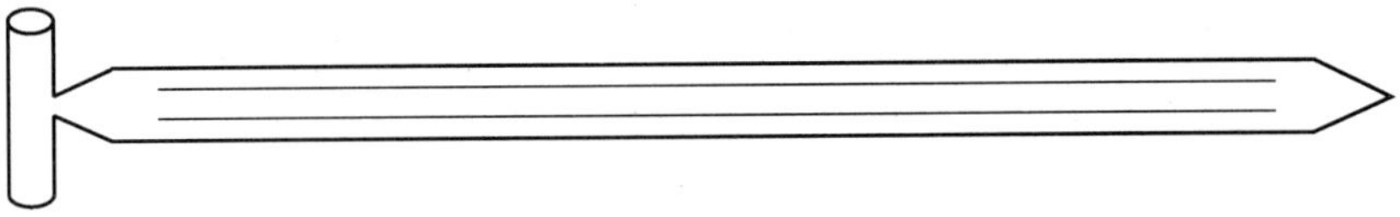

图 9-7　抽样探子

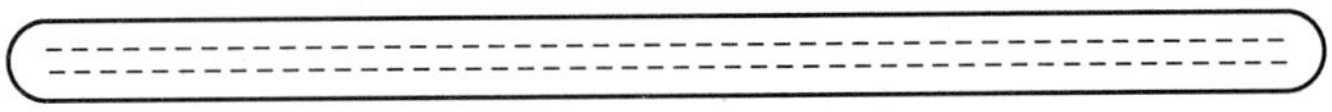

图 9-8　抽样管

最常用的方法有简单随机抽样、分层随机抽样、系统随机抽样和阶段随机抽样。各方法并无严格界线，采样时可结合起来使用，在保证代表性的前提下，还应注意抽样方式的可行性和抽样技术的先进性。不同饲料样品的采集因饲料原料或产品的性质、状态、颗粒大小或包装方式不同而不同。

1. 原始样本的采集

对于不均匀的饲料(粗饲料、块根、块茎饲料、家畜屠体等)或成大批量的饲料。为使样品具有代表性，应尽可能取到被检饲料的各个部分，最常用的方法是几何法。

(1)粉状和颗粒饲料。

①散装：散装的原料应在机械运输过程中的不同场所(如滑运道、传送带等处)取样。如果在机械运输过程中未能取样，则可用探管取样，但应避免因饲料原料不匀而造成的错误取样。

取样时，用探针从距边缘 0.5 m 的不同部位分别取样(图 9-9)，然后混合即得原始样品。取样点的分布和数量取决于装载的数量，也可在卸车时用长柄勺、自动选样器或机器选样器等，间隔相等时间，截断落下的料流取样，然后混合即得原始样本。间隔时间应根据产品移动的速度来确定，同时要考虑到每批选取的原始样品的总量。

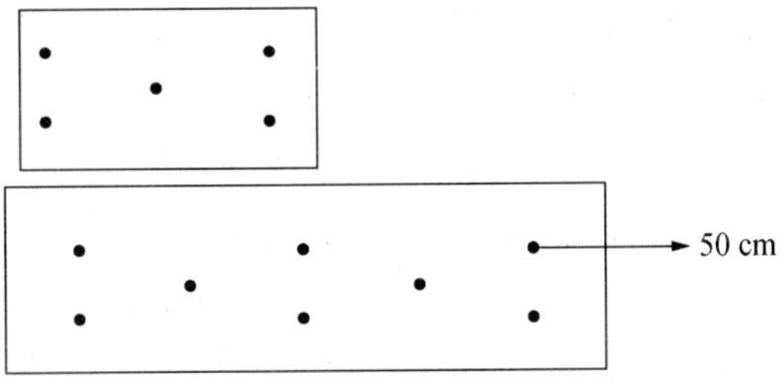

图 9-9　散装料取样

由于干的粉状饲料中粉尘的一致性高，采样时应防止其爆炸。由于产品是经过加工处理的，受微生物侵害腐败的可能性增加。所以，采样时特别注意有无异常。

②仓装：针对贮藏在饲料库中的散状产品的原始样品，按高度分层采样，即采样前将层表面划分为 6 个等份，在每一部分的四方形对角线的四角和交叉点 5 个不同地方采样。料层厚

度在 0.75 m 以下时，从两层中选取，即从距料层表面 10～15 cm 处的上层和靠近地面 20 cm 的下层选取，当料层厚度在 0.75 m 以上时，从 3 层中选取，即从距料层表面 10～15 cm 处的上层、中层和靠近地面 20 cm 处的下层选取，采集时从上而下进行。料堆边缘的点应距边缘 50 cm 处，底层的点应距底部 20 cm。

圆仓可按高度分层，每层分内(中心)、中(半径的一半处)、外(距仓边 30 cm 左右)3 圈，圆仓直径在 8 m 以下时，每层按内、中、外分别采 1 个点、2 个点、4 个点，共 7 个点；直径在 8 m 以上时，每层按内、中、外分别采取 1 个点、4 个点、8 个点，共 13 个点(图 9-10)。将各点样品混匀即得原始样品。

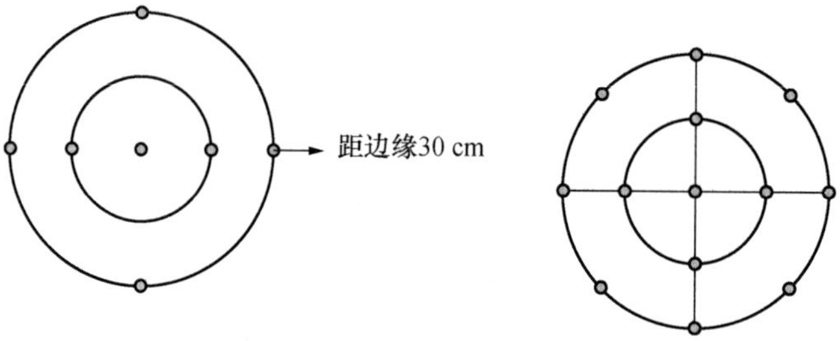

图 9-10　仓装料取样

③袋装：用抽样锥随意从不同袋中分别取样，然后混匀即得原始样品。每批采样的袋数取决于总袋数、颗粒大小和均匀度，可采取不同的方案，取样袋数至少为总袋数的 10%，中小颗粒饲料如玉米、大麦等取样的袋数不少于总袋数的 5%，粉状饲料取样的袋数不少于总袋数的 3%。总袋数在 100 袋以下，取样不少于 10 袋，每增加 100 袋需增加 1 袋。

取样时，用口袋探针从口袋的上下两个部位采样，或将料袋放平，将探针的槽口向下，从料袋的口至底斜对角插入取样器，插入后将其旋转 180°取出(图 9-11)。

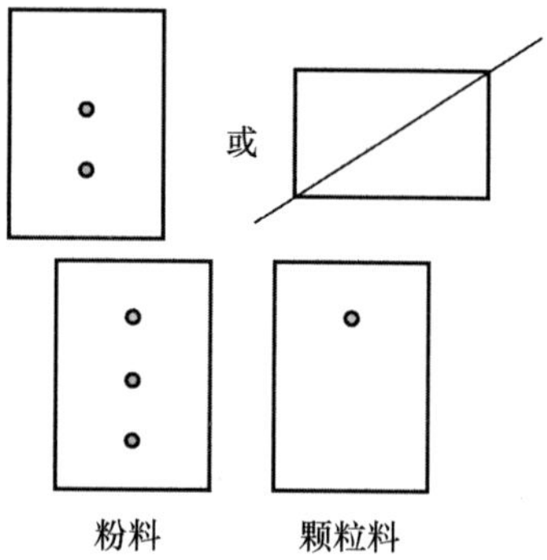

图 9-11　袋装料取样

(2)液体或半固体饲料。

①液体饲料：桶或瓶装的植物油等液体饲料应从不同的包装单位(桶或瓶)中分别取样，然后混合。

取样时，将桶内饲料搅拌均匀，然后将空心探针缓慢地自桶口插至桶底，然后堵压上口提出探针，将液体饲料注入样品瓶内混匀。取样的桶数如下：7 桶以下，取样桶数不少于 5 桶；10 桶以下，取样桶数不少于 7 桶；10～50 桶，取样桶数不少于 10 桶；51～100 桶，取样桶数不少于 15 桶；101 桶以上，按不少于总桶数的 15%抽取。

②固体油脂：对在常温下呈固态的动物性油脂的采样，可参照固体饲料采样方法，但原始样品应通过加热熔化混匀后，才能采集次级样品。

③黏性液体：黏性浓稠饲料如糖蜜，可在卸料过程中采用抓取法，即定时用勺等器具随机采样。原始样品数量应为总量 1 t 时至少采集 1 L。原始样品混匀后，即可采集次级样品。

(3)块饼类。块饼类饲料的采样依块饼的大小而异。

大块状饲料从不同的堆积部位选取不少于 5 大块，然后从每块中切取对角的小三角形块，将全部小三角形块捶碎混合后得原始样品，然后再用四分法取分析样品 200 g 左右。

小块的油粕，选取具有代表性的 25～30 片，粉碎后充分混合得原始样品，再用四分法取分析样品 200 g 左右(图 9-12)。

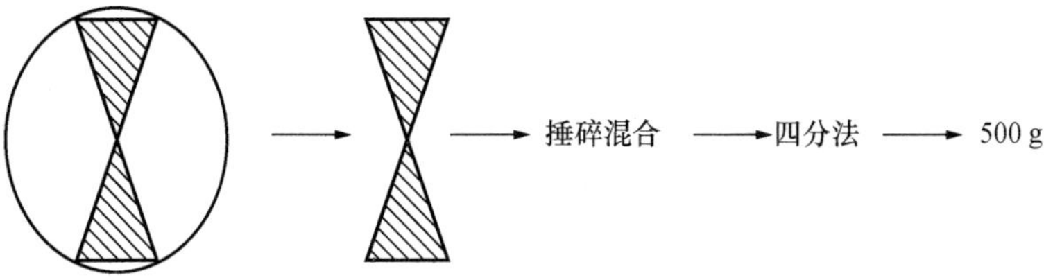

图 9-12　块饼类饲料取样

(4)副食及酿造加工副产品。此类饲料包括酒糟、醋糟、粉渣和豆渣等。取样方法是：在贮藏池、木桶或贮堆中分上、中、下 3 层取样。视池、桶、堆的大小每层取 5～10 个点，每点取 100 g 放入大瓷桶内充分混合得原始样品，然后从中随机取分析样品约 1 500 g，用 200 g 测定其初水分，其余放入大瓷盘中，在 60～65 ℃恒温干燥箱中干燥供制风干样品用。

对豆渣和粉渣等含水较多的样品，在采样过程中应注意避免汁液损失。

(5)块根、块茎和瓜类。这类饲料的特点是含水量大，由不均匀的大体积单位组成。采样时，通过采集多个单独样品来消除个体间的差异。样品个数的多少，根据样品的种类、成熟的均匀与否，以及所需测定的营养成分而定，一般块根、块茎 10～20 个，马铃薯 50 个，胡萝卜 20 个，南瓜 10 个。

采样时，从田间或贮藏窖内随机分点采集原始样品 15 kg，按大、中、小分堆称重求出比例，按比例取 5 kg 次级样品。先用水洗干净，洗涤时注意不要损伤样品的外皮，洗涤后用布拭去表面的水分。然后，从各个块根的顶端至根部纵切具有代表性的对角 1/4、1/8、1/16……，直至适量的分析样品，迅速切碎后混合均匀，取 300 g 左右测定初水分，其余样品平铺于洁净的瓷盘内或用线串联置于阴凉通风处风干 2～3 d，然后在 60～65 ℃恒温干燥箱中烘干备用。

(6)新鲜青绿饲料及水生饲料。一般取样是在天然牧地或田间，在大面积的牧地上应根据牧地类型划区分点采样(图 9-13)。每区选 5 个以上的点，每点为 1 m^2 的范围，在此范围内离地面3～4 cm 处割取牧草，除去不可食草，将各点原始样品剪碎，混合均匀得原始样品。然后，按四分法取分析样品 500～1 000 g，取 300～500 g 用于测定初水分，一部分立即用于测定胡萝卜素等，其余在 60～65 ℃恒温干燥箱中烘干备用。

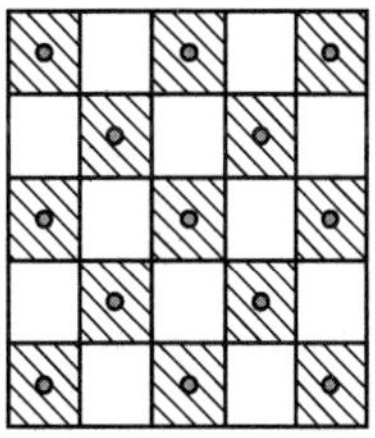

图 9-13　草地及田间采样示意图

栽培的青绿饲料应视田块的大小，按上述方法等距离分点，每点采 1 株至数株，切碎混合后取分析样品。该方法也适用于水生饲料原料，但注意采样后应晾干样品外表游离水分，然后切碎取分析样品。

(7)青贮饲料。青贮饲料的样品一般在圆形窖、青贮塔或长形壕内采样。取样前应除去覆盖的泥土、秸秆以及发霉变质的青饲料，原始样品质量为 500～1 000 g，长形青贮壕的采样点视青贮壕长度大小分为若干段，每段设采样点分层取样(图 9-14)。

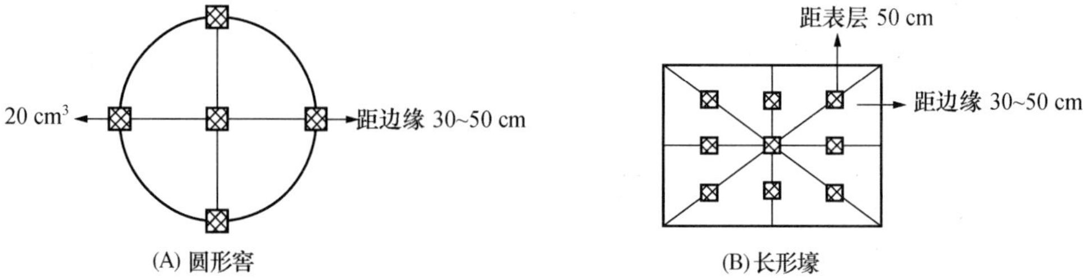

图 9-14 青贮饲料取样

(8)粗饲料。这类饲料包括秸秆和干草类。取样方法为在存放秸秆或干草的堆垛中选取5个以上不同部位的点采样(即采用几何法取样),每点采样 200 g 左右,采样时应注意由于干草的叶子极易脱落,影响其营养成分的含量,故应尽量避免叶子的脱落,采取完整或具有代表性的样品,保持原料中茎叶的比例。然后将采取的原始样品放在纸或塑料布上,剪成 1~2 cm 长度,充分混匀后取分析样品约 300 g,粉碎过筛。少量难粉碎的秸秆渣应尽量捶碎弄细,并混入全部分析样品中,充分混合均匀后装入样品瓶中,切记不能丢弃。

2. 分析样品的采集

原始样品充分混匀后,通常再按照"四分法"缩小原始样品的数量,直到样品数量剩余 1 kg 左右。

3. 样品采集的注意事项

采样工具应该清洁,不应将任何有害物质带入样品中;样品在检测前,不得受到污染,发生变化;样品抽取后,应迅速送检测室进行分析;在感官性质上差别很大的食品不允许混在一起,要分开包装,并注明其性质;盛样容器可根据要求选用硬质玻璃或聚乙烯制品,容器上要贴上标签,并做好标记。

四、样品的制备

样品的制备是指将原始样品或次级样品经过一定的处理成为分析样品的过程。样品制备方法包括烘干、粉碎和混匀,制备成的样品可分为半干样品和风干样品。

1. 风干样品制备

风干饲料是指自然含水量不高的饲料,一般含水量在 15%以下,如玉米、小麦等作物籽实、糠麸、青干草和配合饲料等。

对不均匀的原始样品如干草、秸秆等,应经过一定处理如剪碎或捶碎等,然后混匀,按"四分法"采得次级样品,对均匀的样品如玉米、粉料等,可直接用"四分法"采得次级样品。然后用饲料样品粉碎机粉碎,通过孔径 1.00~0.25 mm 孔筛即得分析样品。主要分析指标样品粉碎粒度的要求(表 9-1)。要注意的是:不易粉碎的粗饲料在粉碎机中会剩留下少量,其难以通过筛孔,这部分绝不可丢弃,应尽力弄碎后一并均匀混合入样品中,避免引起分析误差。将粉碎完毕的样品 200~500 g 装入磨口广口瓶内保存备用,并注明样品名称、制样日期和制样人等。

表 9-1　主要分析指标样品粉碎粒度的要求

指标项目	分析筛规格/目	筛孔直径/mm
水、粗蛋白质、粗脂肪、粗灰分、钙、磷、盐	40	0.45
粗纤维、体外胃蛋白酶消化率	18	1.00
氨基酸、微量元素、维生素、蛋白质溶解度、脲酶活性	60	0.25

2. 半干样本制备

半干样品是由新鲜的青饲料、青贮饲料等制备而成。这些新鲜样品水分含量高，占样品质量的 70%～90%，不易粉碎和保存。除少数指标如胡萝卜素的测定可直接使用新鲜样品外，一般在测定饲料的初水分含量后制成半干样品，以便保存，供其余指标分析备用。

初水分是指新鲜样品在 60～65 ℃的恒温干燥箱中烘 8～12 h，除去部分水分，然后回潮使其与周围环境条件的空气湿度保持平衡，在这种条件下所失去的水分称为初水分。去掉初水分之后的样品称为半干样品。

半干样品的制备包括烘干、回潮和称恒重 3 个过程。最后，半干样本经过粉碎机粉碎后，通过 0.25～1.00 mm 孔筛，即得分析样品。将分析样品装入磨口广口瓶内，在瓶上贴上标签，注明样品名称、采样地点、采样日期、制样日期、分析日期和制样人等，然后保存备用。直接分析的新鲜样本，应将其匀质化，装入塑料袋或瓶中，冷冻保存后测定。

3. 初水分的测定步骤

(1)瓷盘称重。在普通天平上称取瓷盘的质量。

(2)样品称重。用已知质量的瓷盘在普通天平上称取新鲜样品 200～300 g。

(3)灭酶。将装有新鲜样品的瓷盘放入 120 ℃烘箱中烘 10～15 min，使新鲜饲料中存在的各种酶失活，以减少对饲料养分分解造成的损失。

(4)烘干。将瓷盘迅速放入 60～70 ℃烘箱中烘一定时间，直到样品干燥容易磨碎为止。烘干时间一般为 8～12 h，取决于样品含水量和样品数量。含水低、数量少的样品也可能只需要 5～6 h 即可烘干。

(5)回潮和称重。取出瓷盘，放置在室内自然条件下冷却 24 h，然后用普通天平称重。

(6)再烘干。将瓷盘再次放入 60～70 ℃烘箱中烘 2 h。

(7)再回潮和称重。取出瓷盘，放置在室内自然条件下冷却 24 h，然后用普通天平称重。

如果两次质量之差超过 0.5 g，则将瓷盘再放入烘箱，重复(6)和(7)步骤，直至两次质量之差不超过 0.5 g 为止，以最低的质量即半干样品的质量，将其粉碎至一定粒度即为分析样品。

(8)计算公式

$$\omega(\text{初水分}) = \frac{m_1 - m_2}{m} \times 100\%$$

式中：m_1 为鲜样本和瓷盘的质量(g)；m_2 为烘干样本和瓷盘的质量(g)；m 为鲜样本质量(g)。

五、样品的登记与保管

1. 样品的登记

制备好的风干样品或半干样品均应装在洁净、干燥的磨口广口瓶内作为分析样品备用。

在瓶外贴上标签，注明样品名称、采样地点、采样和制样时间、采样和制样人等。此外，分析实验室应有专用的样品登记本，系统详细地记录与样品相关的资料，要求登记的内容如下。

(1)样品名称(一般名称、学名和俗名)和种类(必要时注明品种、质量等级)。

(2)生长期(成熟程度)、收获期、茬次。

(3)调制、加工方法及贮藏条件。

(4)外观性状及混杂度。

(5)采样地点及采集部位。

(6)生产厂家、批次、出厂日期。

(7)等级、质量。

(8)采样人、制样人和分析人的姓名。

2. 样品的保管

样品应避光保存，尽可能低温保存，并做好防虫措施。

样品保存时间的长短应有严格规定，这主要取决于原料更换的快慢及买卖饲料分析及双方谈判情况(如水分含量过高、蛋白质含量是否合乎要求)。此外，对某些饲料在饲喂后可能出现问题，故该饲料样品应长期保存，备做复检用。但一般情况下原料样品应保留 2 周，成品样品应保留 1 个月(与对客户的保险期相同)。有时为了特殊目的饲料样品需保存 1～2 年。对需长期保存的样品可用锡铝纸软包装，经抽真空充氮气(高纯氮气)后密封，在冷库中保存备用。专门从事饲料质量检验监督机构的样品保存期一般在 3～6 个月。

饲料样品应由专人采集、登记、制备与保管。

二维码 9-2　采样与制样评估考核参考答案

【评估考核】

1. 名词解释

几何法　　四分法

2. 讨论与思考

(1)样本的制备应注意哪些问题?

(2)样本如何进行登记与保管?

任务二　饲料中水分的测定——恒温干燥法(GB/T 6435—2014)

一、目的

通过饲料样品中干物质的测定，了解饲料干物质含量与饲料营养价值之间的关系。通过实验，掌握各类饲料样品中干物质(水分)的测定方法。

二、适用范围

本标准适用于测定配合饲料和单一饲料中水分的含量，但用作饲料的奶制品、动物和植物油脂、矿物质则除外，因为它们在测定水分的热处理过程中易引起其组成成分的损失或破坏。

三、测定原理

试样于(103±2) ℃干燥箱内,在1个标准大气压下烘干至恒重,逸失的质量为水分。

四、仪器设备

(1)实验室用样品粉碎机或研钵。

(2)分样筛:孔径0.42 mm(40目)。

(3)分析天平:感量0.000 1 g。

(4)电热式恒温烘箱:可控制温度为(103±2) ℃。

(5)称样皿:玻璃或铝质,直径50 mm,高30 mm。

(6)干燥器:用氯化钙或变色硅胶作为干燥剂。

二维码9-3　饲料中水分的测定

二维码9-4　GB/T 6435—2014 饲料中水分的测定

五、试样的选取和制备

选取有代表性试样,用四分法缩减至200 g,粉碎至40目,装入密封容器,放阴凉干燥处保存。如试样是多汁的鲜样,或无法粉碎时,应预先干燥处理,称取试样200～300 g,置于已知质量的培养皿中,先在103 ℃烘箱中烘15 min,然后立即降到65 ℃,烘干5～6 h,将烘干的样品放在室内空气中冷却1 h,称重,即得风干样品。重复上述操作,直到两次称重之差不超过0.5 g为止。

六、操作步骤

(1)将洁净称样皿在(103±2) ℃烘箱中烘1 h取出,在干燥器中冷却30 min,称重,准确至0.000 2 g,再烘干30 min,同样冷却,称重,直至两次质量之差小于0.000 5 g为恒重。

(2)用已恒重称样皿称取两份平行试样,每份2～5 g(含水量在0.1 g以上,样品厚度4 mm以下),准确至0.000 2 g。

(3)将盛有样品的称样皿不盖盖,在(103±2) ℃烘箱中烘3 h(以温度到达103 ℃开始计时),取出,盖好称样皿盖,在干燥器中冷却30 min,称重。

(4)再同样烘干1 h,冷却,称重,直至两次质量之差小于0.000 2 g为恒重。

在测定过程中,操作必须规范、严谨,才能获得准确结果,所以我们要有严谨认真、实事求是的科学精神。

七、结果计算

1. 计算公式

$$\omega(\mathrm{H_2O})=\frac{m_1-m_2}{m_1-m_0}\times 100\%$$

式中:m_1为103 ℃烘干前试样及称样皿质量(g);m_2为103 ℃烘干后试样及称样皿质量(g);m_0为已恒重的称样皿质量(g)。

2. 重复性

每个试样,应取两个平行样进行测定,以其算术平均值为结果。两个平行样测定值相差不得超过 0.2%，否则应重做。

3. 精密度

含水量在 10%以上时，允许相对偏差为 1%；含水量为 5%～10%时，允许相对偏差为 3%；含水量在 5%以下时，允许相对偏差为 5%。

八、注意事项

（1）天平的使用。称量的过程中应注意天平的调零，天平窗户的开关，称量时要戴手套，不能徒手。读数要准确（分析天平稳定，等出现“#”号时开始读数）。

（2）称量皿的使用。在实验过程中一般采用铝制称量皿而不采用玻璃的（防止学生打破）。铝盒称重有一定的规律，进入烘箱 1/4 开盖，出了烘箱迅速盖严，并置于干燥器中冷却 0.5 h。取用铝盒戴手套，注意手上的污渍可能会影响实验结果。

（3）干燥器的使用。干燥器一般装用的干燥剂是硅胶，如果部分硅胶变白，应及时烘干并反复利用，以防样品干燥不彻底。

（4）如果已按多汁鲜样进行过预先干燥处理，则应按下式计算原来试样中水分含量：原试样总水分（%）＝预干燥减重（%）＋[100－预干燥减重（%）]×风干试样水分（%）。

（5）加热时试样中有挥发性物质可能与试样中水分一起损失，如青贮料中的挥发性脂肪酸。

（6）某些脂肪含量高的样品，烘干时间长反而会增重，乃脂肪氧化所致，应以增重前那次称重为准。

（7）含糖分高的、易分解或易焦化样品，应使用减压干燥法（70 ℃，80 kPa 以下，烘干 5 h）测定水分。

二维码 9-5 饲料中水分的测定评估考核参考答案

【评估考核】

讨论与思考

（1）饲料中的水分有几种存在形态？生产中测定饲料中水分有何意义？

（2）试述测定水分的注意事项。

任务三 饲料中粗蛋白质的测定——凯氏定氮法（GB/T 6432—2018）

一、目的

了解凯氏定氮法测定的基本原理，掌握半微量凯氏定氮法测定饲料中粗蛋白质的方法，掌握粗蛋白质含量的计算方法。

二、适用范围

本标准适用于配合饲料、浓缩饲料和单一饲料。

三、测定原理

各种饲料的有机物质在催化剂（如 $CuSO_4$、K_2SO_4 或 Na_2SO_4 或 Se 粉）的帮助下，用浓硫酸进行消化作用，使含氮物转化成硫酸铵，而非含氮物质，则以二氧化碳、水、二氧化硫的气体状态逸出。消化液在浓碱的作用下进行蒸馏使氨逸出，释放出的氨气，用硼酸溶液吸收，然后以甲基红-溴甲酚绿作混合指示剂，用盐酸标准溶液滴定吸收液，求出氮的含量，再乘以一定的换算系数（通常以 6.25 系数计算），即为粗蛋白质的含量。

其主要化学反应如下：

$2CH_3CH\ NH_2COOH$（丙氨酸）$+13H_2SO_4 \rightarrow (NH_4)_2SO_4+6CO_2\uparrow+12SO_2\uparrow+16H_2O$

$(NH_4)_2SO_4+2NaOH \rightarrow 2NH_3\uparrow+2H_2O+2Na_2SO_4$

$4H_3BO_3+NH_3 \rightarrow NH_4HB_4O_7+5H_2O$

$NH_4HB_4O_7+HCl+5H_2O \rightarrow NH_4Cl+4H_3BO_3$

本法不能区别蛋白氮和非蛋白氮，只能部分回收硝酸盐和亚硝酸盐等含氮化合物。在测定结果中除蛋白质外，还有氨基酸、酰胺、铵盐、部分硝酸盐和亚硝酸盐等，故以粗蛋白质表示。

四、仪器设备

二维码 9-6　饲料中粗蛋白质的测定

二维码 9-7　GB/T 6432—2018 饲料中粗蛋白的测定

（1）实验室用样品粉碎机或研钵。

（2）分析筛：孔径 0.42 mm（40 目）。

（3）分析天平：感量 0.000 1 g。

（4）消煮炉或电炉。

（5）滴定管：酸式，25 mL 或 50 mL。

（6）凯式烧瓶：100 mL 或 500 mL。

（7）凯氏蒸馏装置：常量直接蒸馏式或半微量蒸馏式。

（8）锥形瓶：150 mL 或 250 mL。

（9）容量瓶：100 mL。

（10）消煮管：100 mL。

（11）定氮仪：以凯氏定氮原理制造的各类型半自动、全自动定氮仪。

五、试剂及配制

1. 试剂

（1）浓硫酸（GB 625）：化学纯。

（2）硫酸铜（GB 665）：化学纯。

（3）硫酸钾（HG 3—920）：化学纯，或硫酸钠（HG 3—908）：化学纯。

（4）400 g/L 氢氧化钠溶液：40 g 氢氧化钠（GB 629）溶于 100 mL 水中。

（5）20 g/L 硼酸溶液：2 g 硼酸（GB 628）溶于 100 mL 水中。

（6）盐酸标准溶液：无水碳酸钠法标定 GB 601。

0.1 mol/L 盐酸标准溶液：8.3 mL 盐酸（GB 622，分析纯），注入 1 000 mL 水中。

0.2 mol/L 盐酸标准溶液：16.7 mL 盐酸（GB 622，分析纯），注入 1 000 mL 水中。

（7）混合指示剂：甲基红（HG 3—958）1 g/L 乙醇溶液与溴甲酚绿（HG 3—1220）5 g/L 乙醇溶液等体积混合，阴凉处保存 3 个月以内。

（8）硫酸铵（GB 1396）：分析纯，干燥。

2. 盐酸标准溶液的配制及标定(GB 601)

(1)配制。按表 9-2 的规定量取盐酸，注入 1 000 mL 水中，摇匀。

表 9-2 盐酸标准溶液的配制

盐酸标准滴定溶液的浓度/(mol/L)	盐酸的体积/mL
1.0	90
0.5	45

(2)标定。按表 9-3 的规定称取 270～300 ℃高温炉中灼烧至恒重的工作基准试剂无水碳酸钠，溶于 50 mL 水中，加 10 滴溴甲酚绿-甲基红指示液，用配制好的盐酸溶液滴定至溶液由绿色变为暗红色，煮沸 2 min，冷却后继续滴定至溶液再呈暗红色。同时做空白试验。

表 9-3 盐酸标准溶液的标定

盐酸标准滴定溶液的浓度[c(HCl)]/(mol/L)	工作基准试剂无水碳酸钠的质量 m/g
1.0	1.9
0.5	0.95
0.1	0.2

盐酸标准滴定溶液的浓度[c(HCl)]，数值以摩尔每升(mol/L)表示，按下式计算：

$$c(\mathrm{HCl})=\frac{m\times 1\,000}{(V_1-V_2)M}\times 100\%$$

式中：m 为无水碳酸钠的质量的准确数值(g)；V_1 为盐酸溶液的体积的数值(mL)；V_2 为空白试验盐酸溶液的体积的数值(mL)；M 为无水碳酸钠的摩尔质量的数值(g/mol) $\left[M\left(\frac{1}{2}Na_2CO_3\right)=52.994\right]$。

六、试样的选取和制备

取有代表性试样用四分法缩减至 200 g，粉碎至 40 目，装入密封容器中，防止试样成分的变化或变质。液体或膏状黏液试样应注意取样的代表性。

七、操作步骤

1. 试样的消化

(1)称取 0.5～1 g 试样(含氮量 5～80 mg)，准确至 0.000 2 g，无损失地放入凯氏烧瓶或消化管中，加入硫酸铜($CuSO_4\cdot 5H_2O$)0.4 g，无水硫酸钾(或无水硫酸钠)6 g，与试样混合均匀，再加浓硫酸 12 mL 和 2 粒玻璃珠。

(2)将凯氏烧瓶或消煮管放在通风橱的可调电炉或消煮炉上小心加热，待样品焦化，泡沫消失，再加强火力(360～410 ℃)，直至溶液澄清后，再加热消化 1 h。

2. 氨的蒸馏

(1)常量直接蒸馏法。将上述的试样消煮液冷却，加蒸馏水 60～100 mL 摇匀，冷却。沿瓶壁小心加入 50 mL 氢氧化钠溶液，立即与蒸馏装置相连，蒸馏装置冷凝管的末端应浸入装有 50 mL 硼酸吸收液和 2 滴混合指示剂的锥形瓶内，轻摇凯氏烧瓶，使溶液混匀，加热蒸馏，直至馏出液体积约 150 mL。降下锥形瓶，使冷凝管末端离开液面，继续蒸馏 1～2 min，并用蒸馏水冲洗冷凝管末端，洗液均需流入锥形瓶内，先将吸收液取下，再停止加热。

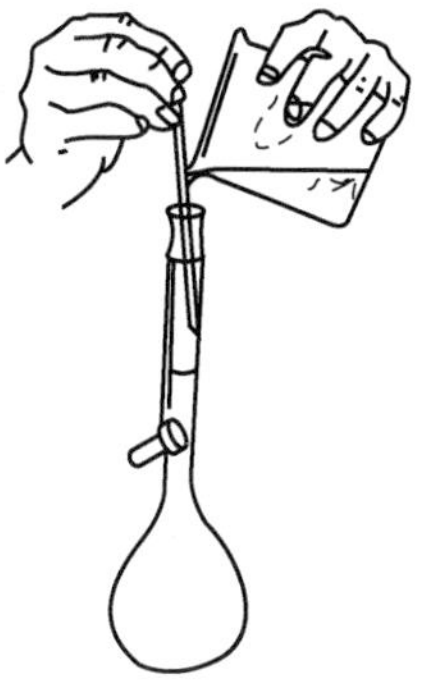

图 9-15　溶液转移入容量瓶

(2)半微量蒸馏法。

①将上述试样的消煮液冷却，加蒸馏水 20 mL，移入 100 mL 容量瓶中，用蒸馏水冲洗凯氏烧瓶数次，洗液入容量瓶内，冷却后用水稀释至刻度，摇匀后作为试样分解液。见图 9-15。

②在蒸馏装置的蒸汽发生器中加 1/2～2/3 容量的蒸馏水，水中应加甲基红指示剂数滴，硫酸数滴，且保持此液为橙红色，否则应补加少许硫酸。将蒸馏装置安装好。打开电炉，将蒸汽发生瓶中的蒸馏水煮沸，空蒸几分钟后检查各接头有无漏气，用蒸汽洗涤反应室 5 min 以上，再用蒸馏水洗涤 2～3 次。

③量取硼酸溶液 20 mL 加入 100 mL 锥形瓶中，加入甲基红-溴甲酚绿混合指示剂 2 滴，此时锥形瓶中溶液应为红色，若呈蓝色，则需重新洗涤锥形瓶直至为红色。将锥形瓶置于冷凝管下，使冷凝管末端浸入硼酸液面下。见图 9-16。

④用移液管准确移取试样分解液 10～20 mL，加入蒸馏装置的反应室中，用少量蒸馏水冲洗加液处，塞好入口玻璃塞，再加 10 mL 氢氧化钠溶液于反应室入口处，小心提起玻璃塞使之流入反应室，将玻璃塞塞好，并在入口处加水密封，防止漏气。蒸馏 4 min，降下锥形瓶，使冷凝管末端离开液面，继续蒸馏 1 min，并用蒸馏水冲洗冷凝管末端，洗液均需流入锥形瓶内，将锥形瓶移开，停止加热。

3. 滴定

用硼酸吸收氨后，立即用 0.1 mol/L 的盐酸标准溶液滴定，直至锥形瓶内吸收液呈灰红色为滴定终点。见图 9-17。

4. 空白测定

在测定饲料样本中含氮量的同时，应做一空白对照测定，即各种试剂的用量及操作步骤完全相同，但不加样本，这样可以校正

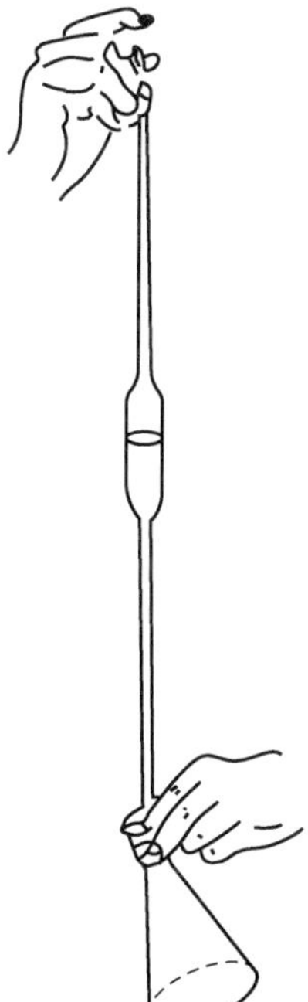

图 9-16　移取溶液姿势

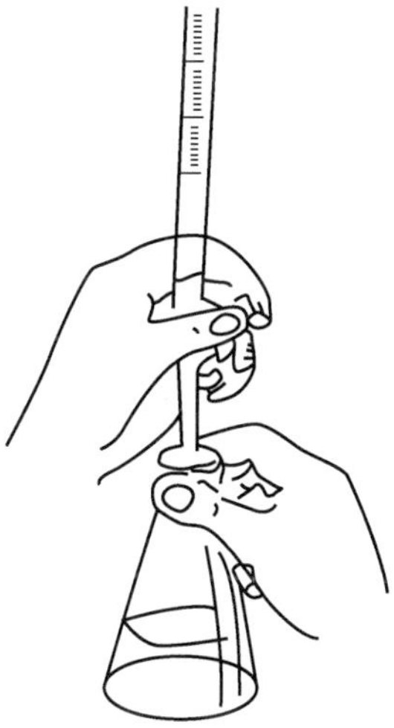

图 9-17　滴定

因药品不纯所发生的误差。吸收氨后的吸收液立即用 0.1 mol/L 盐酸标准溶液滴定，消耗 0.1 mol/L 盐酸标准溶液的体积应不得超过 0.2 mL。消耗 0.02 mol/L 盐酸标准溶液的体积应不得超过 0.3 mL。

5. 测定步骤的检验

精确称取 0.2 g 硫酸铵，代替试样，按测定步骤文字中的各步骤操作，并按公式计算（但不乘系数 6.25），测得硫酸铵含氮量为 21.19%±0.2%，否则应检查加碱、蒸馏和滴定各步骤是否正确。

八、结果计算

1. 计算公式

每毫升的 1.00 mol/L 盐酸标准溶液相当于 0.014 0 g 的氮。因此，

$$\omega(\mathrm{CP})=\frac{(V_2-V_1)\times c\times 0.0140\times 6.25}{m\times\dfrac{V'}{V}}\times 100\%$$

式中：V_2 为试样滴定时所需盐酸标准溶液的体积（mL）；V_1 为空白滴定时所需盐酸标准溶液的体积（mL）；c 为盐酸标准溶液的浓度（mol/L）；m 为试样的质量（g）；V 为试样的分解液总体积（mL）；V' 为试样分解液蒸馏用体积（mL）；0.014 0 为每毫升 1.00 mol/L 盐酸标准溶液相当于氮的克数（g）；6.25 为氮换算成蛋白质的平均系数。

2. 重复性

每个试样取 2 个平行样进行测定，以其算术平均值为结果。

3. 精密度

当粗蛋白质含量在 25%以上时，允许相对偏差为 1%；当粗蛋白质含量在 10%～25%时，允许相对偏差为 2%；当粗蛋白质含量在 10%以下时，允许相对偏差为 3%。

九、注意事项

1. 称量等处理前需要注意的问题

一般样品称量 0.5 g 即可，称量过多花费消化时间较多，对于低蛋白的样品则相对较少，可以适当放大到 2 g。将样品置入凯氏烧瓶时，尽可能送入凯氏烧瓶底部（可以制作纸筒备用）。凯氏烧瓶中加浓硫酸时，戴胶皮手套，以防硫酸滴到手上，边旋转凯氏烧瓶边加，用硫酸冲洗可能沾到烧瓶壁的饲料。催化剂添加比例可选择五水硫酸铜和硫酸钾 1∶9，称量 3 g 即可。

电炉加热凯氏烧瓶时，烧瓶口部面向墙壁，以防热硫酸沸腾溅出，加热应从低温开始，分阶段升温，待样品焦化泡沫消失，再加强火力直至溶液澄清后，再加热消化。可在管口插上一个漏斗，以减少或防止液体溅出。

整个消煮过程中应防止瓶内液体过度沸腾喷溅，上冲沾到瓶颈上，使得部分样品消化不完全，造成误差过大，凯氏烧瓶内液体泡沫过多时可适当降温。

2. 使用凯式蒸馏装置需要注意的问题

实验一般采用的是半微量蒸馏法（可以多次进行蒸馏），消化液向容量瓶转移后，不要立即

定容，此时浓硫酸加水释放出大量热，因热胀冷缩，立即定容会造成偶然误差偏大。

凯氏定氮蒸馏过程中，要求整套装置呈密闭状态，蒸馏前应检查定氮仪各导管间的连接处是否密闭，以免产生泄漏。使用蒸馏仪器时，严禁将蒸馏瓶两侧的阀门同时关闭，以免发生爆炸；在加样液或碱于反应室时要快，应先检查气源是否夹断，废液流出口是否畅通。开始蒸馏时应先通蒸汽，后夹断废液排出口。在蒸馏结束时，应用蒸馏水冲洗冷凝管末端，并使洗液流入吸收瓶，以减少误差。蒸馏时蒸馏装置的蒸汽发生器内的水应加甲基红数滴和硫酸数滴，且保持此溶液为橙红色，以防止水中氨态氮的逸失而影响测定值。蒸馏时间必须掌握好。蒸馏完毕应先取下接收瓶，然后关闭电源，以免吸收液倒流。

硼酸接受瓶中加指示剂后，呈现微红色，如果呈现蓝色，说明接收瓶没有洗干净，必须重新洗涤，直至溶液呈现微红。盐酸滴定浓度可根据样品蛋白含量情况选择。

3. 其他注意问题

各种饲料的粗蛋白质中实际含氮量，差异很大，变异范围为14.7%～19.5%，平均为16%。凡饲料的粗蛋白质中氮的含量已经确定的，可用6.25平均系数来乘以氮量换算成粗蛋白质含量。凡饲料的粗蛋白质中氮的含量尚未确定的，可用它们的实际系数来换算。如荞麦、玉米用系数6.00，箭筈豌豆、大豆、蚕豆、燕麦、小麦、黑麦用系数5.70，牛奶用系数6.38。

在测定饲料试样含量的同时，应做一空白（蔗糖代替样品）对照测定，以校正药品不纯所引入的误差。

对脂肪含量较高的样品，应适当增加硫酸用量。含硝酸盐多的饲料，用凯氏定氮法测定粗蛋白时，很多硝酸盐还原而损失。

【评估考核】

讨论与思考

（1）饲料粗蛋白质测定的原理是什么？

（2）饲料粗蛋白质测定的方法步骤是什么？

二维码 9-8　饲料中粗蛋白质的测定评估考核参考答案

任务四　饲料中粗脂肪的测定——索氏脂肪抽提法（GB/T 6433—2006）

一、目的

通过饲料样品中粗脂肪的测定，掌握各类饲料样品中粗脂肪的测定原理和方法。

二、适用范围

本标准适用于测定配合饲料、单一饲料、混合饲料和预混料中粗脂肪的含量。

二维码 9-9　饲料中粗脂肪的测定

二维码 9-10　GB/T 6433—2006 饲料中粗脂肪的测定

三、测定原理

根据脂肪不溶于水而溶于有机溶剂的特点，使用索氏脂肪提取器，用乙醚提取试样，称提取物的重量，除脂肪外还有有机酸、磷脂、脂溶性维生素、叶绿素等，因而测定结果称粗脂肪或乙醚提取物。

四、仪器设备和试剂

(1)实验室用样品粉碎机或研钵。

(2)分析筛：孔径 0.42 mm(40 目)。

(3)分析天平：感量 0.000 1 g。

(4)电热恒温水浴锅：室温至 100 ℃。

(5)恒温烘箱。

(6)索氏提取器：100 mL 或 150 mL(图 9-18)。

(7)滤纸或滤纸筒：中速，脱脂。

(8)干燥器：用氯化钙或变色硅胶为干燥剂。

(9)无水乙醚：分析纯。

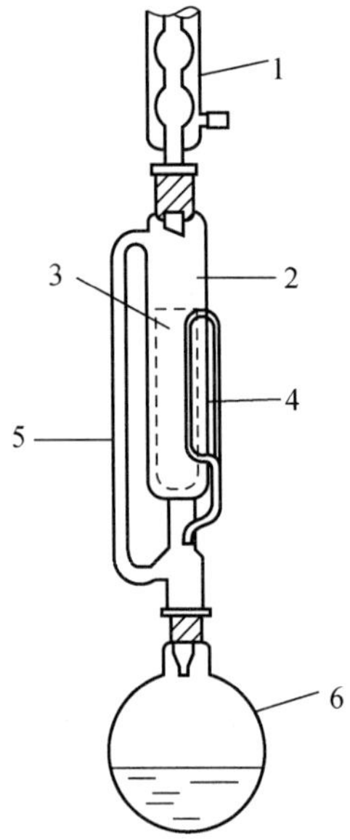

1. 冷凝管 2. 脂肪提取器 3. 滤纸筒 4. 虹吸管 5. 蒸汽管 6. 萃取瓶（圆底烧瓶）

图 9-18 索氏提取器

五、试样的选取和制备

取有代表性试样用四分法缩减至 200 g，粉碎至 40 目，装入密封容器中，防止试样成分的变化或变质。

六、操作步骤

(1)索氏提取器应干燥无水。抽提瓶(内有沸石数粒)在(103±2) ℃烘箱中烘干 1 h，干燥器中冷却 30 min，称重。再烘干 30 min，同样冷却称重，两次重量之差小于 0.000 8 g 为恒重。

(2)称取试样 1～5 g，准确至 0.000 2 g，于滤纸筒中，或用滤纸包好，用铅笔编号，放入(103±2) ℃烘箱中，烘干 2 h(或称测水分后的干试样，折算成风干样重)。滤纸包长度应以可全部浸泡于乙醚中为准。将滤纸筒或包放入抽提管，在抽提瓶中加无水乙醚 60～100 mL，在 60～75 ℃的水浴(用蒸馏水)上加热，使乙醚回流，控制乙醚回流次数为每小时约 10 次，共回流约 50 次(含油高的试样约 70 次)或检查抽提管流出的乙醚挥发后不留下油迹为抽提终点。

(3)取出试样，仍用原提取器回收乙醚直至抽提瓶中乙醚几乎全部收完，取下抽提瓶，在水浴上蒸去残余乙醚。擦净瓶外壁，将抽提瓶放入(103±2) ℃烘箱中烘干 2 h，干燥器中冷却 30 min，称重，再烘干 30 min，同样冷却称重，两次重量之差小于 0.001 g 为恒重。

七、结果计算

$$\omega(EE)=\frac{m_2-m_1}{m}\times 100\%$$

式中：m 为风干试样质量(g)；m_1 为已恒重的抽提瓶质量(g)；m_2 为已恒重的盛有脂肪的抽提瓶质量(g)。

每个试样取 2 个平行样进行测定，以其算术平均值为结果。粗脂肪含量在 10%以上（含10%）时，允许相对偏差为 3%；粗脂肪含量在 10%以下时，允许相对偏差为 5%。

八、注意事项

（1）全部称量操作，样品包装时要戴乳胶手套或棉线手套，或用坩埚钳或干净的纸条，以免手上的汗、油等污染脂肪接受瓶，影响测定结果。称取样品时，应放在无水硫酸纸上称量，而不是滤纸上。或者样品可以直接选用已经测过水分的样品。

（2）使用乙醚时，严禁明火加热，保持室内通风良好，抽提时防止乙醚过热而爆炸。

（3）测定样品在浸提前烘干，以免在浸提过程中样品水分随乙醚溶解样品中糖类而引起误差。用定性脱脂滤纸折叠好脂肪包，再将称好的样品转移进去，注意小心操作，转移时不要让样品洒落或折痕处压破，使样品有漏出的可能。滤纸包外面，用铅笔编号，不要用油笔或钢笔等标记，以免被乙醚冲洗掉。

（4）滤纸包的高度不应该超过浸提器的虹吸管高度，以防试样不能全部浸泡。乙醚的添加量刚刚超过虹吸管为止，能使其回流即可。提取温度控制在 65～70 ℃，控制回流速度每小时至少循环 10 次。检测浸提终点，可以用一块干净的平皿，滴回流的最后一液滴在平皿上挥发不留下油迹为准。

（5）若样品为富含脂肪的饲料（如鱼粉、饼粕等），为避免脂肪在烘干时氧化，应在真空干燥箱中干燥。

（6）回流时间视样品脂肪含量而定，若用乙醚浸泡过夜，回流时间可缩短 2 h。

（7）烘干滤纸包前，最后放置在阳光通风处使大部分乙醚挥发，不要立即放入烘箱中烘干，以防乙醚浓度过高引起燃烧爆炸。盛有脂肪的脂肪接受瓶烘干时间不能过长，以防止脂肪氧化。

（8）粗脂肪的测定也可采用脂肪提取仪测定。

饲料分析结果关乎饲料的价值，而消费者也越来越关注健康和安全，饲料企业必须根据消费者口味和需求，确保饲料的质量。因此饲料分析要严谨认真，不能马虎，也不能作假，树立良好的职业道德。

【评估考核】

讨论与思考

（1）简述测定饲料中粗脂肪含量的原理。

（2）索氏脂肪抽提法测定饲料中粗脂肪含量时，为什么滤纸包的高度不能超过虹吸管的高度？盛有粗脂肪的接收瓶烘干时间为什么不能过长？

（3）简述粗脂肪测定应注意哪些问题？

二维码 9-11　饲料中粗脂肪的测定评估考核参考答案

任务五　饲料中粗纤维的含量测定——过滤法（GB/T 6434—2006）

一、目的

掌握饲料中粗纤维含量的测定原理及方法步骤，了解粗纤维含量测定方法中存在问题及解决的方案。

二、测定原理

用固定量的酸和碱，在特定条件下消煮样品，样品相继与热的稀酸、稀碱共煮，并分别经过滤分离、洗涤残留物、醚洗、醇洗等操作后，再进行干燥、灰化。酸可将糖、淀粉、果胶质和部分半纤维素水解而除去。碱能溶解蛋白质、部分半纤维素、木质素和皂化脂肪酸而将其除去。再用乙醇和乙醚处理。所得的残渣干燥后减去灰分重即为粗纤维含量。

它不是一个确切的化学实体，只是在公认强制规定的条件下，测出的概略养分。其中以纤维素为主，还有少量半纤维素和木质素。

二维码 9-12 饲料中粗纤维的含量测定

二维码 9-13 GB/T 6434—2006 饲料中粗纤维的含量测定

二维码 9-14 GB/T 20806—2006 饲料中中性洗涤纤维的测定

三、仪器设备

(1)实验室用样品粉碎机或研钵。

(2)分样筛：孔径 1.00 mm(18 目)。

(3)分析天平：感量 0.000 1 g。

(4)电热恒温箱：可控制温度在 130 ℃。

(5)高温炉：电加热，可控制温度在 550～600 ℃。

(6)可调电炉或电热板；古氏坩埚：30 mL，预先加入 30 mL 酸洗石棉悬浮液。再抽干，以石棉厚度均匀，不透光为宜。

(7)消煮器：有冷凝球的高型烧杯(500 mL)或有冷凝管的锥形瓶。

(8)抽滤装置：抽真空装置(真空泵)，抽滤瓶及漏斗。

(9)滤器：200 目不锈钢网或尼龙网，或 G2 号玻璃滤器。

(10)干燥器：用氯化钙或变色硅胶作干燥剂。

(11)砂芯坩埚。

四、试剂溶液

(1)硫酸溶液[(0.128±0.005)mol/L]：吸取 1.84 g/mL 浓硫酸(GB 625)6.89 mL，注入 800 mL 水中，冷却后稀释至 1 000 mL。用无水碳酸钠法标定 GB 601。

(2)氢氧化钠溶液[(0.313±0.005)mol/L]：迅速称取分析纯氢氧化钠(GB 629)12.5 g，溶于 100 mL 水中，准确定容至 1 000 mL。邻苯二甲酸氢钾法标定 GB 601。

(3)酸洗石棉：将中等长度的酸洗石棉(HG 3—1062)在 1∶3盐酸溶液中煮沸 45 min，过滤后于 550 ℃灼烧 16 h。用(0.128±0.005)mol/L 的硫酸溶液浸泡且煮沸 30 min，过滤，用水洗净酸。同样用(0.313±0.005) mol/L 氢氧化钠溶液煮沸 30 min，过滤，先用少量硫酸洗 1 次，再用水洗净，烘干后于 550 ℃灼烧 2 h，其空白试验结果为每 1 g 石棉含粗纤维小于 1 mg。

(4)95%乙醇(GB 697)：化学纯。

(5)乙醚(HG 3—1002)。

(6)蓝色石蕊试纸、红色石蕊试纸。

五、试样的选取和制备

取有代表性试样用四分法缩减至 200 g，粉碎至 18 目，装入密封容器中，防止试样成分的变化或变质。

六、操作步骤

1. 称样

称取 1～2 g 试样，准确至 0.000 2 g，用乙醚脱脂（如果脂肪不大于 10%可不必脱脂，但建议脱脂，脂肪大于 10%必须脱脂），放入消煮器。

2. 酸煮

在消煮器中加入浓度准确且已沸腾的（0.128±0.005）mol/L 硫酸溶液200 mL 和 1 滴正辛醇，使其在 2 min 内沸腾，调整可调电炉或电热板，使溶液保持微沸（30±1）min。注意保持硫酸浓度不变，样品不应离开溶液沾在瓶壁上。见图 9-19。

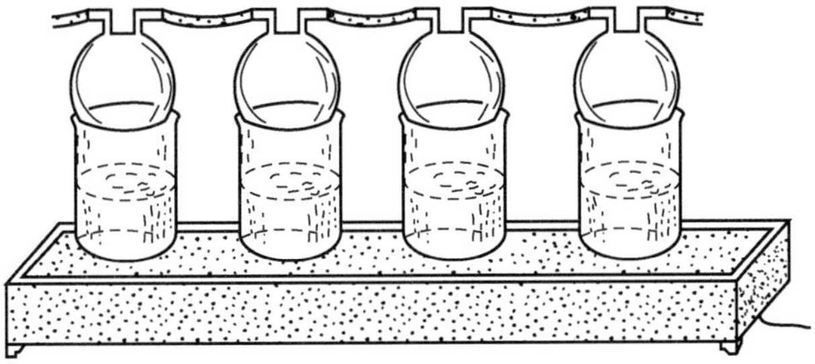

图 9-19　消煮器

3. 抽滤、洗涤残渣

取下消煮器，用装有 200 目滤布的抽滤装置趁热抽滤，残渣用沸蒸馏水反复洗至中性（蓝色石蕊试纸不变红）。见图 9-20。

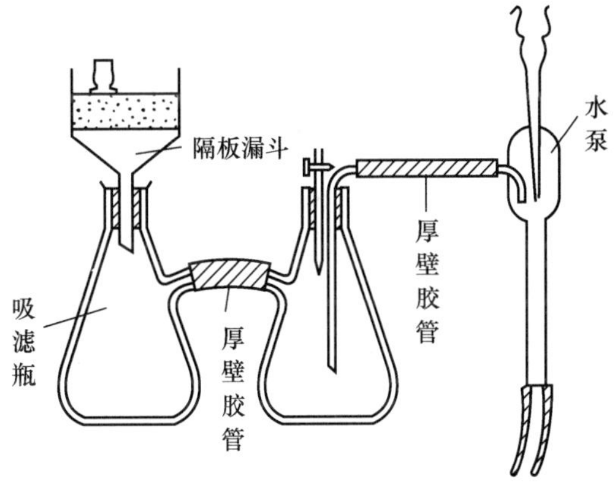

图 9-20　抽滤装置

4. 碱煮

用已沸腾（0.313±0.005）mol/L 的氢氧化钠溶液将滤布上的残渣冲洗至原容器中并加至 200 mL，同样微沸（30±1）min。

5. 抽滤、洗涤残渣

取下消煮器，用装有 200 目滤布的抽滤装置趁热抽滤，残渣用沸蒸馏水反复洗至中性（红色石蕊试纸不变蓝）后抽干。

6. 残渣转移、洗涤

将残渣无损地转移到已铺有酸洗石棉的古氏坩埚或玻璃滤器中，用 15 mL 95%乙醇洗涤残渣，抽干。

7. 烘干、灰化

将盛有残渣的古氏坩或玻璃滤器放入恒温干燥箱，于(130±2) ℃烘干 2h，取出在干燥器中冷却至室温，称重直至恒重。再于(550±25) ℃灼烧 30 min，取出在干燥器中冷却至室温，称重。

七、结果计算

1. 计算公式

$$\omega(\mathrm{CF})=\frac{m_1-m_2}{m}\times 100\%$$

式中：m_1 为 130 ℃烘干后坩埚及试样残渣重(g)；m_2 为 550 ℃灼烧后坩埚及试样残渣重(g)；m 为风干试样质量(未脱脂)(g)。

2. 重复性

每个试样应取 2 个平行样测定，以其算术平均值为结果。

3. 精密度

粗纤维含量在 10%以下，允许相差(绝对值)0.4%。粗纤维含量在 10%以上，允许相对偏差为 4%。

八、注意事项

(1)样品的选择最好采用已经测过粗脂肪的样品，因为其脂肪已基本提取干净。

(2)硫酸和氢氧化钠的浓度必须准确，并且经过标定。在不使用冷凝球或冷凝管的情况下，消煮时，可用热蒸馏水使液面高度基本维持在 200 mL 左右。消煮时，应保证其在 1～2 min之内开始沸腾，并使溶液保持微沸腾(30±1) min，试样不能离开溶液沾到瓶壁上。

(3)样品的粒度需过 18 目筛。

(4)在酸煮后和碱煮后冲洗至中性过程中，最好用热蒸馏水，易于过滤。用真空抽气机抽滤时，使用 200 目不锈钢网或尼龙纱布，清洗滤布时要用玻璃棒清去残渣或用牛角勺刮干净。控制好压力，压力过大易造成样品损失，导致测定失败。

(5)酸洗石棉搅拌成稀薄悬浮液再倒入坩埚中，使之自然漏去水分，再用抽滤装置抽干，石棉应铺均匀，不留空隙，也不过厚，太厚水漏不下去，太薄纤维反而漏下去。

(6)粗纤维的测定也可采用粗纤维测定仪测定。

二维码 9-15　饲料中粗纤维的含量测定评估考核参考答案

【评估考核】

讨论与思考

(1)试述饲料粗纤维测定的方法步骤？

(2)粗纤维测定应注意哪些问题？

任务六　饲料中粗灰分的测定——高温灼烧法(GB/T 6438—2007)

一、目的

通过饲料样品中粗灰分的测定，掌握粗灰分的测定原理和方法。

二、适用范围

本标准适用于混合饲料、配合饲料、浓缩饲料和单一饲料中粗灰分的测定。

三、测定原理

试样在 550 ℃灼烧后所得残渣,用质量百分数表示。残渣中主要是氧化物、盐类等矿物质,也包括混入饲料的砂石、土等,故称粗灰分。

四、仪器设备

(1)实验室用样品粉碎机或研钵。

(2)分样筛,孔径 0.42 不清 mm(40 目)。

(3)可调电炉:1 000 W。

(4)分析天平:感量 0.000 1 g。

(5)高温炉:电加热,有温度计且可控制炉温在 550～600 ℃。

(6)坩埚:30 mL。

(7)干燥器:用氯化钙或变色硅胶作干燥剂。

二维码 9-16 饲料中粗灰分的测定及无氮浸出物的计算

二维码 9-17 GB/T 6438—2007 饲料中粗灰分的测定

五、试样的选取和制备

取有代表性试样用四分法缩减至 200 g,粉碎至 40 目,装入密封容器中,防止试样成分的变化或变质。

六、操作步骤

(1)将带盖坩埚洗净烘干后放入高温炉,在(550±20) ℃下灼烧 30 min,冷却至 200 ℃时,取出,在空气中冷却约 1 min,放入干燥器冷却 30 min,称重。再重复灼烧,冷却,称重,直至 2 次称重之差小于 0.000 5 g 为恒重。

(2)在已恒重的坩埚中称取 2～5 g(灰分重 0.05 g 以上)试样,准确至 0.000 2 g,在电炉上小心炭化至无烟,再放入高温炉中,于(550±20) ℃下灼烧 3 h,取出,在空气中冷却约 1 min,放入干燥器中冷却 30 min,称重。再同样灼烧 1 h,称重,直至 2 次称重之差小于 0.001 g 为恒重。

七、结果计算

1. 计算公式

$$\omega(\text{ash}) = \frac{m_2 - m_0}{m_1 - m_0} \times 100\%$$

式中:m_0 为已恒重空坩埚质量(g);m_1 为坩埚加试样质量(g);m_2 为灰化后坩埚加灰分质量(g)。

2. 重复性

每个试样应取 2 个平行样测定,以其算术平均值为结果。

3. 精密度

粗灰分含量在5%以上时，允许相对偏差为1%；粗灰分含量在5%以下时，允许相对偏差为5%。

八、注意事项

(1)新坩埚编号，将带盖的坩埚洗净烘干后，用钢笔蘸5 g/L氯化铁墨水溶液(称0.5 g $FeCl_3 \cdot 6H_2O$溶于100 mL蓝墨水中)编号，然后于高温炉中550 ℃灼烧30 min即可。对于已经用过的坩埚如有需要可用25%盐酸溶液浸泡瓷坩埚煮沸1～2 h。

(2)用电炉炭化时，坩埚要1/4开盖，应小心控制温度，开盖过大防止火力过大而使部分样品颗粒被逸出的气体带走，不开盖水分等挥发不出去。温度应逐渐上升，防止火力过大而使部分样品颗粒被逸出的气体带走。

(3)为了避免试样氧化不足，不应把试样压得过紧，试样应松松地放在坩埚内。

(4)完全灰化后再灼烧，而且高温炉必须预热，温度不能过高，灼烧温度不宜超过600 ℃，否则会引起磷、硫等盐的挥发。

(5)灼烧后的灰分应呈灰白色无碳粒，若以上还未灰化完全，可取出，冷却后加几滴硝酸或过氧化氢，在电炉上干燥后再灰化。

(6)灼烧残渣颜色与试样中各元素含量有关，含铁高时为红棕色，含锰高时为淡蓝色。但有明显黑色炭粒时，为炭化不完全，应延长灼烧时间或将坩埚取出，冷却后滴入5～10滴蒸馏水或过氧化氢，小心蒸干后，重新灼烧，直至全部炭化为止。

(7)用于微量元素测定时，可选择铂坩埚或石英坩埚。

二维码9-18　饲料中粗灰分的测定评估考核参考答案

【评估考核】

讨论与思考

(1)试述粗灰分测定的原理。

(2)使用高温炉灼烧样品时应注意哪些问题？

任务七　饲料中无氮浸出物的计算——差减法

一、计算原理

一般采用的分析方案中，无氮浸出物是根据相差计算法求得，即100%中减去水分、粗蛋白质、粗脂肪、粗纤维、粗灰分等的质量分数，所得之差即为无氮浸出物的质量分数。由于不进行直接测定，所以，只能概括说明饲料中这部分养分的含量。

饲料中无氮浸出物是非常复杂的一组物质，包括淀粉、可溶性单糖、双糖、一部分果胶、木质素、有机酸、单宁、色素等。在植物性精料中(籽实饲料)，无氮浸出物以淀粉为主，在青饲料中以戊聚糖为最多。淀粉和可溶性糖容易被各类动物消化吸收。

二、计算方法

由于不同种类饲料中的无氮浸出物所含各种养分的比重相差很大(特别是木质素的成分),故不同种类饲料无氮浸出物的营养价值相差悬殊。但在新的饲料分析方案未确定下来之前,无氮浸出物的成分比较复杂,一般不进行实际测定,而根据相差计算法来求得,暂时采用旧的方案中规定的相差计算法。

无氮浸出物(%)=100%-(水分+粗灰分+粗蛋白质+粗脂肪+粗纤维)(%)

三、注意事项

(1)参与计算的各种概略养分含量,必须是在水分含量的一致的情况下的含量,否则应进行同一基础换算。

(2)动物性饲料因不含有无氮浸出物,可不计算其含量。

【评估考核】

讨论与思考

(1)试述饲料中无氮浸出物的计算方法。

(2)试述计算饲料中无氮浸出物的注意事项。

二维码 9-19　饲料中无氮浸出物的计算评估考核参考答案

任务八　饲料概略养分分析的优缺点

1864 年德国 Weende 试验站的 Henneberg 与 Stohmann 二人创建了分析测定:水分、粗灰分、粗蛋白质、粗脂肪、粗纤维与无氮浸出物的饲料传统分析方案——概略养分分析法,也称为常规分析法。该法经济、适用,已使用 100 多年。其测定的是饲料中的概略养分(或称为粗略养分),而非化学上某种确定的化合物,也非动物完全可利用的物质。每种成分均包括多种物质,而且不完整,没有维生素。概略养分分析法的各种粗养分中的成分,见表 9-4。

表 9-4　概略养分分析法的各种粗养分中的成分

粗养分	组成成分
水分	水、挥发性酸
粗灰分	实际上是下列元素的氧化物和化合物: 大量元素:K、Mg、Na、S、Ca、P、Cl 微量元素:Fe、Mn、Cu、Co、I、Zn、Mo、Se、F、Si、Cr、Ni、Ti、Al、V、B、Pb、Sn
粗蛋白质	蛋白质、氨基酸、有机胺、含氮的糖苷、磷脂、B 族维生素、硝酸盐
粗脂肪	脂肪、蜡质、有机酸、色素、甾体、脂溶性维生素
粗纤维	纤维素、半纤维素、木质素
无氮浸出物	淀粉、糖、低聚糖、半纤维素、果胶、木质素、有机酸、树脂、单宁、色素、水溶性维生素

1. 概略养分分析法的主要优点

设备简单，易于操作。根据测得的化学成分含量及其相互间关系，可以概略地推定某种饲料的营养价值，并做进一步分析的基础。

2. 概略养分分析法的主要缺点

(1)粗蛋白质含量的测定包括蛋白质、氨基酸、胺类、维生素、硝酸盐等物质中的含氮量乘以 6.25 的计算值，没有考虑非蛋白氮(NPN)以及蛋白质中氨基酸组成问题。

(2)粗纤维中各种组分营养价值差异较大，如纤维素和半纤维素易被动物消化而木质素完全不能被动物消化。但在粗纤维的测定方法的设计是假定纤维素、半纤维素、木质素等完全不能溶于酸和碱，而实际测定的碱处理时大部分半纤维素和木质素被溶解，故该法不能客观地描述各种饲料的营养特性。饲料中各种物质经酸和碱处理后的水解状况，见表 9-5。

表 9-5 各种物质经酸和碱处理后的水解状况

项目	纤维素	半纤维素	木质素	淀粉	蛋白质
酸处理	几乎不水解	大部分水解	很少水解	完全水解	部分水解
碱处理	不易水解	完全浸出	大量水解		几乎全部水解

(3)无氮浸出物为估算值，其中淀粉和糖极易被消化，而在分析粗纤维时有相当一部分纤维素和木质素被溶解并算入无氮浸出物中，故名不副实，其实际上除包括易被动物消化利用的理论意义上的淀粉和糖外，还包括有机酸、维生素、色素以及动物不能利用的半纤维素、木质素、果胶和单宁等。

(4)粗灰分中除包括动物必需的矿物质元素外，还包括对动物非必需的元素甚至有毒元素和泥沙等杂质，因此粗灰分指标在营养学上意义不大。

(5)概略养分分析法中缺乏维生素指标。

综上所述，概略养分分析法仅能给出饲料中“粗养分”含量的测定值，而未给出“粗养分”中各种具体营养成分的含量，导致本属于不同养分的化合物被划分在同一养分内，使营养价值的评定不准确，因此在评定饲料营养价值方面提供的信息是粗略的，是全面、精确评价饲料营养价值的一个初步指标。

随着营养学的发展，对饲料化学成分的分析要求越来越精细，饲料分析趋向于纯养分分析，包括蛋白质中各种氨基酸、脂肪酸、维生素、矿物质元素等。

【评估考核】

讨论与思考

试述概略养分分析法的主要缺点。

二维码 9-20 饲料概略养分分析的优缺点评估考核参考答案

技能训练

学生按 2 人一组分组，到饲料厂或养殖场采集某种饲料样品，带回实训室，在教师的指导下，完成饲料概略养分的分析测定，计算出实验结果，并与其他组别结果进行比较，对实验结果做出评价。

参 考 文 献

[1] 杨凤.动物营养学[M].2版.北京:中国农业出版社,2004.
[2] 任善茂,杨玉能.动物营养与饲料[M].3版.北京:中国农业大学出版社,2023.
[3] 姚军虎.动物营养与饲料[M].北京:中国农业出版社,2001.
[4] 陈喜斌.饲料学[M].北京:科学出版社,2002.
[5] 饶应昌.饲料加工工艺与设备[M].北京:中国农业出版社,2003.
[6] 冯定远.配合饲料学[M].北京:中国农业出版社,2003.
[7] 周庆安.饲料及饲料添加剂分析检测技术[M].北京:中国农业出版社,2012.
[8] 王恬,王成章.饲料学[M].3版.北京:中国农业出版社,2018.
[9] 何欣.动物营养与饲料[M].北京:中央广播电视大学出版社,2003.
[10] 张丽英.饲料分析及饲料质量检测技术[M].5版.北京:中国农业大学出版社,2021.
[11] 杨久仙,刘建胜.动物营养与饲料加工[M].2版.北京:中国农业出版社,2012.
[12] 陈代文,余冰.动物营养学[M].5版.北京:中国农业出版社,2020.
[13] 李德发.现代饲料生产[M].北京:中国农业大学出版社,1997.
[14] 张子仪.中国饲料学[M].北京:中国农业出版社,2000.

附 录

附录一 NY/T 65—2004 猪饲养标准(节选)

本标准引用中华人民共和国农业行业标准(NY/T 65—2004),规定了猪对能量、蛋白质、氨基酸、矿物元素和维生素的需要量。可作为配合饲料厂、各种类型的养猪场、养猪专业户和农户配制猪饲粮的依据。

1. 瘦肉型生长肥育猪饲养标准(附表 1-1 和附表 1-2)。

附表 1-1 瘦肉型生长肥育猪每千克饲粮养分含量[a](自由采食,88%干物质)

体重 BW(kg)		3～8	8～20	20～35	35～60	60～90
平均体重 Average Bw (kg)		5.5	14.0	27.5	47.5	75.0
日增重 ADG (kg/d)		0.24	0.44	0.61	0.69	0.80
采食量 ADFI (kg/d)		0.30	0.74	1.43	1.90	2.50
饲料/增重 F/G		1.25	1.59	2.34	2.75	3.13
饲粮消化能含量 DE [MJ/kg(kcal①/kg)]		14.02(3 350)	13.60(3 250)	13.39(3 200)	13.39(3 200)	13.39(3 200)
饲粮代谢能含量 ME [MJ/kg(kcal/kg)][b]		13.46(3 215)	13.06(3 120)	12.86(3 070)	12.86(3 070)	12.86(3 070)
粗蛋白质 CP(%)		21.0	19.0	17.8	16.4	14.5
能量蛋白比 DE/CP [kJ/%(kcal/%)]		668(160)	716(170)	752(180)	817(195)	923(220)
赖氨酸能量比 Lys/DE [g/MJ(g/Mcal)]		1.01(4.24)	0.85(3.56)	0.68(2.83)	0.61(2.56)	0.53(2.19)
氨基酸(%)[a]	赖氨酸 Lys	1.42	1.16	0.90	0.82	0.70
	蛋氨酸 Met	0.40	0.30	0.24	0.22	0.19
	蛋氨酸+胱氨酸 Met+Cys	0.81	0.66	0.51	0.48	0.40
	苏氨酸 Thr	0.94	0.75	0.58	0.56	0.48
	色氨酸 Trp	0.27	0.21	0.16	0.15	0.13
	异亮氨酸 Ile	0.79	0.64	0.48	0.46	0.39
	亮氨酸 Leu	1.42	1.13	0.85	0.78	0.63
	精氨酸 Arg	0.56	0.46	0.35	0.30	0.21
	缬氨酸 Val	0.98	0.80	0.61	0.57	0.47
	组氨酸 His	0.45	0.36	0.28	0.26	0.21
	苯丙氨酸 Phe	0.85	0.69	0.52	0.48	0.40
	苯丙氨酸+酪氨酸 Phe+Tyr	1.33	1.07	0.82	0.77	0.64

① cal 为非法定计量单位,1 cal=4.184 kJ。

续附表 1-1

体重 BW(kg)		3～8	8～20	20～35	35～60	60～90
矿物元素[d](%或每千克饲粮含量)	钙 Ca(%)	0.88	0.74	0.62	0.55	0.49
	总磷 Total P(%)	0.74	0.58	0.53	0.48	0.43
	非植酸磷(%)	0.54	0.36	0.25	0.20	0.17
	钠 Na(%)	0.25	0.15	0.12	0.10	0.10
	氯 Cl(%)	0.25	0.15	0.10	0.09	0.08
	镁 Mg(%)	0.04	0.04	0.04	0.04	0.04
	钾 K(%)	0.30	0.26	0.24	0.21	0.18
	铜 Cu(mg)	6.00	6.00	4.50	4.00	3.50
	碘 I(mg)	0.14	0.14	0.14	0.14	0.14
	铁 Fe(mg)	105	105	70	60	50
	锰 Mn(mg)	4.00	4.00	3.00	2.00	2.00
	硒 Se(mg)	0.30	0.30	0.30	0.25	0.25
	锌 Zn(mg)	110	110	70	60	50
维生素和脂肪酸[e](%或每千克饲粮含量)	维生素 A(IU[f])	2 200	1 800	1 500	1 400	1 300
	维生素 D_3(IU[g])	220	200	170	160	150
	维生素 E(IU[h])	16	11	11	11	11
	维生素 K(mg)	0.50	0.50	0.50	0.50	0.50
	硫胺素(mg)	1.50	1.00	1.00	1.00	1.00
	核黄素(mg)	4.00	3.50	2.50	2.00	2.00
	泛酸(mg)	12.00	10.00	8.00	7.50	7.00
	烟酸(mg)	20.00	15.00	10.00	8.50	7.50
	吡哆醇(mg)	2.00	1.50	1.00	1.00	1.00
	生物素(mg)	0.08	0.05	0.05	0.05	0.05
	叶酸(mg)	0.30	0.30	0.30	0.30	0.30
	维生素 B_{12}(μg)	20.00	17.50	11.00	8.00	6.00
	胆碱(g)	0.60	0.50	0.35	0.30	0.30
	亚油酸(%)	0.10	0.10	0.10	0.10	0.10

注：a. 瘦肉率高于 56%的公母混养猪群(阉公猪和青年母猪各一半)。

b. 假定代谢能为消化能的 96%。

c. 3～20 kg 猪的赖氨酸百分比是根据试验和经验数据的估测值，其他氨基酸需要量是根据其与赖氨酸的比例(理想蛋白质)的估测值；20～90 kg 猪的赖氨酸需要量是结合生长模型、试验数据和经验数据的估测值，其他氨基酸需要量是根据其与赖氨酸的比例(理想蛋白质)的估测值。

d. 矿物质需要量包括饲料原料中提供的矿物质量；对于发育公猪和后备母猪，钙、总磷和有效磷的需要量应提高 0.05～0.1 个百分点。

e. 维生素需要量包括饲料原料中提供的维生素量。

f. 1 IU 维生素 A=0.344 μg 维生素 A 醋酸酯。

g. 1 IU 维生素 D_3=0.025 μg 胆钙化醇。

h. 1 IU 维生素 E=0.67 mg *D*-α-生育酚或 1 mg *DL*-α-生育酚醋酸酯。

附表 1-2 瘦肉型生长肥育猪每日每头养分需要量[a]（自由采食，88%干物质）

体重 BW(kg)		3～8	8～20	20～35	35～60	60～90
平均体重(kg)		5.5	14.0	27.5	47.5	75.0
日增重 ADG(kg)		0.24	0.44	0.61	0.69	0.80
采食量 ADFI(kg/d)		0.30	0.74	1.43	1.90	2.50
饲料/增重 F/G		1.25	1.59	2.34	2.75	3.13
饲粮消化能摄入量 DE [MJ/d(Mcal/d)]		4.21(1 005)	10.06(2 405)	19.15(4 575)	25.44(6 080)	33.48(8 000)
饲粮代谢能摄入量[b] ME [MJ/d(Mcal/d)]		4.04(965)	9.66(2 310)	18.39(4 390)	24.43(5 835)	32.15(7 675)
粗蛋白质 CP(g/d)		63	141	255	312	363
氨基酸[c](g/d)	赖氨酸 Lys	4.3	8.6	12.9	15.6	17.5
	蛋氨酸 Met	1.2	2.2	3.4	4.2	4.8
	蛋氨酸+胱氨酸 Met+Cys	2.4	4.9	7.3	9.1	10.0
	苏氨酸 Thr	2.8	5.6	8.3	10.6	12.0
	色氨酸 Trp	0.8	1.6	2.3	2.9	3.3
	异亮氨酸 Ile	2.4	4.7	6.7	8.7	9.8
	亮氨酸 Leu	4.3	8.4	12.2	14.8	15.8
	精氨酸 Arg	1.7	3.4	5.0	5.7	5.5
	缬氨酸 Val	2.9	5.9	8.7	10.8	11.8
	组氨酸 His	1.4	2.7	4.0	4.9	5.5
	苯丙氨酸 Phe	2.6	5.1	7.4	9.1	10.0
	苯丙氨酸+酪氨酸 Phe+Tyr	4.0	7.9	11.7	14.6	16.0
矿物元素[d](g 或 mg/d)	钙(g)	2.64	5.48	8.87	10.45	12.25
	总磷(g)	2.22	4.29	7.58	9.12	10.75
	非植酸磷(g)	1.62	2.66	3.58	3.80	4.25
	钠(g)	0.75	1.11	1.72	1.90	2.50
	氯(g)	0.75	1.11	1.43	1.71	2.00
	镁(g)	0.12	0.30	0.57	0.76	1.00
	钾(g)	0.90	1.92	3.43	3.99	4.50
	铜(mg)	1.80	4.44	6.44	7.60	8.75
	碘(mg)	0.04	0.10	0.20	0.27	0.35
	铁(mg)	31.50	77.70	100.10	114.00	125.00
	锰(mg)	1.20	2.96	4.29	3.80	5.00
	硒(mg)	0.09	0.22	0.43	0.48	0.63
	锌(mg)	33.00	81.40	100.10	114.00	125.00

续附表 1-2

体重 BW(kg)		3～8	8～20	20～35	35～60	60～90
维生素和脂肪酸[e] (IU、g、mg 或 μg/d)	维生素 A(IU[f])	660	1 330	2 145	2 660	3 250
	维生素 D_3(IU[g])	66	148	243	304	375
	维生素 E(IU[h])	5	8.5	16	21	28
	维生素 K(mg)	0.15	0.37	0.72	0.95	1.25
	硫胺素(mg)	0.45	0.74	1.43	1.90	2.50
	核黄素(mg)	1.20	2.59	3.58	3.80	5.00
	泛酸(mg)	3.60	7.40	11.44	14.25	17.5
	烟酸(mg)	6.00	11.10	14.30	16.15	18.75
	吡哆醇(mg)	0.60	1.11	1.43	1.90	2.50
	生物素(mg)	0.02	0.04	0.07	0.10	0.13
	叶酸(mg)	0.09	0.22	0.43	0.57	0.75
	维生素 B_{12}(μg)	6.00	12.95	15.73	15.20	15.00
	胆碱(g)	0.18	0.37	0.50	0.57	0.75
	亚油酸(g)	0.30	0.74	1.43	1.90	2.50

注：a. 瘦肉率高于 56%的公母混养猪群(阉公猪和青年母猪各一半)。

b. 假定代谢能为消化能的 96%。

c. 3～20 kg 猪的赖氨酸每日需要量是用附表 1-1 中的百分率乘以采食量的估测值，其他氨基酸需要量是根据其与赖氨酸的比例(理想蛋白质)的估测值；20～90 kg 猪的赖氨酸需要量是根据生长模型的估测值，其他氨基酸需要量是根据其与赖氨酸的比例(理想蛋白质)的估测值。

d. 矿物质需要量包括饲料原料中提供的矿物质量，对于发育公猪和后备母猪，钙、总磷和有效磷的需要量应提高 0.05～0.1 个百分点。

e. 维生素需要量包括饲料原料中提供的维生素量。

f. 1 IU 维生素 A=0.344 μg 维生素 A 醋酸酯。

g. 1 IU 维生素 D_3=0.025 μg 胆钙化醇。

h. 1 IU 维生素 E=0.67 mg *D*-α-生育酚或 1 mg *DL*-α-生育酚醋酸酯。

2. 瘦肉型母猪饲养标准(附表 1-3 和附表 1-4)。

附表 1-3 瘦肉型妊娠母猪每千克饲粮养分含量[a](自由采食,88%干物质)

妊娠期		妊娠前期			妊娠后期		
配种体重(kg)[b]		120～150	150～180	>180	120～150	150～180	>180
预期窝产仔数		10	11	11	10	11	11
采食量(kg/d)		2.10	2.10	2.00	2.60	2.80	3.00
饲粮消化能含量[MJ/kg(kcal/kg)]		12.75(3 050)	12.35(2 950)	12.15(2 950)	12.75(3 050)	12.55(3 000)	12.55(3 000)
饲粮代谢能含量[c][MJ/kg(kcal/kg)]		12.25(2 930)	11.85(2 830)	11.65(2 830)	12.25(2 930)	12.05(2 880)	12.05(2 880)
粗蛋白质[d](%)		13.0	12.0	12.0	14.0	13.0	12.0
能量蛋白比[kJ/%(kcal/%)]		981(235)	1 029(246)	1 013(246)	911(218)	965(231)	1 045(250)
赖氨酸能量比[g/MJ(g/Mcal)]		0.42 (1.74)	0.40(1.67)	0.38(1.58)	0.42(1.74)	0.41(1.70)	0.38(1.60)
氨基酸(%)	赖氨酸	0.53	0.49	0.46	0.53	0.51	0.48
	蛋氨酸	0.14	0.13	0.12	0.14	0.13	0.12
	蛋氨酸+胱氨酸	0.34	0.32	0.31	0.34	0.33	0.32
	苏氨酸	0.40	0.39	0.37	0.40	0.40	0.38
	色氨酸	0.10	0.09	0.09	0.10	0.09	0.09
	异亮氨酸	0.29	0.28	0.26	0.29	0.29	0.27
	亮氨酸	0.45	0.41	0.37	0.45	0.42	0.38
	精氨酸	0.06	0.02	0.00	0.06	0.02	0.00
	缬氨酸	0.35	0.32	0.30	0.35	0.33	0.31
	组氨酸	0.17	0.16	0.15	0.17	0.17	0.16
	苯丙氨酸	0.29	0.27	0.25	0.29	0.28	0.26
	苯丙氨酸+酪氨酸	0.49	0.45	0.43	0.49	0.47	0.44

续附表 1-3

妊娠期		妊娠前期	妊娠后期
矿物元素[e]（%或每千克饲粮含量）	钙（%）	0.68	
	总磷（%）	0.54	
	非植酸磷（%）	0.32	
	钠（%）	0.14	
	氯（%）	0.11	
	镁（%）	0.04	
	钾（%）	0.18	
	铜（mg）	5.0	
	碘（mg）	0.13	
	铁（mg）	75.0	
	锰（mg）	18.0	
	硒（mg）	0.14	
	锌（mg）	45.0	
维生素和脂肪酸[f]（%或每千克饲粮含量）	维生素 A（IU[g]）	3 620	
	维生素 D_3（IU[h]）	180	
	维生素 E（IU[i]）	40	
	维生素 K（mg）	0.50	
	硫胺素（mg）	0.90	
	核黄素（mg）	3.40	
	泛酸（mg）	11	
	烟酸（mg）	9.05	
	吡哆醇（mg）	0.90	
	生物素（mg）	0.19	
	叶酸（mg）	1.20	
	维生素 B_{12}（μg）	14	
	胆碱（g）	1.15	
	亚油酸（%）	0.10	

注：a. 消化能、氨基酸是根据国内试验报告、企业经验数据和 NRC(1998)妊娠模型得到的。

b. 妊娠前期指妊娠前 12 周，妊娠后期指妊娠后 4 周；“120～150 kg”阶段适用于初产母猪和因泌乳期消耗过度的经产母猪，“150～180 kg”阶段适用于自身尚有生长潜力的经产母猪，“180 kg 以上”指达到标准成年体重的经产母猪，其对养分的需要量不随体重增长而变化。

c. 假定代谢能为消化能的 96%。

d. 以玉米-豆粕型日粮为基础确定的。

e. 矿物质需要量包括饲料原料中提供的矿物质。

f. 维生素需要量包括饲料原料中提供的维生素量。

j. 1 IU 维生素 A=0.344 μg 维生素 A 醋酸酯。

g. 1 IU 维生素 D_3=0.025 μg 胆钙化醇。

h. 1 IU 维生素 E=0.67 mg *D*-α-生育酚或 1 mg *DL*-α-生育酚醋酸酯。

附表 1-4 瘦肉型泌乳母猪每千克饲粮养分含量[a]（自由采食，88%干物质）

分娩体重（kg）		140～180		180～240	
饲粮代谢能含量[MJ/kg(kcal/kg)][b]		13.25(3 170)	13.25(3 170)	13.25(3 170)	13.25(3 170)
粗蛋白质（%）[c]		17.5	18.0	18.0	18.5
能量蛋白比[kJ/%(Mcal/%)]		789(189)	767(183)	767(183)	746(178)
赖氨酸能量比[g/MJ(g/Mcal)]		0.64(2.67)	0.67(2.82)	0.66(2.76)	0.68(2.85)
氨基酸（%）	赖氨酸	0.88	0.93	0.91	0.94
	蛋氨酸	0.22	0.24	0.23	0.24
	蛋氨酸＋胱氨酸	0.42	0.45	0.44	0.45
	苏氨酸	0.56	0.59	0.58	0.60
	色氨酸	0.16	0.17	0.17	0.18
	异亮氨酸	0.49	0.52	0.51	0.53
	亮氨酸	0.95	1.01	0.98	1.02
	精氨酸	0.48	0.48	0.47	0.47
	缬氨酸	0.74	0.79	0.77	0.81
	组氨酸	0.34	0.36	0.35	0.37
	苯丙氨酸	0.47	0.50	0.48	0.50
	苯丙氨酸＋酪氨酸	0.97	1.03	1.00	1.04
矿物元素[d]（%或每千克饲粮含量）	钙（%）	0.77			
	总磷（%）	0.62			
	有效酸磷（%）	0.36			
	钠（%）	0.21			
	氯（%）	0.16			
	镁（%）	0.04			
	钾（%）	0.21			
	铜（mg）	5.0			
	碘（mg）	0.14			
	铁（mg）	80.0			
	锰（mg）	20.5			
	硒（mg）	0.15			
	锌（mg）	51.0			
维生素和脂肪酸[e]（%或每千克饲粮含量）	维生素 A(IU[f])	2 050			
	维生素 D_3(IU[g])	205			
	维生素 E(IU[h])	45			
	维生素 K(mg)	0.5			
	硫胺素（mg）	1.00			
	核黄素（mg）	3.85			
	泛酸（mg）	12			
	烟酸（mg）	10.25			
	吡哆醇（mg）	1.00			
	生物素（mg）	0.21			

续附表 1-4

分娩体重(kg)		140～180	180～240
维生素和脂肪酸[e]（%或每千克饲粮含量）	叶酸(mg)	1.35	
	维生素 B_{12}(μg)	15.0	
	胆碱(g)	1.00	
	亚油酸(%)	0.10	

注：a. 由于国内缺乏哺乳母猪的试验数据，消化能和氨基酸是根据国内一些企业的经验数据和 NRC(1998)的泌乳模型得到的。

b. 假定代谢能为消化能的 96%。

c. 以玉米-豆粕型日粮为基础确定的。

d. 矿物质需要量包括饲料原料中提供的矿物质。

e. 维生素需要量包括饲料原料中提供的维生素量。

f. 1 IU 维生素 A=0.344 μg 维生素 A 醋酸酯。

g. 1 IU 维生素 D_3=0.025 μg 胆钙化醇。

h. 1 IU 维生素 E=0.67 mg *D*-α-生育酚或 1 mg *DL*-α-生育酚醋酸酯。

3. 瘦肉型种公猪饲养标准(附表 1-5)。

附表 1-5 配种公猪每千克饲粮和每日每头养分需要量[a](自由采食,88%干物质)

饲粮消化能含量[MJ/kg(kcal/kg)]			12.95(3 100)	12.95(3 100)
饲粮代谢能含量[MJ/kg(kcal/kg)][b]			12.45(2 975)	12.45(975)
消化能摄入量[MJ/kg(kcal/kg)]			21.70(6 820)	21.70(6 820)
代谢能含量[MJ/kg(kcal/kg)]			20.85(6 545)	20.85(6 545)
采食量(kg/d)[d]			2.2	2.2
粗蛋白质(%)[c]			13.50	13.50
能量蛋白比[kJ/%(kcal/%)]			959(230)	959(230)
赖氨酸能量比[g/MJ(g/Mcal)]			0.42(1.78)	0.42(1.78)
			每千克饲粮中含量	每日需要量
需要量	氨基酸	赖氨酸	0.55%	12.1 g
		蛋氨酸	0.15%	3.31 g
		蛋氨酸+胱氨酸	0.38%	8.4 g
		苏氨酸	0.46%	10.1 g
		色氨酸	0.11%	2.4 g
		异亮氨酸	0.32%	7.0 g
		亮氨酸	0.47%	10.3 g
		精氨酸	0.00%	0.0 g
		缬氨酸	0.36%	7.9 g
		组氨酸	0.17%	3.7 g
		苯丙氨酸	0.30%	6.6 g
		苯丙氨酸+酪氨酸	0.52%	11.4 g
	矿物元素[e]	钙	0.70%	15.4 g
		总磷	0.55%	12.1 g
		有效磷	0.32%	7.04 g
		钠	0.14%	3.08 g
		氯	0.11%	2.42 g
		镁	0.04%	0.88 g
		钾	0.20%	4.40 g
		铜	5 mg	11.0 mg
		碘	0.15 mg	0.33 mg
		铁	80 mg	176.00 mg
		锰	20 mg	44.00 mg
		硒	0.15 mg	0.33 mg
		锌	75 mg	165 mg

续附表 1-5

			每千克饲粮中含量	每日需要量
需要量	维生素和脂肪酸[f]	维生素 A[g]	4 000 IU	8 800 IU
		维生素 D_3[h]	220 IU	485 IU
		维生素 E[i]	45 IU	100 U
		维生素 K	0.50 mg	1.10 mg
		硫胺素	1.0 mg	2.20 mg
		核黄素	3.5 mg	7.70 mg
		泛酸	12 mg	26.4 mg
		烟酸	10 mg	22 mg
		吡哆醇	1.0 mg	2.20 mg
		生物素	0.20 mg	0.44 mg
		叶酸	1.30 mg	2.86 mg
		维生素(B_{12})	15 μg	33 μg
		胆碱	1.25 g	2.75 g
		亚油酸	0.1%	2.2 g

注：a. 需要量的制定以每日采食 2.2 kg 饲粮为基础，采食量需根据公猪的体重和期望的增重进行调整。

b. 假定代谢能为消化能的 96%。

c. 以玉米-豆粕型日粮为基础。

d. 配种前一个月采食量增加 20%～25%，冬季严寒期采食量增加 10%～20%。

e. 矿物质需要量包括饲料原料中提供的矿物质。

f. 维生素需要量包括饲料原料中提供的维生素量。

g. 1 IU 维生素 A=0.344 μg 维生素 A 醋酸酯。

h. 1 IU 维生素 D_3=0.025 μg 胆钙化醇。

i. 1 IU 维生素 E=0.67 mg *D*-α-生育酚或 1 mg *DL*-α-生育酚醋酸酯。

附录二　中国饲料成分及营养价值表

（2022年第33版，中国饲料数据库，节选）

附表 2-1　饲料描述及常规成分*

序号	中国饲料号 CFN	饲料名称 Feed Name	饲料描述 Description	干物质 DM(%)	粗蛋白质 CP(%)	粗脂肪 EE(%)	粗纤维 CF(%)	无氮浸出物 NFE(%)	粗灰分 Ash (%)	中性洗涤纤维 NDF(%)	酸性洗涤纤维 ADF(%)	淀粉 Starch (%)	钙 Ca(%)	总磷 P(%)	有效磷 A-P (%)
1	4-07-0278	玉米 corn grain	成熟，高蛋白，优质，1级 (CP10＋)	86.0	10.3	3.9	2.3	68.2	1.3	9.1	3.3	61.7	0.01	0.36	0.12
2	4-07-0288	玉米 corn grain	成熟，高赖氨酸，优质	86.0	8.5	5.3	2.6	68.3	1.3	9.4	3.5	59.0	0.16	0.25	0.05
3	4-07-0279	玉米 corn grain	成熟，GB 1353—2018，2级 (CP9＋)	86.0	9.3	3.7	2.2	69.5	1.3	9.3	2.7	65.4	0.01	0.33	0.11
4	4-07-0280	玉米 corn grain	成熟，GB 1353—2018，3级 (CP8＋)	86.0	8.4	3.4	2.3	70.7	1.2	9.2	4.2	63.5	0.01	0.32	0.10
5	4-07-0272	高粱 sorghum grain	成熟，GB 8231—87	88.0	8.7	3.4	1.4	70.7	1.8	17.4	8.0	68.0	0.13	0.36	0.09
6	4-07-0270	小麦 wheat grain	混合小麦，成熟，GB 1351—2008 2级	88.0	13.1	1.5	2.3	68.9	2.2	13.3	3.9	54.6	0.05	0.36	0.18
7	4-07-0274	大麦(裸)naked barley grain	裸大麦，成熟，GB/T 11760—2008 2级	87.0	13.0	2.1	2.0	67.7	2.2	10.0	2.2	50.2	0.04	0.39	0.12
8	4-07-0277	大麦(皮)barley grain	皮大麦，成熟，GB 10367—89 1级	87.0	11.0	1.7	4.8	67.1	2.4	18.4	6.8	52.2	0.09	0.33	0.10
9	4-07-0281	黑麦 rye	籽粒，进口	88.0	9.5	1.5	2.2	73.0	1.8	12.3	4.6	56.5	0.05	0.30	0.14
10	4-07-0273	稻谷 paddy	成熟，晒干 NY/T 2级	86.0	7.0	1.8	8.8	64.8	3.6	25.1	14.3	63.0	0.03	0.36	0.15
11	4-07-0276	糙米 rough rice	除去外壳的大米 GB/T 18810-2002 1级	87.0	8.8	2.0	0.7	74.2	1.3	1.6	0.8	47.8	0.03	0.35	0.13
12	4-07-0275	碎米 broken rice	加工精米后的副产品 GB/T 5503-2009 1级	88.0	10.4	2.2	1.1	72.7	1.6	0.8	0.6	51.6	0.06	0.35	0.12
13	4-07-0479	粟(谷子)millet grain	合格，带壳，成熟	86.5	9.7	2.3	6.8	65.0	2.7	15.2	13.3	63.2	0.12	0.30	0.09
14	4-04-0067	木薯干 cassava tuber flake	木薯干片，晒干 GB 10369—89 合格	87.0	2.5	0.7	2.5	79.4	1.9	8.4	6.4	71.6	0.27	0.09	0.03
15	4-04-0068	甘薯干 sweet potato tuber flake	甘薯干片，晒干 NY/T 121—1989 合格	87.0	4.0	0.8	2.8	76.4	3.0	8.1	4.1	64.5	0.19	0.02	—
16	4-08-0104	次粉 wheat middling and red dog	黑面，黄粉，下面 NY/T 211—1992 1级	87.0	14.9	2.1	2.6	65.5	2.0	20.9	5.5	37.8	0.10	0.50	0.17

续附表 2-1

序号	中国饲料号 CFN	饲料名称 Feed Name	饲料描述 Description	干物质 DM(%)	粗蛋白质 CP(%)	粗脂肪 EE(%)	粗纤维 CF(%)	无氮浸出物 NFE(%)	粗灰分 Ash (%)	中性洗涤纤维 NDF(%)	酸性洗涤纤维 ADF(%)	淀粉 Starch (%)	钙 Ca(%)	总磷 P(%)	有效磷 A-P (%)
17	4-08-0105	次粉 wheat middling and red dog	黑面,黄粉,下面 NY/T 211—1992 2 级	87.0	12.9	1.3	2.6	68.2	2.2	31.9	10.5	36.7	0.08	0.48	0.17
18	4-08-0069	小麦麸 wheat bran	传统制粉工艺 GB 10368—1989 1 级	87.0	16.2	2.8	8.9	55.0	5.2	37.0	12.0	22.6	0.14	1.11	0.38
19	4-08-0070	小麦麸 wheat bran	传统制粉工艺 GB 10368—1989 2 级	87.0	14.3	4.0	6.8	57.1	4.8	41.3	11.9	19.8	0.10	0.93	0.33
20	4-08-0041	米糠 rice bran	新鲜,不脱脂 NY/T 2 级	90.0	14.5	15.5	6.8	45.6	7.6	20.3	11.6	27.4	0.05	2.37	0.35
21	4-10-0025	米糠饼 rice bran meal(exp.)	未脱脂,机榨 NY/T 1 级	90.0	15.0	9.2	7.6	49.3	8.9	28.3	11.9	30.9	0.14	1.73	0.25
22	4-10-0018	米糠粕 rice bran meal(sol.)	浸提或预压浸提 NY/T 1 级	87.0	15.1	2.0	7.5	53.6	8.8	23.3	10.9	25.0	0.15	1.82	0.25
23	5-09-0127	大豆 soybean	黄大豆,成熟 GB 1352—86 2 级	87.0	35.5	17.3	4.3	25.7	4.2	7.9	7.3	2.6	0.27	0.48	0.12
24	5-09-0128	全脂大豆 full-fat soybean	微粒化 GB/T 20411-2006	88.0	35.5	18.7	4.6	25.2	4.0	11.0	6.4	6.7	0.32	0.40	0.10
25	5-10-0241	大豆饼 soybean meal(exp.)	机榨 GB 10379—1989 2 级	89.0	41.8	5.8	4.8	30.7	5.9	18.1	15.5	3.6	0.31	0.50	0.13
26	5-10-0103	去皮大豆粕 soybean meal(sol.)	去皮,浸提或预压浸提 NY/T 1 级	89.0	47.9	1.5	3.3	29.7	4.9	8.8	5.3	1.8	0.34	0.65	0.24
27	5-10-0102	大豆粕 soybean meal(sol.)	浸提或预压浸提 GB/T 19541-2017	89.0	44.3	1.5	5.4	30.8	6.0	13.6	9.6	3.5	0.33	0.78	0.18
28	5-10-0118	棉籽饼 cottonseed meal(exp.)	机榨 NY/T 129—1989 2 级	88.0	36.3	7.4	12.5	26.1	5.7	32.1	22.9	3.0	0.21	0.83	0.21
29	5-10-0119	棉籽粕 cottonseed meal(sol.)	浸提 GB 21264—2007 1 级	90.0	47.0	0.5	10.2	26.3	6.0	22.5	15.3	1.5	0.30	1.24	0.31
30	5-10-0117	棉籽粕 cottonseed meal(sol.)	浸提 GB 21264—2007 2 级	88.0	43.9	0.8	11.4	28.9	7.2	24.7	19.4	1.8	0.28	1.04	0.26
31	5-10-0220	棉籽蛋白 cottonseed protein	脱酚,低温一次浸出,分步萃取	92.0	51.1	1.0	6.9	27.3	5.7	20.0	13.7	0.9	0.29	0.89	0.22
32	5-10-0183	菜籽饼 rapeseed meal(exp.)	机榨 NY/T 1799—2009 2 级	88.0	35.7	7.4	11.4	26.3	7.2	33.3	26.0	3.8	0.59	0.96	0.20
33	5-10-0121	菜籽粕 rapeseed meal(sol.)	浸提 GB/T 23736-2009 2 级	88.0	38.6	1.9	11.6	29.0	6.9	20.7	16.8	6.1	0.82	1.28	0.25
34	5-10-0116	花生仁饼 peanut meal (exp.)	机榨 NY/T 132—2019 2 级	88.0	44.7	7.2	5.9	25.1	5.1	14.0	8.7	6.6	0.25	0.53	0.16
35	5-10-0115	花生仁粕 peanut meal(sol.)	浸提 GB 10382—1989 2 级	88.0	47.8	1.4	6.2	27.2	5.4	15.5	11.7	6.7	0.27	0.56	0.17
36	1-10-0031	向日葵仁饼 sunflower meal(exp.)	壳仁比 35:65 NY/T 128—1989 3 级	88.0	29.0	2.9	20.4	31.0	4.7	41.4	29.6	2.0	0.24	0.87	0.22

续附表 2-1

序号	中国饲料号 CFN	饲料名称 Feed Name	饲料描述 Description	干物质 DM(%)	粗蛋白质 CP(%)	粗脂肪 EE(%)	粗纤维 CF(%)	无氮浸出物 NFE(%)	粗灰分 Ash(%)	中性洗涤纤维 NDF(%)	酸性洗涤纤维 ADF(%)	淀粉 Starch(%)	钙 Ca(%)	总磷 P(%)	有效磷 A-P(%)
37	5-10-0242	向日葵仁粕 sunflower meal(sol.)	壳仁比 16:84 GB 10377—89 T 2 级	88.0	36.5	1.0	10.5	34.4	5.6	14.9	13.6	6.2	0.27	1.13	0.29
38	5-10-0243	向日葵仁粕 sunflower meal(sol.)	壳仁比 24:76 GB 10377—89 T 2 级	88.0	33.6	1.0	14.8	38.8	5.3	32.8	23.5	4.4	0.26	1.03	0.26
39	5-10-0119	亚麻仁饼 linseed meal(exp.)	机榨 NY/T 216—1992 2 级	88.0	32.2	7.8	7.8	34.0	6.2	29.7	27.1	11.4	0.39	0.88	0.22
40	5-10-0120	亚麻仁粕 linseed meal(sol.)	浸提或预压浸提 NY/T 216—1992 2 级	88.0	34.8	1.8	8.2	36.6	6.6	21.6	14.4	13.0	0.42	0.95	0.24
41	5-10-0246	芝麻饼 sesame meal(exp.)	机榨,CP 40%	92.0	39.2	10.3	7.2	24.9	10.4	18.0	13.2	1.8	2.24	1.19	0.31
42	5-11-0001	玉米蛋白粉 corn gluten meal	去胚芽、淀粉后的面筋部分 NY/T 685—2003 1 级	88.0	61.6	2.6	1.0	21.0	1.7	8.7	4.6	17.2	0.01	0.55	0.18
43	5-11-0002	玉米蛋白粉 corn gluten meal	同上,中等蛋白质产品,CP 50% NY/T 685—2003 2 级	88.0	57.7	1.4	1.6	25.7	1.6	8.2	5.1	16.1	0.02	0.46	0.15
44	5-11-0008	玉米蛋白粉 corn gluten meal	同上,中等蛋白质产品,CP 40% NY/T 685—2003 3 级	88.0	53.2	2.1	1.4	30.0	1.4	29.1	8.2	20.6	0.12	0.50	0.13
45	5-11-0003	玉米蛋白饲料 corn gluten feed	玉米去胚芽、淀粉后的含皮残渣	88.0	18.3	7.5	7.8	47.0	5.4	33.6	10.5	21.5	0.15	0.70	0.17
46	4-10-0026	玉米胚芽饼 corn germ meal(exp.)	玉米湿磨后的胚芽,机榨	90.0	16.7	9.6	6.3	50.8	6.6	28.5	7.4	13.5	0.04	0.50	0.15
47	4-10-0244	玉米胚芽粕 corn germ meal(sol.)	玉米湿磨后的胚芽,浸提	90.0	20.8	2.0	6.5	54.8	5.9	38.2	10.7	14.2	0.06	0.50	0.15
48	5-11-0007	DDGS(distiller dried grains with solubles)	玉米酒精糟及可溶物,脱水	88.0	26.9	10.0	8.0	38.7	4.4	38.3	12.5	4.2	0.06	0.79	0.49
49	5-11-0009	蚕豆粉浆蛋白粉 broad bean gluten meal	蚕豆去皮制粉丝后的浆液,脱水	88.0	66.3	4.7	4.1	10.3	2.6	13.7	9.7	—		0.59	0.18
50	5-11-0004	麦芽根 barley malt sprouts	大麦芽副产品,干燥	89.7	28.3	1.4	12.5	41.4	6.1	40.0	15.1	7.2	0.22	0.73	0.18
51	5-13-0044	鱼粉(CP 67%) fish meal	进口 GB/T 19164—2003,特级	88.0	67.1	7.5	1.1	0.1	12.3				3.80	2.60	2.60
52	5-13-0046	鱼粉(CP 60.2%) fish meal	沿海产的海鱼粉,脱脂,12 样平均值	88.0	60.2	9.0	1.0	1.3	16.5				3.50	2.14	2.14
53	5-13-0077	鱼粉(CP 53.5%) fish meal	沿海产的海鱼粉,脱脂,11 样平均值	88.0	56.5	9.6	1.3	2.1	18.5				4.98	2.50	2.50
54	5-13-0036	血粉 blood meal	鲜猪血,喷雾干燥,国产	88.0	82.8	0.4		1.6	3.2				0.29	0.31	0.29
55	5-13-0037	羽毛粉 feather meal	纯净羽毛,水解,国产	88.0	77.9	2.2	0.7	1.4	5.8				0.20	0.68	0.61
56	5-13-0038	皮革粉 leather meal	废牛皮,水解,国产	88.0	74.7	0.8	1.6		10.9				4.40	0.15	0.13

续附表 2-1

序号	中国饲料号 CFN	饲料名称 Feed Name	饲料描述 Description	干物质 DM(%)	粗蛋白质 CP(%)	粗脂肪 EE(%)	粗纤维 CF(%)	无氮浸出物 NFE(%)	粗灰分 Ash (%)	中性洗涤纤维 NDF(%)	酸性洗涤纤维 ADF(%)	淀粉 Starch (%)	钙 Ca(%)	总磷 P(%)	有效磷 A-P (%)
57	5-13-0047	肉骨粉 meat and bone meal	屠宰下脚,带骨干燥粉碎	93.0	50.0	8.5	2.8		31.7				9.20	4.70	4.37
58	5-13-0048	肉粉 meat meal	脱脂,国产	94.0	54.0	12.0	1.4	4.3	22.3				7.69	3.88	3.61
59	1-05-0074	苜蓿草粉(CP 19%)alfalfa meal	一茬盛花期烘干 NY/T 140—2002 1 级	87.0	19.1	2.3	22.7	35.3	7.6	36.7	25.0	6.1	1.40	0.51	0.51
60	1-05-0075	苜蓿草粉(CP 17%)alfalfa meal	一茬盛花期烘干 NY/T 140—2002 2 级	87.0	17.2	2.6	25.6	33.3	8.3	39.0	28.6	3.4	1.52	0.22	0.22
61	1-05-0076	苜蓿草粉(CP 14%～15%)alfalfa meal	NY/T 140—2002 3 级	87.0	14.3	2.1	29.8	33.8	10.1	36.8	29.0	3.5	1.34	0.19	0.19
62	5-11-0005	啤酒糟 brewers dried grain	大麦酿造副产品	88.0	24.3	5.3	13.4	40.8	4.2	39.4	24.6	11.5	0.32	0.42	0.14
63	7-15-0001	啤酒酵母 brewers dried yeast	啤酒酵母菌粉 QB/T 1940—94	91.7	52.4	0.4	0.6	33.6	4.7	6.1	1.8	1.0	0.16	1.02	0.46
64	4-13-0075	乳清粉 whey, dehydrated	乳清,脱水,乳糖含量 73%	97.2	11.5	0.8	0.1	76.8	8.0				0.62	0.69	0.52
65	5-01-0162	酪蛋白 casein	脱水,来源于牛奶	91.7	89.0	0.2		0.4	2.1				0.20	0.68	0.67
66	5-14-0503	明胶 gelatin	食用	90.0	88.6	0.5		0.59	0.31				0.49		
67	4-06-0076	牛奶乳糖 milk lactose	进口,含乳糖 80%以上	96.0	3.5	0.5		82.0	10.0				0.52	0.62	0.62
68	4-06-0077	乳糖 lactose	食用	96.0	0.3			95.7							
69	4-06-0078	葡萄糖 glucose	食用	90.0	0.3			89.7							
70	4-06-0079	蔗糖 sucrose	食用	99.0				98.5	0.5				0.04		
71	4-02-0889	玉米淀粉 corn starch	食用	99.0	0.3	0.2		98.5				98.0		0.03	0.01
72	4-17-0001	牛脂 beef tallow		99.0		98.0*		0.5	0.5						
73	4-17-0002	猪油 lard		99.0		98.0*		0.5	0.5						
74	4-17-0003	家禽脂肪 poultry fat		99.0		98.0*		0.5	0.5						
75	4-17-0004	鱼油 fish oil		99.0		98.0*		0.5	0.5						
76	4-17-0005	菜籽油 rapeseed oil		99.0		98.0*		0.5	0.5						
77	4-17-0006	椰子油 coconut oil		99.0		98.0*		0.5	0.5						
78	4-07-0007	玉米油 corn oil		99.0		98.0*		0.5	0.5						
79	4-17-0008	棉籽油 cottonseed oil		99.0		98.0*		0.5	0.5						
80	4-17-0009	棕榈油 palm oil		99.0		98.0*		0.5	0.5						
81	4-17-0010	花生油 peanuts oil		99.0		98.0*		0.5	0.5						
82	4-17-0011	芝麻油 sesame oil		99.0		98.0*		0.5	0.5						
83	4-17-0012	大豆油 soybean oil	粗制	99.0		98.0*		0.5	0.5						
84	4-17-0013	葵花油 sunflower oil		99.0		98.0*		0.5	0.5						

注:① * 代表典型值(下同);②“ * ”空的数据项代表为“0”(下同); ③从表所示所有数据,无特别说明者,均表示为饲喂状态的含量数据。

附表 2-2 饲料中有效能值

序号	中国饲料号 CFN	饲料名称 Feed Name	干物质 DM(%)	粗蛋白质 CP(%)	猪消化能 DE		猪代谢能 ME		猪净能 NE		鸡代谢能 AME		肉牛维持净能 NEm		肉牛增重净能 NEg		奶牛产奶净能 NEl		羊消化能 DE	
					Mcal/kg	MJ/kg	Mcal/kg	MJ/kg	Mcal/kg	MJ/kg	Mcal/kg	MJ/kg	Mcal/kg	MJ/kg	Mcal/kg	MJ/kg	Mcal/kg	MJ/kg	Mcal/kg	MJ/kg
1	4-07-0278	玉米	86.0	10.3	3.44	14.39	3.24	13.57	2.66	11.14	3.18	13.31	2.20	9.19	1.68	7.02	1.83	7.66	3.40	14.23
2	4-07-0288	玉米	86.0	8.5	3.45	14.43	3.25	13.60	2.67	11.17	3.25	13.60	2.24	9.39	1.72	7.21	1.84	7.70	3.41	14.27
3	4-07-0279	玉米	86.0	9.3	3.41	14.27	3.21	13.43	2.64	11.04	3.24	13.56	2.21	9.25	1.69	7.09	1.84	7.70	3.41	14.27
4	4-07-0280	玉米	86.0	8.4	3.42	14.33	3.34	13.98	2.66	11.14	3.22	13.47	2.19	9.16	1.67	7.00	1.83	7.66	3.38	14.14
5	4-07-0272	高粱	86.0	9.0	3.15	13.18	2.97	12.43	2.44	10.20	2.94	12.30	1.86	7.80	1.30	5.44	1.59	6.65	3.12	13.05
6	4-07-0270	小麦	88.0	13.4	3.39	14.18	3.16	13.22	2.54	10.64	3.04	12.72	2.09	8.73	1.55	6.46	1.75	7.32	3.40	14.23
7	4-07-0274	大麦(裸)	87.0	13.0	3.24	13.56	3.03	12.68	2.43	10.17	2.68	11.21	1.99	8.31	1.43	5.99	1.68	7.03	3.21	13.43
8	4-07-0277	大麦(皮)	87.0	11.0	3.02	12.64	2.83	11.84	2.27	9.48	2.70	11.30	1.90	7.95	1.35	5.64	1.62	6.78	3.16	13.22
9	4-07-0281	黑麦	88.0	11.0	3.31	13.85	3.10	12.97	2.50	10.46	2.69	11.25	1.98	8.27	1.42	5.95	1.68	7.03	3.39	14.18
10	4-07-0273	稻谷	86.0	7.8	2.69	11.25	2.54	10.63	1.91	7.99	2.63	11.00	1.80	7.54	1.28	5.33	1.53	6.40	3.02	12.64
11	4-07-0276	糙米	87.0	8.8	3.44	14.39	3.24	13.57	2.68	11.21	3.36	14.06	2.22	9.28	1.71	7.16	1.84	7.70	3.41	14.27
12	4-07-0275	碎米	88.0	10.4	3.60	15.06	3.38	14.14	2.64	11.05	3.40	14.23	2.40	10.05	1.92	8.03	1.97	8.24	3.43	14.35
13	4-07-0479	粟(谷子)	86.5	9.7	3.09	12.93	2.91	12.18	2.32	9.71	2.84	11.88	1.97	8.25	1.43	6.00	1.67	6.99	3.00	12.55
14	4-04-0067	木薯干	87.0	2.5	3.13	13.10	2.97	12.43	2.51	10.50	2.96	12.38	1.67	6.99	1.12	4.70	1.43	5.98	2.99	12.51
15	4-04-0068	甘薯干	87.0	4.0	2.82	11.80	2.68	11.21	2.26	9.46	2.34	9.79	1.85	7.76	1.33	5.57	1.57	6.57	3.27	13.68
16	4-08-0104	次粉	87.0	14.9	3.27	13.68	3.04	12.72	2.27	9.50	3.05	12.76	2.41	10.10	1.92	8.02	1.99	8.32	3.32	13.89
17	4-08-0105	次粉	87.0	12.9	3.21	13.43	2.99	12.51	2.23	9.33	2.99	12.51	2.37	9.92	1.88	7.87	1.95	8.16	3.25	13.60
18	4-08-0069	小麦麸	87.0	16.2	2.24	9.37	2.08	8.70	1.52	6.36	1.36	5.69	1.67	7.01	1.09	4.55	1.46	6.11	2.91	12.18
19	4-08-0070	小麦麸	87.0	14.3	2.23	9.33	2.07	8.66	1.52	6.36	1.35	5.65	1.66	6.95	1.07	4.50	1.45	6.08	2.89	12.10
20	4-08-0041	米糠	90.0	12.8	3.02	12.64	2.82	11.80	2.22	9.29	2.68	11.21	2.05	8.58	1.40	5.85	1.78	7.45	3.29	13.77
21	4-10-0025	米糠饼	90.0	14.7	2.99	12.51	2.78	11.63	2.12	8.87	2.43	10.17	1.72	7.20	1.11	4.65	1.50	6.28	2.85	11.92
22	4-10-0018	米糠粕	87.0	15.1	2.76	11.55	2.57	10.75	1.96	8.20	1.98	8.28	1.45	6.06	0.90	3.75	1.26	5.27	2.39	10.00
23	5-09-0127	大豆	87.0	35.5	3.97	16.61	3.53	14.77	2.72	11.38	3.24	13.56	2.16	9.03	1.42	5.93	1.90	7.95	3.91	16.36
24	5-09-0128	全脂大豆	88.0	35.5	4.24	17.74	3.77	15.77	2.76	11.55	3.48	14.55	2.20	9.19	1.44	6.01	1.94	8.12	3.99	16.99
25	5-10-0241	大豆饼	89.0	41.8	3.44	14.39	3.01	12.59	2.01	8.41	2.52	10.54	2.02	8.44	1.36	5.67	1.75	7.32	3.37	14.10
26	5-10-0103	去皮大豆粕	89.0	47.9	3.60	15.06	3.11	13.01	2.09	8.74	2.53	10.58	2.07	8.68	1.45	6.06	1.78	7.45	3.42	14.31
27	5-10-0102	大豆粕	89.0	44.2	3.37	14.26	2.97	12.43	2.02	8.45	2.39	10.00	2.08	8.71	1.48	6.20	1.78	7.45	3.41	14.27
28	5-10-0118	棉籽饼	90.0	36.3	2.37	9.92	2.10	8.79	1.33	5.56	2.16	9.04	1.79	7.51	1.13	4.72	1.58	6.61	3.16	13.22

续附表 2-2

序号	中国饲料号 CFN	饲料名称 Feed Name	干物质 DM(%)	粗蛋白质 CP(%)	猪消化能 DE		猪代谢能 ME		猪净能 NE		鸡代谢能 AME		肉牛维持净能 NEm		肉牛增重净能 NEg		奶牛产奶净能 NEl		羊消化能 DE	
					Mcal/kg	MJ/kg	Mcal/kg	MJ/kg	Mcal/kg	MJ/kg	Mcal/kg	MJ/kg	Mcal/kg	MJ/kg	Mcal/kg	MJ/kg	Mcal/kg	MJ/kg	Mcal/kg	MJ/kg
29	5-10-0119	棉籽粕	88.0	47.0	2.25	9.41	1.95	8.28	1.37	5.73	1.86	7.78	1.78	7.44	1.13	4.73	1.56	6.53	3.12	13.05
30	5-10-0117	棉籽粕	90.0	43.9	2.31	9.68	2.01	8.43	1.41	5.90	2.03	8.49	1.76	7.35	1.12	4.69	1.54	6.44	2.98	12.47
31	5-10-0220	棉籽蛋白	92.0	51.1	2.45	10.25	2.13	8.91	1.49	6.23	2.16	9.04	1.87	7.82	1.20	5.02	1.82	7.61	3.16	13.22
32	5-10-0183	菜籽饼	88.0	35.7	2.88	12.05	2.56	10.71	1.78	7.45	1.95	8.16	1.59	6.64	0.93	3.90	1.42	5.94	3.14	13.14
33	5-10-0121	菜籽粕	88.0	38.6	2.53	10.59	2.23	9.33	1.47	6.15	1.77	7.41	1.57	6.56	0.95	3.98	1.39	5.82	2.88	12.05
34	5-10-0116	花生仁饼	88.0	44.7	3.08	12.89	2.68	11.21	1.88	7.87	2.78	11.63	2.37	9.91	1.73	7.22	2.02	8.45	3.44	14.39
35	5-10-0115	花生仁粕	88.0	47.8	2.97	12.43	2.56	10.71	1.67	6.99	2.60	10.88	2.10	8.80	1.48	6.20	1.80	7.53	3.24	13.56
36	5-10-0031	向日葵仁饼	88.0	29.0	1.89	7.91	1.70	7.11	1.00	4.18	1.59	6.65	1.43	5.99	0.82	3.41	1.28	5.36	2.10	8.79
37	5-10-0242	向日葵仁粕	88.0	36.5	2.78	11.63	2.46	10.29	1.33	5.56	2.32	9.71	1.75	7.33	1.14	4.76	1.53	6.40	2.54	10.63
38	5-10-0243	向日葵仁粕	88.0	33.6	2.49	10.42	2.22	9.29	1.19	4.98	2.03	8.49	1.58	6.60	0.93	3.90	1.41	5.90	2.04	8.54
39	5-10-0119	亚麻仁饼	88.0	32.2	2.90	12.13	2.60	10.88	1.74	7.28	2.34	9.79	1.90	7.96	1.25	5.23	1.66	6.95	3.20	13.39
40	5-10-0120	亚麻仁粕	88.0	34.8	2.37	9.92	2.11	8.83	1.40	5.86	1.90	7.95	1.78	7.44	1.17	4.89	1.54	6.44	2.99	12.51
41	5-10-0246	芝麻饼	92.0	39.2	3.20	13.39	2.82	11.80	1.89	7.91	2.14	8.95	1.92	8.02	1.23	5.13	1.69	7.07	3.51	14.69
42	5-11-0001	玉米蛋白粉	88.0	61.6	3.60	15.06	3.00	12.55	2.16	9.04	3.88	16.23	2.32	9.71	1.58	6.61	2.02	8.45	4.39	18.37
43	5-11-0002	玉米蛋白粉	88.0	57.7	3.73	15.61	3.19	13.35	2.24	9.37	3.41	14.27	2.14	8.96	1.40	5.85	1.89	7.91	3.56	14.90
44	5-11-0008	玉米蛋白粉	88.0	53.2	3.59	15.02	3.13	13.10	2.15	9.00	3.18	13.31	1.93	8.08	1.26	5.26	1.74	7.28	3.28	13.73
45	5-11-0003	玉米蛋白饲料	88.0	19.3	2.48	10.38	2.28	9.54	1.69	7.07	2.02	8.45	2.00	8.36	1.36	5.69	1.70	7.11	3.20	13.39
46	4-10-0026	玉米胚芽饼	90.0	16.7	3.51	14.69	3.25	13.60	2.21	9.25	2.24	9.37	2.06	8.62	1.40	5.86	1.75	7.32	3.29	13.77
47	4-10-0244	玉米胚芽粕	90.0	20.8	3.28	13.72	3.01	12.59	2.07	8.66	2.07	8.66	1.87	7.83	1.27	5.33	1.60	6.69	3.01	12.60
48	5-11-0007	玉米 DDGS	88.0	26.9	3.43	14.35	3.10	12.97	2.25	9.41	2.20	9.20	1.86	7.78	1.57	6.58	2.14	8.97	3.50	14.64
49	5-11-0009	蚕豆粉浆蛋白粉	88.0	66.3	3.23	13.51	2.69	11.25	1.87	7.82	3.47	14.52	2.16	9.03	1.47	6.16	1.92	8.03	3.61	15.11
50	5-11-0004	麦芽根	89.7	28.3	2.31	9.67	2.09	8.74	1.25	5.23	1.41	5.90	1.60	6.69	1.02	4.29	1.43	5.98	2.73	11.42
51	5-13-0044	鱼粉(CP 67%)	88.0	67.0	3.22	13.47	2.67	11.16	1.93	8.08	3.10	12.97	1.72	7.20	1.10	4.60	2.33	9.75	3.09	12.93
52	5-13-0046	鱼粉(CP 60.2%)	88.0	60.2	3.00	12.55	2.52	10.54	1.80	7.53	2.82	11.80	1.86	7.77	1.19	4.98	1.63	6.82	3.07	12.85
53	5-13-0077	鱼粉(CP 53.5%)	88.0	56.5	3.09	12.93	2.63	11.00	1.85	7.74	2.90	12.13	1.85	7.72	1.21	5.05	1.61	6.74	3.14	13.14
54	5-13-0036	血粉	88.0	82.8	2.73	11.42	2.16	9.04	1.42	5.94	2.46	10.29	1.45	6.08	0.75	3.13	1.34	5.61	2.40	10.04
55	5-13-0037	羽毛粉	88.0	77.9	2.77	11.59	2.22	9.29	1.43	5.98	2.73	11.42	1.46	6.10	0.76	3.19	1.34	5.61	2.54	10.63
56	5-13-0038	皮革粉	88.0	74.7	2.75	11.51	2.23	9.33	1.32	5.52	1.48	6.19	0.67	2.81	0.37	1.55	0.74	3.10	2.64	11.05
57	5-13-0047	肉骨粉	93.0	50.0	2.83	11.84	2.43	10.17	1.61	6.74	2.38	9.96	1.65	6.91	1.08	4.53	1.43	5.98	2.77	11.59

续附表 2-2

序号	中国饲料号 CFN	饲料名称 Feed Name	干物质 DM(%)	粗蛋白质 CP(%)	猪消化能 DE		猪代谢能 ME		猪净能 NE		鸡代谢能 AME		肉牛维持净能 NEm		肉牛增重净能 NEg		奶牛产奶净能 NEl		羊消化能 DE	
					Mcal/kg	MJ/kg	Mcal/kg	MJ/kg	Mcal/kg	MJ/kg	Mcal/kg	MJ/kg	Mcal/kg	MJ/kg	Mcal/kg	MJ/kg	Mcal/kg	MJ/kg	Mcal/kg	MJ/kg
58	5-13-0048	肉粉	94.0	54.0	2.70	11.30	2.30	9.62	1.54	6.44	2.20	9.20	1.66	6.95	1.05	4.39	1.34	5.61	2.52	10.55
59	1-05-0074	苜蓿草粉（CP 19%）	87.0	19.1	1.66	6.95	1.53	6.40	0.81	3.39	0.97	4.06	1.29	5.40	0.73	3.04	1.15	4.81	2.36	9.87
60	1-05-0075	苜蓿草粉（CP 17%）	87.0	17.2	1.46	6.11	1.35	5.65	0.70	2.93	0.87	3.64	1.29	5.38	0.73	3.05	1.14	4.77	2.29	9.58
61	1-05-0076	苜蓿草粉（CP 14%～15%）	87.0	14.3	1.49	6.23	1.39	5.82	0.69	2.89	0.84	3.51	1.11	4.66	0.57	2.40	1.00	4.18	1.87	7.83
62	5-11-0005	啤酒糟	88.0	24.3	2.25	9.41	2.05	8.58	1.24	5.19	2.37	9.92	1.56	6.55	0.93	3.90	1.39	5.82	2.58	10.80
63	7-15-0001	啤酒酵母	91.7	52.4	3.54	14.81	3.02	12.64	1.95	8.16	2.52	10.54	1.90	7.93	1.22	5.10	1.67	6.99	3.21	13.43
64	4-13-0075	乳清粉	91.7	11.5	3.49	14.60	3.42	14.31	2.70	11.29	2.73	11.42	2.05	8.56	1.53	6.39	1.72	7.20	3.43	14.35
65	5-01-0162	酪蛋白	97.2	88.9	4.13	17.28	3.53	14.77	2.09	8.74	4.13	17.28	3.14	13.14	2.36	9.88	2.31	9.67	4.28	17.90
66	5-14-0503	明胶	90.0	88.6	2.80	11.72	2.19	9.16	1.43	5.98	2.36	9.87	1.80	7.53	1.36	5.70	1.56	6.53	3.36	14.06
67	4-06-0076	牛奶乳糖	96.0	3.5	3.37	14.10	3.21	13.43	2.79	11.67	2.69	11.25	2.32	9.72	1.85	7.76	1.91	7.99	3.48	14.56
68	4-06-0077	乳糖	96.0	0.3	3.53	14.77	3.39	14.18	2.93	12.26	2.70	11.30	2.31	9.67	1.84	7.70	2.06	8.62	3.92	16.41
69	4-06-0078	葡萄糖	90.0	0.3	3.36	14.06	3.22	13.47	2.79	11.67	3.08	12.89	2.66	11.13	2.13	8.92	1.76	7.36	3.28	13.73
70	4-06-0079	蔗糖	99.0		3.80	15.90	3.65	15.27	3.15	13.18	3.90	16.32	3.37	14.10	2.69	11.26	2.06	8.62	4.02	16.82
71	4-02-0889	玉米淀粉	99.0	0.3	4.00	16.74	3.84	16.07	3.28	13.72	3.16	13.22	2.73	11.43	2.20	9.12	1.87	7.82	3.50	14.65
72	4-17-0001	牛油	99.0		8.00	33.47	7.68	32.13	7.19	30.08	7.78	32.55	4.76	19.90	3.52	14.73	4.23	17.70	7.62	31.86
73	4-17-0002	猪油	99.0		8.29	34.69	7.96	33.30	7.39	30.92	9.11	38.11	5.60	23.43	4.15	17.37	4.86	20.34	8.51	35.60
74	4-17-0003	家禽脂肪	99.0		8.52	35.65	8.18	34.23	7.55	31.59	9.36	39.16	5.47	22.89	4.10	17.00	4.96	20.76	8.68	36.30
75	4-17-0004	鱼油	99.0		8.44	35.31	8.10	33.89	7.50	31.38	8.45	35.35	9.55	39.92	5.26	21.20	4.64	19.40	8.36	34.95
76	4-17-0005	菜籽油	99.0		8.76	36.65	8.41	35.19	7.72	32.32	9.21	38.53	10.14	42.30	5.68	23.77	5.01	20.97	8.92	37.33
77	4-17-0006	玉米油	99.0		8.75	36.61	8.40	35.15	7.71	32.29	9.66	40.42	10.44	43.64	5.75	24.10	5.26	22.01	9.42	39.42
78	4-17-0007	椰子油	99.0		8.40	35.11	8.06	33.69	7.47	31.27	8.81	36.83	9.78	40.92	5.58	23.35	4.79	20.05	8.63	36.11
79	4-17-0008	棉籽油	99.0		8.60	35.98	8.26	34.43	7.61	31.86	9.05	37.87	10.20	42.68	5.72	23.94	4.92	20.06	8.91	37.25
80	4-17-0009	棕榈油	99.0		8.01	33.51	7.69	32.17	7.20	30.30	5.80	24.27	6.56	27.45	3.94	16.50	3.16	13.23	5.76	24.10
81	4-17-0010	花生油	99.0		8.73	36.53	8.38	35.06	7.70	32.24	9.36	39.16	10.50	43.89	5.57	23.31	5.09	21.30	9.17	38.33
82	4-17-0011	芝麻油	99.0		8.75	36.61	8.40	35.15	7.72	32.30	8.48	35.48	9.60	40.14	5.20	21.76	4.61	19.29	8.35	34.91
83	4-17-0012	大豆油	99.0		8.75	36.61	8.40	35.15	7.72	32.23	8.37	35.02	9.38	39.21	5.44	22.76	4.55	19.04	8.29	34.69
84	4-17-0013	葵花油	99.0		8.76	36.65	8.41	35.19	7.73	32.32	9.66	40.42	10.44	43.64	5.43	22.72	5.26	22.01	9.47	39.63

附表 2-3 饲料中氨基酸含量

序号	中国饲料号 CFN	饲料名称 Feed Name	干物质 DM(%)	粗蛋白质 CP(%)	精氨酸 Arg(%)	组氨酸 His(%)	异亮氨酸 Ile(%)	亮氨酸 Leu(%)	赖氨酸 Lys(%)	蛋氨酸 Met(%)	胱氨酸 Cys(%)	苯丙氨酸 Phe(%)	酪氨酸 Tyr(%)	苏氨酸 Thr(%)	色氨酸 Trp(%)	缬氨酸 Val(%)
1	4-07-0278	玉米 corn grain	86.0	10.3	0.42	0.25	0.28	1.13	0.28	0.21	0.24	0.47	0.37	0.34	0.09	0.44
2	4-07-0288	玉米 corn grain	86.0	8.5	0.50	0.29	0.27	0.74	0.36	0.15	0.18	0.37	0.28	0.30	0.08	0.46
3	4-07-0279	玉米 corn grain	86.0	9.3	0.41	0.22	0.26	0.98	0.25	0.19	0.21	0.43	0.35	0.32	0.07	0.40
4	4-07-0280	玉米 corn grain	86.0	8.4	0.38	0.24	0.28	1.00	0.25	0.18	0.18	0.38	0.32	0.30	0.06	0.36
5	4-07-0272	高粱 sorghum grain	88.0	8.7	0.33	0.20	0.34	1.08	0.21	0.15	0.15	0.41		0.28	0.09	0.42
6	4-07-0270	小麦 wheat grain	88.0	13.4	0.62	0.30	0.46	0.89	0.35	0.21	0.30	0.61	0.37	0.38	0.15	0.56
7	4-07-0274	大麦(裸)naked barley grain	87.0	13.0	0.64	0.16	0.43	0.87	0.44	0.14	0.25	0.68	0.40	0.43	0.16	0.63
8	4-07-0277	大麦(皮)barley grain	87.0	11.0	0.65	0.24	0.52	0.91	0.42	0.18	0.18	0.59	0.35	0.41	0.12	0.64
9	4-07-0281	黑麦 rye	88.0	9.5	0.48	0.22	0.30	0.58	0.35	0.15	0.21	0.42	0.26	0.31	0.10	0.43
10	4-07-0273	稻谷 paddy	86.0	7.0	0.51	0.13	0.29	0.52	0.26	0.17	0.14	0.36	0.33	0.22	0.09	0.42
11	4-07-0276	糙米 rough rice	87.0	8.8	0.65	0.17	0.30	0.61	0.32	0.20	0.14	0.35	0.31	0.28	0.12	0.49
12	4-07-0275	碎米 broken rice	88.0	10.4	0.78	0.27	0.39	0.74	0.42	0.22	0.17	0.49	0.39	0.38	0.12	0.57
13	4-07-0479	粟(谷子)millet grain	86.5	9.7	0.30	0.20	0.36	1.15	0.15	0.25	0.20	0.49	0.26	0.35	0.17	0.42
14	4-04-0067	木薯干 cassava tuber flake	87.0	2.5	0.40	0.05	0.11	0.15	0.13	0.05	0.04	0.10	0.04	0.10	0.03	0.13
15	4-04-0068	甘薯干 sweet potato tuber flake	87.0	4.0	0.16	0.08	0.17	0.26	0.16	0.06	0.08	0.19	0.13	0.18	0.05	0.27
16	4-08-0104	次粉 wheat middling and reddog	87.0	14.9	0.83	0.40	0.53	1.03	0.57	0.22	0.36	0.64	0.45	0.48	0.20	0.70
17	4-08-0105	次粉 wheat middling and reddog	87.0	12.9	0.81	0.31	0.46	0.93	0.49	0.15	0.31	0.60	0.43	0.47	0.17	0.65
18	4-08-0069	小麦麸 wheat bran	87.0	16.2	1.03	0.42	0.53	0.99	0.65	0.24	0.33	0.64	0.44	0.52	0.26	0.73
19	4-08-0070	小麦麸 wheat bran	87.0	14.3	0.88	0.37	0.46	0.88	0.56	0.22	0.31	0.57	0.34	0.45	0.18	0.65
20	4-08-0041	米糠 rice bran	90.0	14.5	1.20	0.44	0.71	1.13	0.84	0.28	0.21	0.71	0.56	0.54	0.16	0.91
21	4-10-0025	米糠饼 rice bran meal(exp.)	90.0	15.0	1.19	0.43	0.72	1.06	0.66	0.26	0.30	0.76	0.51	0.53	0.15	0.99
22	4-10-0018	米糠粕 rice bran meal(sol.)	87.0	15.1	1.28	0.46	0.78	1.30	0.72	0.28	0.32	0.82	0.55	0.57	0.17	1.07
23	5-09-0127	大豆 soybeans	87.0	35.5	2.57	0.59	1.28	2.72	2.20	0.56	0.70	1.42	0.64	1.41	0.45	1.50
24	5-09-0128	全脂大豆 full-fat soybeans	88.0	35.5	2.62	0.95	1.63	2.64	2.20	0.53	0.57	1.77	1.25	1.43	0.45	1.69
25	5-10-0241	大豆饼 soybean meal(exp.)	89.0	41.8	2.53	1.10	1.57	2.75	2.43	0.60	0.62	1.79	1.53	1.44	0.64	1.70
26	5-10-0103	去皮大豆粕 soybean meal(sol.)	89.0	47.9	3.43	1.22	2.10	3.57	2.99	0.68	0.73	2.33	1.57	1.85	0.65	2.26
27	5-10-0102	大豆粕 soybean meal(sol.)	89.0	44.2	3.38	1.17	1.99	3.35	2.68	0.59	0.65	2.21	1.47	1.71	0.57	2.09
28	5-10-0118	棉籽饼 cottonseed meal(exp.)	88.0	36.3	3.94	0.90	1.16	2.07	1.40	0.41	0.70	1.88	0.95	1.14	0.39	1.51
29	5-10-0119	棉籽粕 cottonseed meal(sol.)	90.0	47.0	5.44	1.28	1.41	2.60	2.13	0.65	0.75	2.47	1.46	1.43	0.57	1.98
30	5-10-0117	棉籽粕 cottonseed meal(sol.)	88.0	43.9	4.69	1.20	1.30	2.49	1.99	0.59	0.69	2.30	1.06	1.26	0.51	1.93
31	5-10-0220	棉籽蛋白 cottonseed protein	92.0	51.1	6.08	1.58	1.72	3.13	2.26	0.86	1.04	2.94	1.42	1.60		2.48
32	5-10-0183	菜籽饼 rapeseed meal(exp.)	88.0	35.7	1.82	0.83	1.24	2.26	1.33	0.60	0.82	1.35	0.92	1.40	0.42	1.62
33	5-10-0121	菜籽粕 rapeseed meal(sol.)	88.0	38.6	1.83	0.86	1.29	2.34	1.30	0.63	0.87	1.45	0.97	1.49	0.43	1.74

续附表 2-3

序号	中国饲料号 CFN	饲料名称 Feed Name	干物质 DM(%)	粗蛋白质 CP(%)	精氨酸 Arg(%)	组氨酸 His(%)	异亮氨酸 Ile(%)	亮氨酸 Leu(%)	赖氨酸 Lys(%)	蛋氨酸 Met(%)	胱氨酸 Cys(%)	苯丙氨酸 Phe(%)	酪氨酸 Tyr(%)	苏氨酸 Thr(%)	色氨酸 Trp(%)	缬氨酸 Val(%)
34	5-10-0116	花生仁饼 peanut meal(exp.)	88.0	44.7	4.60	0.83	1.18	2.36	1.32	0.39	0.38	1.81	1.31	1.05	0.42	1.28
35	5-10-0115	花生仁粕 peanut meal(sol.)	88.0	47.8	4.88	0.88	1.25	2.50	1.40	0.41	0.40	1.92	1.39	1.11	0.45	1.36
36	5-10-0031	向日葵仁饼 sunflower meal(exp.)	88.0	29.0	2.44	0.62	1.19	1.76	0.96	0.59	0.43	1.21	0.77	0.98	0.28	1.35
37	5-10-0242	向日葵仁粕 sunflower meal(sol.)	88.0	36.5	3.17	0.81	1.51	2.25	1.22	0.72	0.62	1.56	0.99	1.25	0.47	1.72
38	5-10-0243	向日葵仁粕 sunflower meal(sol.)	88.0	33.6	2.89	0.74	1.39	2.07	1.13	0.69	0.50	1.43	0.91	1.14	0.37	1.58
39	5-10-0119	亚麻仁饼 linseed meal(exp.)	88.0	32.2	2.35	0.51	1.15	1.62	0.73	0.46	0.48	1.32	0.50	1.00	0.48	1.44
40	5-10-0120	亚麻仁粕 linseed meal(sol.)	88.0	34.8	3.59	0.64	1.33	1.85	1.16	0.55	0.55	1.51	0.93	1.10	0.70	1.51
41	5-10-0246	芝麻饼 sesame meal(exp.)	92.0	39.2	2.38	0.81	1.42	2.52	0.82	0.82	0.75	1.68	1.02	1.29	0.49	1.84
42	5-11-0001	玉米蛋白粉 corn gluten meal	88.0	61.6	1.95	1.19	2.83	10.19	1.07	1.55	0.96	3.82	3.09	2.05	0.35	2.85
43	5-11-0002	玉米蛋白粉 corn gluten meal	88.0	57.7	1.77	1.20	2.26	9.13	0.94	1.41	1.02	3.46	3.12	1.93	0.29	2.64
44	5-11-0008	玉米蛋白粉 corn gluten meal	88.0	53.2	1.57	0.94	1.96	8.50	0.85	1.25	0.78	3.13	2.44	1.66	-	2.21
45	5-11-0003	玉米蛋白饲料 corn gluten feed	88.0	18.3	0.74	0.54	0.54	1.57	0.55	0.30	0.39	0.62	0.50	0.66	0.08	0.87
46	4-10-0026	玉米胚芽饼 corn germ meal(exp.)	90.0	16.7	1.16	0.45	0.53	1.25	0.70	0.31	0.47	0.64	0.54	0.64	0.16	0.91
47	4-10-0244	玉米胚芽粕 corn germ meal(sol.)	90.0	20.8	1.51	0.62	0.77	1.54	0.75	0.21	0.28	0.93	0.66	0.68	0.18	1.66
48	5-11-0007	玉米 DDGS	88.0	26.9	1.10	0.73	0.95	3.06	0.69	0.56	0.53	1.25	1.07	0.97	0.20	1.29
49	5-11-0009	蚕豆粉浆蛋白粉 broad bean gluten meal	88.0	66.3	5.96	1.66	2.90	5.88	4.44	0.60	0.57	3.34	2.21	2.31	-	3.20
50	5-11-0004	麦芽根 barley malt sprouts	89.7	28.3	1.22	0.54	1.08	1.58	1.30	0.37	0.26	0.85	0.67	0.96	0.42	1.44
51	5-13-0044	鱼粉(CP 67%)fish meal	88.0	67.0	3.93	2.01	2.61	4.94	4.97	1.86	0.60	2.61	1.97	2.74	0.77	3.11
52	5-13-0046	鱼粉(CP 60.2%)fish meal	88.0	60.2	3.57	1.71	2.68	4.80	4.72	1.64	0.52	2.35	1.96	2.57	0.70	3.17
53	5-13-0077	鱼粉(CP 53.5%)fish meal	88.0	56.5	3.42	1.36	2.43	4.54	4.09	1.47	0.52	2.34	1.80	2.65	0.63	2.93
54	5-13-0036	血粉 blood meal	88.0	82.8	2.99	4.40	0.75	8.38	6.67	0.74	0.98	5.23	2.55	2.86	1.11	6.08
55	5-13-0037	羽毛粉 feather meal	88.0	77.9	5.30	0.58	4.21	6.78	1.65	0.59	2.93	3.57	1.79	3.51	0.40	6.05
56	5-13-0038	皮革粉 leather meal	88.0	74.7	4.45	0.40	1.06	2.53	2.18	0.80	0.16	1.56	0.63	0.71	0.50	1.91
57	5-13-0047	肉骨粉 meat and bone meal	93.0	50.0	3.35	0.96	1.70	3.20	2.60	0.67	0.33	1.70	1.26	1.63	0.26	2.25
58	5-13-0048	肉粉 meat meal	94.0	54.0	3.60	1.14	1.60	3.84	3.07	0.80	0.60	2.17	1.40	1.97	0.35	2.66
59	1-05-0074	苜蓿草粉(CP 19%) alfalfa meal	87.0	19.1	0.78	0.39	0.68	1.20	0.82	0.21	0.22	0.82	0.58	0.74	0.43	0.91
60	1-05-0075	苜蓿草粉(CP 17%) alfalfa meal	87.0	17.2	0.74	0.32	0.66	1.10	0.81	0.20	0.16	0.81	0.54	0.69	0.37	0.85
61	1-05-0076	苜蓿草粉(CP 14%～15%) alfalfa meal	87.0	14.3	0.61	0.19	0.58	1.00	0.60	0.18	0.15	0.59	0.38	0.45	0.24	0.58
62	5-11-0005	啤酒糟 brewers dried grain	88.0	24.3	0.98	0.51	1.18	1.08	0.72	0.52	0.35	2.35	1.17	0.81	0.28	1.66
63	7-15-0001	啤酒酵母 brewers dried yeast	91.7	52.4	2.67	1.11	2.85	4.76	3.38	0.83	0.50	4.07	0.12	2.33	0.21	3.40
64	4-13-0075	乳清粉 whey, dehydrated	97.2	11.5	0.26	0.21	0.64	1.11	0.88	0.17	0.26	0.35	0.27	0.71	0.20	0.61
65	5-01-0162	酪蛋白 casein	91.7	88.9	3.13	2.57	4.49	8.24	6.87	2.52	0.45	4.49	4.87	3.77	1.33	5.81
66	5-14-0503	明胶 gelatin	90.0	88.6	6.60	0.66	1.42	2.91	3.62	0.76	0.12	1.74	0.43	1.82	0.05	2.26
67	4-06-0076	牛奶乳糖 milk lactose	96.0	3.5	0.25	0.09	0.09	0.16	0.14	0.03	0.04	0.09	0.02	0.09	0.09	0.09

附表 2-4　矿物质及维生素含量

序号	中国饲料号 CFN	饲料名称 Feed Name	钠 Na (%)	氯 Cl (%)	镁 Mg (%)	钾 K (%)	铁 Fe (mg/kg)	铜 Cu (mg/kg)	锰 Mn (mg/kg)	锌 Zn (mg/kg)	硒 Se (mg/kg)	胡萝卜素 (mg/kg)	维生素 E (mg/kg)	维生素 B_1 (mg/kg)	维生素 B_2 (mg/kg)	泛酸 (mg/kg)	烟酸 (mg/kg)	生物素 (mg/kg)	叶酸 (mg/kg)	胆碱 (mg/kg)	维生素 B_6 (mg/kg)	维生素 B_{12} (μg/kg)	亚油酸 (%)
1	4-07-0278	玉米 corn grain	0.01	0.04	0.11	0.29	36	3.4	5.8	21.1	0.04	2.0	22.0	3.5	1.1	5.0	24.0	0.06	0.15	620	10.00		2.20
2	4-07-0272	高粱 sorghum grain	0.03	0.09	0.15	0.34	87	7.6	17.1	20.1	0.05		7.0	3.0	1.3	12.4	41.0	0.26	0.20	668	5.20		1.13
3	4-07-0270	小麦 wheat grain	0.06	0.07	0.11	0.50	88	7.9	45.9	29.7	0.05	0.4	13.0	4.6	1.3	11.9	51.0	0.11	0.36	1 040	3.70		0.59
4	4-07-0274	大麦(裸)naked barley grain	0.04		0.11	0.60	100	7.0	18.0	30.0	0.16		48.0	4.1	1.4		87.0				19.30		
5	4-07-0277	大麦(皮)barley grain	0.02	0.15	0.14	0.56	87	5.6	17.5	23.6	0.06	4.1	20.0	4.5	1.8	8.0	55.0	0.15	0.07	990	4.00		0.83
6	4-07-0281	黑麦 rye	0.02	0.04	0.12	0.42	117	7.0	53.0	35.0	0.40		15.0	3.6	1.5	8.0	16.0	0.06	0.60	440	2.60		0.76
7	4-07-0273	稻谷 paddy	0.04	0.07	0.07	0.34	40	3.5	20.0	8.0	0.04		16.0	3.1	1.2	3.7	34.0	0.08	0.45	900	28.00		0.28
8	4-07-0276	糙米 rough rice	0.04	0.06	0.14	0.34	78	3.3	21.0	10.0	0.07		13.5	2.8	1.1	11.0	30.0	0.08	0.40	1 014	0.04		
9	4-07-0275	碎米 broken rice	0.07	0.08	0.11	0.13	62	8.8	47.5	36.4	0.06		14.0	1.4	0.7	8.0	30.0	0.08	0.20	800	28.00		
10	4-07-0479	粟(谷子)millet grain	0.04	0.14	0.16	0.43	270	24.5	22.5	15.9	0.08	1.2	36.3	6.6	1.6	7.4	53.0		15.00	790			0.84
11	4-04-0067	木薯干 cassava tuber flake	0.03		0.11	0.78	150	4.2	6.0	14.0	0.04			1.7	0.8	1.0	3.0				1.00		0.10
12	4-04-0068	甘薯干 sweet potato tuber flake	0.16		0.08	0.36	107	6.1	10.0	9.0	0.07												
13	4-08-0104	次粉 wheat middling and reddog	0.60	0.04	0.41	0.60	140	11.6	94.2	73.0	0.07	3.0	20.0	16.5	1.8	15.6	72.0	0.33	0.76	1 187	9.00		1.74
14	4-08-0105	次粉 wheat middling and reddog	0.60	0.04	0.41	0.60	140	11.6	94.2	73.0	0.07	3.0	20.0	16.5	1.8	15.6	72.0	0.33	0.76	1 187	9.00		1.74
15	4-08-0069	小麦麸 wheat bran	0.07	0.07	0.52	1.19	170	13.8	104.3	96.5	0.07	1.0	14.0	8.0	4.6	31.0		0.36	0.63	980	7.00		1.70
16	4-08-0070	小麦麸 wheat bran	0.07	0.07	0.47	1.19	157	16.5	80.6	104.7	0.05	1.0	14.0	8.0	4.6	31.0	186.0	0.36	0.63	980	7.00		1.70
17	4-08-0041	米糠 rice bran	0.07	0.07	0.90	1.73	304	7.1	175.9	50.3	0.09		60.0	22.5	2.5	23.0	293.0	0.42	2.20	1 135	14.00		3.57
18	4-10-0025	米糠饼 rice bran meal (exp.)	0.08		1.26	1.80	400	8.7	211.6	56.4	0.09		11.0	24.0	2.9	94.9	689.0	0.70	0.88	1 700	54.00	40.00	
19	4-10-0018	米糠粕 rice bran meal (sol.)	0.09	0.10		1.80	432	9.4	228.4	60.9	0.10												
20	5-09-0127	大豆 soybeans	0.02	0.03	0.28	1.70	111	18.1	21.5	40.7	0.06		40.0	12.3	2.9	17.4	24.0	0.42	2.00	3 200	12.00	0.00	8.00
21	5-09-0128	全脂大豆 full-fat soybeans	0.02	0.03	0.28	1.70	111	18.1	21.5	40.7	0.06		40.0	12.3	2.9	17.4	24.0	0.42	4.00	3 200	12.00	0.00	8.00
22	5-10-0241	大豆饼 soybean meal (exp.)	0.02	0.02	0.25	1.77	187	19.8	32.0	43.4	0.04		6.6	1.7	4.4	13.8	37.0	0.32	0.45	2 673	10.00	0.00	
23	5-10-0103	去皮大豆粕 soybean meal(sol.)	0.03	0.05	0.28	2.05	185	24.0	38.2	46.4	0.10	0.2	3.1	4.6	3.0	16.4	30.7	0.33	0.81	2 858	6.10	0.00	0.51

续附表 2-4

序号	中国饲料号 CFN	饲料名称 Feed Name	钠 Na (%)	氯 Cl (%)	镁 Mg (%)	钾 K (%)	铁 Fe (mg/kg)	铜 Cu (mg/kg)	锰 Mn (mg/kg)	锌 Zn (mg/kg)	硒 Se (mg/kg)	胡萝卜素 (mg/kg)	维生素 E (mg/kg)	维生素 B_1 (mg/kg)	维生素 B_2 (mg/kg)	泛酸 (mg/kg)	烟酸 (mg/kg)	生物素 (mg/kg)	叶酸 (mg/kg)	胆碱 (mg/kg)	维生素 B_6 (mg/kg)	维生素 B_{12} (μg/kg)	亚油酸 (%)
24	5-10-0102	大豆粕 soybean meal (sol.)	0.03	0.05	0.28	1.72	185	24.0	28.0	46.4	0.06	0.2	3.1	4.6	3.0	16.4	30.7	0.33	0.81	2 858	6.10	0.00	0.51
25	5-10-0118	棉籽饼 cottonseed meal (exp.)	0.04	0.14	0.52	1.20	266	11.6	17.8	44.9	0.11	0.2	16.0	6.4	5.1	10.0	38.0	0.53	1.65	2 753	5.30	0.00	2.47
26	5-10-0119	棉籽粕 cottonseed meal (sol.)	0.04	0.04	0.40	1.16	263	14.0	18.7	55.5	0.15	0.2	15.0	7.0	5.5	12.0	40.0	0.30	2.51	2 933	5.10	0.00	1.51
27	5-10-0117	棉籽粕 cottonseed meal (sol.)	0.04	0.04	0.40	1.16	263	14.0	18.7	55.5	0.15	0.2	15.0	7.0	5.5	12.0	40.0	0.30	2.51	2 933	5.10	0.00	1.51
28	5-10-0183	菜籽饼 rapeseed meal (exp.)	0.02			1.34	687	7.2	78.1	59.2	0.29												
29	5-10-0121	菜籽粕 rapeseed meal (sol.)	0.09	0.11	0.51	1.40	653	7.1	82.2	67.5	0.16		54.0	5.2	3.7	9.5	160.0	0.98	0.95	6 700	7.20	0.00	0.42
30	5-10-0116	花生仁饼 peanut meal (exp.)	0.04	0.03	0.33	1.14	347	23.7	36.7	52.5	0.06		3.0	7.1	5.2	47.0	166.0	0.33	0.40	1 655	10.00	0.00	1.43
31	5-10-0115	花生仁粕 peanut meal (sol.)	0.07	0.03	0.31	1.23	368	25.1	38.9	55.7	0.06		3.0	5.7	11.0	53.0	173.0	0.39	0.39	1 854	10.00	0.00	0.24
32	1-10-0031	向日葵仁饼 sunflower meal(exp.)	0.02	0.01	0.75	1.17	424	45.6	41.5	62.1	0.09		0.9		18.0	4.0	86.0	1.40	0.40	800			
33	5-10-0242	向日葵仁粕 sunflower meal(sol.)	0.20	0.01	0.75	1.00	226	32.8	34.5	82.7	0.06		0.7	4.6	2.3	39.0	22.0	1.70	1.60	3 260	17.20		
34	5-10-0243	向日葵仁粕 sunflower meal(sol.)	0.20	0.10	0.68	1.23	310	35.0	35.0	80.0	0.08			3.0	3.0	29.9	14.0	1.40	1.14	3 100	11.10		0.98
35	5-10-0119	亚麻仁饼 linseed meal (exp.)	0.09	0.04	0.58	1.25	204	27.0	40.3	36.0	0.18		7.7	2.6	4.1	16.5	37.4	0.36	2.90	1 672	6.10		1.07
36	5-10-0120	亚麻仁粕 linseed meal (sol.)	0.14	0.05	0.56	1.38	219	25.5	43.3	38.7	0.18	0.2	5.8	7.5	3.2	14.7	33.0	0.41	0.34	1 512	6.00	200.00	0.36
37	5-10-0246	芝麻饼 sesame meal (exp.)	0.04	0.05	0.50	1.39	1 780	50.4	32.0	2.4	0.21	0.2	0.3	2.8	3.6	6.0	30.0	2.40	—	1 536	12.50	0.00	1.90
38	5-11-0001	玉米蛋白粉 corn gluten meal	0.01	0.05	0.08	0.30	230	1.9	5.9	19.2	0.02	44.0	25.5	0.3	2.2	3.0	55.0	0.15	0.20	330	6.90	50.00	1.17
39	5-11-0002	玉米蛋白粉 corn gluten meal	0.02			0.35	332	10.0	78.0	49.0													
40	5-11-0008	玉米蛋白粉 corn gluten meal	0.02	0.08	0.05	0.40	400	28.0	7.0		1.00	16.0	19.9	0.2	1.5	9.6	54.5	0.15	0.22	330			
41	5-11-0003	玉米蛋白饲料 corn gluten feed	0.12	0.22	0.42	1.30	282	10.7	77.1	59.2	0.23	8.0	14.8	2.0	2.4	17.8	75.5	0.22	0.28	1 700	13.00	250.00	1.43
42	4-10-0026	玉米胚芽饼 corn germ meal(exp.)	0.01	0.12	0.10	0.30	99	12.8	19.0	108.1		2.0	87.0		3.7	3.3	42.0			1 936			1.47

续附表 2-4

序号	中国饲料号 CFN	饲料名称 Feed Name	钠 Na (%)	氯 Cl (%)	镁 Mg (%)	钾 K (%)	铁 Fe (mg/kg)	铜 Cu (mg/kg)	锰 Mn (mg/kg)	锌 Zn (mg/kg)	硒 Se (mg/kg)	胡萝卜素 (mg/kg)	维生素 E (mg/kg)	维生素 B_1 (mg/kg)	维生素 B_2 (mg/kg)	泛酸 (mg/kg)	烟酸 (mg/kg)	生物素 (mg/kg)	叶酸 (mg/kg)	胆碱 (mg/kg)	维生素 B_6 (mg/kg)	维生素 B_{12} (μg/kg)	亚油酸 (%)
43	4-10-0244	玉米胚芽粕 corn germ meal	0.01		0.16	0.69	214	7.7	23.3	126.6	0.33	2.0	80.8	1.1	4.0	4.4	37.7	0.22	0.20	2 000			1.47
44	5-11-0007	DDGS distiller dried grainswith solubles	0.24	0.17	0.91	0.28	98	5.4	15.2	52.3		3.5	40.0	3.5	8.6	11.0	75.0	0.30	0.88	2 637	2.28	10.00	2.15
45	5-11-0009	蚕豆粉浆蛋白粉 broad bean gluten meal	0.01			0.06		22.0	16.0														
46	5-11-0004	麦芽根 barley malt sprouts	0.06	0.59	0.16	2.18	198	5.3	67.8	42.4	0.60		4.2	0.7	1.5	-8.6	43.3		0.20	1 548			0.46
47	5-13-0044	鱼粉(CP 67%)fish meal	1.04	0.71	0.23	0.74	337	8.4	11.0	102.0	2.70		5.0	2.8	5.8	9.3	82.0	1.30	0.90	5 600	2.30	210.00	0.20
48	5-13-0046	鱼粉(CP 60.2%)fish meal	0.97	0.61	0.16	1.10	80	8.0	10.0	80.0	1.50		7.0	0.5	4.9	9.0	55.0	0.20	0.30	3 056	4.00	104.00	0.12
49	5-13-0077	鱼粉(CP 53.5%)fish meal	1.15	0.61	0.16	0.94	292	8.0	9.7	88.0	1.94		5.6	0.4	8.8	8.8	65.0			3 000		143.00	
50	5-13-0036	血粉 blood meal	0.31	0.27	0.16	0.90	2 100	8.0	2.3	14.0	0.70		1.0	0.4	1.6	1.2	23.0	0.09	0.11	800	4.40	50.00	0.10
51	5-13-0037	羽毛粉 feather meal	0.31	0.26	0.20	0.18	73	6.8	8.8	53.8	0.80		7.3	0.1	2.0	10.0	27.0	0.04	0.20	880	3.00	71.00	0.83
52	5-13-0038	皮革粉 leather meal					131	11.1	25.2	89.8													
53	5-13-0047	肉骨粉 meat and bone meal	0.73	0.75	1.13	1.40	500	1.5	12.3	90.0	0.25		0.8	0.2	5.2	4.4	59.4	0.14	0.60	2 000	4.60	100.00	0.72
54	5-13-0048	肉粉 meat meal	0.80	0.97	0.35	0.57	440	10.0	10.0	94.0	0.37		1.2	0.6	4.7	5.0	57.0	0.08	0.50	2 077	2.40	80.00	0.80
55	1-05-0074	苜蓿草粉(CP 19%) alfalfa meal	0.09	0.38	0.30	2.08	372	9.1	30.7	17.1	0.46	94.6	144.0	5.8	15.5	34.0	40.0	0.35	4.36	1 419	8.00		0.44
56	1-05-0075	苜蓿草粉(CP 17%) alfalfa meal	0.17	0.46	0.36	2.40	361	9.7	30.7	21.0	0.46	94.6	125.0	3.4	13.6	29.0	38.0	0.30	4.20	1 401	6.50		0.35
57	1-05-0076	苜蓿草粉(CP 14%～15%)alfalfa meal	0.11	0.46	0.36	2.22	437	9.1	33.2	22.6	0.48	63.0	98.0	3.0	10.6	20.8	41.8	0.25	1.54	1 548			
58	5-11-0005	啤酒糟 brewers dried grain	0.25	0.12	0.19	0.08	274	20.1	35.6	104.0	0.41	0.2	27.0	0.6	1.5	8.6	43.0	0.24	0.24	1 723	0.70		2.94
59	7-15-0001	啤酒酵母 brewers dried yeast	0.10	0.12	0.23	1.70	248	61.0	22.3	86.7	1.00		2.2	91.8	37.0	109.0	448.0	0.63	9.90	3 984	42.80	999.90	0.04
60	4-13-0075	乳清粉 whey, dehydrated	0.94	1.40	0.13	1.96	57	6.6	3.0	9.9	0.12		0.3	4.0	4.1	47.0	10.0	0.27	0.85	1 820	4.00	23.00	0.01
61	5-01-0162	酪蛋白 casein	0.01	0.04	0.01	0.01	14	4.0	4.0	30.0	0.16			0.4	1.5	2.7	1.0	0.04	0.51	205	0.40		
62	5-14-0503	明胶 gelatin			0.05																		
63	4-06-0076	牛奶乳糖 milk lactose			0.15	2.40																	